航空类专业职业教育系列教材

飞机维护技术基础

（第2版）

符双学　刘艺涛　陆　轶　倪卫国　编著

西北工业大学出版社

西　安

【内容简介】 本书是根据中国民航规章《民用航空器维修人员执照管理规则》(CCAR－66R3)考试大纲M3、M7进行编写的。全书共分13章,内容包括航空维修概述、航空材料、航空紧固件、弹簧轴承和传动、飞机图纸规范与识图、航空器载重与平衡、腐蚀与防腐、无损检测、非正常事件、飞机地面操作和存放、油脂与密封、常用维护手册及使用、常用量具、手工工具等内容。此外,本书对民用航空器维修过程中经常涉及的内容(带“*”号章节),民用航空器维修人员执照管理规则以及民航维修管理规范等做了必要的补充,选用时可结合实际教学需要选择相关章节进行学习。

本书可作为高等职业学校民用飞机维修大类专业的教材,也可作为民航机务维修工作人员的参考用书。

图书在版编目(CIP)数据

飞机维护技术基础 / 符双学等编著 .—2版. —西安:西北工业大学出版社,2023.10

航空类专业职业教育系列教材

ISBN 978－7－5612－9056－9

Ⅰ.①飞… Ⅱ.①符… Ⅲ.①飞机-维护-高等职业教育-教材 Ⅳ.①V267

中国国家版本馆CIP数据核字(2023)第205486号

FEIJI WEIHU JISHU JICHU

飞机维护技术基础

符双学 刘艺涛 陆轶 倪卫国 编著

责任编辑: 华一瑾 **策划编辑:** 华一瑾

责任校对: 王 水 孙 倩 **装帧设计:** 董晓伟

出版发行: 西北工业大学出版社

通信地址: 西安市友谊西路127号 邮编:710072

电 话: (029)88491757,88493844

网 址: www.nwpup.com

印 刷 者: 陕西奇彩印务有限责任公司

开 本: 787 mm×1 092 mm 1/16

印 张: 18.5

字 数: 474千字

版 次: 2018年8月第1版 2023年10月第2版 2023年10月第1次印刷

书 号: ISBN 978－7－5612－9056－9

定 价: 68.00元

如有印装问题请与出版社联系调换

第 2 版前言

《飞机维护技术基础》(第 2 版)是在第 1 版的基本框架上进行修订的。根据中国民用航空局 2020 年 5 月新颁布的《民用航空器维修人员执照管理规则》(CCAR-66R3),结合民航高等院校飞机维修类专业的教学要求和学生的特点,参考学习国内外优秀教材的先进经验,从如何提升学生的实际动手能力的角度出发,围绕培养高素质国际化飞机维修技术技能型人才的目标,本着“必需、够用”为度、理论推导从简、突出工程实用的原则,第 2 版对第 1 版内容做了调整和修订。主要调整和修订内容如下:

(1)增加了新时代民航飞机维修课程思政的内容;

(2)在部分章节中增加了适应时代发展的航空维修新技术的内容;

(3)为适应民航国际化人才培养的需求,书中给出了常用术语的英文名称,以使学生更好地适应国际化培训学习和满足将来工作的需要;

(4)凡涉及民航行业管理规则和行业标准,进行了更新;

(5)对第 1 版教材中的图表进行了更新。

本书共 13 章,内容包括航空维修概述、航空材料、航空紧固件、弹簧、轴承和传动、飞机图纸规范与识图、航空器载重与平衡、腐蚀与防腐、无损检测、非正常事件、飞机地面操作和存放、油脂与密封、常用维护手册及使用以及常用量具、手工工具。书中带“*”章节可作为选学内容。

本书第 1,3,4,13 章和附录由符双学编写,第 5～8 章由刘艺涛编写,第 11,12 章由陆铁编写,第 2,9,10 章由倪卫国编写,全书由符双学统稿。

在本书的策划、编写和审稿过程中得到了广州民航职业技术学院田巨教授、黄昌龙教授、虞浩清教授,长沙航空职业技术学院陈律教授,江苏航空职业技术学院师平教授,中国南方航空股份有限公司杨国余高级工程师,广州飞机维修工程有限公司刘明德高级工程师的大力支持和帮助,在此表示衷心感谢。

由于水平有限,书中难免有不足之处,欢迎广大读者批评指正。

编著者

2023 年 3 月

第 1 版前言

《飞机维护技术基础》教材是根据中国民航规章 CCAR－66R2《民用航空器维修人员执照管理规则》考试大纲 M6 模块进行编写的。

全书共分 13 章，涵盖了 CCAR－66R2 考试大纲的 M6 模块的内容，包括航空材料、航空紧固件、弹簧、轴承和传动、飞机图纸规范与识图、航空器称重与平衡、腐蚀与防腐、无损检测、油脂与密封、非正常事件、飞机地面操作和存放等内容。此外，本书对民用航空器维修过程中经常涉及的内容如常用量具及手工工具、民航维修管理规范及飞机维护手册的使用等内容做了补充。本书可作为高等院校民用飞机维修大类专业的教材，也可作为机务维修工作人员的参考用书。书中带 * 号章节可作为选学内容。

本书广泛吸取了各航空院校近年来教学改革的经验和好的做法，围绕培养技术应用型人才的目标，本着必需够用为度、理论推导从简、突出工程实用的原则，尽力使文字叙述简明，内容精练。

参加本书编写工作的均是具有丰富一线飞机维护教学经验的骨干教师。全书由符双学统稿，林列书主审。具体编写分工：符双学编写第 1 章、第 4 章、第 5 章和第 13 章，刘艺涛编写第 6～9 章，陆铁编写第 2 章、第 10 章和附录，倪卫国编写第 3 章、第 11 章和第 12 章。

在编写本书的过程中得到了广州民航职业技术学院张建超、林列书、田巨、雷曙光、虞浩清、李家宇和李文攀等专家的大力支持和帮助，他们提出了宝贵的意见，在此表示衷心感谢。

由于水平有限，书中难免有错漏之处，欢迎广大读者批评指正。

编　者

2018 年 1 月

目　　录

第1章　航空维修概述

📖知识及技能

✍ 了解维修和航空维修的基本概念。

✍ 了解航空维修理论的形成及发展。

✍ 了解民用航空维修行业概况及现状。

1.1　维修与航空维修

1.1.1　维修概述

1. 维修的内涵

维修(Maintenance)就是维护(Servicing)和修理(Repairing)。维护是保持某一事物或状态不消失、不衰竭,相对稳定;修理是使损坏的东西恢复到能重新使用的程度,即恢复其原有的功能。维修,即为使装备保持、恢复和改善规定技术状态所进行的全部活动,其最终目的是提高装备的使用效能。这种认识较为准确地反映了维修的本质属性。

2. 故障及其分类

从维修的本质属性及其发展过程来看,维修可以看作是一种与故障作斗争的创造性的过程与活动。故障(Fault)是指产品不能执行规定功能的状态。对不可修复的产品,如电子元器件、弹药等称其为失效(Failure)。故障按其发展的过程,可分为功能故障与潜在故障。功能故障指产品已经丧失其规定功能的状态,简称故障;潜在故障指产品将不能完成规定功能的可鉴别状态。如飞机轮胎在磨损过程中,先磨去胎面胶,然后露出胎身帘线层,最后发生故障。露出胎身帘线层就是飞机轮胎即将不能完成规定功能的可鉴别状态,即为潜在故障。

故障按其可见性,可分为明显功能故障和隐蔽功能故障。明显功能故障是指正常使用装备的人员能够发现的故障;隐蔽功能故障是指必须装备停机后作检查或测试时才能发现的故障,如一些动力装置的火警探测系统一旦发生故障就属于隐蔽功能故障。

故障按其相互关系,可分为单个故障和多重故障。单个故障是指由装备或其部件自身的故障引起的原发性或继发性故障;多重故障是指由连续发生的两个或两个以上独立故障所组成的故障事件。多重故障与隐蔽功能故障有着密切的关系,如果隐蔽功能故障没有及时被发现和排除,它与另一单个故障结合,就会造成多重故障,可能产生严重后果。

1.1.2 航空维修概述

1. 航空维修的内涵

航空器(Aircraft)是指飞机、飞艇、气球及其他任何借空气之反作用力,得以飞航于大气中之器物。由动力装置产生前进推力,由固定机翼产生升力,在大气层中飞行的重于空气的航空器。航空器的分类如图 1.1 所示。

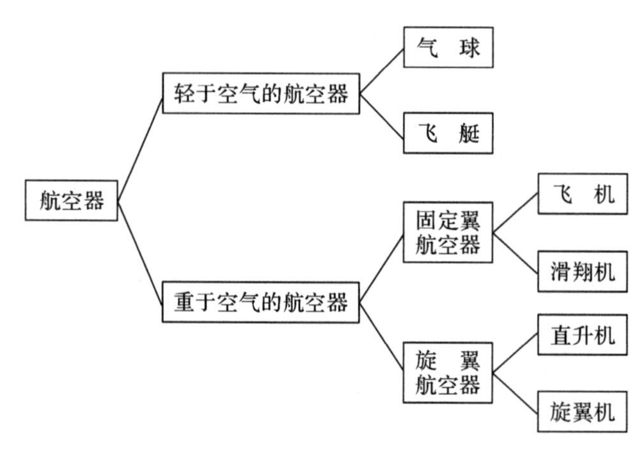

图 1.1 航空器的分类图

航空维修(Aviation Maintenance)是指为使航空装备保持、恢复和改善规定的技术状态所进行的全部活动。航空维修是一个多层次、多环节、多专业的保障系统,包括维修思想、维修体制、维修类型、维修方式、维修专业、维修控制、维修手段、维修作业等,并以维修管理贯穿其中,使之相互联系、相互作用,构成一个有机整体。

(1)航空维修的任务。为了保持航空装备的技术状态不发生变化或一旦发生故障,能及时地恢复到规定技术状态。

(2)航空维修的目的。经常保持和迅速恢复航空装备完好状态,保证航空装备的最短反应时间、最大出动强度和持续作战使用能力,保障航空装备大规模、高强度和持续作战的使用要求。

2. 航空维修的分类

(1)预防性维修(Preventive Maintenance,PM)。它是指通过对设备的检查、检测,发现故障征兆以防止故障发生,使其保持在规定状态所进行的各种维修活动,包括擦拭、润滑、调整、更换和定时拆修等。

(2)修复性维修(Corrective Maintenance,CM)。它是指航空装备(或机件)发生故障后,使其恢复到规定技术状态所进行的维修活动,也称排除故障维修或修理,主要包括故障定位、故障隔离、分解、更换、再装、调整、校验以及修复损坏件等。

(3)改进型维修(Improvement Maintenance,IM)。它是利用完成航空维修任务的时机,对装备进行经过批准的改进和改装,以提高装备的战术使用性能、可靠性或维修性,或使之适合某一特定用途。

(4)战场抢修(Battlefield Repair,BR)。它又称为战场损伤评估与修复(Battlefield Damage Assessment and Repair,BDAR),是指战斗中航空装备遭受损伤或发生可修复的事故后，在损伤评估的基础上，采用快速诊断与应急修复技术使之全部或部分恢复必要功能或自救能力而进行的航空装备战场修理活动。

3. 航空维修方式

航空维修方式是指航空装备维修时机和工作内容的控制形式。一般说来，航空装备维修工作内容需要着重掌握的是拆卸维修和深度、广度比较大的修理。

(1)定时方式(Hard Time Process，HT)。它是按规定的时间不问技术状况而进行拆卸维修的工作方式。

(2)视情维修(On Condition Process，OC)。它是指当装备或其机件有功能故障时即进行拆卸维修的方式。

(3)状态监控方式(Condition Monitoring Process，CM)。它是指在航空装备发生故障或出现功能失常现象以后进行的维修，也称为事后维修方式。

4. 航空维修工作类型

(1)保养(Servicing)。

(2)操作人员监控(Operator Monitoring)。

(3)使用检查(Operational Check)。

(4)功能检测(Functional Inspection)。

(5)定时拆修(Rework at Some Interval)。

(6)定时报废(Discard at Some Interval)。

(7)综合工作(Combination of Tasks)。

5. 航空维修级别

航空维修级别(Level of maintenance)是根据航空维修的深度、广度及维修时所处场所划分的维修等级，一般分为基层级维修、中继级维修和基地级维修。

(1)基层级维修(Organizational maintenance)。它是由直接使用航空装备的单位对装备所进行的维修，主要包括日常维护保养、周期性检测、定期检修、一般性改装、飞机结构小修和轻度战伤飞机抢修等。

(2)中继级维修(Intermediate Maintenance)。它是由航空维修机构对装备所进行的维修，主要包括飞机机体结构中修，机载设备、机件的中修、大修，部分零配件的修配制造，较大的改装和战伤飞机的抢修等。

(3)基地级维修(Depot Maintenance)。它是由专门的航空修理厂或航空装备制造厂对航空装备进行的维修，主要包括航空装备大修、技术复杂的改装、事故修理、零备件的制造，飞机抢修支援或技术支援等。

6. 民航维修工作级别

民航领域分为定检维修(A检、B检、C检和D检)和航线维护(过站维护、航前维护和航后维护)。

欧美飞机的定检周期：一般按飞行小时或起落架次分为A检、B检、C检、D检等级别。一般来说4A=B，4B=C，8C=D。D检又叫大修、翻修，是飞机长期运行后的全面检修，必须在维修基地的车间内进行，飞机停场时间在10天以上。D检是最高级别的检修，对飞机的各个系统进行全面检查和装修。由于D检间隔一般超过1万飞行小时，很多飞机会在D

检中进行改装或更换结构和大部件。理论上，经过D检的飞机将完全恢复到飞机原有的可靠性，飞机飞行将从“0”开始重新统计。A检无须专门的飞行日来作停场维修，利用每日飞行任务完成后的航行后检查时间来进行此项工作。对于同一机型，A检的飞行间隔时间也不一定是固定的，飞机运营者、航空公司维修部门根据飞机的实际运行状况、维修经验的积累等进行相应调整，适当延长以减少不必要的维修费用。

7. 航空维修的特点

(1)高安全性。

(2)技术复杂性

(3)快速反应性。

(4)综合保障性。

(5)环境适应性。

(6)高消耗性。

扩展阅读

南方航空公司ADS－B标杆案例

2017年，中国民航华东地区空管局发布了关于空中交通管理新技术的通告，要求全行业采用广播式自动相关监视(Automatic Dependent Surveillance-Broadcast，ADS－B)技术，以提高空中交通管理效率和安全性。而ADS－B技术需要航空器上装有ADS－B设备，这就对航空维修产生了新的要求。

南方航空公司迅速行动起来，针对ADS－B设备的安装和维护，制定了一套完整的标准化方案和流程。在设备安装方面，南方航空公司专门成立了ADS－B设备安装小组，实施统一规划、调度和安装。在设备维护方面，南方航空公司建立了设备维修数据库，实现了设备维修的数据共享和信息化管理，同时采用了远程监控和卫星定位技术，加强对设备运行状态的实时监测和管理。

这一系列措施的实施，使南方航空公司成功完成了ADS－B设备的安装和维护工作，并且获得了国际航空运输协会颁发的“ADS－B设备维修合格证书”。南方航空公司的这一先进经验不仅为中国航空维修领域树立了标杆，也得到了国际航空业的广泛认可和赞誉。

1.2 航空维修理论的形成与发展

1.2.1 航空维修理论的形成

维修理论是研究装备的故障本质及其预防和修复规律的理论，主要包括维修设计理论、维修技术理论和维修管理理论等。

航空维修理论的产生与发展是与一定时期航空装备水平和科学技术水平相适应的。20世纪50年代以前，由于航空装备比较简单，航空维修基本上属于一门操作技艺，对维修理论的需求并不迫切。到20世纪40年代至50年代，随着第一代超声速飞机的出现，科学技术创新步伐的加快，航空装备越来越复杂，对航空维修的依赖性越来越大，对航空维修的要求越来越高，原有的维修方式已难以适应日益增长的航空装备使用需求。因此，从20世纪50年代末，世界各国尤其是美国民航界，运用现代科学理论、技术对航空维修的基本规律做了探索，首次将可靠性理论用于指导航空维修，突破了传统的维修方式。到20世纪60年代初，形成了以可靠性为中心的维修理论，产生了用逻辑决断图制定预防性维修大纲的方法（MSG—1法和MSG—2法），取得了很大成效，使航空维修从技艺发展为科学，从而产生了航空维修理论。

1.2.2　航空维修理论的发展

1978年，美国联合航空公司诺兰等受美国国防部的委托出版了《以可靠性为中心的维修》专著。该专著对故障的形成、故障的后果和预防性维修工作的作用进行了开拓性的分析，首次采用自上（系统）而下（部件）的方法分析故障的影响，严格区别安全性与经济性的界限，提出了多重故障的概念，用四种工作类型（定时拆修、定时报废、视情维修和隐患检测）替代三种维修方式（定时方式、视情方式和状态监控方式），重新建立逻辑决断图，使以可靠性为中心的维修理论又向前迈进了一大步。从此，人们把制定预防性维修大纲的逻辑决断分析方法统称为以可靠性为中心的维修。20世纪70年代后期，美国军方开始重视以可靠性为中心的维修理论。20世纪80年代后，发达国家民航界几次改进MSG法，使维修理论日臻完善。1979年，我国空军引进了以可靠性为中心的维修理论。经过10多年的努力，优化了整个航空维修系统，形成了具有中国特色的航空维修理论体系，结束了我国空军没有自己的维修理论的历史，以可靠性为中心的维修理论得到不断深化和持续发展。

1.2.3　航空维修技术的内容

（1）故障诊断技术。飞机的故障来源主要有两类，一是系统性来源，从某种意义而言是不可避免的；二是随机性来源，即由偶然因素引起的。现代飞机的很多机载设备，往往无法事先确定其技术状态、寿命期望值或可靠性衰退的程度，发生故障是完全随机的，常采用状态监控的方式进行维修，即在飞机的日常使用中，经常会有故障报告，需要进行处理或维修。

故障诊断技术包括检测技术、信号处理技术、识别技术和预测技术等，主要应用于各种无损检测、计算机自动诊断、扫描电镜、电子探针以及各种分析等技术手段，实现对装备、子系统及零部件故障的快速分析和定位。研究的主要内容包括故障机理、故障模式、故障统计、故障检测、故障隔离等。

（2）维修工艺技术。维修工艺技术包括飞机结构修复技术、零部件修复技术、表面修复技术等，主要应用钣金成型、机械连接、铆接、焊接、胶接、热处理、表面处理、表面强化及喷涂等工艺手段，对飞机整体及其系统零部件进行维护修理，提高使用可靠性，延长使用寿命；对损伤的结构、机械零部件、系统元器件实施修复，以恢复其功能和性能，保障飞行任务和航空运输的正常进行。维修工艺技术是伴随着飞机设计、制造和材料、工艺等技术的发展而不断发展进步的。随着维修思想的发展，现代飞机的维修更加侧重于新技术、新材料、新设备及新工艺的研究和应用，如复合材料结构修理技术、整体油箱密封修理等，以提高修理的质量、效率、速度和机动性，从而满足飞行任务的要求。

扩展阅读

航空器轮胎磨损限度的定量化研究

在航空器维修中，轮胎的磨损是一个重要的指标，因为磨损过度会影响飞行安全。而在过去，航空器轮胎磨损的限度是根据经验和主观判断来确定的，缺乏科学依据。因此，如何对轮胎磨损进行定量化研究，成为一个重要的问题。

为此，中国航空工业集团公司第603研究所在2001年开始了一项名为“航空器轮胎磨损限度的定量化研究”的项目。通过对航空器轮胎的材料性能、设计特点、使用环境等方面进行深入地研究，并结合大量实验数据，建立了轮胎磨损的定量化评价体系，并可以根据轮胎的使用寿命、载重、速度等因素，确定轮胎的磨损限度。

该项目的成功实施，标志着中国航空维修理论发展中的一次重要进步，为提高航空器维修质量和安全性提供了科学的依据和支持。同时，该项目也获得了多项国家专利，并被广泛地应用于航空器维修领域。

1.3 民用航空维修

民用航空维修即飞机维修与翻修(Maintenance，Repair and Overhaul，MRO)，中国民航局(Civil Aviation Administration of China，CAAC)2005年颁布实施的《民用航空器维修单位合格审定规定》中的CCAR－145R3部第3条将民用航空维修解释为：对民用航空器或者民用航空部件所进行的任何检测、修理、排故、定期检修、翻修和改装工作。根据中华人民共和国交通运输部2022年2月颁布的CCAR－145R4部第16条，民用航空维修按维修工作又分为如下类别：检测(Check)、修理(Repair)、改装(Modification)、翻修(Overhaul)、航线维修(Line Maintenance)及定期维修(Heavy Maintenance)和其他维修工作。

1.3.1 民航维修服务

民航维修服务包括维修业务和零部件分销业务，根据全球统计数据，维修业务市场可以细分为以下4部分。

(1)航班常规保养服务。它占维修业务总营业额的22%。

(2)零部件的维修业务。它占维修业务总营业额的21%。

(3)飞机发动机的维修业务。它占维修业务总营业额的35%。

(4)飞机整体的大型维修保养和改装业务。它占维修业务总营业额的22%。

这些民航维修服务的供应商可以分为原始设备制造商(Original Equipment Manufacturer，OEM)、OEM批准授权的销售代理和维修代理、独立的航空维修服务商和航空公司附属的维修服务企业四类：

(1)原始设备制造商(OEM)。OEM主营业务是飞机以及发动机零部件的生产和销售，它们能够利用自身的技术优势开展其相关产品的维修服务。目前这类供应商主要有罗罗公司，普惠公司以及通用电气公司等。

(2)OEM批准授权的销售代理和维修代理。OEM出于全球战略的考虑，以占领市场、服务客户为目标，在全球提供厂家直接服务。销售代理或维修代理替 OEM 销售产品和提供维修服务，并从 OEM 取得佣金。

(3)独立的航空维修服务商。独立是指独立于航空公司和 OEM 而存在于航空维修服务市场。目前世界上较为大型的独立航空维修服务商有德国汉莎技术公司，法国航空技术公司，瑞士航空技术公司等。

(4)航空公司附属的维修服务企业。它们主要替本航空公司进行飞机维修，很少提供第三方维修服务。

1.3.2　我国民航维修行业概况

经过 50 多年的发展，我国民航维修业从无到有，从弱到强，逐步发展起来，并形成了一定的规模。截至 2007 年底，持中国民用航空局(Civil Aviation Administration of China，CAAC)维修许可证的国外维修单位有 291 家，我国维修单位有 290 家，其中港澳台地区 14 家，如图 1.2 所示。

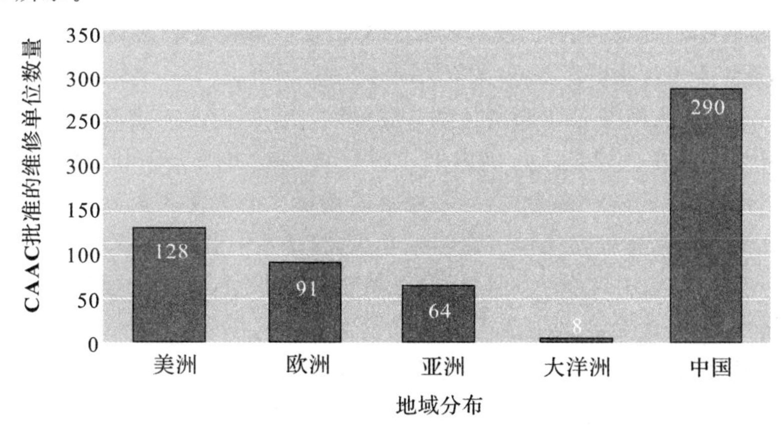

图 1.2　CAAC 批准的维修单位

在 CAAC 批准的中国维修单位中，能做机体维修(含所有航线以外的各级检修)的有 120 家，能做动力装置维修(包括 APU，全称 Auxiliary Power Unit，能做机体维修的有 120 家，能做动力装置)的有 36 家，能做螺旋桨项目维修的有 11 家，能做部件维修的有 181 家，如图 1.3 所示。

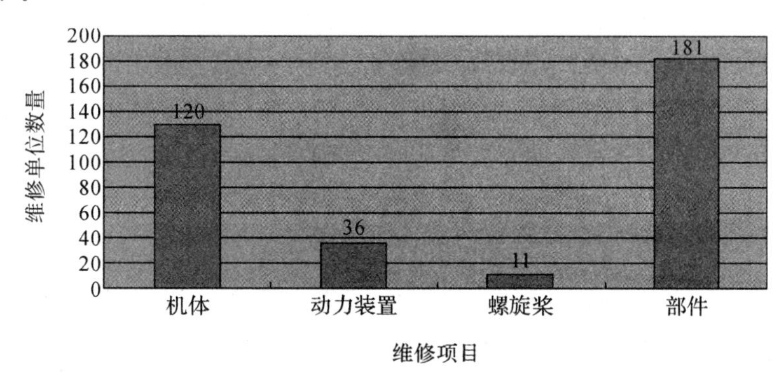

图 1.3　CAAC 批准的中国维修单位分布图

在专业领域，我国民航维修分为飞机机体维修、发动机维修和零部件维修3类。在飞机机体维修方面，我国主要的维修单位有北京飞机维修工程有限公司（Aircraft Maintenance Engineering Co. LTD，AMECO）、广州飞机维修工程有限公司（Guangzhou Aircraft Maintenance Engineering Co. LTD，GAMECO）、厦门太古飞机工程有限公司（Taikoo Aircraft Engineering Co. LTD，TAECO）等。在发动机维修方面，我国主要的维修单位有四川斯奈克玛航空发动机维修有限公司、珠海摩天宇航空发动机维修有限公司等。在机载零部件维修方面，我国民营航空维修服务商逐渐成长起来，他们提供飞机附件的维修及销售服务，并以周到、快捷的服务越来越受到业内人士的好评，为我国民航维修服务市场注入了新的活力。

航空维修是指对飞机及其上的技术装备进行的维护和修理，保持提高飞机的可行性，确保飞机的安全，是飞机使用的前提和必要条件，也是航空业的重要组成部分。目前，国内大型航空维修服务企业还很少，随着国内航空维修技术的发展，客户要求的提高，国内航空维修企业将不断拓展维修服务项目的范围，并向高精尖服务项目发展。

飞机维修行业一向被认为是一个技术含量很高、门槛很高的行业，因其利润很高而受到不少投资者的青睐，近年来该行业扩容迅速，竞争加剧。

近几年来，不仅各大航空公司纷纷招兵买马，壮大、做强自己的维修基地，民间资本也很看好飞机维修行业，千方百计进入。国内的飞机维修公司主要集中在北京、上海、沈阳、广州、西安、成都等大城市。以成都为例，计划经济时期设立的成都飞机公司、成都飞机发动机公司、成都飞机设计研究所等几家国有企事业单位，聚集了一大批专业技术人员。改革开放以后，陆续有一些技术人员“下海”，一批民营飞机维修企业应运而生。其中有的发展得很不错，比如海特集团，已经成为我国现代飞机机载设备维修规模最大、维修设备最全、维修项目最多、客户覆盖面最广的民营航空维修企业集团，并以成都维修基地为中心，先后在上海、西安、天津、武汉、太原、长沙等地设立了合资公司和工作站，其旗下四川海特高新技术股份有限公司于2004年7月在深交所上市，是我国第一家航空维修上市公司。

航空维修可分为航空机载设备系统维修、飞机机体维修、飞机发动机系统维修、航线维修等，我国已经成为全球增长最快的民航维修市场，其中发动机维修约占总量的40%，航线维护、飞机大修及改装、附件修理及翻修各占20%左右。

扩展阅读

“分级维修”理论

在以前，航空维修往往是按照零件名称和维修任务的方式进行，维修人员需要对所有零部件都进行检查和维修，无论其状态如何。这种方法虽然保证了安全性，但是维修周期长、成本高、效率低下。

为了解决这个问题，中国航空工业集团在20世纪80年代提出了“分级维修”理论，即根据飞机不同部位、不同零件的使用频率、工作环境、寿命等因素，将维修任务分为不同级别，并对每个级别制定相应的维修标准和周期，从而实现对维修工作的科学管理和有效控制。

这一理论的应用，极大地提高了航空器的维修效率，降低了维修成本，同时也保证了飞行安全。该理论不仅在中国得到广泛应用，还在世界范围内得到推广和应用，为航空维修理论的发展和进步做出了贡献。

习　题　1

简答题

1.简述航空维修的分类、维修方式及维修级别。

2.简述航空维修理论的形成和发展。

3.简述民用航空维修行业概况及现状分析。

第2章 航空材料

📖知识及技能

✍ 理解航空金属材料的基本概念和分类。

✍ 掌握碳钢和合金钢的分类及其组成。

✍ 掌握复合材料和非金属材料各自的特点与应用环境。

2.1 金属材料的基本概述

金属材料是航空工业的基本材料。表2.1所列为波音-麦道飞机公司大型客机的选材对比。

表2.1 波音-麦道飞机公司大型客机的选材对比(结构重量分数)

飞机型号	材料				
	铝合金	钢	钛合金	复合材料	其他
B747	81	13	4	1	1
B757	78	12	6	3	1
B767	80	14	2	3	1
B777	70	11	7	11	1
DC10	78	14	5	1	2
MD11	76	9	5	8	2

由表2.1可以看出,金属材料在现代大型民用运输机的结构重量中大约占90%。但是,从民用运输机选材的发展趋势来看,复合材料和钛合金的用量在增加,而铝合金和钢的用量在减少。以最先进的民用客机波音777为例,复合材料已占到整机重量的11%,钛合金的用量占整机重量的7%,而铝合金和钢的用量分别下降到70%和11%。

为了降低飞机结构的重量,提高飞机的结构效率,飞机结构应选用轻质、高强度和高模量的材料。同时为确保飞机的安全性和经济性,还应综合考虑材料的韧性、疲劳和断裂特性、耐蚀性以及材料的市场价格。

2.1.1 金属材料的基本性能

金属按其成分可分为纯金属和合金两大类,纯金属是由单一金属元素组成的,而合金是由两种或两种以上元素组成的具有金属特性的物质。有些合金全部是由金属元素组成的,比如黄铜，就是由铜和锌两种金属元素组成的。有些合金则是由金属元素和非金属元素组成的，比如碳钢，就是由金属元素铁和非金属元素碳组成的。

金属的基本性能通常包括物理性能、化学性能、机械性能和工艺性能。

1.金属的物理性能

金属的物理性能一般包括颜色、比重、密度、熔点、导电性、导热性、热膨胀性和磁性。

(1)颜色。金属都具有一定的颜色。根据颜色可将金属分为黑色金属和有色金属两大类。铁、锰、铬是黑色金属，其余的金属都是有色金属。

(2)比重。比重是单位体积金属的重量，用符号 γ 表示，单位是 $MPa \cdot m^{-1}$。根据比重可以将金属分为轻金属和重金属两大类。$\gamma < 49 \times 10^{-3} MPa \cdot m^{-1} (5g \cdot cm^{-3})$ 的金属是轻金属，$\gamma > 49 \times 10^{-3} MPa \cdot m^{-1} (5g \cdot cm^{-3})$ 的金属是重金属。比重是金属材料的一个重要的物理性能，特别是在航空工业中，为了增加有效载重和减少燃料的消耗，飞机结构部件大部分都是用轻合金(如铝合金等)来制造。

(3)熔点。金属加热时由固态变为液态时的温度称为熔点。根据熔点的高低，又可将金属分为易熔金属和难熔金属。熔点低于 700 ℃的金属属于易熔金属，熔点高于 700 ℃的金属属于难熔金属。

(4)导电性。金属传导电流的能力称为金属的导电性。金属的导电性用金属的电阻率($\rho_{电}$)来表示，单位是 $\Omega \cdot mm^2/m$ 。ρ 越大，金属的导电性越差。金属是电的良导体，但各种金属的导电性并不相同，银的导电性最好，铜和铝次之。

(5)导热性。金属传导热量的能力称为金属的导热性。金属的导热性常用热导率(导热系数 λ)来表示，常用的单位是 $W \cdot (m \cdot K)^{-1}$。导热系数越大，金属的导热性越好。一般情况下金属的导热能力要比非金属大得多。金属的导电性和导热性有密切的关系，导电性好的金属导热性也好。

(6)热膨胀性。金属在温度升高时体积胀大的性质称为热膨胀性。金属的热膨胀性通常用膨胀系数(α_1)来表示，单位是 K^{-1}。金属的热膨胀系数越大，热膨胀性就越大。飞机结构铝合金的热膨胀系数大约为合金钢的两倍，这是造成飞机软操纵系统钢索张力随温度变化的主要原因。

(7)磁性。金属被磁场磁化或吸引的性能称为磁性。磁性最强的金属是铁、镍、钴。

2.金属的化学性能

金属的化学性能是指金属与其他物质发生化学作用的性能。金属材料的化学稳定性主要影响到飞机结构的抗腐蚀能力。腐蚀就是金属和周围介质发生化学或电化学作用而遭受破坏的现象。由于金属的化学稳定性不同，抵抗腐蚀的能力也就不同。金、银、镍、铬等金属抵抗腐蚀的能力比较强，而镁、铁等金属抵抗腐蚀的能力就比较差。

3.金属的机械性能

金属的机械性能是指金属在载荷作用下抵抗破坏和变形的能力。飞机结构在使用中要承受各种载荷，所以，金属材料的机械性能是飞机结构设计和选择材料的重要依据。

4.金属的工艺性能

金属接受工艺方法加工的能力称为金属的工艺性能。它包括铸造性、锻造性、焊接性和切削加工性等。

(1)铸造性。将熔化的金属浇铸到铸型中制造金属零件的方法叫铸造。金属的铸造性是指金属是否适合铸造的性质。铸造性好通常是指金属熔化后流动性好，吸气性小，热裂倾向小，冷凝时收缩性小等性质。铸铁、青铜等具有良好的铸造性。

(2)锻造性。金属在冷、热状态下，由于外力作用产生变形而得到所需形状和尺寸的加工方法，称为压力加工。碾压、冲压、模锻、自由锻等都属于压力加工。金属的锻造性是指金属在加热状态下接受压力加工的能力。金属的塑性越大，变形的抗力越小，锻造性就越好。常用的金属中，低碳钢、纯铜等的锻造性比较好，而铸铁不能锻造。

(3)焊接性。焊接工艺一般分为熔焊和钎焊两大类。

1)熔焊。将两个工件的结合部位加热到熔化状态，冷却后形成牢固的接头，使两个工件焊接成为一个整体。一般还要在结合部位另加填充金属。熔焊一般又分为电焊和气焊。

2)钎焊。将两个工件的结合部位和作为填充金属的钎料进行适当的加热，钎料的熔点比工件金属的熔点低，在工件金属还没有熔化的情况下，将已熔化的钎料填充到工件之间，与固态的工件金属相互溶解和扩散，钎料凝固后将两个工件焊接在一起。

金属材料的焊接性是指在采用一定的焊接工艺方法、焊接材料、工艺参数等条件下，获得优质焊接接头的难易程度。

(4)切削加工性。用切削工具进行加工时，金属表现出来的性能叫做金属的切削加工性能。金属具有较好的切削加工性通常是指切削加工时，切削力小，切削碎屑容易脱落，切削工具不易磨损，加工后容易得到光洁度较高的加工表面。材料的切削加工性能主要决定于它们的物理性能和机械性能。强度高、硬度高的材料，塑性好的材料和导热性能差的材料其切削加工性能都比较差。

2.1.2 金属材料的机械性能

金属材料的机械性能指标主要包括强度和塑性、硬度、韧性和抗疲劳性能等。

1.强度和塑性

金属的强度和塑性通过拉力试验来测定，拉力试样通常有圆形截面的棒状和矩形截面的板状(见图 2.1)，在试件中间一段截面均匀的部分是试验段，其长度用 l_0 表示，称为标距。图 2.2 为低碳钢的拉伸示意图。

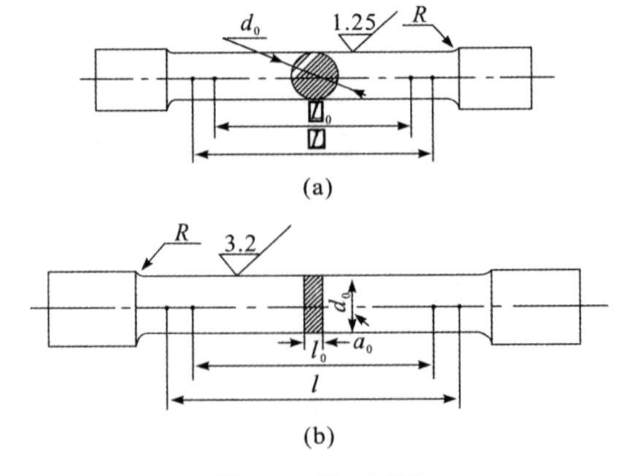

图 2.1 拉力试样

(a)圆形试样；(b)板状试样

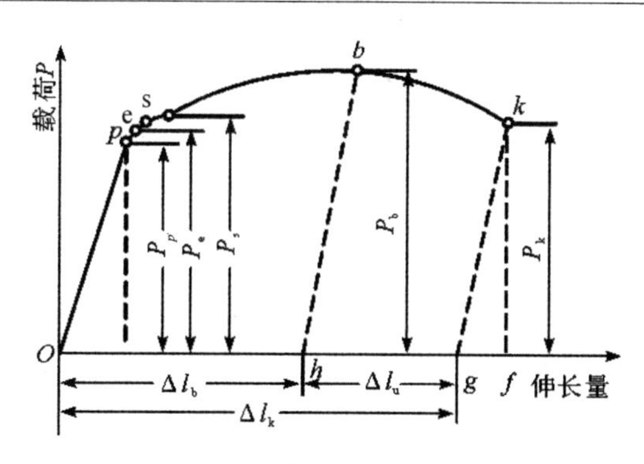

图 2.2　低碳钢的拉伸示意图

把试样承受的载荷 P 除以试样的原始横截面积 F_0，则得到试样所承受的拉应力 σ，即

$$\sigma = \frac{P}{F_0} \tag{2.1}$$

把试样的伸长量 Δl 除以试件原始的标距长度 l_0，则得到试样的相对伸长——应变 ε，即

$$\varepsilon = \frac{\Delta l}{l_0} \tag{2.2}$$

图 2.3 为低碳钢的应力-应变示意图。

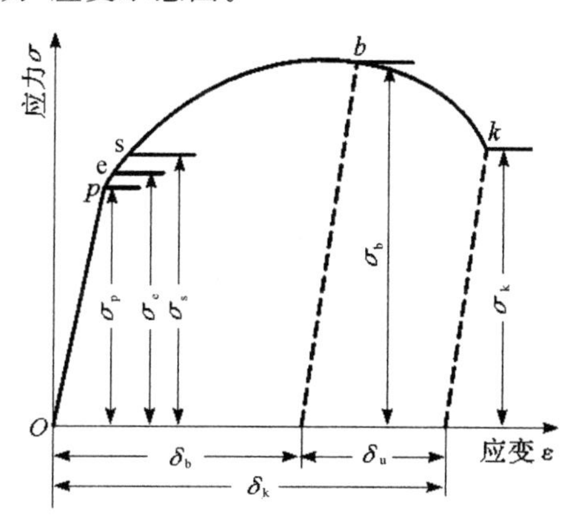

图 2.3　低碳钢的应力-应变示意图

(1)强度指标。金属在载荷作用下抵抗变形和断裂的能力叫强度。强度指标包括弹性模量、弹性极限、屈服极限和强度极限等。

1)弹性模量。弹性模量 E 是指金属材料在弹性状态下的应力与应变的比值，可表示为

$$E = \sigma / \varepsilon \tag{2.3}$$

式中　E——材料的弹性模量，单位为 MPa。

在材料弹性阶段，也就是图 2.3 中的 Op 直线段所表示的阶段，E 就是 Op 直线段的斜率，等于常数。弹性模量 E 是引起材料发生单位弹性应变时所需要的应力，它表示了金属材料抵抗弹性变形的能力。材料的弹性模量 E 越大，在一定应力作用下，产生的弹性应变越小，材料的刚度就越大。

金属材料的弹性模量随着温度的升高而降低。

2)弹性极限。材料保持弹性变形的最大应力值称为弹性极限,用 σ_e 表示。

$$\sigma_e = \frac{P_e}{F_0} \tag{2.4}$$

式中 P_e——试件保持弹性变形的最大载荷。

3)屈服极限。从拉伸图上可以看到,当所加载荷 P 达到某一数值 P_s 时,曲线上出现一个小平台,表明此时,载荷没有增加而试样却继续伸长,金属已失去了抵抗外力的能力而屈服了。这一阶段称为屈服段,试样屈服时的应力称为材料的屈服极限,也称为屈服强度 σ_s,即

$$\sigma_s = \frac{P_s}{F_0} \tag{2.5}$$

式中 P_s——试样发生屈服时的载荷,即屈服载荷。

有些常用金属的拉伸曲线上没有明显的屈服段,因此又规定,试样标距部分残余相对伸长达到原标距长度 0.2%时的应力为屈服极限,也称为条件屈服极限,用 $\sigma_{0.2}$ 表示。

屈服极限反映了金属材料对微量塑性变形的抵抗能力,对于在使用中,不允许发生微小塑性变形的结构件来说,材料的屈服极限是很重要的性能指标。

4)强度极限。材料在断裂时承受的最大应力称为强度极限 σ_b,即

$$\sigma_b = \frac{P_b}{F_0} \tag{2.6}$$

式中 P_b——试样断裂前所承受的最大载荷。

材料的强度极限就是材料拉断时的强度,它表示材料抵抗拉伸断裂的能力,也称为拉伸强度,是评定金属材料强度的重要指标之一。

(2)塑性指标。金属在载荷作用下产生塑性变形而不被破坏的能力叫塑性。塑性指标有伸长率和断面收缩率。

1)伸长率。试样拉断后,标距长度增长量与原始标距长度之比称为伸长率 δ,即

$$\delta = \frac{l_k - l_0}{l_0} \times 100\% \tag{2.7}$$

式中 l_k——试样拉断后的标距长度;

l_0——试样的原始标距长度。

对于塑性材料,拉断前会产生明显的颈缩现象,在颈缩部位产生较大的局部伸长。

2)断面收缩率。试样被拉断后,拉断处横截面积的缩减量与原始横截面积之比称为断面收缩率 ψ,即

$$\psi = \frac{F_0 - F_k}{F_0} \times 100\% \tag{2.8}$$

式中 F_k——试样在拉断处的最小横截面积;

F_0——试样的原始横截面积。

金属材料的伸长率 δ 和断面收缩率 ψ 越大,材料的塑性越好。

2. 硬度

硬度是衡量金属材料软硬程度的指标。目前测定金属材料硬度的方法最常用的是布氏

硬度法和洛氏硬度法，这两种方法都是用一定的载荷将具有一定几何形状的压头压入被测试金属的表面，根据被压入的程度来测定金属材料的硬度值。

根据金属材料的硬度值可估计出材料的近似强度极限和耐磨性。特别是布氏硬度和许多金属材料的强度极限之间存在着近似的正比关系，硬度值大，材料的强度极限也大。通过测量金属材料的布氏硬度，可以近似确定材料强度极限，并可推断材料的热处理状态。对于硬度较小的材料，容易被划伤、碰伤和磨损，在维修工作中，应注意保护。金属材料的硬度对材料的机械加工性能也有影响。

布氏硬度测试方法形成的压痕面积大，能反映出较大范围内被测试金属的平均硬度，适用于组织比较粗大且不均匀的材料，但不宜测试成品件或薄金属件的硬度，也不能测试硬度高于 HB450 的金属材料。布氏硬度通常用符号 HB 表示。

洛氏硬度测试法测试的压痕小，可以在制成品或较薄的金属材料上进行测试；而且，从较软材料到较硬材料，测试范围比较广泛。但对组织比较粗大且不均匀的材料，测量结果不准确。洛氏硬度通常用符号 HR 表示，并根据压头的种类和所加载荷的大小分为 HRB、HRC 和 HRA 三种。

3. 韧性

韧性是指金属试样断裂时，吸收能量的能力。韧性好的金属材料，脆性就小，断裂时，吸收能量较多，不易发生脆性断裂。

(1)冲击韧性。金属材料在冲击载荷作用下，抵抗破坏的能力称为冲击韧性。金属材料的冲击韧性用冲击韧性值 a_k 来表示，并需要进行冲击试验来确定。冲击韧性值 a_k 就是冲断试样所消耗能量和试样断裂处横截面积的比值，单位是 $J \cdot cm^{-2}$。a_k 低的材料称为脆性材料，在断裂前没有明显的塑性变形，吸收能量少，抵抗冲击载荷的能力低；a_k 高的材料称为塑性材料，在断裂前有明显的塑性变形，吸收能量多，抵抗冲击载荷的能力强。

对于在使用中承受较大冲击载荷的构件来说，材料的冲击韧性是很重要的性能指标。材料的冲击韧性越大，说明在冲击载荷作用下越不容易损坏。因此飞机上受冲击载荷大的结构件，比如起落架结构中的承力构件就采用强度高、韧性好的合金钢来制造。

(2)断裂韧性。金属材料的断裂韧性是指金属材料对裂纹失稳扩展而引起的低应力脆断的抵抗能力。

低应力脆断就是在工作应力低于或远低于材料的屈服极限时发生的脆性断裂，多发生在高强度合金钢[$\sigma_{0.2}>1\ 324MPa(135kgf \cdot mm^{-2})$]材料结构件和大型焊接结构中。低应力脆断是结构件中原有缺陷形成的裂纹发生失稳扩展而引起的。所以，裂纹扩展难易，也就是裂纹扩展所需的能量大小，就成为判定材料是否易于断裂的一个重要指标。

含有裂纹的构件，在承受载荷时，由于应力集中，裂纹尖端附近区域的应力远远大于平均应力值。因此，决定构件中裂纹是否发生失稳扩展不是承力构件的平均应力，而是裂纹尖端附近区域应力的大小。为了研究裂纹尖端附近区域的应力情况，引进了一个表示裂纹尖端附近区域应力场强弱的因子，称为应力强度因子。

对于无限大厚板的中央穿透 I 型裂纹(张开型裂纹)的应力强度因子用 K_I 表示。

$$K_I = \sigma\sqrt{\pi a} \tag{2.9}$$

式中　σ——名义应力；

a——裂纹长度的一半。

由式(2.9)可以看出,随着 σ 增加,K_{I} 也增加,当 σ 增加到某一个临界值 σ_c 时,裂纹会突然失稳扩展,使构件发生脆性断裂。这时 K_{I} 的临界值就称为临界应力强度因子,用 K_{Ic} 表示,也称为金属材料的平面应变断裂韧性,K_{Ic} 的单位是 $\mathrm{MPa}\cdot\mathrm{m}^{1/2}$。

$$K_{\mathrm{Ic}}=\sigma_c\sqrt{\pi a} \tag{2.10}$$

式中 σ_c——裂纹发生失稳扩展时的名义应力值。

由此可知,对于平面应变状态,I 型裂纹发生裂纹失稳扩展的条件是:

$$K_{\mathrm{I}}\geqslant K_{\mathrm{Ic}} \tag{2.11}$$

在式(2.11)中的两个物理量 K_{I} 和 K_{Ic} 不能混淆。K_{I} 是衡量裂纹尖端应力场强弱的一个物理量,它与外载荷大小、裂纹情况、构件结构几何形状和尺寸有关。知道这些条件后可以计算出 K_{I} 值的大小。就像我们知道外载荷大小和结构尺寸,可以计算出结构的应力值一样。而 K_{Ic} 是材料平面应变断裂韧性,它只与材料有关,是反映材料抵抗脆性断裂能力的一个重要的物理量。对于一定的材料,在一定工作环境下,它基本上是一个常数。可以通过材料试验来确定 K_{Ic} 值。就像材料抵抗拉伸破坏的性能指标强度极限 σ_b 可以通过试验确定一样。

K_{Ic} 值高的材料,对裂纹失稳扩展的抵抗能力就强,构件也就不易发生脆性断裂,由试验可知,材料的断裂韧性 K_{Ic} 会随着材料屈服极限的提高而降低。所以,在航空材料的选用过程中,不能一味追求材料的高强度,应在满足断裂韧性需要的情况下,提高材料的静强度性能。

4. 抗疲劳性能

金属材料在交变载荷作用下发生的破坏称为疲劳破坏。金属材料抵抗疲劳破坏的能力称为金属材料的抗疲劳性能。

(1)交变载荷和交变应力。交变载荷是指载荷的大小和方向随时间作周期性或者不规则改变的载荷。在交变载荷作用下,结构件的应力称为交变应力,如图 2.4 所示。

图 2.4 所示为一种应力 S 的大小和方向随时间 T 呈周期性变化的交变应力。

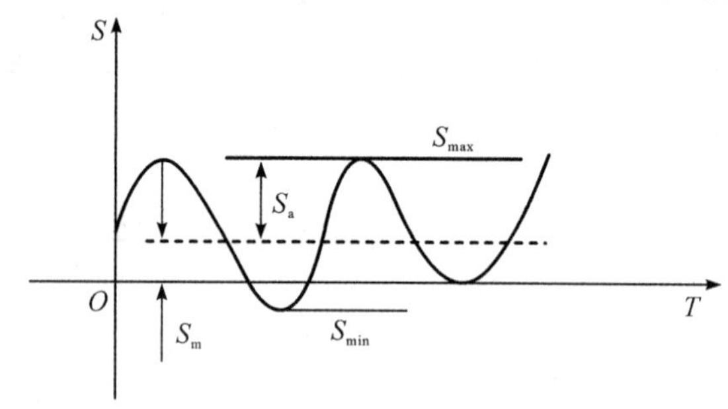

图 2.4 交变应力

应力从某一数值开始,经过变化又回到这一数值的应力变化过程称为一个应力循环。在一个应力循环中,代数值最大的应力叫做最大应力 $S_{\max}$,代数值最小的应力叫做最小应力 $S_{\min}$。

应力循环的性质是由循环应力的平均应力 S_m 和交变的应力幅 S_a 所决定的。平均应力 S_m 是应力循环中不变的静态分量,它的大小是:

$$S_m=\frac{S_{\max}+S_{\min}}{2} \tag{2.12}$$

应力幅 S_a 是应力循环中变化的分量，它的大小是：

$$S_a = \frac{S_{max} - S_{min}}{2} \tag{2.13}$$

应力循环的特征以应力比 R 来表示，R 的定义是：

$$R = \frac{S_{min}}{S_{max}} \tag{2.14}$$

交变应力分为 3 种：当 $R=-1$ 时，称为对称循环；$R=0$ 时，称为脉动循环；R 为其他值时，称为非对称循环。

(2)金属材料抗疲劳性能——疲劳极限。在一定循环特征下，金属材料承受无限次循环而不破坏的最大应力，称为金属材料在这一循环特征下的疲劳极限，也称为持久极限。通常应力循环特征$R=-1$ 时，疲劳极限的数值最小，如果不加说明，材料的疲劳极限都是指 $R=-1$ 特征应力循环下的最大应力，用 S_{-1} 表示。在工程应用中，是在一个规定的足够大的有限循环次数(比如 $N=5\times10^7\sim5\times10^8$)作用下而不发生破坏的最大应力，作为金属材料在该循环特征下的持久极限(见图 2.5)。为了与前面所说的疲劳极限加以区别，也称为“条件持久极限”或“实用持久极限”。

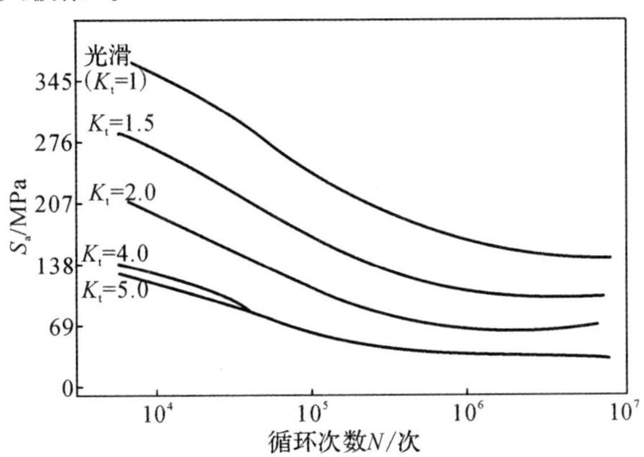

图 2.5　铝铜合金(2024-T3)板材的 $S-N$ 曲线($S_m=0$)

(3)疲劳破坏的主要特征。

1)在金属构件中的交变应力远小于材料的强度极限的情况下，破坏就可能发生。

2)不管是脆性材料还是塑性材料，疲劳破坏在宏观上均表现为无明显塑性变形的突然断裂，这使得疲劳破坏具有很大的危险性。

3)疲劳破坏是一个损伤累积的过程，要经过一个时间历程。这个过程由三个阶段组成：裂纹形成、裂纹稳定扩展和裂纹扩展到临界尺寸时的快速断裂。观察疲劳破坏断口，有三个区域表明了这三个阶段：疲劳裂纹起源点，称为疲劳源；疲劳裂纹稳定扩展区，称为光滑区；还有呈现粗粒状的快速断裂区。

4)疲劳破坏常具有局部性质，而并不牵涉到整个结构的所有材料。影响金属材料疲劳极限的因素很多，除了材料本身的质量外，试件的形状、连接配合形式、表面状态及所处环境等等都对疲劳极限有影响。

由图 2.5 中的 $S-N$ 曲线可以看到，与光滑试件($K_t=1$)相比，存在有应力集中试件的疲劳极限要下降很多。应力集中是指受力时结构件中应力分布的不均匀程度。金属结构件表面或内部的缺陷处(如划伤、夹杂、压痕、气孔等)以及截面突变处(如螺纹、大小截面转接处等),都会在载荷作用下出现应力局部增大的现象,形成应力集中。应力集中的程度用应力集中系数 K_t 来表示,K_t 越大,表示构件局部出现的高应力比均匀分布时的应力大得越多。应力集中的地方往往会成为疲劳裂纹的起源点,产生疲劳裂纹,导致疲劳破坏。应力集中会使试件的疲劳极限大大下降,是影响疲劳强度的主要因素之一。所以,改进局部的细节设计,提高金属构件表面光洁度,减少热处理造成的各种小缺陷,都可以较明显地提高金属构件的疲劳极限,延长它的使用寿命。在使用中发现疲劳裂纹时,一般并不需要更换全部结构,只需更换损伤部分。在疲劳损伤不严重的情况下,有时只需要排除疲劳损伤,比如扩铰孔排除孔边裂纹、在裂纹尖端打止裂孔就可以了。

扩展阅读

国家科技进步二等奖 GH4169 合金

在航空航天领域,高温合金的应用尤为广泛。例如,高温合金可用于制造航空发动机的涡轮叶片、燃烧室等部件,以及航天器的液氢发动机喷嘴、液氢氧发动机喷管等。高温合金在这些部件中的应用可以延长其使用寿命、降低故障率、提高安全性能,对于保证航空航天飞行器的可靠性和安全性有重要意义。

GH4169 是一种镍基高温合金,由魏德洲和王琦等中国科学家在 20 世纪 80 年代初期开发成功。该合金具有优异的高温抗氧化、高温强度和耐腐蚀性能,广泛应用于航空航天领域的发动机、涡轮叶片、燃气轮机等高温零部件上。

GH4169 合金的研制过程非常艰辛。当时,中国的航空航天产业发展迅速,但高温合金等核心材料都需要从国外进口,成为了中国高科技产业发展的瓶颈。为此,中国科学家决定开展高温合金的研究,并以 GH4169 合金为重点开展了长达数年的研发工作。

在研发过程中,科学家们面临着种种挑战。GH4169 合金的制备需要使用高纯度的原材料和先进的熔铸技术,而这些技术当时都处于国内的空白状态,需要自主开发。此外,GH4169 合金的组织和性能之间存在着复杂的相互关系,需要进行大量的试验和分析,以寻找最佳的制备工艺和热处理方案。

经过多年的艰苦努力,中国科学家最终成功开发出了国产高温合金 GH4169,并在 1990 年获得了国家科技进步二等奖。GH4169 合金的研发成功填补了中国高温合金国产化的空白,为中国航空航天产业的发展作出了巨大贡献。同时,GH4169 合金的成功开发也为中国的高温合金研究提供了宝贵的经验和借鉴,推动了中国高温合金产业的发展。

2.2 碳钢和合金钢

钢是以铁和碳为主要成分的合金,它的含碳量一般在 0.02%~2.11%之间。

钢按化学成分分为碳素钢(简称为碳钢)和合金钢两大类。碳钢是由生铁冶炼获得的合金,除了铁、碳为主要成分外,还含有少量的锰、硅、硫、磷等杂质。合金钢是在碳钢基础上,有目的地加入某些元素(称为合金元素)而得到的多元合金。与碳钢相比,合金钢的性能有明显的提高。

2.2.1　钢的分类

1. 按用途分类

按用途钢可分为结构钢、工具钢和特殊性能钢三大类。

(1)结构钢。它用来制造各种工程结构和机器零件,包括渗碳钢、调质钢、弹簧钢和滚动轴承钢等。

(2)工具钢。它用来制造各种工具,包括刃具钢、模具钢和量具钢等。

(3)特殊性能钢。它包括不锈钢、耐热钢、耐磨钢等。

2. 按化学成分分类

按化学成分可将钢分为碳钢和合金钢。

(1)碳钢。按含碳量可将钢分为低碳钢(含碳量≤0.25%)、中碳钢(0.25%<含碳量≤0.6%)和高碳钢(含碳量>0.6%)。当钢的含碳量小于 0.9%时,随着钢中含碳量的增加,钢的强度、硬度直线上升,而塑性、韧性不断降低;当钢的含碳量大于 0.9%时,随着钢中含碳量的增加,不仅塑性、韧性进一步降低,钢的强度也明显下降。所以,工业中使用的碳钢含碳量一般不超过 1.3%～1.4%。

(2)合金钢。按合金元素含量可将合金钢分为低合金钢(合金元素总含量≤5%)、中合金钢(合金元素总含量在 5%～10%)和高合金钢(合金元素总含量>10%)。

按钢中所含主要合金元素种类不同,合金钢又分为锰钢、铬钢、铬镍钢、铬锰钛钢等。

按钢中所含有害杂质磷、硫的含量,可分为普通钢(含磷量≤0.045%、含硫量≤0.055%或磷、硫含量均≤0.050%)、优质钢(磷、硫含量均≤0.040%)和高级优质钢(含磷量≤0.035%、含硫量≤0.030%)。

2.2.2　钢的热处理

热处理是将固态金属或合金以一定的速度加热到一定的温度并保温一定时间,再以预定的速度进行冷却,以改变其内部金相组织,从而获得所需要性能的一种工艺过程(见图 2.6)。温度和时间是影响热处理的主要因素。

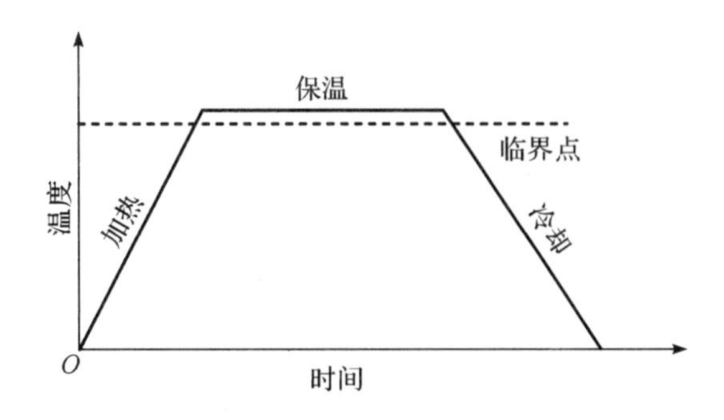

图 2.6　钢的热处理工艺曲线

1.钢热处理方法的分类

钢的热处理分为以下几种基本类型。

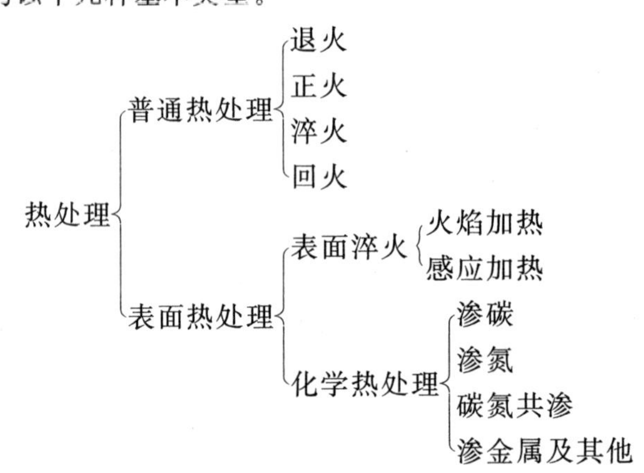

在实际生产中又将热处理分为预备热处理和最终热处理。为使加工的零件满足使用性能要求而进行的热处理,如经过淬火后的高温回火,叫做最终热处理;而为了消除前一道工序造成的某些缺陷,或为后面的加工、最终热处理做好准备的热处理叫做预备热处理。比如,改善锻、轧、铸毛坯组织的退火或正火以及消除应力,降低工件硬度、改善切削加工性能的退火等。

2.热处理过程中钢组织的转变和钢热处理的临界温度

在室温下钢的组织基本上是由铁素体(Fe)和渗碳体(Fe_3C)两相组成。铁素体(Fe)强度、硬度低,塑性和韧性高。渗碳体(Fe_3C)熔点高,硬而脆,强度也不高。在以铁素体为基体的铁碳合金中,渗碳体是一种强化相。渗碳体越多,分布越均匀,材料的强度和硬度就越高。热处理的第一步是将钢由室温加热到一定的温度并保温一定的时间,使其组织由铁素体和渗碳体的混合物转变为均匀的奥氏体(A)。奥氏体(A)有良好的塑性,但强度和硬度不高,没有磁性。钢组织由铁素体和渗碳体的混合物转变为单一奥氏体组织的温度称之为钢热处理的临界温度。只有钢呈奥氏体(A)状态,才能通过不同冷却方式使其转变为不同的组织,从而获得所需要的性能。

热处理的第二步是将均匀的单相奥氏体以不同的冷却速度(例如随炉冷却、空气冷却、油冷却和水中冷却等)冷却到室温,从而得到不同的组织,获得所需要的性能。冷却过程是钢热处理的关键,它对控制钢在冷却后的组织与性能具有决定性的意义。

同一钢种在相同加热条件下获得的奥氏体组织,以不同的冷却条件冷却后,钢的机械性能有着明显的不同,45 钢经 840 ℃加热后,不同条件冷却后的机械性能见表 2.2。

表 2.2 45 钢经 840 ℃加热后,不同条件冷却后的机械性能

冷却方法	$\sigma_b/(MN\cdot m^{-2})$	$\sigma_s/(MN\cdot m^{-2})$	$\delta/(\%)$	$\psi/(\%)$	HRC
随炉冷却	530	280	32.5	49.3	15~18
空气冷却	670~720	340	15~18	45~50	18~24
油中冷器	900	620	18~20	48	40~50
水中冷却	1 100	720	7~8	12~14	52~60

3.普通热处理

(1)退火。退火是将钢加热到临界温度以上30～50 ℃,保温一段时间后,以十分缓慢的速度进行冷却(通常是随炉冷却)的热处理工艺。

退火热处理可以达到以下目的。

1)改善或消除钢在铸造、锻造或焊接后,成分和组织的不均匀性。

2)降低硬度,以便于切削加工。

3)提高塑性,以便于冷变形加工。

4)细化组织晶粒,改善性能,消除应力。

有些退火操作不一定发生相变重结晶现象,比如去应力退火。它主要是用于消除铸件锻件或焊接件、冷冲压件以及机加工件中的残余应力,防止工件在以后机械加工或使用过程中产生变形或开裂。去应力退火的工艺是将工件缓慢加热到临界温度以下的某一温度(通常为600～650 ℃),保温一定的时间,然后随炉缓慢冷却到200 ℃,再出炉冷却至室温。去应力退火的加热温度低于临界温度,也叫低温退火。在去应力退火过程中,钢并不发生相变,残余应力主要是在保温时消除的。

(2)正火。将钢加热到临界温度以上30～50 ℃,保温一定的时间,在空气中冷却的热处理工艺叫正火。

正火与退火不同之处,主要在于正火的冷却速度较快。正火后钢的强度、硬度和韧性都比退火后的要高,而且塑性也不降低。因为正火后钢的性能更好,操作又简单,生产周期短,设备利用率高,所以在生产中得到广泛的应用。

(3)淬火。把钢加热到临界温度以上,经适当保温后,快速冷却到室温(常用的淬火工质有盐水、清水和油液),从而获得马氏体组织的一种热处理工艺叫淬火。

淬火热处理冷却速度很快,使奥氏体中碳原子来不及析出,就形成了碳原子过饱合的固溶体,也就是马氏体。淬火后得到的马氏体经过不同温度的回火处理,可获得不同的组织,从而使钢材具有不同的机械性能。所以,钢淬火的主要目的是为了获得马氏体,为后面进行的回火处理做好组织准备;而钢淬火后,必须进行回火处理,提高钢的强度和硬度,获得所需要的各种机械性能。

(4)回火。将淬火处理后的钢加热到临界温度以下的某个温度,保温一定的时间,然后以选定的冷却速度(空气冷却、油中冷却或水中冷却)冷却到室温的热处理工艺叫回火。它是紧接淬火处理的一道热处理工序。

回火的目的有以下3方面。

1)改善淬火所得到的马氏体组织,以调整改善钢的性能。

2)使淬火所得到的马氏体变成稳定组织,保证工件在使用过程中,形状和尺寸不再改变。

3)消除淬火热处理在工件中产生的内应力,防止工件变形或开裂。

回火热处理分为低温回火、中温回火和高温回火。淬火和高温回火相结合的热处理也称为调质处理。钢材经调质处理后,硬度值与正火后的很接近,但塑性和韧性却显著地超过了正火状态(见表2.3)。所以,一般重要的结构零件都以调质处理作为最终热处理。调质处理也可以作为表面淬火和化学热处理的予先热处理。

表2.3　45钢经调质和正火后的性能比较

热处理状态	σ_b/(MN·m^{-2})	δ/(%)	α_k/(J·cm^{-2})	HB	组　织
正火	700～800	15～20	50～80	163～220	珠光体＋铁素体
调质	750～850	20～25	80～120	210～250	回火索氏体

4.表面热处理

有些钢零件是在弯曲、扭转等循环载荷、冲击载荷以及摩擦条件下工作的。这时，零件的表层承受着比心部高的应力，而且表面还要不断地被磨损。因此，这种零件的表层必须得到强化，使其具有高的强度、硬度、耐磨性和疲劳极限，而心部为了承受冲击载荷，仍应保持足够的塑性和韧性。在这种情况下，就可以对零件进行表面热处理。

(1)表面淬火。它通过快速加热使钢表层的温度达到临界温度以上，而不等热量传到中心，立即予以淬火冷却，其结果是表面获得硬而耐磨的马氏体组织，而心部仍保持着原来塑性、韧性较好的退火、正火或调质状态的组织。这是一种不改变钢表层化学成分，只改变表层组织的局部热处理方法。

(2)化学热处理。化学热处理是把钢零件置于某种介质中，通过加热和保温，使介质分解出某些元素渗入工件表层，既改变零件表层的化学成分，又改变零件表层组织的一种表面热处理方法。通过化学热处理，可以达到以下两个目的。

1)强化表面，提高工件表层的某些机械性能，如表面硬度、耐磨性、疲劳极限等。

2)保护工件表面，提高工件表面的物理、化学性能，如耐高温及耐腐蚀等。

2.2.3　合金钢

为了改善钢的机械性能或使其具有某些特殊的性能，有目的地往钢中加入合金元素得到的钢材叫合金钢。常用的合金元素有锰(Mn含量大于0.8%)、硅(Si含量大于0.5%)、铬(Cr)、镍(Ni)、钨(W)、钼(Mo)、钒(V)、钛(Ti)、铌(Nb)和稀土元素(Re)等。

1.合金元素的作用

合金元素可溶于碳钢的铁素体(Fe)中，有明显的强化作用，所以合金元素可以提高钢的强度、硬度。而且，只要将合金元素的含量控制在一定范围内，在强度、硬度提高的同时，钢的韧性并不降低，特别是Cr，Ni在适当含量范围内，还能提高钢的韧性。

合金元素提高了淬火钢的回火抗力，可以使钢在调质处理后获得更好的综合机械性能。合金元素增加了碳钢的淬透性，降低钢淬火的临界冷却速度，从而减少淬火过程中工件变形与开裂倾向；另一方面，可增加大截面工件的淬透层深度，从而获得较高的、沿截面均匀的机械性能。

另外，合金元素还能使钢获得某些特殊性能，比如抗腐蚀、耐高温等。

2.合金钢的牌号表示法

合金钢牌号的编号原则是前面两位数字表示合金钢平均含碳量(单位是0.01%)，后面加合金元素符号及其平均含量(单位是1%)，当合金元素含量小于1.5%时，表示平均含量的数字可以省略。若元素含量等于或大于1.5%，2.5%，…时，则元素符号后的数字为含量的近似值，即为2，3，…。若是高级优质钢，则在钢号末尾加“A”字。

例如：

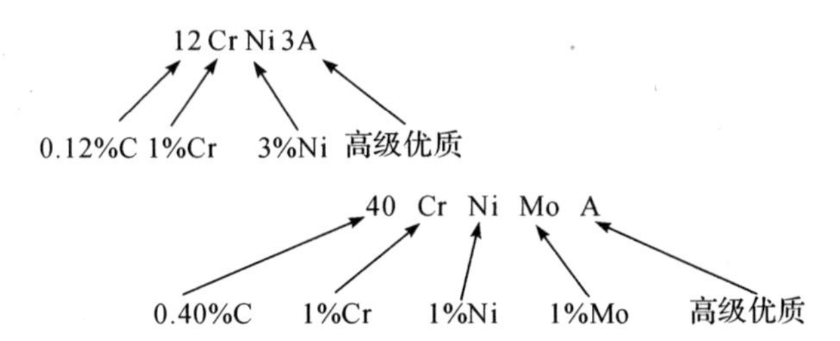

合金工具钢若含碳量大于1％，则表示含碳量的数字可以省略；若含碳量小于1％，应标出含碳量，单位是0.1％。例如：

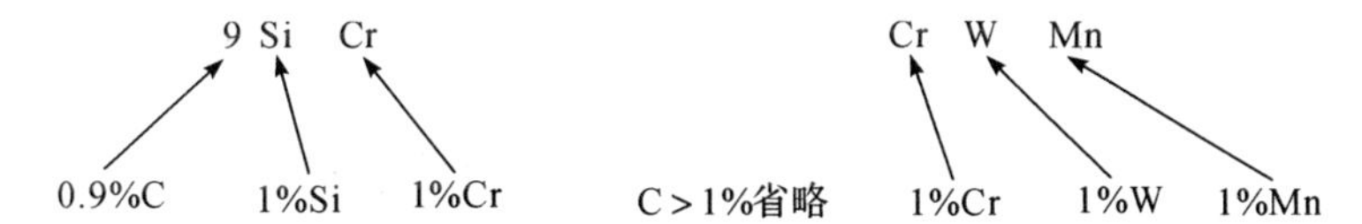

美国的一般碳钢和合金钢都用4个数字的系列符号来表示。前两位数字表示钢的类型，其中第二位数字通常给出主要合金元素的含量（单位为1％），最后两位数字表示钢的平均含碳量（单位为0.01％）。

10××标识符号表示普通钢。比如SAE1010和SAE1030表示普通低碳钢，后两位数字10，30分别表示钢的平均含碳量为0.10％和0.30％（SAE为美国汽车工程师协会缩写，是主办确定钢材标识符号的单位之一）。

2×××标识符号表示镍合金钢系列。比如SAE2330表示含镍合金元素3％，平均含碳量为0.30％的合金钢。

3×××标识符号表示镍铬合金钢系列。比如SAE3310表示含镍合金元素3.5％，平均含碳量为0.10％的合金钢。

41××标识符号表示铬钼合金钢系列。比如SAE4130表示含钼合金元素1％，平均含碳量为0.30％的合金钢。

43××标识符号表示镍铬钼合金钢系列。比如AIS4340表示含有镍、铬、钼合金元素，平均含碳量为0.40％的合金钢（AIS1为美国钢铁学会缩写，是主办确定钢材标识符号的单位之）。

9×××标识符号表示硅锰合金系列。比如SAE9210表示含硅合金元素2％，平均含碳量为0.10％的合金钢。

2.2.4　航空工业中使用的钢材

在航空工业中广泛使用合金结构钢制造飞机、发动机的主要零件。使用的主要合金钢有渗碳钢、调质钢和低合金超高强度钢，另外还有不锈钢和耐热钢材。

1.渗碳钢

渗碳钢是一类重要的结构钢。这类钢的特点是：在合金结构钢表面进行渗碳处理，以达到构件内部材料有较高的强度、韧性和抗疲劳强度，而表面又具有较高的硬度和耐磨性，多用来制造齿轮、传动轴、销子等。

12Cr2Ni14A，18Cr2N4WA 等都是在航空器上普遍使用的渗碳钢。前者多用来做齿轮小的传动轴、销子等；后者多用来做大截面、高负荷、高抗磨及良好韧性要求的重要零件，如发动机曲轴、齿轮等。

2. 调质钢

调质钢是合金结构钢中使用最广泛的一类钢材，也是在航空工业中使用最多的合金结构钢。航空工业中常用的调质钢有以下两种。

(1)40CrNiMoA：这种钢在调质处理后，综合机械性能好，在具有相当高的强度同时，又具有良好的韧性，广泛用于制造高负荷、大尺寸的轴零件，比如，发动机的涡轮轴、曲轴、螺旋桨轴及直升机旋翼轴等。

(2)30CrMnSiA：这种钢经调质处理后，可获得相当高的强度(σ_b=1 080～1 275 MPa (110～130 kgf · mm^{-2}))，工艺性能好，价格便宜，在航空工业中使用较多。但它的淬透性不大，韧性也较小。它广泛用于制造飞机起落架、连接件、发动机架、大梁、螺栓等。

3. 超高强度钢

超高强度钢一般是指强度极限 σ_b>1 470 MPa(150 kgf · mm^{-2})的合金钢。目前在航空工业中使用最广泛的是低合金超高强度钢。表 2.4 所列为一些低合金超高强度钢的名义成分和典型性能。

表 2.4　一些低合金超高强度钢的名义成分和典型性能

牌　号	化学成分/(%)							σ_b/MPa	K_{IC}/(MPa · m$^{1/2}$)
	C	Si	Mn	Ni	Cr	Mo	V		
AISI4340	0.4	0.3	0.7	1.8	0.8	0.25		1 800～2 100	57
300M	0.4	1.6	0.8	0.8	0.8	0.4	0.08	1 900～2 100	74
35NCD16	0.35		0.15	4.0	1.8	0.5		1 860	91
D6AC	0.4	0.3	0.9	0.7	0.2	1.1	0.1	1 900～2 100	68
30CrMnSiNi2A	0.3	1.0	1.2	1.6	1.0			1760	64
40CrMnSiMoVA	0.4	1.4	1.0		1.4	0.5	0.1	1 800～2 000	71

30CrMnSiNi2A 钢是航空工业中使用较为广泛的低合金超高强度钢，它是在 30CrMnSiA 调质钢中增加了 1.4%～1.8%的 Ni 而制成，用于制造受力最大的重要飞机结构件，如起落架、机翼大梁、重要连接件、螺栓等。这种钢材的缺点是韧性相对较低，对应力集中比较敏感。所以，用这种钢材制成的零构件，在几何形状上都应采取光滑过渡，绝对要避免尖角的出现；构件表面质量要高，不能有压坑、冲眼等缺陷存在；经磨削或校形后，应在 200～250 ℃进行去应力回火；在进行表面处理时，一定要防止氢脆。

40CrMnSiMoVA 钢是在 30CrMnSiNi2A 钢成分的基础上进行改进而制成的，其强度和韧性都有所改进。AIS4340 钢是研制比较成功的低合金高强度钢，它不仅具有高强度和高延性，而且具有较高的抗疲劳、抗蠕变性能。但当 4340 钢在强度达到 1 800～2 100 MPa (183～214 kgf · mm^{-2})时，断裂韧性 K_{IC} 仅有 57 MPa · m$^{1/2}$(184 kgf · mm$^{-3/2}$)。在 4340

钢的基础上加入1.6%的Si和少量的V,并略微提高C和Mo的含量,得到了300M钢,其韧性比4340钢有较大的提高。

4.航空工业中使用的不锈钢

能在一定的介质(如水分、空气、酸、碱和盐等)中,不产生腐蚀或抗蚀性较好的钢称为不锈钢。在钢中加入一定量的铬(Cr)、镍(Ni)等合金元素,可以提高钢的抗腐蚀性能,制成不锈钢。

铬的作用:在钢中加入铬元素的含量达到12%时,可以明显减小碳化物与铁素体之间的电极电位差;若含铬量再增加,达到一定值时,还可以使钢在常温下成为单相铁素体组织。因此,在碳钢中加入一定量的铬合金元素,大大减少了发生电化学腐蚀的可能性,提高了碳钢的抗电化学腐蚀的能力。另外,铬还能在钢表面形成起保护作用的氧化膜(Cr_2O_3)使钢与周围介质隔离,阻止钢进一步氧化。

镍的作用:在钢中加入一定量的镍元素,可以使钢在常温下成为单相奥氏体组织,避免形成微观腐蚀电池,提高了钢的抗电化学腐蚀的能力。加入锰、氮元素也有类似的作用。在航空工业中常使用的不锈钢有马氏体不锈钢(Cr13)和奥氏体不锈钢(18-8型不锈钢)。

5.航空工业中使用的耐热钢材

飞机上涡扇发动机的零部件大部分都是在高温和极其复杂的载荷条件下工作的。部件还要承受燃气中常含有的SO_2,SO_3及H_2S等腐蚀性气体的作用。在这样条件下工作的钢部件常常会发生以下3种情况。

(1)金属发生高温腐蚀。在高温下金属极容易与周围介质直接进行化学反应生成氧化皮,金属又会在潮湿含有有害物质的空气中发生电化学腐蚀。既有高温氧化,又有电化学腐蚀,称为高温腐蚀。

(2)金属在高温下发生蠕变。蠕变是金属在一定的温度和应力共同作用下,产生的随时间逐渐增大的塑性变形。金属的蠕变与温度、载荷和时间有着密切的关系。温度和载荷达到一定值,才可能发生蠕变,而且温度越高,载荷越大,时间越长,蠕变量越大。

(3)金属会产生裂纹或断裂。镍基耐热合金、钼基合金和金属陶瓷具有较高的热稳定性和热强度,可用来制造在高温下工作的零部件,是航空工业中主要使用的耐热材料。

扩展阅读

武钢牌合金钢

1984年,中国钢铁工业面临着严峻的挑战。当时,全国钢铁生产技术水平不高,钢材品质低劣,大量依靠进口。为了改变这种状况,中国钢铁工业开始大规模引进国外先进技术,并在此基础上进行自主创新。

在这一背景下,武汉钢铁集团公司启动了一项名为"武钢牌"合金钢的研发项目。由于钢铁生产技术水平相对落后,武汉钢铁集团研究团队经历了无数次失败和挫折,不断探索新的制钢方法和合金化工艺。

在一次重要的试验中,武汉钢铁集团研究团队尝试了一种特殊的冷却方式,将高温钢坯投入冷却槽中冷却,结果出乎意料地获得了优异的组织结构和性能。然而,这个方法的实施却面临着巨大的技术难题,必须克服钢材变形、开裂等问题。在长期的研究和实践中,武汉钢铁集团科研人员和技术工人们不断探索、实验，最终克服了技术上的重重困难，成功地实现了批量生产。

1988 年，武汉钢铁集团公司正式推出了“武钢牌”钢材。这种钢材具有高强度、高韧性、高耐磨性等优异性能，得到了国内外市场的广泛认可。至今，“武钢牌”钢材已成为中国钢铁产业的代表性产品，被广泛应用于桥梁、汽车、机械等领域。

这个故事告诉人们，创新不是一蹴而就的过程，需要长期的积累、探索和实践。通过不懈的努力和不断地尝试，才能突破技术瓶颈，取得重大的科研成果和产业进步。

2.3 有色金属

铝、镁、钛、铜、锡、铅、锌等金属及其合金都属于有色金属。有色金属分为轻有色金属和重有色金属。铝、镁、钛及其合金属于轻有色金属，铜、锡、铅等属于重有色金属。在航空工业中应用最多的是轻有色金属。在飞机结构总重中，轻有色金属约占 80%，其中铝合金约占 75%。轻有色金属之所以能够在飞机结构中得到广泛的应用，主要的一个原因是它的强度、刚度虽然还比不上结构钢，但它的比重小，使它的比强度（强度/比重）大，比刚度（弹性模量/比重）与结构钢不相上下，见表 2.5。

表 2.5 轻合金与结构钢的比强度、比刚度比较

合金种类	比重 γ $(10^{-3}\,MPa\cdot m^{-1})$	抗拉强度 σ_b/MPa	比强度 $(\sigma_b/\gamma)/10^3\,m$	弹性模量 E/MPa	比强度 $(E/\gamma)/10^6\,m$
铝合金	27	490～588	18～21	70.6×10^3	2.60
镁合金	18	245～275	14～16	44.1×10^3	2.50
钛合金	44	980～1 177	22～27	110.8×10^3	2.50
结构钢	77	980～1 177	12.7～15	205.9×10^3	2.65
超高强度钢	77	1 569～2 954	20.3～25	205.9×10^3	2.65

2.3.1 铝和铝合金

1. 工业纯铝

工业纯铝是银白色的金属，它的比重约为 26.5×10^{-3} $MPa\cdot m^{-1}$（$2.7\ g\cdot cm^{-3}$），仅为钢铁比重的 1/3。它的导电性、导热性很高，热膨胀性较大，在 20 ℃时的线膨胀系数约为铁的两倍。纯铝还有良好的反辐射热性能，受到辐射热时，温度升高慢，常用作涡轮喷气发动机的隔热铝箔。

纯铝在大气中具有良好的耐蚀性。这是因为纯铝与氧有很强的亲合力，与空气中的氧作用，在铝表面生成均匀而致密的 Al_2O_3 薄膜，将铝和空气隔绝起来。纯铝的强度很低，但塑性很高，可以进行冷压加工。纯铝在航空工业中主要用途是：冶炼铝合金，作铝合金表面的包复材料，制作铆钉、铝箔，代替铜做导电材料。

纯铝牌号为 1×××1050A(纯度达 99.50%)、1035(纯度达 99.35%)、1200(纯度达 99.00%)。

2. 铝合金

(1)铝合金分类如下。

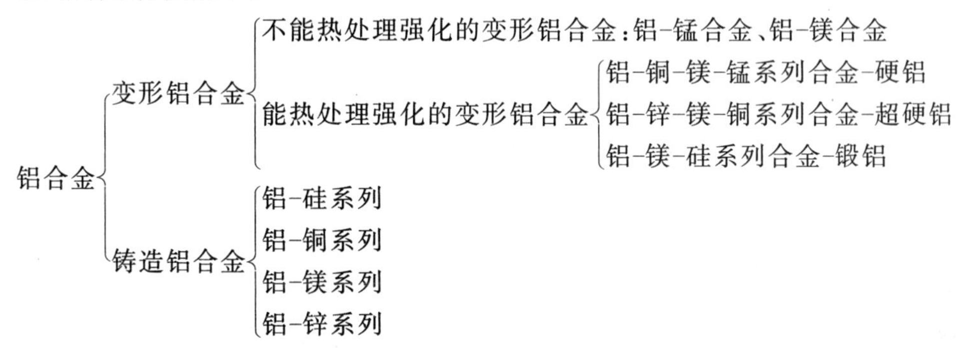

为了提高纯铝的强度,在纯铝中加入镁、锰、铜、锌、硅等合金元素,制成铝合金。合金按其成分和工艺特点可分为变形铝合金和铸造铝合金两大类。具有良好的塑性,变形加工的铝合金,称为变形铝合金。液态时流动性较好,适于铸造成形的铝合金,称为铸造铝合金。

变形铝合金又分为不能热处理强化的和能热处理强化的两种。在加热和冷却过程中,固溶体不发生成分的改变,不能通过热处理的手段来强化,称为不能热处理强化的变形铝合金。在加热和冷却过程中,发生组织变化,会析出强化相,可以通过热处理的手段进行强化,称为能热处理强化的变形铝合金。

(2)铝合金的热处理。

1)退火。变形铝合金的退火主要是再结晶退火。通常是加热到 350~450 ℃之间,保温后,在空气中冷却,目的是恢复塑性,便于继续加工。飞机蒙皮钣金件、导管等形状复杂,往往要经过几次冷压加工成型。若冷压加工后,由于加工硬化、塑性降低、强度提高,难以继续加工成型,就要进行再结晶退火。所以,再结晶退火也称为中间退火。

对于不能用热处理强化的铝合金,冷变形加工后,要在保持加工硬化效果的基础上消除内应力,可以进行"去应力退火"。"去应力退火"的加热温度在再结晶退火的温度之下,通常是 180~300 ℃,保温后,在空气中冷却。目的是消除内应力,适当增加塑性。

2)淬火。铝合金淬火的目的是得到过饱和的固溶体,提高强度和硬度。所以铝合金的淬火也称为固溶处理。

常温下,铝合金组织是由 α 和 β 两种基本相组成,随着温度的升高,合金元素在 α 固溶体中的溶解度加大,加热到一定的温度(临界温度以上),β 相全部溶解到 α 固溶体中,这时,再将铝合金从高温迅速(水冷)冷却到室温,合金元素来不及从 α 相中析出,于是就形成了过饱和的 α 固溶体。这种固溶体强度比退火状态略高一些,而塑性仍然很好。所以淬火状态的铝合金仍可以进行冷变形加工。但这种过饱合的固溶体是不稳定的,经过一段时间才能达到稳定,并使铝合金强度大大提高,这种现象叫做"时效"。

3)时效处理。铝合金淬火后得到的过饱和固溶体是不稳定的组织,总是趋向于将过饱和的部分以一定形式析出,生成金属化合物。在一定温度下,随着时间的增长,析出过程会使铝合金的强度、硬度得到明显的提高。这种淬火后的铝合金,在一定温度下,随着时间的增长，强度和硬度得到提高的现象，称为铝合金的时效。由此可见，铝合金的热处理强化是通过固溶强化和时效强化达到的，而且时效强化的效果最为显著。

铝合金的时效分为自然时效和人工时效两种。自然时效就是把淬火后的铝合金放在室温下进行时效(时效温度约为 20 ℃)。这种时效进行较慢，要经 4～5 天后，强度可接近最高值。自然时效在开始的几个小时内，铝合金的强度无明显增加，称为“孕育期”。生产上常利用孕育期对铝合金进行各种冷变形加工，或对淬火的变形进行校正。人工时效就是将淬火后的铝合金再加热到一定的温度进行时效。人工时效进程较快，时效温度越高，时效过程进行得越快，但最后铝合金达到的强度值越低。

若将淬火后的铝合金放在较低温度(例如－50 ℃)下，过饱和固溶体中的合金元素原子活动能力极小，所以，时效进行得极慢，铝合金的强度随时间增加几乎不发生变化。生产上利用这一特性进行冷冻储藏，即把大批钣料、成品(如铆钉)等淬火后，放在冷箱中冷冻，需要时再取出来进行冷变形加工，而不必在加工前临时进行淬火。如果从冷藏中取出的零件因故没有在孕育期内完成加工，零件在室温下已经开始了自然时效，那么将其放回冷藏室之前，必须进行回归处理。回归处理就是将已时效硬化的零件重新加热到 200～270 ℃短时间保温，然后在水中急冷。经回归处理后的铝合金件与新淬火的铝合金件一样，在室温回归处理下仍能进行正常的自然时效。但每次回归处理后，其强度都有所下降，所以次数以 3～4 次为限。

4)铝合金状态代号见表 2.6。

表 2.6　铝合金状态代号

代　号	名　称	状态代号	热处理状态
F	自由加工状态	T3	固溶、冷作、自然时效
O	退火状态	T4	固溶、自然时效
H	加工硬化状态	T6	固溶、人工时效
W	固溶热处理状态	T7	固溶、过时效
T	热处理状态(不同于 F，O，H 状态)	T8	固溶、冷作、人工时效

常见的 TXX 状态

状态代号	说明与应用
T73	固溶及时效以达到规定的力学性能和抗应力腐蚀性能
T74	与 T73 状态定义相同。抗拉强度大于 T73，小于 T76
T76	与 T73 状态定义相同。抗拉强度大于 T73，T74，抗应力腐蚀性能低于 T73，T74，但抗腐蚀性能仍较好

(3)变形铝合金。按照性能和用途不同，变形铝合金可分为防锈铝合金、硬铝合金、超硬铝合金和锻铝合金四类。

表 2.7 所列为国际变形铝合金的标记法。其中，铝锰合金(3000 系列)和铝镁合金

(5000系列)是防锈铝合金,铝铜合金(2000系列)是硬铝合金,铝锌合金(7000系列)是超硬铝合金,而铝镁硅合金(6000系列)是锻铝合金。

表2.7 国际变形铝合金的标记法

合金系	四位数字标记	合金系	四位数字标记
>99.00%铝	1×××	铝镁硅	6×××
铝铜	2×××	铝锌	7×××
铝锰	3×××	其他	8×××
铝硅	4×××	备用	9×××
铝镁	5×××		

1)防锈铝合金(3×××、5×××系列)。铝锰合金和铝镁合金具有很高的抗蚀性,称为防锈铝合金。它们都属于不能热处理强化的铝合金,为了提高强度,应采用加工硬化。

常用的铝锰防锈铝合金是21号防锈铝,牌号为3A21。它的抗蚀性很高,接近纯铝;强度不高,塑性好,焊接性能好,切削加工性能差,在飞机上主要用来制造油箱、油管、铆钉等。

常用的铝镁防锈铝合金是5A02,5A06和5B05。它具有较高的抗蚀性、良好的塑性和焊接性,这些都与3A21接近。由于镁的固溶强化效果比较明显,所以它的强度比3A21高,而且比重小、抗疲劳性能好,因而在飞机上用来制造油箱、油管、铆钉和中等强度的冷压、焊接结构件。

2)硬铝(2×××系列)。硬铝基本上是铝铜镁合金。铜和镁是硬铝中主要的合金元素。硬铝合金是一种比重较小而强度较高的合金,它的比重$\gamma=27\times10\mathrm{MPa}\cdot\mathrm{m}^{-1}(2.8\ \mathrm{g}\cdot\mathrm{cm}^{-3})$,而强度在淬火时效后可达到$\sigma_b=460$ MPa,而且韧性和抗疲劳性能较好,特别是自然时效状态比人工时效状态抗疲劳性能更好,断裂韧性更高。它又具有良好的塑性,可以进行压力加工。另外,淬火后有一个时效孕育期,给变形加工带来一些便利。所以,硬铝合金是在航空工业中使用最早、最广泛最重要的一类合金。

硬铝合金在使用中有一些问题,必须注意以下事项。

a.抗蚀性能差,对应力腐蚀、晶间腐蚀都比较敏感。因此,使用时应进行防腐保护。

b.熔焊性能差。熔焊时有形成结晶裂缝的倾向。所以,飞机上硬铝零件的连接大都采用铆接。

c.淬火温度范围很窄。误差大约在5~10 ℃范围内。低于要求温度,得到的固溶体饱和度不足,不能发挥最佳的时效效果;超过要求温度,则会产生晶界熔化,因此控制温度比较困难。

d.淬火处理时,在要求的温度下保温热透后,从炉中到淬火介质的转移时间不能过长(一般不超过15 s),以求得到细化的晶粒,否则,会降低材料抗晶间腐蚀的能力。

飞机结构上常用的硬铝合金有以下几类。

a.2024硬铝。它含有较多的铜镁合金元素,具有较高的强度和硬度。热处理方法是淬火后在室温下经4~5天自然时效,可得到较高的抗拉强度和韧性;淬火后,人工时效可得到较高的屈服强度和耐蚀性能。淬火后，在室温下有 1.5 h 孕育期，可在这段时间内进行变形加工。

国内使用较多的是 2A12 硬铝合金，它在成分和性能方面与美国常用硬铝 2024 相近。通常用来制造蒙皮、大梁、隔框、翼肋等主要受力构件。

b. 2017 硬铝。它含有中等数量的铜镁合金元素，硬度、强度比 2024 低，但塑性高，易于进行冷压成型。热处理方法是淬火后在室温下自然时效。孕育期约为 2 h。我国的 2017A 硬铝合金在成分和性能方面与美国的 2017、英国的 DTD50A 相近。通常用来制造中等强度、形状复杂的结构件，如蒙皮、桁条、操纵拉杆和铆钉等。

c. 超硬铝(7075)。为了进一步提高铝合金的强度，在硬铝基础上加入 4%～8%的金属锌 Zn，形成的铝锌镁铜合金叫超硬铝合金。它属于高强度变形铝合金。

我国 7A09 超硬铝合金在成分和性能方面与美国常用的超硬铝 7075 相当。7075 超硬铝合金在 T6 热处理状态具有最高强度，抗拉强度 σ_b 可达 580 MPa，但断裂韧性较低，抗应力腐蚀能力差，缺口敏感性也较大。在 T73 热处理状态下，抗拉强度和屈服强度均比 T6 状态低，但具有耐应力腐蚀的性能和比较高的断裂韧性。为了防止腐蚀，7075 材料的零件表面应有保护层。

与 2024 硬铝合金相比，7075 超硬铝的强度极限和屈服极限都比较高，但它的断裂韧性和抗疲劳性能并没有随着强度性能改善而成比例地提高，缺口敏感性也较大。所以在飞机结构中，以承受拉应力为主，要求有较好抗疲劳性能的机翼下翼面的长桁、蒙皮和机身蒙皮一般都采用 2024 材料制成。虽然强度低了一些，但疲劳性能却得到提高。7075 强度高，而且屈服极限高，可以提高结构件承压失稳的能力。所以，承受载荷较大，又要求有较高失稳应力的构件多用 7075 材料。

7075 合金可以用来制造飞机上重要受力构件，如机翼大梁，机翼上翼面的蒙皮、桁条，机身的桁条、隔框、翼肋、主要接头等。

(4)锻造铝合金。锻造铝合金是铝-镁-硅系列铝合金，可以通过热处理进行强化。主要特点是加热时有良好的塑性，便于进行锻造成型。它的硬度与硬铝相近，具有良好的耐腐蚀性。

这类铝合金热处理方法是淬火后在室温下自然时效，得到的合金具有很好的耐腐蚀性能如果淬火后进行人工时效，可以提高合金的强度性能，但会使合金产生晶间腐蚀的倾向。

我国常用的锻造铝合金是 6A02，它在成分和性能上与美国的 6151 锻铝合金相当。

锻造合金在飞机上多用来制造对加工塑性和耐蚀性要求较高的锻件，如发动机一些零件、直升机桨叶、摇臂、框架及接头等。

(5)铸造铝合金。按照化学成分不同，铸造铝合金可分为 Al－Si 系、Al－Cu 系、Al－Mg 系、Al－Zn 系 4 大类。其中前 3 种应用比较广泛。

铸造铝合金代号是 ZL 加三位数字。第一位数字 1，2，3，4 分别代表 Al－Si、Al－Cu 系、Al－Mg 和 Al－Zn，后两位数字是合金的顺序号。例如：ZL102 代表顺序号为 2 的 Al－Si 系铸造铝合金。

铸造铝合金的特点是铸造性能好，可进行各种成型铸造。它的优点是比重小，比强度较高，有较高的抗蚀性和耐热性。不足之处是容易吸收气体形成气孔，组织较粗大，一般的说，塑性、韧性不如变形铝合金。这种合金主要用来制造形状复杂、受力较小的零件，如油泵等附件壳体和仪表零件、发动机机匣和附件壳体等。

2.3.2　钛和钛合金

1. 纯钛

纯钛是银白色金属，它的比重 $\gamma=44\times10^{-3}$ MPa·m^{-1}(4.5 g·cm^{-3})，只有钢的57%左右。

抗蚀能力很强，在550 ℃以下，钛表面形成致密氧化膜，能阻止内部金属进一步氧化。它的抗海水及蒸气腐蚀的能力很强，甚至超过不锈钢。对硝酸、稀硫酸、碱溶液都能抗蚀，但却易受氢氟酸、浓硫酸的腐蚀，尤其是氢氟酸对钛有强烈的损坏作用。

纯钛的强度不高，塑性好，但杂质氧、氮、氢、碳、硅、铁等会使钛的强度大大提高而塑性有所降低。其中氢的影响最严重，含量超过0.015%，便引起显著的氢脆。所谓氢脆，就是进入钛的氢原子会在缺陷处聚集，并形成氢分子或金属氢化物，其体积逐渐增大，造成很大压力，使钛发生脆断。进入钛中的氢可能是由于酸洗、电解或腐蚀反应所产生的氢造成的，也可能是因为金属与氢接触所引起的。钛中的氢可以通过在真空中加热进行排除。

钛的工艺性能差，难以进行切削加工，在热加工中，又容易吸收氧、氢、氮等杂质，使强度增加，塑性降低，压力加工困难，并易出现裂纹。所以钛的生产成本较高。

2. 钛合金

钛合金的比重较小，而强度几乎接近合金钢，抗蚀性又不低于不锈钢，在400 ℃以下，机械性能变化很小，耐热性大大超过铝合金。

航空工业中使用较多的钛合金是TC4合金。这类合金属于钛铝钒系合金，它具有较好的综合机械性能，在400 ℃下组织稳定，有较高的热强度。合金的热塑性良好，适用于锻造和锻压成型，可用多种方法焊接，接头强度可达基体强度的90%。

TC4在航空工业中主要用来制造在400 ℃以下工作的部件，如压气机盘、叶片及飞机结构零件，如隔热板等。

为了提高TC4的耐热性和强度，在TC4基础上，又加入了锡、铜、铁等元素，形成了一种新的钛合金TC10。这种合金的强度、耐热性都比TC4高，淬透性也比TC4要大，可用来制造在450 ℃以下工作的零件。

扩展阅读

中国冶金工业的一项伟大创举——“铜水火法”

20世纪70年代，中国开始了铜冶炼和加工产业的建设。当时的中国并没有足够的技术和设备来进行铜的冶炼和加工，因此需要从国外引进技术和设备。但是，由于国际政治环境的限制，中国无法购买到现成的铜冶炼和加工设备。

为了解决这个问题，中国工程技术人员和科学家开始了自主研发。经过多年的努力，他们终于开发出了一种名为“铜水火法”的新型铜冶炼技术，这项技术被誉为“中国冶金工业的一项伟大创举”。

“铜水火法”技术不仅实现了对铜矿的高效利用，而且还将铜冶炼和加工过程中的废气、废水和废渣等污染物降到了最低限度，大大降低了对环境的污染。此后，“铜水火法”技术在国内铜工业得到广泛应用，大大促进了中国铜工业的发展。

这个故事告诉人们，技术创新是推动产业发展的重要动力。在资源匮乏的情况下，中国科技工作者依靠自主研发和技术创新，成功开发出了“铜水火法”等一系列新技术，让中国的铜冶炼和加工产业走上了发展的快车道。通过技术创新，人们可以在资源有限的情况下，实现科技强国的崛起。

2.4 复合材料和非金属材料

2.4.1 复合材料和蜂窝夹层结构

1. 复合材料

(1)复合材料概述。由两种或两种以上的组分材料组成，各组分材料基本上仍保持其原来各自的物理和化学性质，彼此之间有明显界面的材料称为复合材料。组成复合材料的组分材料中，有一种材料起增强(韧)作用，称为增强(韧)材料，一般都是强度、刚度高的材料，形状为尺寸细小的纤维或片状、颗粒状等；有一种材料起黏接作用，称为基体材料，一般都为匀质材料。组成复合材料的组元有增强(韧)体、基体和界面层。增强(韧)体是承载的组元，均匀地分布在基体中，并对基体起增强(韧)作用；基体起着连接增强(韧)体，使复合材料获得一定的形状，并保护增强(韧)体的作用；界面层是包覆在增强体外面的涂层，其功能是传力，同时防止基体对增强(韧)体的损伤，并调节基体与增强(韧)体之间的物理、化学结合状态，确保增强(韧)体作用的发挥。通过界面层产生的复合效应，可以使复合材料超越原来各组元的性能，达到最大幅度改善强度或韧性的目的。

复合材料不但是多组元的材料，而且材料的机械性能和物理性能随方向而变化，所以，也是各向异性的材料。

(2)基体、增强体和界面层。

1)基体。基体是复合材料中的连续组元，它的作用是使复合材料成型，黏接、保护增强体，承受外载荷时，基体承受应力的作用不大，而是将外载荷产生的应力传递给增强体。

由于基体和增强体表面之间的物理、化学作用，在增强体的表面形成了复合材料的第三组元——界面层。基体的性质对界面层的结构和性能起着决定性的作用。因此，在设计和制造复合材料时，要选择能与增强体相匹配的、高性能的基体材料，才能得到预期性能的复合材料。

复合材料的基体材料可选用高分子的聚合物基(环氧树脂、酚醛树脂、硅树脂、聚硒亚胺树脂等)、金属基(铝、钛等金属和钛铝、镍铝等金属间化合物)、无机非金属基(陶瓷基、碳基等)。

2)增强(韧)体。增强(韧)体是均布在基体中，对基体起到增强(韧)作用的不连续组元。它的形状可以是颗粒状、片状、纤维状或织物状等。研究、应用最广的是纤维状增强(韧)体增强纤维。特别是结构复合材料，主要是用增强纤维对基体进行增强(韧)作用。

增强纤维的作用是承受载荷，即承受基体通过界面传递过来的应力，对基体起到增强、韧化的作用。增强纤维应该是用高模量材料制成的直径很小、有一定长度的丝状物体。直径很小，可以使增强纤维的表面和内部存在缺陷的概率很小，从而减小纤维对裂纹的敏感性。不连续纤维达到一定的长度，可防止受力时将纤维从基体中拉出。增强纤维材料的强度和弹性模量都要比基体材料的数值高，这样才能保证复合材料制件承受载荷时，在变形协调情况下，载荷引起的应力大部分由增强纤维来承担。

另外，基体中增强纤维的含量必须达到要求，才能使增强纤维对基体起到增强、增韧的作用。增强纤维的分布情况对复合材料的性能也有影响，比如，在与增强纤维排列垂直方向上，复合材料的强度较低。所以，应考虑复合材料制件的受力情况来排列、分布增强纤维。

可选择用来做增强纤维的材料有玻璃纤维、碳纤维、硼纤维及芳纶纤维等。

3)界面层。界面层是由于基体和增强纤维表面之间的物理、化学作用形成的结合层。它的作用是在基体和增强纤维表面之间提供适当的结合力，使增强纤维承受载荷引起的应力，对基体起到增强、增韧的作用。

界面层在基体和增强纤维之间提供的结合力必须适当。如果结合力过小，承受载荷时，容易在基体和增强纤维的界面处造成开裂，应力传不到增强纤维上去，达不到增强的作用；如果结合力过大，又会在受力变形时不能吸收足够的能量，达不到增韧的作用，使复合材料制件破坏时产生脆性断裂。

由此可见，界面层的结构和结合强度对复合材料的性能有很大的作用，只有控制好界面层的结构和结合强度，才能获得基体和增强纤维之间的最佳复合效应，制造出性能优于任何一个组元的复合材料。界面层的结构和结合强度取决于基体的性能以及增强纤维的表面状况。在设计制造复合材料时，除了要选用与增强纤维相匹配的高性能的基体材料外，还要对增强纤维的表面进行一些处理，增加表面的粗糙度，以得到符合要求的界面层。

另外，基体材料和增强纤维之间要有相容性，即两者有相匹配的膨胀系数，两者之间不起化学反应。

(3)复合材料分类。按照复合材料所选用的基体材料不同，可将复合材料分为金属基和非金属基两大类。

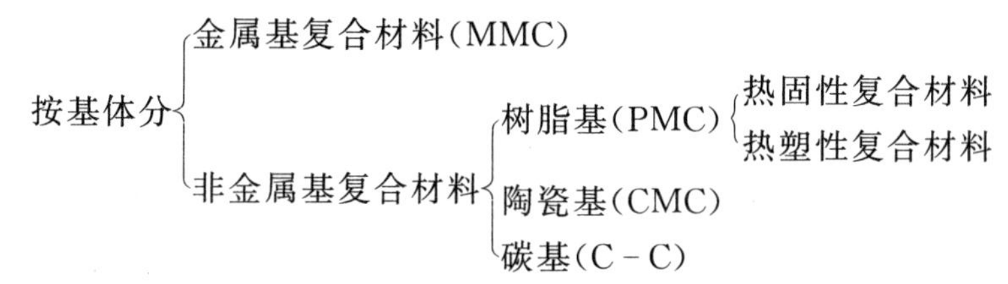

按照复合材料所选用的增强(韧)纤维材料不同，可将复合材料分为以下几种。

按增强(韧)纤维分
- 碳纤维复合材料(CFRP)
- 芳纶复合材料(KFRP)
- 硼纤维复合材料(BFRP)
- 玻璃钢(CFRP)
- 其他：混杂复合材料等

另外，按照使用性能还可将复合材料分为结构复合材料和功能复合材料。结构复合材料是指用来制造结构零件的复合材料；功能复合材料是指除了具有一定的力学性能外，还具有某种物理性能、化学性能和生物性能的复合材料。

目前发展比较成熟，在民用运输机上应用较多的是以树脂为基体，以玻璃纤维、碳纤维（包括石墨纤维）、芳纶（Kevlar，凯芙拉）等为增强体的复合材料。它们分别称为树脂基玻璃纤维复合材料、树脂基碳纤维复合材料和树脂基芳纶复合材料。后两种复合材料刚度和强度性能相当于或超过了铝合金，可用于主要承力结构和次要承力结构，也称为先进（聚合物基）复合材料。金属基、陶瓷基、碳－碳复合材料不但具有优于金属材料的力学性能，而且耐高温，属于高温复合材料，金属基可耐温度达 600 ℃，陶瓷基可耐温度达 1 000 ℃以上，也称为先进金属基复合材料和非金属基复合材料。

（4）树脂基（聚合物基）复合材料（PMC）。

1）树脂基玻璃纤维复合材料。这是一种用玻璃纤维增强树脂制成的复合材料。它是最早在飞机上得到应用的第一代复合材料，俗称玻璃钢。这种材料的比强度（σ_b/γ）较高；对电和热的绝缘性能好，热膨胀系数比钢和铝的都小；对雷达波和无线电波有很高的透波性；冲击韧性较高，抗疲劳性能好。但它也存在着比刚度（E/γ）较低、耐湿热性差、材料性能分散性大等问题。在飞机上主要用来制造机头雷达罩、整流件、油箱、尾翼翼梢、内部货舱隔板等零部件。

2）先进（聚合物基）复合材料（APMC）。这是一种用高强度、高模量材料碳纤维（包括石墨纤维）、芳纶、硼纤维等增强树脂制成的复合材料，是继玻璃钢之后发展起来的第二代复合材料，其性能明显优于第一代，被称为先进（聚合物基）复合材料。它的优点如下。

a. 比强度、比刚度高。先进复合材料最突出的特点就是比强度、比刚度高。表 2.8 中列出了一些金属和先进复合材料的性能。从表中可以看到碳纤维Ⅱ/环氧材料，它的密度只有 1.6g·cm^{-3}，但它的拉伸强度为 1.07 GPa，弹性模量更高，为 240 GPa。结果，它的比强度是钢的 5 倍，铝合金的 4 倍，钛合金的 3 倍。它的比模量是钢、铝合金、钛合金的 5 倍以上。将先进复合材料用于飞机结构，可减轻结构重量的 20%～30%。这个优点对于极力追求低重量，以提高飞行器性能和降低成本的航空工业来说是十分重要的。

表 2.8　金属和复合材料的性能比较

材料名称	密度/(g·cm^{-3})	拉伸强度/GPa	弹性模量/GPa	比强度/(kg·m^{-3})	比模量/(kg·m^{-3})
钢	7.80	1.03	210	13	2 700
铝	2.80	0.47	75	17	2 600
钛	4.50	0.96	114	21	2 500
玻璃钢	2.00	1.06	40	53	2 100
碳纤维 II/环氧	1.45	1.50	140	103	2 100
碳纤维 II/环氧	1.60	1.07	240	67	15 000
碳纤维 I/环氧	1.40	1.40	80	100	5 700
有机纤维 FRD/环氧	2.10	1.38	210	66	10 000
硼纤维/铝	2.65	1.00	200	38	7 500

b.具有良好的耐疲劳性能。金属材料的疲劳破坏在宏观上均表现为无明显塑性变形的突然断裂,复合材料的疲劳破坏却有着明显的预兆。复合材料中的增强(韧)纤维形成多路传力结构,疲劳破坏是从增强纤维的薄弱环节开始,纤维表面的界面层又对裂纹的扩展起到阻止的作用。因此,复合材料的耐疲劳性能要比金属材料好。大多数金属材料的疲劳极限是其拉伸强度的30%~50%,而玻璃钢碳纤维增强树脂复合材料的疲劳极限可达其拉伸强度的70%~80%(见图2.7)。

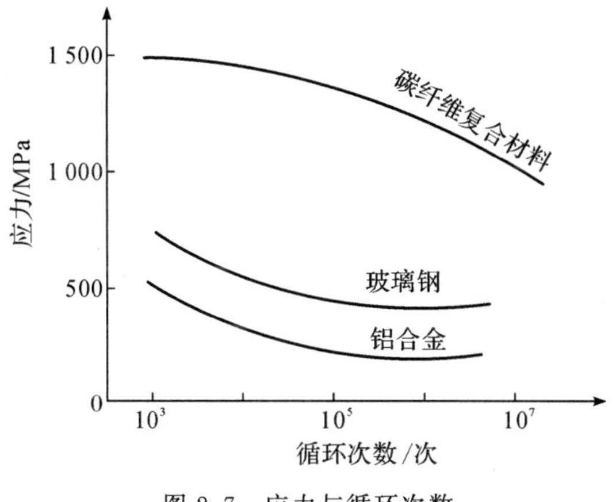

图2.7 应力与循环次数

c.减震性能好。复合材料的比模量高,使其制件具有较高的自振频率;复合材循环次数料中的聚合物基和界面层又具有震动阻尼的特性,这些特点就决定了复合材料有很强的吸震能力。

d.具有多种功能性。选择适当的基体和增强材料可制造出具有各种不同功能的功能复合材料。比如,对雷达波高透射性能的隐身材料,能吸收大量热能的烧蚀防热材料等。

e.可设计性强。复合材料是各向异性材料,可根据使用要求和受力情况,选用增强(韧)纤维、基体树脂的种类及含量。另外,还可以设计纤维的排列方向,铺设层次和顺序等等,以满足使用要求,实现构件的优化设计。

f.热膨胀系数小。在温度剧烈变化的条件下,可保持构件形状和尺寸的稳定性。

g.便于大面积整体成型。复合材料的生产是和制品的成型同时进行的。它适合于大面积、形状复杂构件的精确整体成型。既可减轻结构重量又可降低装配的制造成本。

但先进复合材料也存在以下一些问题。

a.耐湿热性能差。复合材料的基体通常为高分子材料,湿、热的联合作用会降低其玻璃化转变温度,从而引起由基体控制的力学性能,如压缩强度、剪切强度等的明显降低。

b.冲击韧性较低。尤其是碳纤维增强树脂复合材料比较脆,具有脆性材料的特征,抗冲击载荷能力差。

c.材料分散性大,价格过高。复合材料在制作过程中要发生一系列的化学反应和物理变化,这些过程都和材料的选择、生产环境的优劣、生产人员操作技术熟练程度等条件有关,任何一个环节的偏差都会对产品质量带来影响。

3)复合材料在飞机结构上的应用。由于民用运输机强调安全性和经济性,复合材料在民用运输机上的用量虽然逐渐增加,但仍主要用来制造雷达罩、整流罩、舱门、舵面、襟翼、扰流板等只承受局部气动载荷的维形构件,或只承受传递局部气动载荷的次要受力构件,见表2.9和如图2.8所示。

表 2.9　波音757和波音767上复合材料的使用情况

机　种	应用部位	重力/N	减重/N
波音757	内、外侧襟翼,副翼,扰流板,发动机整流罩,前、主起落架舱、升降舵	14 014	5 070
波音767	内、外侧襟翼,副翼,扰流板,发动机整流罩,前、主起落架舱、方向舵、升降舵	14 945	5 560

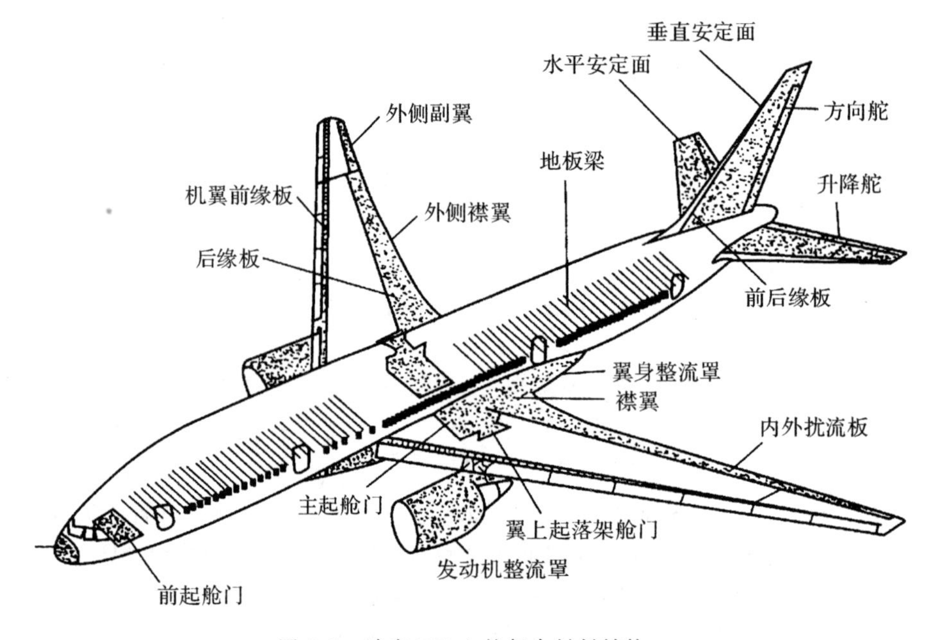

图2.8　波音777上的复合材料结构

(5)先进金属基复合材料和非金属基复合材料。金属基复合材料的基体一般用铝、钛金属基和钛铝、镍铝金属间化合物基,非金属基复合材料的基体一般用陶瓷基和碳基。增强纤维一般用碳纤维、硼纤维、碳化硅纤维、石墨纤维等。

先进金属基复合材料和非金属基复合材料具有耐高温、低密度、比强度高、比模量高、热膨胀系数小、抗磨损、化学性能稳定、可靠性高等优点。表2.10列出了金属材料和先进复合材料最高工作温度的比较,如果用先进复合材料代替传统的金属材料制作发动机零部件,比如用密度为5.26～5.54 $g \cdot m^{-3}$ 的金属间化合物基复合材料代替密度为8.03 $g \cdot m^{-3}$ 的镍基高温合金制作发动机的高压压气机部件,在提高发动机的工作温度和减轻发动机重量上的效果是十分可观的。图2.9为发动机使用材料的发展趋势,由图中可以看到2000年以后,先进金属基复合材料和非金属基复合材料开始在发动机上得到使用,而到2010年以后它们将发展成为发动机的主要材料。

表2.10　金属材料和先进复合材料工作温度的比较

材　料	密度/(g · m⁻³)	最高工作温度/℃	应用部位
铝合金	2.77	316	
钛合金	4.43	600	进气机匣、风扇
镍基高温合金	8.03	1 000	高压压气机、燃烧室、喷管
PMC	1.66	427	进气机匣
MMC(Al)	2.77	538	
MMC(Ti,TiAl)	4.43	871	高压压气机、风扇
IMMC(NiAl)	5.26	1 371	高压压气机
IMMC(FeAl)	5.54	1 371	高压压气机
CMC	3.32	1 760	高压压气机、喷管、高压涡轮、低压涡轮

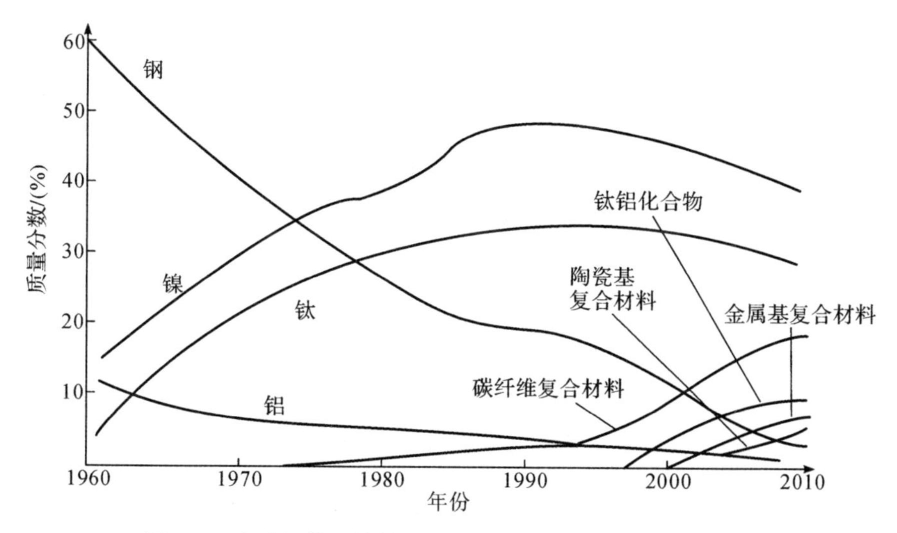

图2.9　发动机使用材料的发展趋势(英国罗·罗公司提供)

2.蜂窝夹层结构

(1)蜂窝夹层结构的组成。面板蜂窝夹层结构是用两层较薄的面板中间夹以较厚的芯材,面板与芯材之间通过胶膜段——胶层黏接而组成的夹层板壳结构,如图2.10所示。

面板材料可以选用树脂基玻璃纤维复合胶层材料,制成玻璃纤维夹层结构;也可以用碳纤维、芳纶纤维复合材料,制成先进复合材料夹层结构;还可以选用铝合金、钛合金不锈钢板,制成金属面板夹层结构。蜂窝芯材有金属和非金属两种。金属蜂窝芯材主要是用铝箔、不锈钢箔黏接成六角形孔格形状制成,非金属蜂窝芯材主要是用玻璃纤维布黏接而制成。

(2)蜂窝夹层结构的特点和在飞机上的应用。

1)蜂窝夹层结构的优点。

a.具有较大的弯曲刚度和弯曲强度。蜂窝夹层结构是在两层具有较高强度和刚度的面板之间夹以轻质、厚度较大的芯材，在没有增加多少重量的情况下，使构件受力面的厚度大大增加。因此，具有较大的弯曲刚度和弯曲强度，从而也增加了夹层结构受压、受剪的稳定性。

b. 具有较好的吸声和隔热隔声的性能，具有较高的耐声振疲劳性能。

c. 具有光滑的气动外形，气密性较好。

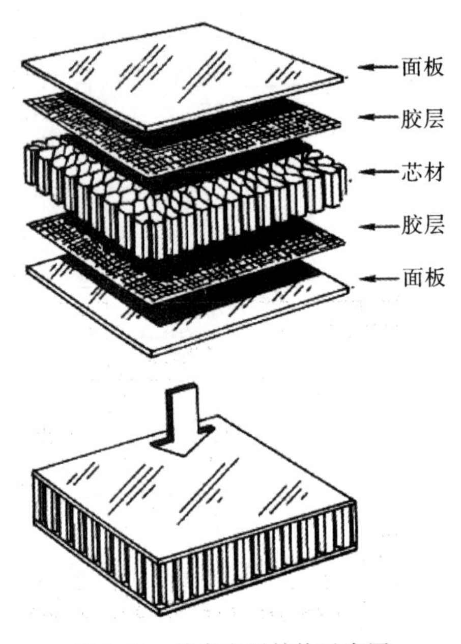

图 2.10　蜂窝夹层结构示意图

2）蜂窝夹层结构存在的问题。

a. 用蜂窝夹层结构制成的部件之间的连接设计比较困难，部件发生损伤修理和更换也比较麻烦，而且在蜂窝夹层结构制成的部件上进行大开口设计也比较困难。

b. 抗湿热环境的能力差，要特别注意防潮密封。

3）蜂窝夹层结构在飞机上的应用。目前在民用运输机上，蜂窝夹层结构主要用于以下几方面。

a. 承受局部气动载荷，起整流作用的部件，如发动机短舱、整流件、机翼前缘和翼梢整流件等。

b. 安装通信导航天线上的整流件。

c. 受力较小的操纵面和调整片，如舵面、襟翼、扰流板和调整片等。

2.4.2　塑料材料

塑料是以高分子化合物（通常称为树脂）为主制成的一种人造材料，是由树脂、增塑剂、填料和颜料等组成的。其中主要成分是树脂，它是起黏接作用的基体，约占塑料质量的40%～100%。塑料的优点是比重小、耐磨、绝缘、隔音，有很好的抗震性和抗腐蚀性，在一定温度和压力下具有塑性，容易做成所需要的各种形状，成型之后，在常温下保持形状不变。它的不足之处是耐热性差，机械性能不如金属材料。塑料的性质主要取决于树脂的结构和性质。

1. 塑料的类型

塑料分为热塑塑料和热固塑料两大类。

（1）热塑塑料。热塑塑料受热时会变软并变柔韧，这时可进行模压成型。当它冷却后，会保持已成型的形状。只要不超过规定的加热范围，这个过程可重复多次而不会使材料受到损坏。

（2）热固塑料。热固塑料一旦被模压成型并冷却后，再怎样加热也不会使它变柔软，也不能再加工成其他形状。也就是说，一旦成型，它就只能保持这个形状直到破坏。

2. 有机玻璃（航空透明件）

航空用的有机玻璃材料又叫做明胶玻璃，它是飞机上应用较多的一种透明塑料。它常用来制造飞机驾驶舱风挡玻璃件、座舱盖及机身两侧观察窗玻璃件。这些透明件的安全可靠性直接影响到飞机的使用和安全，是飞机上的关键部件。

（1）有机玻璃材料。用于飞机风挡和机身两侧窗口的透明塑料有两种：一种是醋酸纤维素，另一种是丙烯酸塑料，它们都属于热塑塑料。

1）醋酸纤维素。醋酸纤维素由于重量轻、透光性能好，早期飞机上多用它来做透明件。但由于它的制成件尺寸不稳定，使用一段时间后会变黄，后来逐渐被丙烯酸塑料代替。

2）丙烯酸塑料。目前，航空用的有机玻璃材料大多采用丙烯酸塑料。它是由聚甲基丙烯酸甲酯和增塑剂——丙烯酸塑料组成的，不含有填料。由它制成的构件尺寸比较稳定，刚度大大高于醋酸纤维素，透光性能好，边缘的颜色几乎是无色透明的。

（2）有机玻璃的性能。

1）对飞机有机玻璃材料的性能要求。

a. 透明性。飞机透明塑料材料应具有与优质玻璃一样好的透光性能，这对于用作飞机风挡玻璃和窗口玻璃的透明塑料材料来说十分重要。

b. 热膨胀系数小，热稳定性好。在飞机使用过程中，透明件要承受地面上严寒气候和在高空低速巡航时的低温作用，也要承受地面太阳辐射和低空高速飞行气动加热造成的高温作用，同时还要承受由于下降、爬升、加速和减速造成的瞬时温度急剧变化。因此，飞机透明塑料材料的热膨胀系数必须小于技术条件要求的规定值，以保证透明材料制件尺寸的稳定性。热稳定性是保证透明塑料在温度变化时，不产生气泡、银纹或其他因热稳定性不好而产生的缺陷。

c. 良好的成形性。风挡玻璃和窗口玻璃都是机体的外表面，应保持与机体外形相吻合的流线形，特别是风挡玻璃的形状更为复杂。因此，飞机透明塑料材料应满足技术条件中对成形性的要求，能容易地模压成所需要的流线形，并且不能有任何透明失真的现象。

d. 具有一定的拉伸强度和延伸率。在使用过程中，透明件要承受局部气动载荷和鸟撞产生的冲击载荷，所以，飞机透明塑料材料的拉伸强度不应低于技术条件中的要求值；而且，在断裂前延伸率不能低于要求值。

e. 便于维护和修理。

2）有机玻璃的性能。在飞机上使用的透明塑料——醋酸纤维素和丙烯酸塑料基本能满足以上的要求，特别是丙烯酸塑料透光性更好，制件的尺寸稳定性也比醋酸纤维素要好，强度和延伸率也满足要求，并能容易地模压成所需要的流线形，不产生透明失真的现象。

有机玻璃还具有一些比玻璃好的特性：透明塑料被打破后，会产生大而钝边的碎片，比玻璃安全；它们具有较低的吸水能力，而且振动不容易在透明塑料中引起疲劳裂纹。有机玻璃也有一些不足之处，首先，它没有玻璃硬，表面极容易擦伤、划伤，以致影响视线。它不导电，受摩擦后，会变成高静电体。有机玻璃在常温下为玻璃态，强度、硬度较大，塑性较小。温度的升高不仅使有机玻璃的强度、硬度降低，还会使分子发生裂变。裂变后会在玻璃表面鼓胀起泡，颜色变白，通常把这种现象称为"发雾"。"发雾"会使玻璃的透明度大大下降。有机玻璃的导热性差，膨胀系数大，不均匀受热时，会在表面和内部之间引起热应力，在表面生成裂纹。这些裂纹很细小，呈现银白色光泽，也称作"银纹"。当温度降低时，有机玻璃的强度和硬度增大，脆性也增大。

有些溶剂比如香蕉水、丙酮、甲苯等对有机玻璃的侵蚀作用很大，其次是酒精、汽油、滑油对有机玻璃的侵蚀作用最小。有机玻璃会在香蕉水、丙酮、甲苯等这些溶剂中溶解，如果沾上这些溶剂，很快表面就会溶解而变得不光滑、不平整，使其"发雾"，失去透明性。酒精会使有机玻璃溶胀，然后在空气中收缩时开裂，形成银纹。

飞机上使用的透明塑料的供应形式有单层和多层形式。单层塑料是一种简单实心匀质的板材，多层塑料则是由几层塑料板之间夹以内层材料黏接而制成。用多层透明塑料制成的透明件与单层塑料件相比具有较高的抗粉碎性能，对快速减压也有较大的阻抗，可用在现代民用飞机的增压座舱内。

3. 酚醛塑料

酚醛塑料又称为胶木，是一种以酚醛树脂为主要成分的热固性塑料。在酚醛塑料中，除了酚醛树脂、固化剂外，还用木粉、纸、布等充当填料。航空上常用的酚醛塑料有木粉胶木、夹纸胶木、夹玻璃布胶木和石棉胶木等。这几种胶木具有比较大的强度，良好的绝缘性，并不易受溶剂的侵蚀，在飞机上用来制造齿轮、滑轮、雷达罩、整流罩以及电气设备上的绝缘零件等。石棉胶木还有很好的耐热性、耐磨性和很大的摩擦因数，常用来制造刹车片、摩擦盘等零件。

4. 环氧树脂塑料

环氧树脂塑料是以环氧树脂为主制成的一种热固性塑料。环氧树脂塑料的特点是强度高，绝缘性好，不易受溶剂的侵蚀，成型收缩率小，耐湿热性差。在飞机上主要用作树脂基玻璃纤维复合材料的基体材料。环氧树脂具有良好的黏合力，它能将金属、木材、玻璃纤维等牢固地黏接在一起，是一种很好的黏合剂。

2.4.3 橡胶材料

橡胶是制造飞机上广泛使用的橡皮材料的主要原料。按其来源可分为天然橡胶和合成橡胶两类。天然橡胶主要是从橡胶树等植物中取得的。合成橡胶是用煤、石油、天然气等为原料合成的。

1. 天然橡胶

天然橡胶有良好的弹性、绝缘性和密封性。但它的弹性受温度的影响很大，温度升高会使它的塑性变形部分增大，逐渐失去弹性变成塑性物质；温度过低，也会使它变硬、变脆。另外，它的强度小，在煤油、汽油中易溶胀和溶解，还容易老化。所以，天然橡胶不适合直接用来制造零件，主要用作制造橡皮的原料。

2. 合成橡胶

合成橡胶是用化学方法，把低分子化合物聚合而制成的一种高分子化合物。它不仅弥补了天然橡胶的不足，而且还具有天然橡胶所没有的特性，例如在矿物油中不溶解或不易老化等，所以，合成橡胶在航空工业中得到广泛的应用。合成橡胶有很多种，如丁苯橡胶性质与天然橡胶接近，所有用天然橡胶制作的零件都可以用它来制造；丁腈橡胶在汽油、煤油中非常稳定，不会溶解；氯丁橡胶强度较大，不易老化，也不溶于矿物油中，等等。

3. 橡皮材料

在飞机中使用的橡胶制品，很少直接采用橡胶，绝大多数都是橡皮做成的。橡皮的主要原料是橡胶，为了改善橡胶的性质又加入了如硫化剂、防老剂、添加剂等各种配合剂。橡胶和各种配合剂均匀的混合物叫做生橡皮，再经过一定时间的加温和加压就成为橡皮。橡皮的性质主要决定于橡胶的种类，例如天然橡胶制造的橡皮仍不耐油，而丁腈橡胶、氯丁橡胶制造的橡皮就很耐油。

橡皮材料的性质比橡胶有很大改善，它除了具有良好的绝缘性和密封性外，还能在很大的温度范围内保持弹性。同时它的强度和抵抗老化的能力也有所提高，在汽油、煤油等溶剂中不会溶解。

航空工业中常用的橡皮材料：天然橡胶制造的橡皮可用来制造飞机的轮胎、飞机冷气系统中的软管、与植物基液压油配合使用的密封件、软导管等。丁腈橡胶或氯丁橡胶制造的橡皮可用来制造耐油制品，比如与矿物油接触的各种零件、密封件、软油箱、软导管等。氯丁橡胶的黏性大，还可用来制做黏合剂、黏合橡皮与金属等。

4. 外界因素对橡胶制品性能的影响

橡胶制品可以和空气中的氧气发生反应而被氧化，使橡皮的弹性降低，变形时容易产生裂纹。温度对橡胶制品的影响主要是使橡皮的柔顺性发生变化并使橡皮的老化速度加快。在维护橡胶制品时，要防止它们的温度过高，储存时要远离热源，放在较阴凉的地方。对于工作中容易受到高温的橡胶制品，如轮胎等，应加强检查，尽量避免连续不断地使用刹车。当温度很低时，应注意检查使用橡胶垫的密封处是否有渗漏现象。对于用丁腈橡胶制作的油箱，拆装时应进行加温等。

橡胶制品长时间受到日光直接照射，会加速老化：强度变小，透气性增大，表面硬化，变形时出现裂纹。因此，维护工作中应尽量避免橡胶制品受到阳光的直接照射，待用的或拆下的橡胶零件要放在阴凉处，飞机停放时要盖好轮胎罩布等。

外力会使橡皮变形而加速橡皮的老化。安装有内胎的轮胎，要防止内胎出现折痕。如果在内胎上出现折痕，容易在折痕处发生爆破。保管内胎和其他橡胶制品时，一般不允许折叠或叠压。安装橡皮导管时，应防止导管的弯曲角度过大。长期停放的飞机，要经常变动轮胎的位置，以免轮胎因受压过久而产生变形和裂纹。进行维护工作时，应注意检查轮胎的充气压力是否符合要求：压力过低，会使轮胎在滑行时反复变形严重，胎内的空气运动速度加大，从而产生较多的热量使轮胎产生鼓包、脱层和爆胎等现象；压力过高，会使轮胎的负荷加大，减少轮胎的寿命。另外，轮胎的减震性能变差，降低刹车的效果并产生不均匀的磨损。

汽油、煤油等溶剂会使橡皮分子间的距离加大而造成橡胶制品的溶胀，弹性和强度下降。不同橡皮材料制成的橡胶制品具有不同的抗油性。例如，在汽油、煤油中，天然橡胶的溶胀率最高，丁腈橡胶的溶胀率较低。在维护工作中，应严格按规定使用密封件、软导管等各种橡皮制件，不能任意调换。

2.4.4 密封剂

现代高速民用运输机利用密封剂进行密封的部位大致有以下4方面。

(1)由于高速飞行的气动外形要求，机翼表面蒙皮边缘处要进行气动密封，保持表面光滑气动外形，减小阻力。

(2)气密增压座舱蒙皮对缝密封，气密隔框上通过钢索、管道、电线的开口要求用塑料导环和密封剂密封，以使气密座舱达到要求的气密性。

(3)机翼上的结构整体油箱接缝和每个铆钉连接都要求密封，以防止油箱渗漏。

(4)电线插头也都是装在一个密封筒里，防止水分进入，引起接头锈蚀，造成电路不通，等等。

1.密封剂材料

航空工业中使用的密封剂材料有单组份密封剂和双组份密封剂。

(1)单组份密封剂由生产厂家封装好，直接可以拿来进行密封使用。可以根据使用的需要，用密封剂生产厂家指定的稀释剂进行稀释，达到所要求的稀稠度。

(2)双组份密封剂中一份是密封剂的基本组份，另一份是催化剂。密封剂生产厂家是将这两组份材料分别包装，在使用前要进行混合配制。混合配制时应注意以下6点。

1)双组份密封剂的混合比例会影响混合配制后密封剂的质量，任何混合比例的偏差都会使密封剂的质量下降，达不到要求。所以必须严格按照生产厂家要求的比例进行配制。

2)双组份密封剂的混合比例通常是按照重量来要求，所以，在混合配制前应按照厂家的要求对双组份材料进行精确的称重。要使用平衡式磅秤和称重的专用砝码。

3)在称重前要对密封剂的基本组份和催化剂分别进行彻底的搅拌，若在催化剂中发现有片状或颗粒状的物体，说明催化剂已失去水分，不能再使用了。

4)对于厂家已预先进行了称重并分别包装的两组份材料在混合配制前不需要重新称重，但两包装的材料必须全部进行混合配制。

5)配制时要将催化剂加入到密封剂的基本组份中去，并立刻进行彻底的搅拌以使两组份材料充分混合。不要进行过分剧烈和过长时间的搅拌，否则会产生热量，缩短密封剂的施用时间(施用期限)。另外，也要防止搅拌时将空气裹入密封剂中。

6)搅拌后应在干净的平板金属或玻璃上涂上一小块进行实验，如果出现斑点或块状物，就必须继续搅拌，直到这些现象消失。如果通过搅拌不能消除斑点或块状物，这次配料就不能使用了。

2.密封剂的施用

施用密封剂应注意以下6点。

(1)密封剂在混合配制好以后，应尽快使用或放在低温处保存。不同的密封剂具有不同的施用期限和低温保存的温度、时间要求，必须要按规定执行。

(2)密封剂的固化处理时间随着周围环境的温度和湿度而变化。如果温度低于60 ℉[①]，固化处理将进行得特别慢，对于大多数的密封剂来说，温度在77 ℉左右，相对湿度在50%是最理想的固化环境。

(3)为了加速密封剂的固化处理，可以用红外线灯照射或热空气吹的方法进行加热，但温度不可以超过120 ℉。用来加热的空气必须经过过滤，除掉空气中的水分和灰尘。

(4)在搭界面上进行涂抹密封剂安装时，必须用永久的或临时的夹具使搭界面在密封剂固化处理过程中保持紧密接触，并且不允许在固化过程中进行加热。

(5)在施用表面保护层之前，必须保证密封剂已经完成固化处理，没有黏性。

(6)在飞机结构中不同型号的密封剂有不同的用途，比如EC－801号密封剂主要用来进行填角密封、搭界面密封、间隙的填充等，EC－800号密封剂主要用来包敷铆钉。应根据用途选用合适型号的密封剂，否则会影响密封的质量。

扩展阅读

用在鸟巢体育馆的复合材料

2008年，在中国北京举办了历史上规模最大的奥运会。作为举办国，中国为了打造一流的场馆和设施，不断进行科技创新。其中，复合材料新技术的应用成为了奥运场馆建设的重要组成部分。

为了打造奥运场馆，中国科学家和工程师们开发了多种复合材料，如碳纤维、玻璃钢等。这些材料不仅具有轻量化、高强度、耐腐蚀等优点，还能满足不同场馆的特殊需求。

例如，鸟巢体育场就使用了大量的复合材料。其中，碳纤维是重要的复合材料之一。科学家们利用碳纤维的轻量化和高强度特性，设计了一个大型的网状结构，用于支撑鸟巢的主体结构。这个网状结构不仅具有高强度和稳定性，还重量轻，方便施工和安装。

除了鸟巢体育场，水立方游泳馆也广泛应用了复合材料新技术。水立方游泳馆的外墙和屋顶都采用了透明玻璃钢材料，使得整个游泳馆在日光下呈现出五彩缤纷的色彩，非常美丽。

通过复合材料技术的应用，中国不仅成功打造了一系列现代化场馆，而且还在科技创新和材料研发领域取得了很多成就。这些科技成果为中国的工程建设和产业发展带来了极大的推动力。

习　题　2

一、选择题

1. 材料拉伸试验的断面收缩率可以作为下列哪一项性能指标？（　　）

　A. 弹性指标　　B. 塑性指标　　C. 韧性指标　　D. 硬度指标

2. 下面哪一项是材料硬度的定义？（　　）

---

① 1 ℉＝1 ℃×1.8＋32。

A. 抵抗弹性变形的能力　　B. 抵抗断裂破坏的能力
C. 抵抗局部塑性变形的能力　　D. 抵抗冲击载荷的能力

3. 下面哪种金属的密度最大？(　　)
A. 铝　　B. 钛　　C. 铜　　D. 镁

4. 下面哪一项说法是正确的？(　　)
A. 抗疲劳性是指金属材料在冲击载荷的作用下，抵抗破坏的能力
B. 冲击韧性是指金属抵抗交变载荷破坏的能力
C. 金属能保持弹性变形的最大应力称为弹性极限
D. 材料的韧性是指材料用拉拔、弯曲、扭转等工艺成型而不破损的能力

5. 下面关于钢的淬火说法中错误的是(　　)。
A. 淬火是指将钢材加热到临界温度以上，保温后急速冷却的热处理工艺
B. 急速冷却的目的是要获得马氏体组织
C. 加热的目的是要获得马氏体组织
D. 常用的淬火工质有盐水、清水和油液

6. 下面哪一项不会作为最终热处理？(　　)
A. 退火　　B. 正火　　C. 回火　　D. 调质

7. 下面哪一项不是回火的目的？(　　)
A. 提高淬火钢的塑性和韧性　　B. 消除内应力
C. 提高耐磨性　　D. 稳定组织，稳定尺寸

8. 所谓钢的回火指的是下列哪种操作？(　　)
A. 将钢材加热到临界温度以上，然后空冷
B. 将淬火后的钢加热到临界温度以下的某个温度，保温后进行冷却
C. 将淬火后的钢加热到临界温度以上的某个温度，保温后随炉冷却
D. 将钢材加热到临界温度以下，然后用盐水进行冷却

9. 下列关于工业纯铝的特性，说法错误的是(　　)。
A. 导电性、导热性好　　B. 良好的耐蚀性
C. 密度小　　D. 体心立方晶格结构，塑性好

10. 关于复合材料，下列描述中哪一项是正确的？(　　)
A. 一定是金属与非金属的复合　　B. 一定是金属之间的复合
C. 一定是非金属之间的复合　　D. 一定是不同性能材料的复合

11. 下列哪一项不是橡胶的一般特性？(　　)
A. 容易老化　　B. 密封性差
C. 天然橡胶耐油性差　　D. 机械强度低

二、问答题

1. 简述民用飞机使用的比较成熟的复合材料情况。

2. 简述复合材料的概念。

第3章　航空紧固件

📖知识及技能

✍ 了解螺纹类型、配合等级和标识符号。

✍ 了解航空螺纹紧固件中航空螺栓、航空螺母、垫圈、螺钉的基本知识。

✍ 了解螺纹紧固件的安装和防松，掌握螺纹紧固件的失效形式和维护。

✍ 熟悉铆钉的基本类型及标号。

3.1　螺纹紧固件

飞机上螺纹紧固件是指螺栓和螺钉，还有垫圈和螺帽。这些紧固件也是起到将不同零件组合到一起的作用，但与铆钉、销钉等不同，它们的组合可以经过多次的拆卸和重新装配。

3.1.1　螺纹的类型、配合等级和标识符号

1. 螺纹类型

螺栓（包括螺钉、螺帽）的螺纹分为粗螺纹和细螺纹两种。美国标准是 American National Coarse（NC），American Standard United Coarse（UNC）和 American National Fine（NF），American Standard United Fine（UNF）。

NC，NF 分别是美国国家标准的粗螺纹和细螺纹；UNC，UNF 分别是美国统一标准的粗螺纹和细螺纹。国家标准系列和统一标准系列的区别是每英寸长螺杆上国家标准的螺纹比较多。比如，在直径为一英寸的螺栓上，按照 NF 要求每英寸有 14 条螺纹，而按照 UNF 要求有 12 条螺纹。

2. 配合等级

螺纹还有等级之分，螺纹的等级表示螺纹副具有的配合松紧程度，它设有 4 级：1 级——松配合；2 级——自由配合；3 级——中度配合；4 级——紧配合。

等级数越大，螺纹副配合的紧度越紧。1 级配合只需用手指即可轻松拧转螺母。4 级配合则需要用扳手才能拧上螺母。航空螺栓绝大多数采用 3 级中度配合；航空螺钉则采用 2 级自由配合。

3. 标识符号

螺栓的直径、长度等信息，可从零件的标识符号中获得，见表 3.1。如果没有特殊说明，直径的间隔为 1/16 in，长度的间隔为 1/8 in。例如：AN4－7 表示螺栓的直径为 1/4 in，长度为 7/8 in。当长度等于 1 in 时，短横线后面的数字不是 8，而是 10。当长度大于 1 in 时，

在短横线后面用两位数字表示:第一位数字表示长度的整英寸数,第二位数字则表示长度的分数是八分之几英寸。例如:螺栓长度为 $1\frac{1}{2}$ in,在螺栓标识符号中用-14 表示。AN5-22 表示螺栓的直径为 5/16 in,长度为 $2\frac{1}{4}$ in。

表 3.1 列出了按照国家细螺纹标准,中级配合紧固件的直径,每英寸的螺纹数以及钻孔所需要的钻头和螺纹钻头的尺寸。例如:5 号细螺纹紧固件每英寸有 44 条螺纹,直径为 1/8 in,钻孔用 25 号钻头,钻螺纹孔用 38 号钻头。

表 3.1　国家标准细螺纹系列 3 级中配合(NF)

尺寸和螺纹	直径/in	孔钻头(钻头号码)	螺纹钻头(钻头号码)
0-80	0.060 0	52	3/64
1-72	0.073 0	47	#53
2-64	0.066 0	42	#50
3-56	0.099 0	37	#46
4-48	0.112 0	31	#42
5-44	0.125 0	25	#38
6-40	0.138 0	27	#33
8-36	0.164 0	18	#29
10-32	0.190 0	10	#21
12-28	0.216 0	2	#15
1/4-28	0.250 0	F	#3
5/16-24	0.312 5	5/16	I
3/8-24	0.375 0	3/8	Q
7/16-20	0.437 5	7/16	W
1/2-20	0.500 0	1/2	7/16
9/16-18	0.562 5	9/16	1/2
5/8-18	0.625 0	5/8	9/16
3/4-16	0.750 0	3/4	11/16
7/8-14	0.875 0	7/8	51/64
1-14	1.000 0	1.0	49/64

直径等于或小于 1/4 in 的带有螺纹的紧固件属于螺钉系列,表 3.1 中的 0~12 号表示的是螺钉,螺钉直径的间隔不再是 1/16 in。螺栓中只有 AN3 的直径小于 1/4 in。

3.1.2　带螺纹紧固件的类型及应用

飞机上有许多零部件需在频繁的定期维护中拆卸分解或者更换。它们常采用螺栓、螺柱、螺钉、螺母和垫圈等螺纹紧固件来连接和紧固。这些螺纹紧固件常按下列三种规格标准制造：

美国空军海军标准(AN)、美国国家航空标准(National Aeronautics and Astronautics Standards,NAS)和美国军用标准(Military Standard,MS)。

1. 航空螺栓(Aircraft Bolts)

(1)普通螺栓(General - purpose Bolts)。下面介绍几种常用的普通螺栓,如图 3.1 所示。

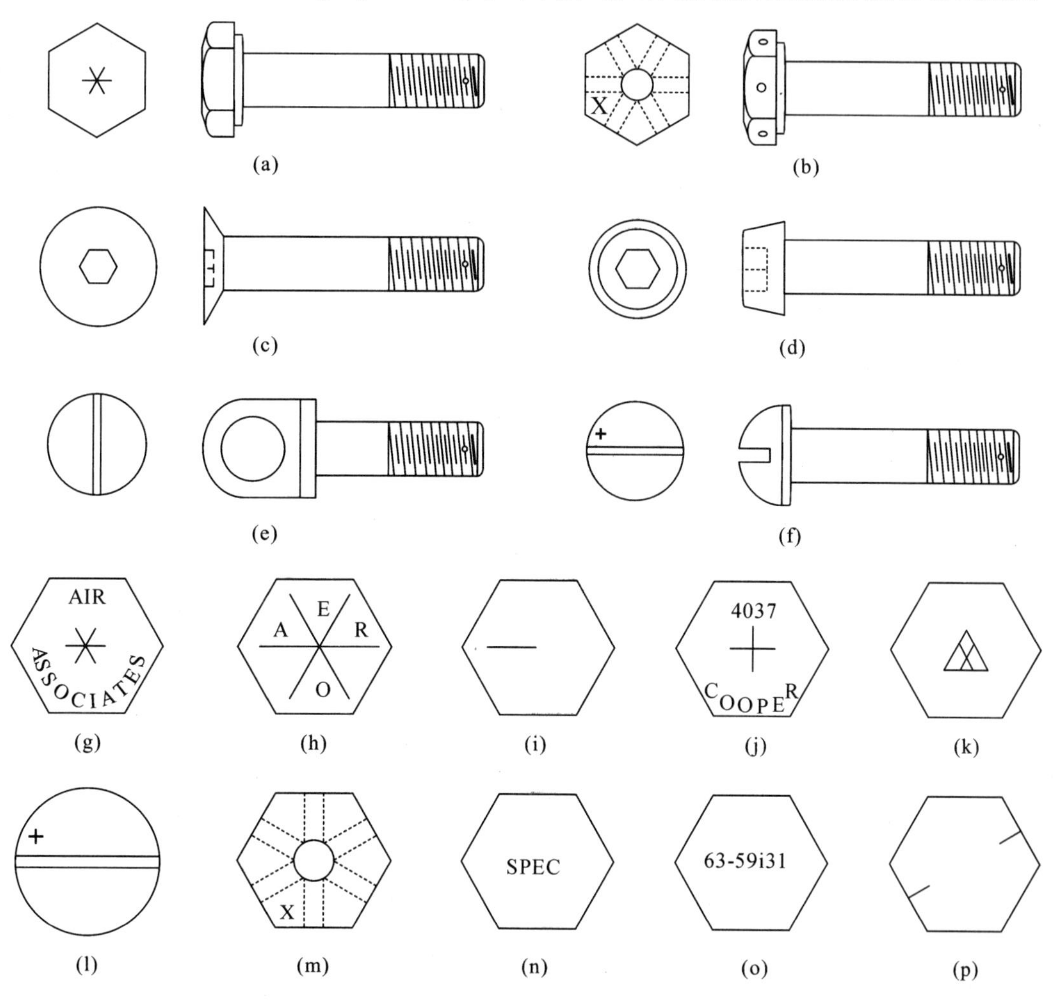

图 3.1　航空螺栓的识别标记

(a)标准六角头螺栓；(b)带孔六角头螺栓；(c)埋头螺栓；(d)内六角圆柱头螺栓；(e)环眼头螺栓；(f)开槽半圆头螺栓；(g)AN 型标准钢螺栓；(h)AN 型标准钢螺栓；(i)AN 型不锈钢螺栓；(j)AN 型不锈钢螺栓；(k)NAS 型高精度螺栓；(l)开槽圆柱头螺栓；(m)带孔六角头螺栓；(n)特殊螺栓；(o)特殊螺栓；(p)2024 铝合金螺栓

1)机体螺栓(Airframe Bolts)。机体螺栓是一种具有六方头的螺栓,它广泛用于飞机结构装配,能承受拉伸和剪切载荷。这种螺栓是按 AN 型号规格标准制造的,其规格为 AN3～AN20,螺栓的螺纹为细牙螺纹(NF)。制造螺栓的材料有镍合金钢、不锈钢和 2024 铝合金等。通常可通过螺栓头上的标记(见图 3.1)来识别制造螺栓的材料及性能。

机体螺栓的直径为 3/16～5/4 in，它们分别用代号 AN3～AN20 表示。

2)发动机螺栓(Engine Bolts)。发动机螺栓的形状与机体螺栓一样，只是它的头部稍厚且有穿保险丝的通孔。发动机螺栓与机体螺栓具有相同的拉伸和剪切强度。它的规格为 AN73～AN81。

发动机螺栓的螺纹有细牙螺纹和粗牙螺纹两种。对于粗牙螺纹在型号规格编码中表示螺纹直径数字后面加上“A”字母，如是细牙螺纹则无“A”字母。

例如：AN75－16 表示直径 5/16 in，长度为 $1\frac{3}{4}$ in，镍合金钢制的细牙螺纹螺栓。

3)高精度螺栓(Close－tolerance Bolts)。所谓高精度螺栓是指螺栓光杆段的直径制造精度比通用型的高，螺栓光杆段经研磨或磨削加工，它的直径误差在±0.000 5 in(即±0.012 7 mm)。高精度螺栓又称为紧公差螺栓，在高精度螺栓的头部有“△”标记，如图 3.2 所示。

高精度螺栓与机体螺栓使用相同的直径和长度标准。它的头型有两种：六角头(AN173～AN186)和 100°埋头(NAS80～NAS86)。

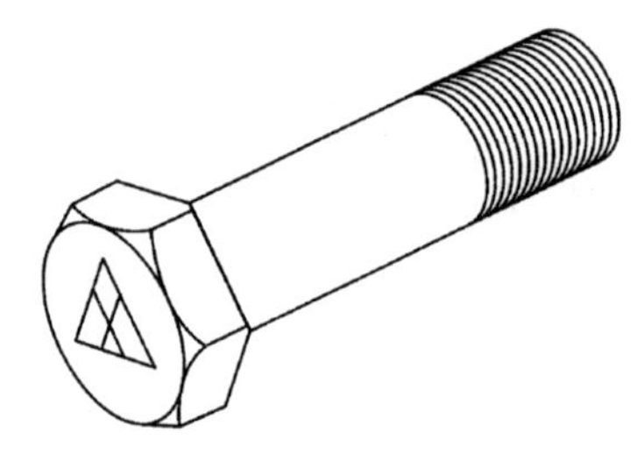

图 3.2　高精度螺栓

高精度螺栓主要用于承受高冲击载荷或要求紧密配合的部位。

例如：AN175－26A 表示直径为 5/16 in，杆长 $2\frac{3}{4}$ in，杆端无孔的高精度螺栓。

4)内六方螺栓(Internal Wrenching Bolts)。内六方螺栓的头部是圆柱形或圆锥台形的，在螺栓头上制有内六方。内六方螺栓是用高强度钢制造，它的强度比 AN 系列的六角头螺栓的强度高，因而它与 AN 系列的六角头螺栓不能互换使用。内六方螺栓主要用于承受拉伸和剪切复合应力的部位。它的头部与螺杆连接处有圆角。安装于钢件上时，安装孔口要划窝使圆角沉入孔内；安装于铝合金件上时，它的头下要安装 MS20002C 垫圈。

内六角螺栓的型号规格编码为 MS20004～MS20024，其末两位数字分别为 04，05，06，07，08，09，10，12，14，16，18，20，22 和 24，它们表示螺栓直径为 4/16～24/16 in，即 1/4～3/2 in。

航空螺栓的型号编码是按螺栓头型、紧固保险方式、制造材料和功能用途等方面来编类的。

螺栓的直径和长度在型号编码中以阿拉伯数字表示。螺栓的直径以 1/16 in 为计量单位；螺栓的长度一般以 1/8 in 为计量单位。

螺栓的制造材料是以英文字母或符号来表示的。“C”表示不锈钢；“DD”表示 2024 铝合金；“－”表示镍合金钢。

例如：图 3.3 为螺栓型号编码示意图。

值得注意的是，螺栓型号编码中表明螺栓长度的数字，从3到7均以1/8 in为单位，如果螺栓杆长为1 in，此时数字不是8而是10，这意味着它的长度是1 in加上八分之零，即当表示1 in或1 in以上长的螺栓时，该数字由两位数字表示，第一位数字为英寸数，第二位数字以1/8 in为计量单位。

例如：AN5C36其中表示螺栓杆长的数字为“36”，它表示该螺栓杆长为$3\frac{3}{4}$ in。

另外，对于航空螺栓的直径美国联邦航空局有规定，小于3/16 in直径的钢制螺栓或小于1/4 in直径的铝合金螺栓不能用于飞机结构上。

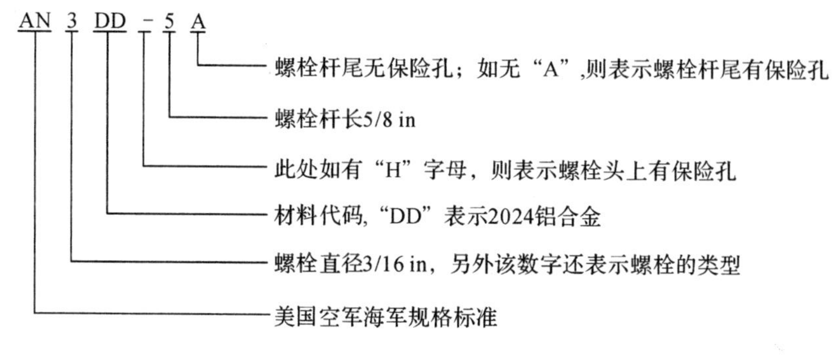

图3.3　螺栓型号编码示意图(一)

(2)专用螺栓(Special Bolts)。

1)轴销螺栓(Clevis Bolts)。轴销螺栓的头部为圆头，圆头上有一字或十字槽，螺杆部分光杆与螺纹杆段之间一般都有一空刀槽。轴销螺栓的螺纹采用细牙螺纹(NF)。

轴销螺栓只能承受剪切载荷。常在转动部件中作为铰接点的轴销。

它的型号规格为AN21～AN36。其中AN21，AN22和AN23中的第二位数字“1”“2”和“3”分别表示“6-40”“8-36”和“10-32”规格的螺纹。从AN24到AN36螺杆直径以1/16 in为单位。轴销螺栓的杆长也以1/16 in为单位。例如，AN24轴销螺栓的螺杆直径为4/16 in。

2)环眼螺栓(Eyebolts)。环眼螺栓(Eyebolts)专门用来承受拉伸载荷，常作为松紧螺套的叉形接头、轴销钢索套环等。

例如：图3.4为螺栓型号编码示意图。

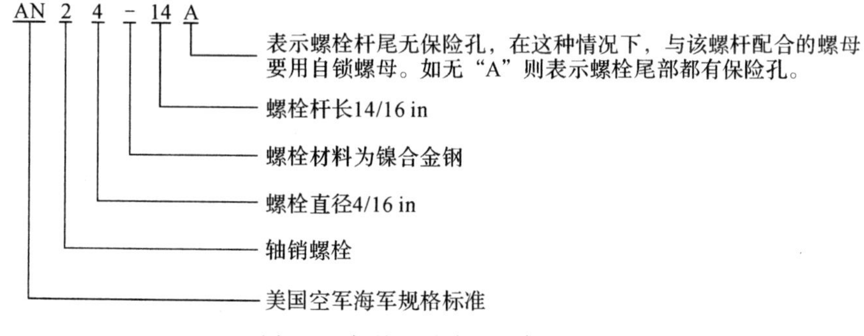

图3.4　螺栓型号编码示意图(二)

2.航空螺母(Aircraft Nuts)

航空螺母有很多不同的形状和尺寸规格,其制造材料有碳钢、镍合金钢、不锈钢和铝合金等。

航空螺母按能否自锁分非自锁型螺母和自锁型螺母两大类。非自锁型螺母在紧固后必须用开口销、保险丝、防松螺母或弹性垫圈等外部保险方式来保证螺母的紧固性。自锁型螺母本身具有保险性能,它能保证螺母的紧固性。

(1)非自锁型螺母(Non - self - locking Nuts)。飞机上常用的非自锁型螺母有六角槽形螺母、普通六角螺母、普通防松螺母和蝶形螺母等,如图 3.5 所示。

1)飞机用六角槽形螺母(Castle Nuts)。这种类型的螺母又称为堞型螺母,其型号为 AN310。它是与 AN3~AN20 机体螺栓配合使用的,螺纹为 NF(细牙螺纹)。其制造材料有镍合金钢、不锈钢和 2024 铝合金 3 种。这 3 种材料在螺母的型号规格标记中分别用代号“—”“C”和“D”来表示。例如:标记 AN310C6 表示为不锈钢制与 AN6 螺栓配合使用的堞形螺母;标记 AN310D5R 表示为 2024 铝合金制与 AN5 螺栓配合使用的右旋螺纹,R 表示右旋螺纹。这种型式的螺母十分结实,能够承受很大的拉力。帽顶的槽是装开口销或穿保险丝用的。安装时,该槽须与螺栓杆上的保险孔对正。

2)飞机用抗剪六角槽形扁螺母(Aircraft Shear Castle Nuts)。这种螺母型号为 AN320,它适用于仅有剪切应力的部位。它与 AN21~AN36 轴销螺栓配合使用。它的构造、制造材料与 AN310 螺母的相同,只是螺母的厚度稍薄一些。例如:标记 AN320D6 表示为 2024 铝合金制与 AN26 轴销螺栓配合使用的抗剪型六角槽形扁螺母。

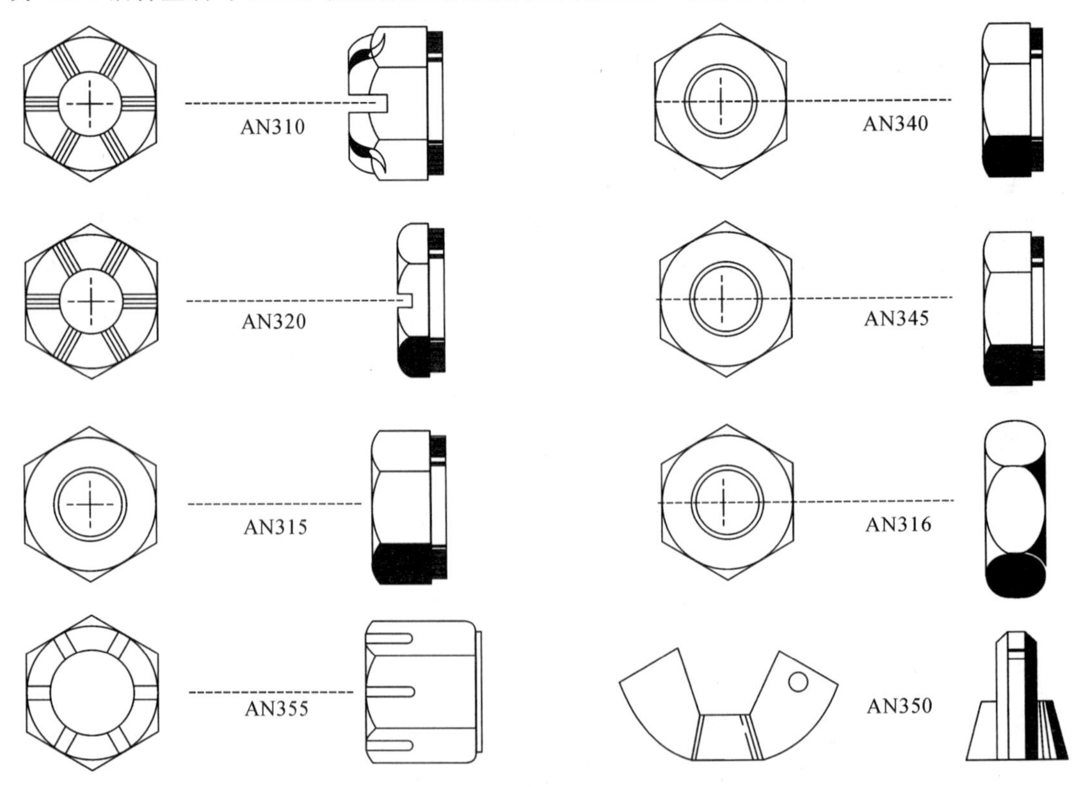

图 3.5 非自锁型螺母

3)飞机用普通螺母(Aircraft Plain Nuts)。这是一种普通六角螺母,其型号为AN315,通常用于受大拉力的部位。它的缺点是必须再用一个防松螺母或一个弹性垫圈来保证其紧固性。这种螺母的制造材料与AN310螺母的相同。另外,它有右旋螺纹和左旋螺纹两种。例如:标记AN315－7R表示为镍合金钢制、与AN7螺栓配用的右旋螺纹螺母。标记AN3l5C4L表示不锈钢制、螺纹直径为1/4 in的左旋螺纹螺母。标记AN315D6R表示为2024铝合金制、螺纹直径为3/8 in的右旋螺纹螺母。

4)防松螺母(Check Nuts)。这是一种采用双螺母防松措施中的六角防松螺母,其型号为AN316。它用于AN315普通螺母之上,防止普通螺母松脱。但由于比其他类型的防松措施增加的重量大,所以目前在飞机上很少应用。

5)六角螺母(Light Hex Nuts)。这种螺母有AN340和AN345两种型号,它们是与安装螺钉配合使用的,因此,其螺纹规格是按安装螺钉的规格制造的。AN340为粗牙螺纹螺母,AN345为细牙螺纹螺母。制造材料有碳合金钢(一),不锈钢(C)、黄铜(B)和2024铝合金(DD)。例如:标记AN340B6表示为由黄铜制造、与6－32安装螺钉配合使用的粗牙螺纹螺母。

6)发动机用六角槽形螺母(Slotted Engine Nuts)。这是一种用于发动机的六角槽形螺母,其型号为AN355,规格从AN355－3(3/16 in)到AN355－12(3/4 in),制造材料为镍合金钢,螺母的螺纹为细牙螺纹。

7)蝶形螺母(Wing Nuts)。蝶形螺母又称为翼形螺母,其型号为AN350。它专门用于拆装频繁,而且只需用手指拧紧即可的装配件上。它的制造材料为合金钢或黄铜。这种螺母可与安装螺钉或螺栓配合使用。配合安装螺钉的螺母由螺钉的号数给出。例如:标记AN350－6表示与6－40安装螺钉配合使用的螺母。而配合螺栓使用的螺母则以1/16 in制螺栓规格给出,同时加数字16。例如:标识AN350—616表示为与3/8 in直径螺栓配合使用的螺母。

(2)自锁型螺母(Self－locking Nuts)。自锁型螺母是利用增加螺旋副之间的摩擦力矩的方法来防松的。它能在强烈振动状况下保持不松动。

1)“靴”式自锁螺母(Boots Self－locking Nuts)。该型螺母的螺纹分为两段:底段为承载螺纹,顶段为锁紧螺纹。两段之间用弹性环体连接过渡,如图3.6(a)所示。弹性环体的作用是保持顶段与底段螺纹有一定的间隔并恰好使这两段螺纹略有错位。当转动螺母使螺栓拧过底段螺纹后而欲进入顶段螺纹时,必须克服弹性环的阻力,才能使螺栓的螺纹与螺母顶段螺纹协调啮合。在螺栓全部拧紧后,弹性环段就迫使顶段螺纹紧紧咬住螺栓螺纹从而达到防松目的。

“靴”式自锁螺母可以多次重复使用。

2)开缝径向收口螺母和椭圆形收口螺母。开缝径向收口螺母[见图3.6(b)]和椭圆形收口螺母[见图3.6(c)],这两种自锁螺母都是在拧紧后收口胀开,靠弹性锁紧。它们可以多次重复使用,由于其制造工艺较“靴”式自锁螺母的简单,所以这两种自锁螺母在飞机上的应用日益广泛。

上述三种自锁螺母为高温自锁螺母,如图3.6(d)(e)所示为低温自锁螺母。

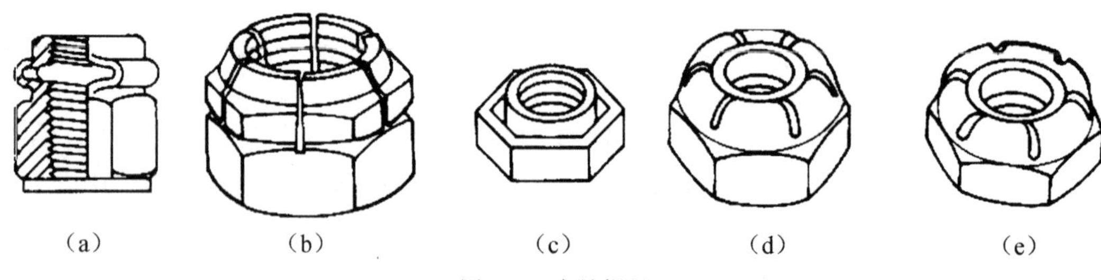

图 3.6　自锁螺母

(a)“靴”式自锁螺母；(b)开缝径向收口螺母；(c)椭圆形收口螺母；(d)(e)低温自锁螺母

3)弹性防松螺母(Elastic Stop Nuts)。该型螺母在其顶段镶嵌有纤维或塑料锁圈，所以又俗称为橡皮头螺母，如图 3.7 所示。锁圈的孔径比与之配合螺栓的外径小一些且无螺纹。当弹性防松螺母刚拧进螺栓时，如同一般螺母，滞力不大；而当螺栓进入螺母的纤维锁圈部位时，由于螺栓挤压锁圈变形而产生一个很大的向下压力，这个弹性压力迫使螺母螺纹的承载面与螺栓螺纹紧密贴合。在螺栓拧紧后，纤维锁圈所产生的向下压力仍保持不变，从而确保紧固和锁牢，即使受到严重振动也不会松动。

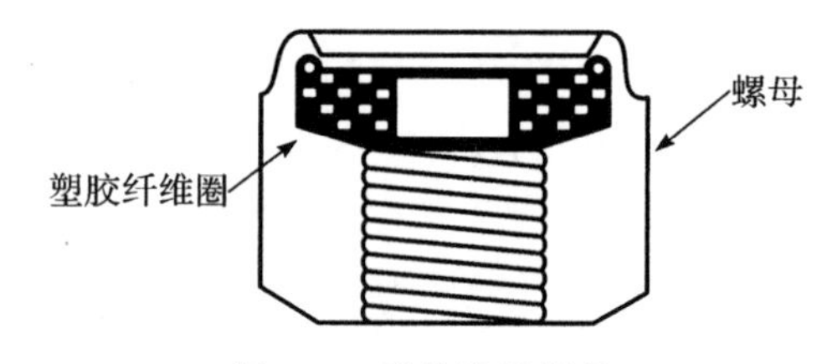

图 3.7　弹性防松螺母

弹性防松螺母可多次重复使用。但是在使用时必须注意以下 3 点。

a. 在每次使用前，一定要检查螺母的纤维锁圈是否完好。如果用手指就可以把螺母拧到螺栓露头，则应予以报废。

b. 螺母拧紧后，至少保证螺栓杆端的倒角凸出螺母顶端。

c. 不能用于温度高于 250 ℉的部位。

4)托板螺母(Anchor Nuts)。在飞机制造中，为了容易安装带有许多螺钉的检查板和检查门需使用托板螺母。有各种式样的托板螺母，如图 3.8 所示。其中浮动式的托板螺母松配合于托板上，然后铆接到蒙皮上。浮动式托板螺母的位置可作少量移动以便与安装螺钉协调配合。

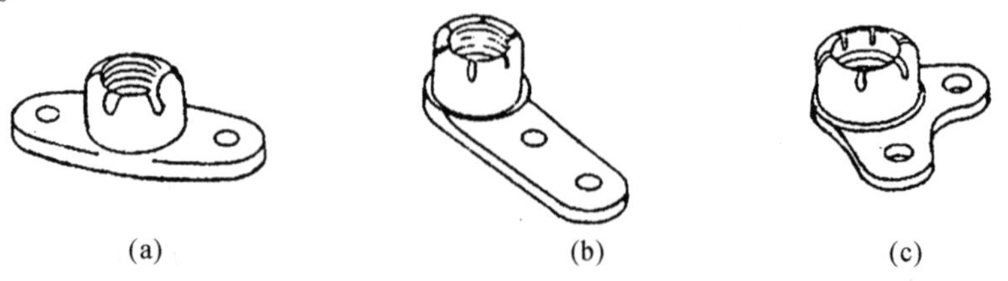

图 3.8　托板螺母

(a)双耳托板螺母；(b)单耳托板螺母；(c)NAS1027 直角形托板螺母

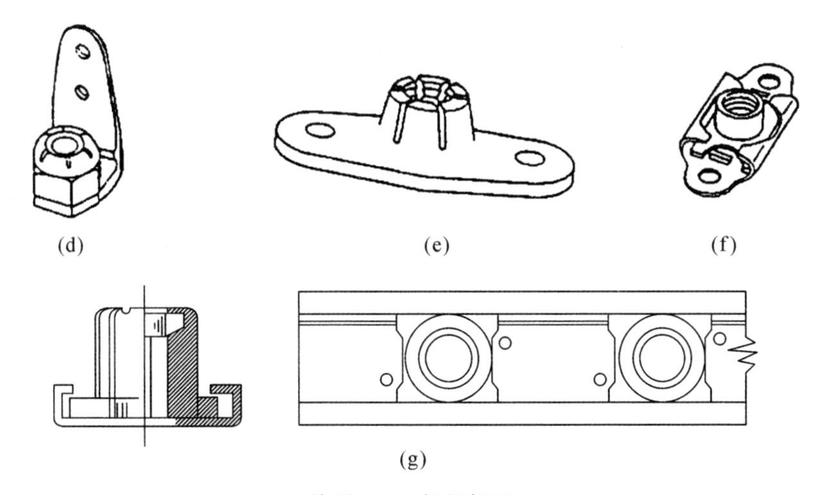

续图 3.8　托板螺母

(d)NA256F 直角形托板螺母；(e)AN362F 高温双耳托板螺母；
(f)浮动式双耳托板螺母；(g)成组式托板螺母

3. 垫圈(Washers)

在被紧固件的表面与螺母之间必须装有垫圈。垫圈为螺母提供承载区域、保护被连接件的表面以及调整零件或螺母的轴向位置。弹性垫圈和止动垫圈还有防松的作用。飞机上常用的垫圈有普通垫圈、弹性垫圈、止动垫圈和专用垫圈等，如图 3.9 所示。

(1)普通垫圈(Plain Washers)。AN960 为最常用的普通垫圈[见图 3.9(a)]，它广泛用于六角螺母之下。制造材料有碳、钢、黄铜、不锈钢和铝合金。它的规格有从与 1 号安装螺钉配合使用的规格到与 1 in 螺栓配合使用的规格。

(2)专用垫圈(Special Washers)。

1)AN975 锥形垫圈[见图 3.9(b)]，专门用于 MS 标准的内六方螺栓头的下侧。当 MS 标准的内六方螺栓用于铝合金结构件上时须采用该型垫圈。该型垫圈的制作材料是合金钢。垫圈表面经镀镉处理以防与不同金属接触产生电化学腐蚀。

2)组合垫圈，该型垫圈由球面垫圈和锥面垫圈组成[见图 3.9(c)]。当在有不超过 8°的斜表面上安装紧固件时，可通过加放该型组合垫圈来安装螺栓紧固件。

(3)弹性垫圈。在有些情况下不便于使用自锁螺母或不便于安装开口销，此时如果螺纹连接又为非关键部位，那么可使用弹性垫圈来防松。当上紧螺母时，垫圈的弹性使螺栓与螺母螺纹之间产生很大的摩擦力从而起到防松作用。

弹性垫圈有 AN935 开口式弹性垫圈[见图 3.9(d)]、AN936B 型外齿型弹性垫圈(Star Nock Washers)[见图 3.9(e)]和 AN936A 型内齿型弹性垫圈[见图 3.9(f)]。AN936 内、外齿型弹性垫圈弹力均匀，防松效果较好。外齿型应用较多。

使用弹性垫圈必须用普通型平垫圈垫底，以免结合表面受到损伤。

4. 螺钉(Screws)

在飞机上，航空螺钉也是一种极为广泛采用的螺纹紧固元件。它的结构与螺栓的类似，螺钉杆身一般为全螺纹杆身，螺纹按 2 级自由配合精度制造，钉尾有平头和尖头的两种。安装时，螺钉一般都是拧装于构件上的螺孔内，通常拧转螺钉来达到紧固目的。常用的螺钉按用途分为结构螺钉、安装螺钉和自攻螺钉 3 种。

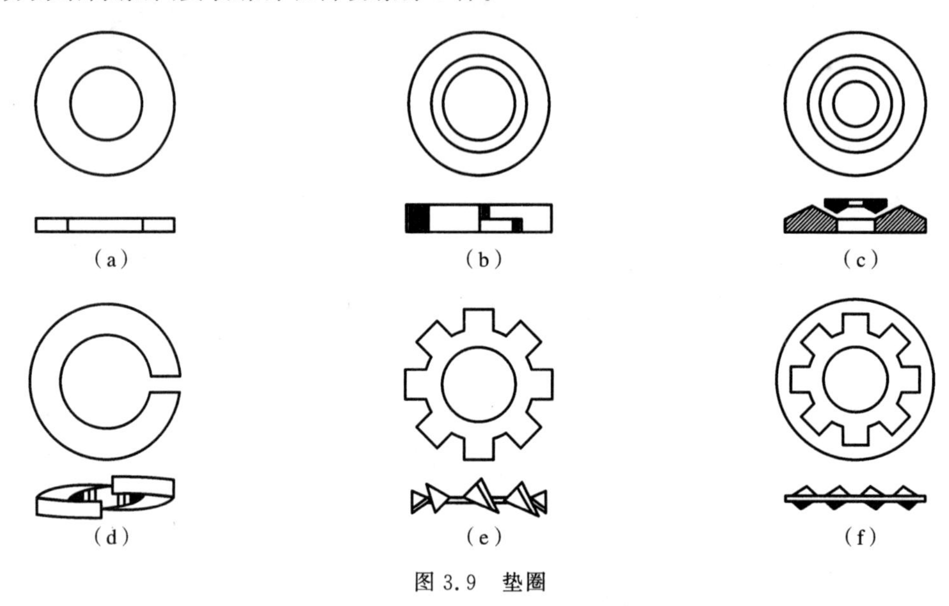

图 3.9 垫圈

(a)普通垫圈；(b)专用垫圈；(c)弹性垫圈；(d)开口式弹性垫圈；(e)外齿型弹性垫圈；(f)内齿型弹性垫圈

(1)结构螺钉(Structural Screws)。结构螺钉由合金钢制成，其拉伸和剪切强度与同尺寸、材质的 AN 型螺栓相同。该型螺钉具有同尺寸螺栓完全相同的长度，钉杆身有光杆(无螺纹)段，如图 3.10 所示。结构螺钉的螺纹为细牙(NF)。螺杆的配合精度也与 AN 型六角头螺栓同级，因此可作为结构螺栓来使用。螺钉的头型有圆头、扁圆头、100°埋头等型。螺钉头的螺刀槽口有十字式(Phillips)、尖十字式(Reed - prince)和一字式槽口。

常见结构螺钉的型号有以下 3 种。

1)AN509，它为 100°埋头螺钉。

2)AN525，它为垫圈头螺钉，这种螺钉有一个类似垫圈的大头，承载面积较大。

3)AN502 和 AN503 圆头螺钉，其中 AN502 为细牙圆头螺钉，AN503 为粗牙圆头螺钉，这两种螺钉的圆头钉头上有一字槽并有一穿保险丝的小孔。

(2)安装螺钉(Machine Screws)。安装螺钉常用于轻小型机件以及齿轮箱盖板等铸铝件的装配。螺钉的头型，螺刀槽与结构螺钉的相同。螺钉杆身为全螺纹杆段，如图 3.11 所示。安装螺钉的螺纹有粗牙和细牙两种。安装螺钉的制作材料有低碳钢、不锈钢、黄铜和铝合金等。

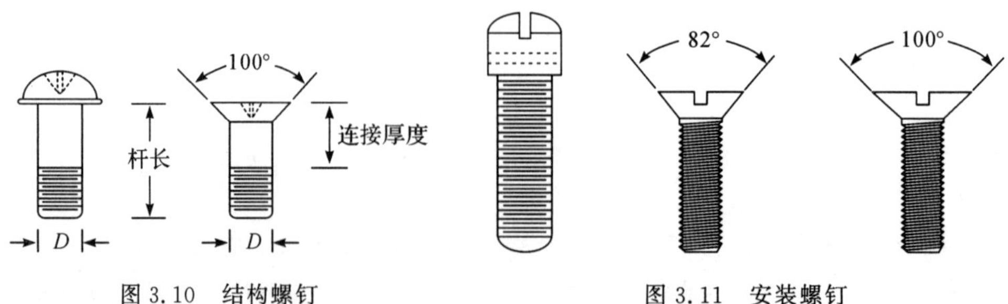

图 3.10 结构螺钉　　图 3.11 安装螺钉

常见型号有以下 3 种。

1)AN5500 和 AN501 为圆头螺钉,TAN500 为粗牙圆头螺钉,AN501 为细牙圆头螺钉,这两种螺钉的结构与 AN502 和 AN503 的相同,钉头有一字螺刀槽且有一小孔。例如:标记 AN501B－416－7 表示为 4/16 in 直径,7/16 in 长,黄铜制 AN 标准细牙圆头螺钉。如果在该标记中表示材料的字母 B 换为 C 则表示材料为不锈钢制,若换为 D 则表示材料为 2017 铝合金。

2)AN505 和 AN510 82°为埋头螺钉,AN505 为粗牙 82°埋头螺钉,AN510 为细牙 82°埋头螺钉。

3)AN515 和 AN520 为扁圆头螺钉,AN515 为粗牙半圆头螺钉,AN520 为细牙扁圆头螺钉。

5. 自攻螺钉(Self－tapping Screws)

自攻螺钉常用于薄金属板,塑料板等的紧固。自攻螺钉靠自身在装配孔里攻丝而紧固的。自攻螺钉的头型有扁圆头、100°埋头、大扁圆头等,钉尾有尖头(A 型)和钝头(B 型)两种类型,如图 3.12 所示。

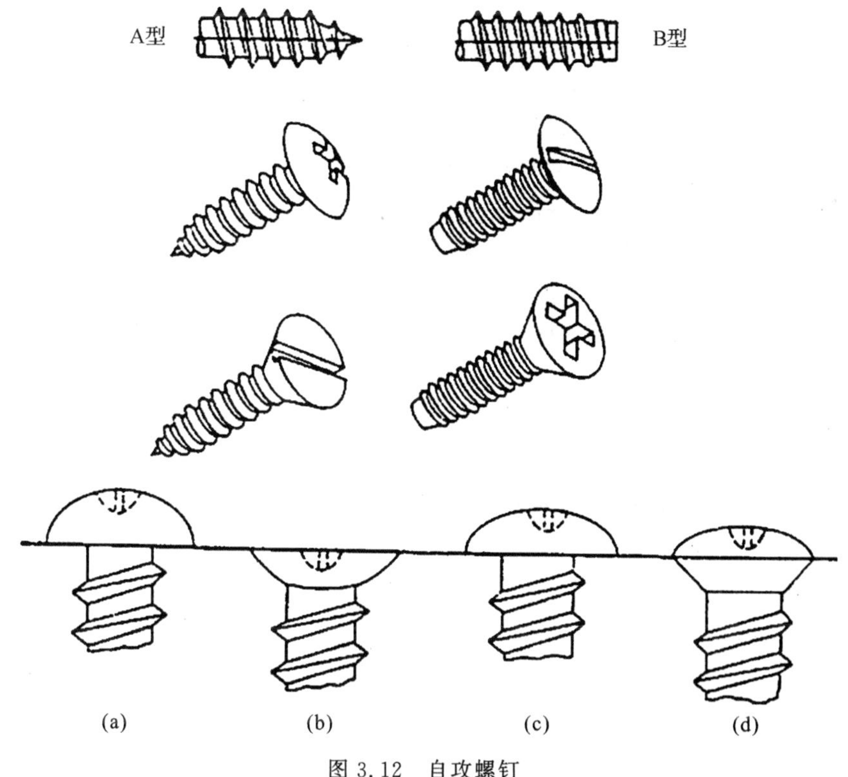

图 3.12　自攻螺钉

(a)圆头;(b)100°埋头;(c)大圆头;(d)榄形埋头

常见型号有以下 2 种。

1)AN504 和 AN506,它们常用来安装诸如标牌之类的可拆卸件。

2)AN530 和 AN531,它们是用于金属板料的自攻螺钉。AN530 为扁圆头,AN531 为埋头自攻螺钉,它们的钉尾是钝头(B 型)。

3.1.3 螺纹紧固件的安装和防松

1. 螺纹紧固件的安装与拆卸

在飞机维修过程中，螺纹紧固件的安装与拆卸占有很重要的地位。在安装与拆卸螺纹紧固件时必须注意以下8点。

(1)首先应检查螺栓、螺母或螺钉是否清洁、完好。如是新更换件则应注意其型号、规格是否符合要求，螺栓的光杆段长度应等于或者略大于螺栓所穿过材料的厚度。

(2)除非有专门的规定，在螺母之下必须装有垫圈。

(3)只要情况许可，螺栓安装方向都应螺栓头在上方。这样万一螺母松脱，螺栓可仍在其位而不致掉出。

(4)要恰当地拧紧螺纹紧固件，要根据使用要求和螺栓直径，正确选用扳手。对于要求严格控制预紧力的螺纹连接，一定要用控制力矩的扳手，即测力矩扳手或定力矩扳手；对于不严格控制预紧力的螺纹连接，应采用梅花扳手、呆扳手等相应的固定扳手，尽量不用活扳手。拧紧时，用力应均匀适度，不能用冲击力。通常对于小直径螺纹仅用腕力或臂力。对于大直径螺纹用全身力或配以专用扳手，并根据要求拧紧。

(5)对于采用保险丝或开口销进行防松保险的螺栓和螺母要注意穿保险丝或开口销孔的对位，保证既符合规定的扭矩值又使孔对位。若达不到要求，可用改变垫圈厚度的方法来达到。禁止用超扭矩或者松退螺母的办法来谋求对正保险孔。

(6)当被连接件上的螺栓或螺钉数目较多时，为使载荷分布均匀，应按顺序依次拧紧，如图3.13中的箭头方向和数字顺序所示。对有密封或紧固要求部件上的螺栓组，通常应逐步拧紧，先把所有螺母旋至被连接零件上，然后按顺序号加1/3左右的预紧力，拧一遍后，再依次加1/3左右的预紧力，如此反复拧3～5遍，直至达到所规定的要求为止。螺母拧紧后，螺栓杆端应露出螺母3牙螺纹左右。

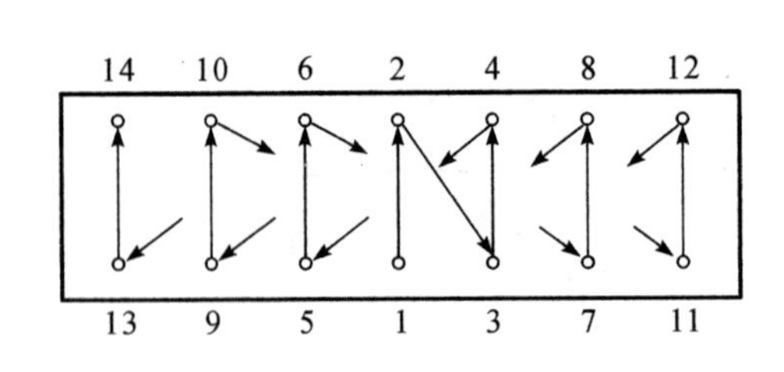

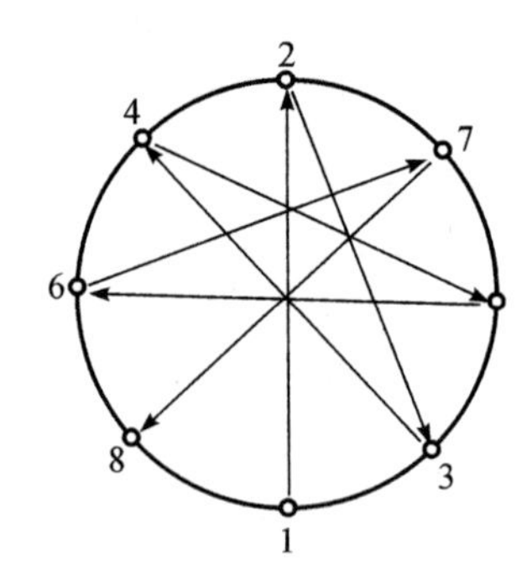

图3.13 螺钉分布及拧紧次序

(7)双头螺柱的装拆，手工装拆方法如图3.14所示，其中图3.14(a)是用双螺母方法装拆，装拆前用两个扳手使双螺母相互顶紧，旋入时用扳手拧上面的螺母，旋出时拧下面的螺母；图3.14(b)是用六角螺母方法装拆，是把高六角螺母2旋在双头螺柱上，当拧紧止动螺钉1后，用扳手拧高六角螺母，即可将双头螺柱拧入和旋出。双头螺柱在装入前，应在紧固端的螺纹上涂润滑油，以防锈蚀，为将来拆卸打下基础。

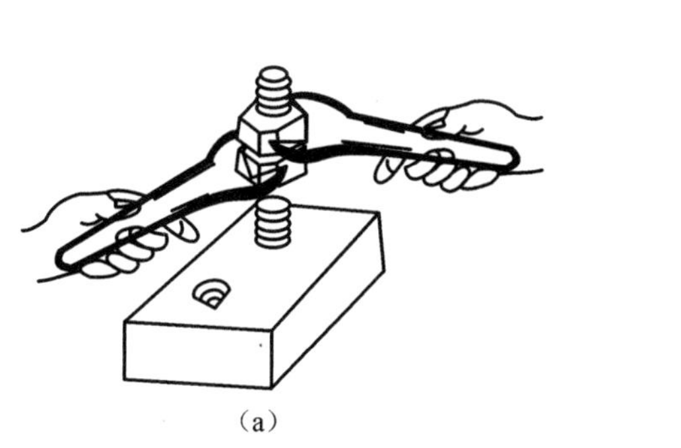

(a)

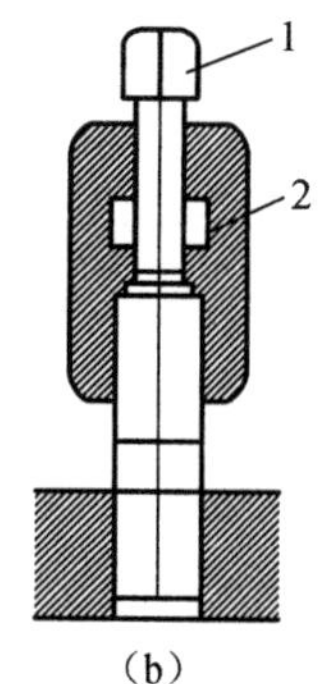

(b)

图 3.14　双头螺柱的装拆

(a)双螺母方法；(b)六角螺母方法

(8)对于螺钉要根据钉头螺刀槽口选择合适的螺丝刀。转动螺钉时要保持一定的压力以防止螺丝刀从槽中滑出而损伤周围的结构。

2.螺纹紧固件的防松

螺纹连接一般采用单线普通螺纹,其升角和当量摩擦角满足自锁条件,螺母不会松脱。但是,当连接受到冲击、振动和交变载荷作用时,预紧力可能瞬时消失,这种现象多次重复后,就会使螺母松脱。此外,在高温或温度变化较大时,由于温差变形等原因,也可能会发生松脱现象。飞机集上述两种情况于一身,因此飞机上的全部螺纹紧固件都必须进行防松保险。

对飞机上螺纹紧固件的防松保险方法很多,通常采用的有保险丝、开口销、弹性垫圈、弹簧卡圈和自锁螺母等,以下介绍保险丝防松保险和开口销防松保险。

(1)保险丝防松保险。保险丝防松保险是采用一根细金属丝将两个或两个以上的紧固件连结在一起。当某一元件有松动趋向时,它会受到保险丝的牵制而停止发展。制造保险丝的材料有低碳钢、不锈钢和黄铜等,一般常用的是低碳钢丝。用保险丝对螺纹紧固件打保险时,可选用单股或双股形式,一般以双股扭结成辫结形式应用最广泛,如图 3.15 所示。

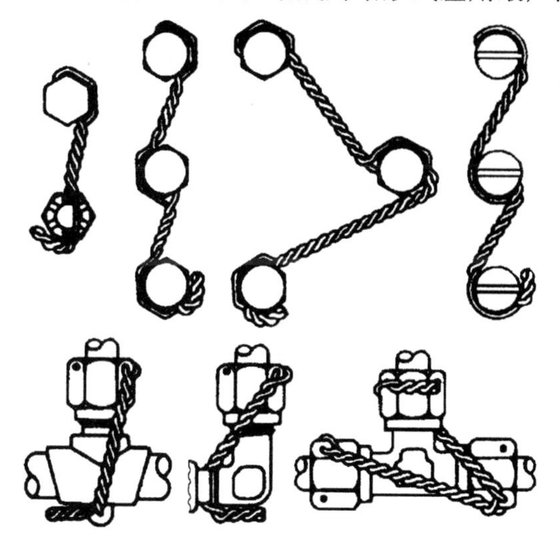

图 3.15　保险丝保险

单股保险丝一般常用于分布间隔很近的小螺钉群，如图 3.16 所示。

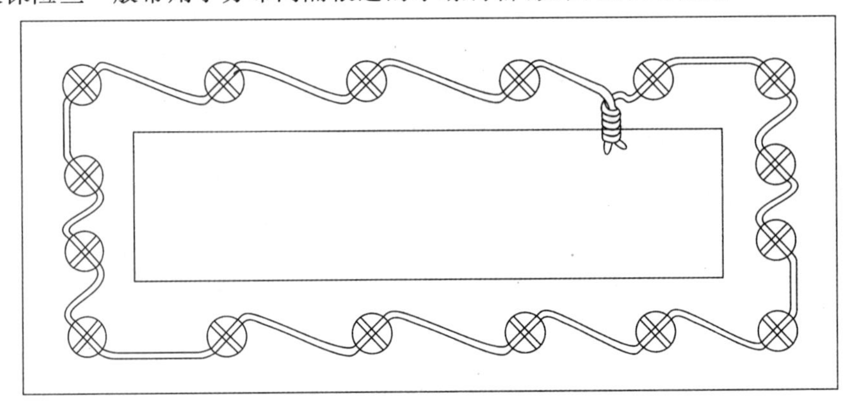

图 3.16　单股保险丝保险

一般说来，如果螺纹紧固件群集在一起，采用相互串联保险的形式要比各自独立保险优越得多。至于一次串联保险的元件数量多少，应视具体场合而定。例如螺栓的分布间隔较远，用双股扭辫法来保险时，一次串联的螺栓数不应多于 3 个。如果螺栓为紧邻分布，则一次串联的螺栓数以保险丝长 24 in 为准。

采用保险丝作为防松保险手段时应遵守以下基本规则。

1）每次打保险都必须用新的保险丝。

2）打保险时，必须随时将保险丝拉紧，但是其张紧度不能过量，以防在正常维护时或受到振动时可能断裂。

3）保险丝的绕向应该是将螺母朝拧紧方向拉紧。

4）保险丝的辫结应该紧凑匀称，在两螺母之间的保险段应适当张紧而无多余的辫结。

5）对螺栓头保险时，一定要保持缠绕在螺栓头侧的辫结不向上松脱而造成保险松驰。

6）打保险完工后的尾端应为 1/4～1/2 in 长的辫结（相当于 3～6 个辫结），而且应将辫尾弯过来或压在下面，以防自行松散。

（2）开口销防松保险。杆身钻孔的螺栓杆与六角槽形螺母相配套的紧固件一般都采用开口销保险。制造开口销的材料有低碳钢和不锈钢等，一般常用低碳钢表面镀镉的开口销，不锈钢制的开口销专门用于不允许使用磁化材料或需要抗锈蚀的部位上。开口销装入销孔应松紧适当，只允许有微量的间隙。开口销的安装形式有常用形式、较佳形式和可选形式三种，如图 3.17 所示。

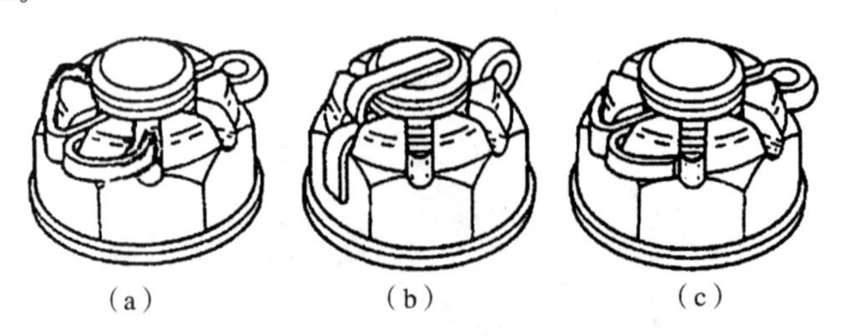

图 3.17　开口销防松保险

(a)常用形式；(b)较佳形式；(c)可选形式

采用开口销保险应注意以下基本规则。

1)每次打保险都必须用新的开口销。

2)如采用较佳形式安装开口销时,弯在螺栓顶上的开口销尾端不能超出螺栓直径,贴在螺母侧面的开口销尾端不能碰到垫圈表面,长出部分应剪去。

3)如采用可选形式安装开口销时,应保持开口销的两尾端贴近在螺母侧面上。

4)开口销尾端弯折处应保持一定的弯曲弧度,陡折角会导致开口销杆断裂。用木榔头敲弯成形是最佳施工法。

扩展阅读

C919 自主知识产权高强度铝合金螺母

中国商飞公司在 C919 大型客机的研制过程中,成功开发了具有完全自主知识产权的高强度铝合金螺母。该螺母采用了自主研发的先进制造工艺,具有更高的强度和更低的重量,相较于传统的钛合金螺母,可减少 20%的质量。在降低成本的同时,也提升了整个飞机的安全性能。

此外,该螺母还具有更好的抗腐蚀性能和更长的疲劳寿命,能够有效地延长使用寿命和维护周期,提高了飞机的可靠性和可维护性。

这一先进案例的成功开发和应用,标志着中国在螺纹紧固件领域取得了重大突破,对于推动中国航空工业的发展具有重要的意义。

3.2　铆　　钉

铆钉主要依靠钉杆和铆钉孔的过盈配合承受剪切来传递载荷。飞机结构上需要传递分布剪切载荷,并且不需要拆卸的部位,通常用铆钉作为紧固件,比如蒙皮与桁条、大梁缘条和大梁腹板、梁腹板与肋腹板之间的连接角材等,都是采用铆钉作为紧固件。应用在飞机上的铆钉可分两大类:普通实芯铆钉和专用铆钉。

3.2.1　实芯铆钉(Solid Rivets)

普通实芯铆钉常简称为普通铆钉,它的一端为已制成型铆头,另一端为待成型铆头。铆接施工时需从一面用顶模顶住已成型铆头,再从另一面冲击敲打铆钉杆端头而形成铆钉镦头从而达到铆接目的。为了满足各种不同场合的需要,普通铆钉以各种金属材料制成各种不同的头型和尺寸规格。

1. 铆钉材料

飞机铆钉通常由铝合金、不锈钢和蒙乃尔合金等材料制成,其中用得最多的是铝合金。制造铆钉的材料在铆钉的型号规格标记中用一个或两个英文字母来表示。另外在铆钉头端面上制有凸点、凸划、凸十字、凸三角及凹槽或凹点等标志来表示铆钉的材料。常见铆钉材料、字母代号、铆钉头端标志以及特点和应用见表 3.2。

表 3.2 铆钉材料、代号、标记及特点

铆钉材料	代 号	铆钉头端面标记	特点及应用
1100	A	无任何标记	1100 为含铝 99% 的纯铝,用其制造的铆钉硬度低,耐腐蚀,主要用于整流罩和客舱内设施的铆接
2117	AD	有一凹圆点	2117 是以铜为主要合金元素的铝合金,具有足够的强度,抗腐蚀性好,用之前不需进行任何处理,有"外场铆钉"之称,广泛用于飞机铝合金构件的铆接
2017	D	有一凸点	2017 也是以铜为主要合金元素的铝合金,具有较高的强度。在铆接前必须进行热处理降低其硬度,并在 1 h 内铆接完毕,否则铆钉就会变得很硬无法铆接。通常将 2017 铆钉热处理后立即放入低于 0 ℃的冰箱内,在使用之前取出,故称之为"冰箱铆钉"。"冰箱铆钉"铆接后 1 h 左右只具有其额定强度的一半,约 4 天时间才能达到其额定强度。该类铆钉用于强度要求较高的飞机铝合金结构件
2024	DD	有两凸横杠	2024 与 2017 基本相同,只是其强度比 2017 稍高些以及其硬化期更短,热处理后或从冰箱中取出后须 10 min 内铆接完毕,否则铆钉变硬无法铆接。它用于强度要求最高的飞机铝合金结构件上
5056	B	有凸十字	5056 是以镁为主要合金元素的铝合金,约含镁 5%左右,应用于飞机镁合金结构件上
7050	E	有凸圆环(1)	7050 是以锌为主要合金元素的铝合金,它的强度比 2024 更高一些,用 7050 制的铆钉主要用于高强度铝合金结构件上,在波音 767 飞机上它取代了 2024 材料制的铆钉
蒙乃尔	M	有两凹点	蒙乃尔(Monel)具有高强度和高抗蚀性,用于铆接飞机上合金钢构件,有时可替代不锈钢铆钉
不锈钢	F	有一凹槽(2)	不锈钢铆钉的抗腐蚀能力极强,应用于不锈钢材料或高温耐腐蚀的场合,如飞机防火墙等

注:表中(1)表示也有三条呈放射状的凸杠;(2)表示也有无任何标记的。

2. 铆钉类型

普通铆钉的类型是按其头型来划分的,它有两大类:凸头铆钉(Protruding Head Rivets)和埋头铆钉(Counter-sunk Head Rivets)。凸头铆钉有圆头型、扁圆头型、平头型和通用头型等。埋头铆钉有 100°埋头、78°埋头和 120°埋头等。圆头型和平头铆钉应用于飞机内部结构件的铆接;扁圆头以及改进型扁圆头铆钉一般用来铆接薄板。因为钉头较短、气动阻力不大，也常用来铆接飞机外表蒙皮，尤其常用在机身后段和机尾部分；通用头型铆钉其实是圆头、平头和扁圆头铆钉的综合型。正因为如此，通用头型铆钉可替代其他各种凸头铆钉，广泛用于飞机内部和外表。埋头铆钉以100°埋头铆钉应用最为广泛。埋头铆钉应用于要求表面平齐光滑部位，多用于飞机外表面。

3.铆钉的型号规格标记

普通铆钉的型号规格标记由铆钉制造标准代号、头型代号、材料代号、铆钉杆直径和铆钉杆长五个部分组成。常见的铆钉制造标准代号有AN，MS和NAS三种。头型代号按各自的制造标准用三至五位数字表示。材料代号用英文字母表示，见表3.2。铆钉杆直径用数字表示并以1/32 in为计量单位。铆钉杆长也用数字表示并以1/16 in为计量单位。要注意埋头铆钉的杆长与凸头铆头的杆长的区别，如图3.18所示。

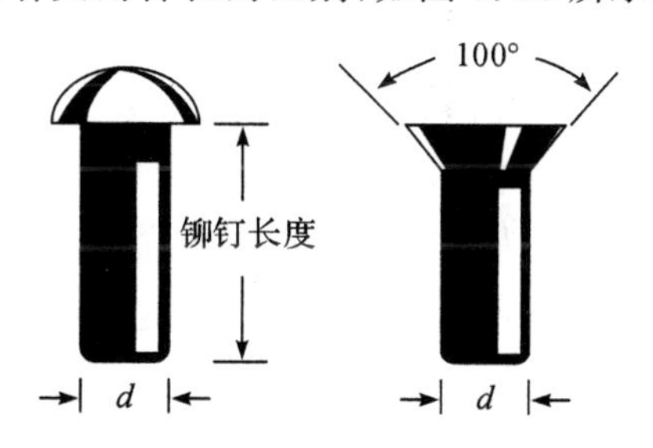

图3.18　铆钉尺寸量度

铆钉的型号规格标记，举例如下。

(1)美国空军海军标准。例如：图3.19为美国空军海军标准铆钉型号编码示意图。

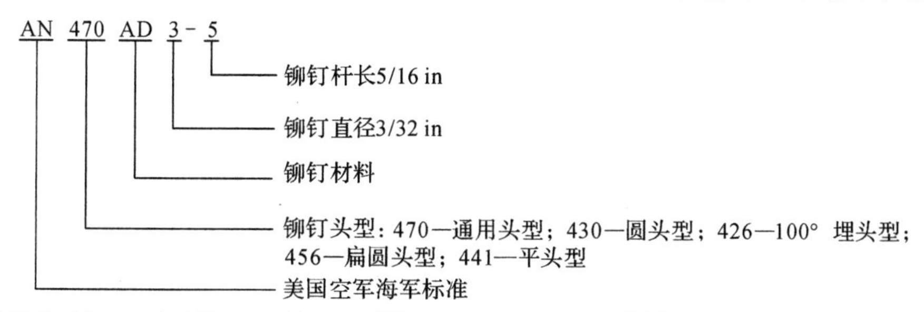

注：AN470AD3 - 5与MS20470AD3 - 5以及NAS1242AD3 - 5等同。

图3.19　美国空军海军标准的铆钉型号编码示意图

(2)美国军用标准。例如：图3.20为美国军用标准的铆钉型号编码示意图。

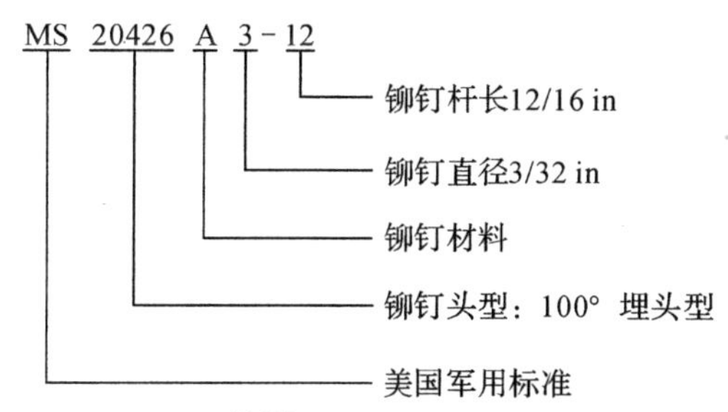

注：MS20426A3 - 12与AN426A3 - 12等同。

图3.20　美国军用标准的铆钉型号编码示意图

4. 普通铆钉尺寸规格的确定

(1)铆钉直径 d。铆钉直径应至少等于被连接板中最厚板板厚的 3 倍。例如要铆接两块厚为 0.040 in 的铝合金扳件,则铆钉直径 $d=0.040\times3=0.120$ in,查得最接近该值的标准铆钉直径为 1/8 in(0.125 in),为此可确定铆钉直径 $d=1/8$ in。

(2)铆钉杆长 l。铆钉杆长 $l=$被连接件总厚度尺寸$+1.5d$。例:要铆接两块厚为 0.040 in 的铝合金板件,则铆钉杆长 $l=0.040\times2+1.5\times1/8=0.2675$ in。查得最接近该值的标准铆钉长为 1/4 in(0.250 in),为此可确定铆钉长度 $l=1/4$ in。

4.2.2 专用铆钉

飞机上的专用铆钉有拉铆钉、高强度铆钉和螺纹铆钉 3 大类。

1. 拉铆钉

拉铆钉是一种最常用的专用铆钉,它能从单方面铆接成型。由于这种型式的铆钉在铆接施工时看不到"加工铆头"的成型过程,故也称之为"盲铆钉"。又由于该型铆钉在铆接施工时是拉拔铆钉芯杆使盲端成型铆头的,所以又称之为"拉铆钉"。在飞机制造和维修中使用许多种拉铆钉,下面介绍常用的 2 种。

(1)自塞摩擦锁紧式拉铆钉(Self - plugging Friction - Lock Rivets)。这是一种早期的拉铆钉,曾广泛用于飞机制造和维修,目前仍用于轻型飞机的修理。自塞摩擦锁紧式拉铆钉由带铆钉头的空心杆体和穿过杆体的芯杆两部分组成,如图 3.21 所示。

安装时芯杆下端锥体部分被拉挤入空心杆体,使杆体挤胀变粗。当芯杆锥体完全进入铆钉杆体形成盲端铆头时,拉杆将断掉,铆接工作完成。该型拉铆钉的断口不够光滑平整,需用修整剪修整断口使其与铆钉头平齐。该型铆钉有两种头型:通用头型和 100°埋头型。

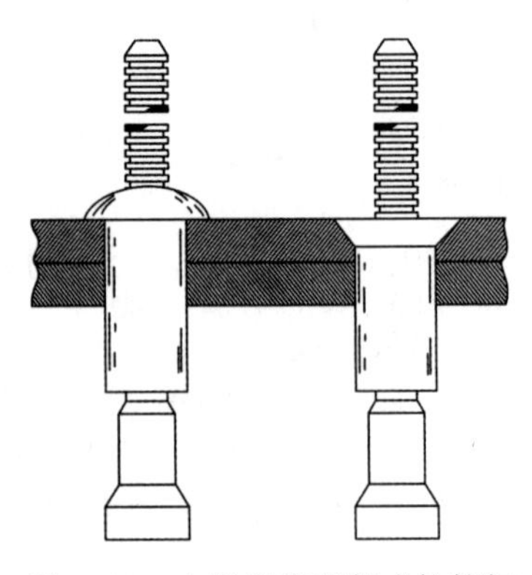

图 3.21 自塞摩擦锁紧式拉铆钉

该型铆钉常以 1/8 in,5/32 in 和 3/16 in 三种标准直径供货。制造这种铆钉的材料有多种,常用的有 2017 铝合金芯杆和 2117 铝合金杆身以及 2017 铝合金芯杆和 5056 铝合金杆身两种。

(2)自塞机械锁紧式拉铆钉(Self - plugging Mechanical Lock Rivets)。自塞机械锁紧式拉铆钉现广泛用于飞机制造和维修中。现以最常用的 Cherry lock 拉铆钉为例,说明它的构造。它的构造如图 3.22 所示。由图 3.22 可见,它比自塞摩擦锁紧式拉铆钉多了一个锁紧环。当自塞机械锁紧式拉铆钉铆接完毕，锁紧环就紧紧卡入芯杆上的锁紧环槽内使留在杆身内的芯杆不会因振动而松脱。

另外，这种铆钉铆接后芯杆断口正好与铆钉头平齐，故不需再进行平整断口的工作。

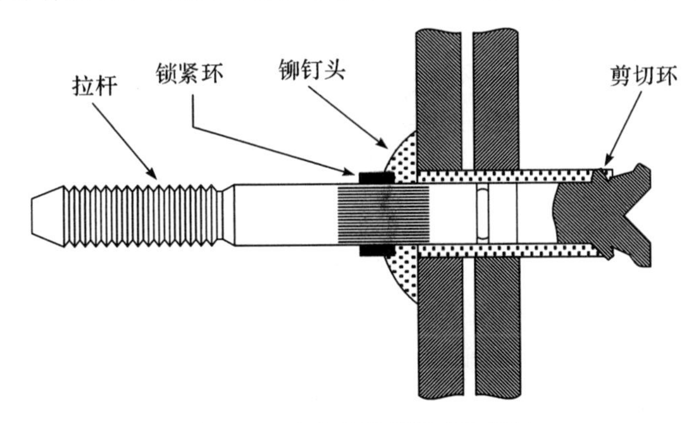

图 3.22　自塞机械锁紧式拉铆钉

自塞机械锁紧式拉铆钉有多种式样，除 Cherry Lock 拉铆钉，常见的还有 Cherry Max 拉铆钉、Huck－lok 拉铆钉、Olympic－lock 拉铆钉，它们的构造大同小异。

自塞机械锁紧式拉铆钉的铆接过程也以 Cherry Lock 拉铆钉为例说明之，如图 3.23 所示。

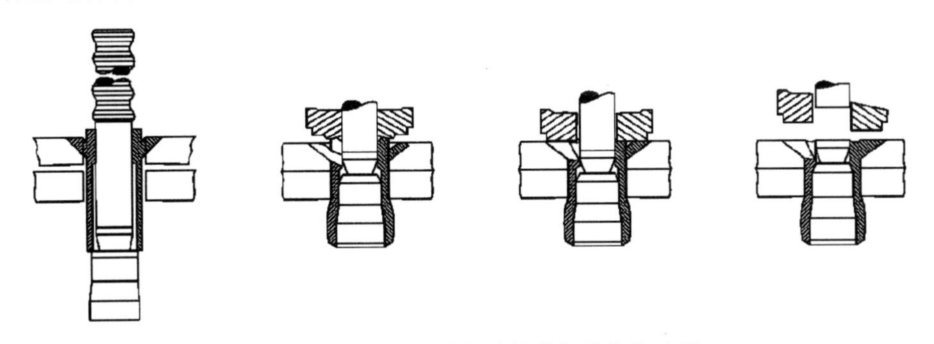

图 4.23　自塞机械锁紧式拉铆钉的拉铆过程

拉铆钉杆身的长度可用两种方法来确定。

1）采用铆接厚度量规确定杆身长度。铆接厚度量规又称为钩尺[见图 3.24(a)]。要确定铆钉杆身长度时，将钩尺伸到铆接件的铆钉孔内，使其钩住工件底面，然后读出工件顶面的尺寸，取标准尺寸即为拉铆钉的杆长，如图 3.24(b)所示。

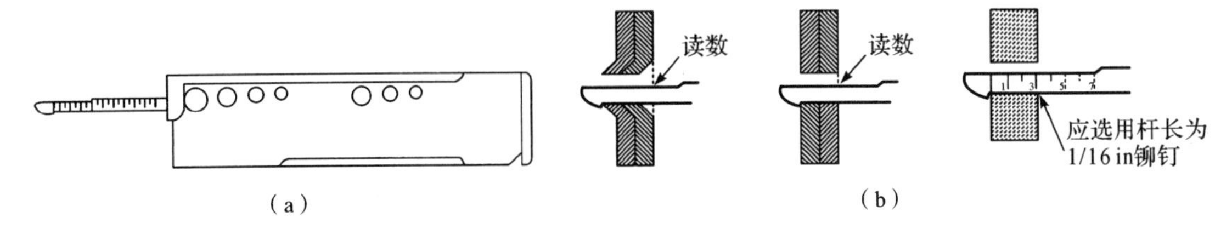

图 3.24　铆接厚度量规的使用方法

(a)铆接厚度量规；(b)使用方法

2)将拉铆钉装入铆孔后,杆身露出的长度尺寸 B 取 3/64～1/8 in 之间(此时芯杆尚未受拉),如图 3.25 所示。

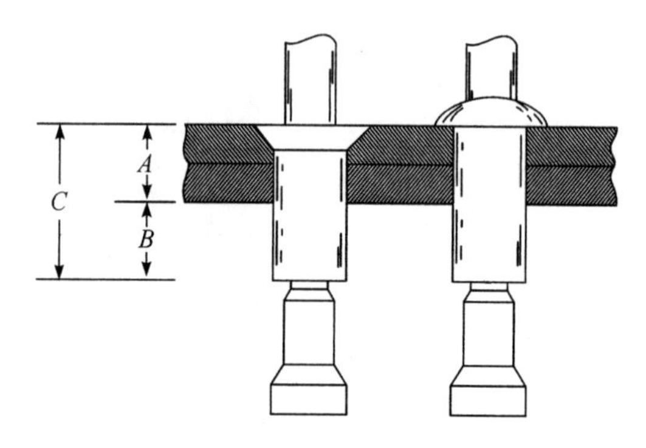

图 3.25　确定铆钉长度

2. **高剪切应力铆钉**(Hi-Shear Rivets)

高剪切应力铆钉是专门设计用于承受高剪切载荷而得名的。高剪切应力铆钉简称高剪铆钉,又称销桩式铆钉。高剪切应力铆钉由销桩和锁圈两部分组成(见图 3.26)。这种铆钉具有同一直径 AN 螺栓相同的承剪强度,而其重量则只有螺栓的 40%。它广泛用于飞机高强度结构区域。高剪切切应力铆钉制有平头和埋头两种头型。高剪切应力铆钉杆身与铆孔的配合为过盈配合。安装时,先将高剪切应力铆钉用手锤敲入铆孔,待铆钉杆尾露出后套上锁圈,然后从一面顶住铆钉头,从另一面用铆枪将锁圈轧装于铆钉杆凹弧槽位置,紧固牢靠形成铆头。

高剪切应力铆钉型号规格标记如图 3.27 所示。

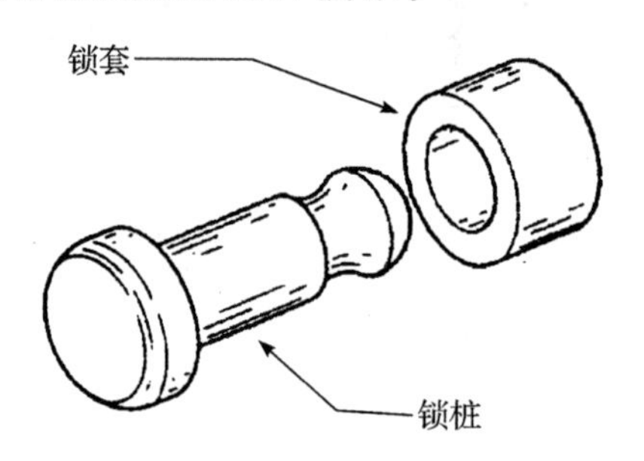

图 3.26　高剪切应力铆钉

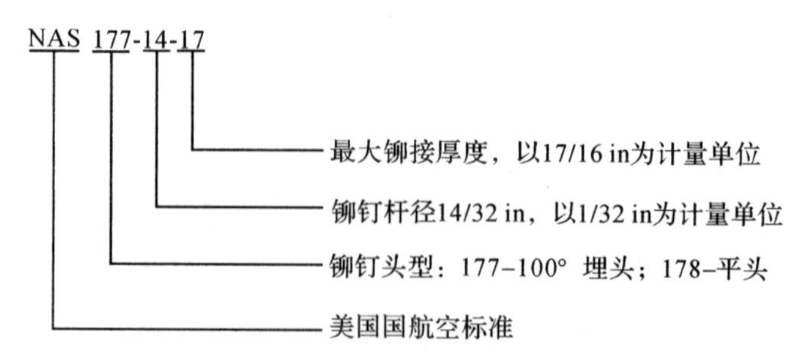

图 3.27　高剪切应力铆钉型号规格

3. 螺纹铆钉(Threaded Rivets)

螺纹铆钉又称为铆钉螺母，是一种带有内螺纹的空心拉铆钉。螺纹铆钉最早设计是用来将橡胶防冰套安装到机翼或飞机尾部表面上的。现已推广用于飞机次要结构上，例如安装仪表、托架和隔音材料等。

螺纹铆钉的头型通常有两种：平头和100°埋头。100°埋头螺纹铆钉头高度有0.048 in和0.063 in两种。当在较薄材料的埋头窝上装该铆钉时，使用钉头高度较薄的一种。无论平头还是埋头螺纹铆钉均具有凸齿和不带凸齿的两种型式的铆钉头型式。使用钉头上具有单凸齿的螺纹铆钉，需用专用的凹槽剪在铆孔周边剪一小槽口以容纳钉头上的凸齿。当这种铆钉铆接好后可防止铆钉转动。这种铆钉尤其适合用作螺母集装板。不带凸齿的螺纹铆钉仅用在没有扭转负荷的部位。

螺纹铆钉的钉尾也有尾部通孔和盲孔两种型式。一般场合多用尾部通孔型式的螺纹铆钉。钉尾为盲孔型式的螺纹铆钉主要用于要求气密的场合，如气密舱。

螺纹铆钉杆的直径有3种：3/16 in，7/32 in和1/4 in，其内依次制有6－32，8－32和10－32的美国国家标准螺纹。

螺纹铆钉杆长有6种尺寸，每一种尺寸杆长的螺纹铆钉有其适合的铆接厚度范围。从铆钉头端面的径向短划标识可辨别其属于那一种。铆接厚度最小的一种，钉头端面无任何标记。厚度增大一档，钉头端面上就有一道径向短划。厚度越大，径向短划根数越多。如果铆钉头端面上有五道径向短划，表明这是能铆接最大厚度的一种。钉头标记、杆号及铆接厚度范围见表3.2。螺纹铆钉的型号规格用数字和字母来标记。例如：10KBl06，该标记的左边一组数字由一位数或两位数组成，表示该铆钉的内螺纹尺寸号数；右边一组数字由两位或三位数字组成，表示该铆钉的最大铆接厚度，以1/1 000 in为计量单位。若该数字为5的倍数，就表示铆钉为平头螺纹铆钉；若不是，则表示为埋头螺纹铆钉。两组数字的中间有英文字母或短划用来表示带不带凸齿和钉尾构造。若该处为一短划，表示该铆钉的钉尾为通孔、铆钉头上无凸齿；若该处为字母K，则表示该铆钉头上有凸齿，顶尾为通孔形式；若该处为字母KB，则表示该处铆钉头上有凸齿，钉尾为盲孔尾端封闭。

扩展阅读

飞上外太空的中国铆钉

中国航天员在太空中执行任务时，需要使用安全可靠的零部件，铆钉就是其中一个重要的零部件。在航天器的生产过程中，铆钉的质量和可靠性是至关重要的。为此，中国航天工业集团开发了一种具有自主知识产权的高性能铆钉。

这种铆钉采用了特殊的材料和制造工艺，能够承受更高的载荷和更复杂的应力情况。此外，这种铆钉还具有优异的耐腐蚀性和抗疲劳性能，能够满足航天器在极端环境下的使用要求。

这种铆钉的开发和应用不仅提高了中国航天器的安全性和可靠性，也为中国的航空航天制造业赢得了国际声誉。

习　题　3

一、选择题

1. 关于螺纹的配合等级,3 级表示(　　)。

A. 松配合　　B. 自由配合　　C. 中度配合　　D. 紧配合

2. 关于螺栓的直径和螺纹直径的标识,AN4 - 7 表示(　　)。

A. 螺栓的直径为 1/4 in,长度为 7/8 in

B. 螺栓的直径为 1/2 in,长度为 7/16 in

C. 螺栓的直径为 1/4 in,长度为 7/16 in

D. 螺栓的直径为 1/2 in,长度为 7/8 in

3. 关于螺栓的直径和螺纹直径的标识,AN75 - 16 表示(　　)。

A. 螺栓的直径为直径 5/16 in,长度为 $1\frac{3}{4}$ in

B. 螺栓的直径为 75/16 in,长度为 1 in

C. 螺栓的直径为 5/16 in,长度为 6/4 in

D. 螺栓的直径为 75/16 in,长度为 1 in

4. 关于螺纹紧固件的放松,以下说法正确的是(　　)。

A. 当螺纹升角和当量摩擦角满足自锁条件,螺母不会松脱

B. 当连接受到冲击、振动和交变载荷作用时,预紧力可能瞬时消失,这种现象多次重复后,就会使螺母松脱

C. 常见的防松方式有保险丝、开口销、弹性垫圈、弹簧卡圈和自锁螺母等

D. 以上说法均是正确的

5. 以下属于普通铆钉的是(　　)。

A. 埋头铆钉　　B. 螺纹铆钉　　C. 高剪切应力铆钉　　D. 拉铆钉

二、问答题

1. 简述螺纹的类型、配合等级和标识符号。
2. 简述普通螺栓和专用螺栓分类及特点。
3. 简述螺纹紧固件的安装和拆卸。
4. 简述螺纹紧固件的防松措施。
5. 简述铆钉的分类及应用。

第4章　弹簧、轴承和传动

📖知识及技能

✍ 了解弹簧基本功用、类型。

✍ 了解滑动轴承的基本构造、类型，掌握滑动轴承的维护方法。

✍ 了解滚动轴承的基本构造、类型，掌握滚动轴承的失效形式与维护。

✍ 了解齿轮传动、带传动、链传动的类型、特点、失效形式及维护。

4.1　弹　　簧

弹簧是机械中广泛应用的弹性零件。在外载荷的作用下，弹簧利用材料的弹性和结构特点能产生较大的弹性变形并吸收储存一定的能量。当外载荷卸除后，弹簧又能恢复原来的形状并释放出吸收储存的能量。弹簧的主要功用有：控制运动，如内燃机的气门弹簧、液压阀门中的控制弹簧；减震吸能，如车辆中的缓冲弹簧，联轴器中的吸振弹簧；能量储存，如钟表和仪表中的盘簧（发条）；测量力或力矩，如测力器、弹簧秤中的弹簧。

4.1.1　弹簧的材料及性能

弹簧常在交变载荷或冲击载荷下工作，因此要求弹簧材料具有高的弹性极限、高的疲劳强度、一定的塑性和韧性、良好的热处理性能。

选择弹簧材料时，主要应考虑弹簧的工作条件（如载荷的大小和性质、周围介质的特性、工作温度等）、重要性以及加工和热处理条件等因素。常用的弹簧材料有优质碳素钢、合金钢和有色金属合金。

1. 碳素弹簧钢

含碳量在0.6%～0.9%之间，如65，70，85等碳素弹簧钢。这类钢材价格便宜，热处理后具有较高的强度、适宜的韧性和塑性，但当弹簧丝直径大于12 mm时，不易淬透，故仅适用于做小尺寸的弹簧。

2. 合金弹簧钢

常用的有硅锰钢和铬钒钢等，如60Si2Mn，50CrV。这类弹簧材料具有弹性好、淬透性好、回火稳定好及抗疲劳性好等特点，因此常用于制作承受交变载荷、冲击载荷或工作温度较高的弹簧。

3. 有色金属合金

在潮湿、酸性或者其他腐蚀性介质中工作的弹簧，宜采用有色金属合金作为弹簧材料，如钛合金、硅青铜、锡青铜等。

4.1.2 弹簧的基本类型和特点

按照受力的性质，弹簧分为拉伸弹簧、压缩弹簧、扭转弹簧 3 种。

按照形状，弹簧又可分为圆柱螺旋弹簧、圆锥螺旋弹簧、碟形弹簧、环形弹簧、板弹簧和盘簧。常用的弹簧类型见表 4.1。各类弹簧中以圆柱螺旋弹簧应用得最广。

螺旋弹簧是用弹簧钢丝卷绕制成的，其中圆柱螺旋弹簧已规格标准化了，有专门工厂生产。在飞机附件中，圆柱螺旋弹簧常作为控制弹簧使用。

碟形弹簧是用钢板冲压成的锥台形的弹簧。它是压缩弹簧，刚性很大，能承受很大的冲击载荷，并具有良好有吸振能力，所以常用作缓冲弹簧。在载荷相当大和弹簧轴向尺寸受限制的地方，可以采用碟形弹簧。例如在三叉戟飞机起落架减震支柱上的弹簧筒内装有 16 片碟形弹簧。另外，在三叉戟飞机的刹车间隙自动调节器中也用到了碟形弹簧。

环形弹簧是由分别带有内、外锥形的钢制圆环交错叠合制成的。它是目前最强的压缩缓冲弹簧，在近代的重型列车、重型锻压设备和飞机着陆装置中广泛应用。

表 4.1 常用的弹簧类型

按形状分	按载荷分			
	拉 伸	压 缩	扭 转	弯 曲
螺旋形	圆柱形螺旋拉伸弹簧 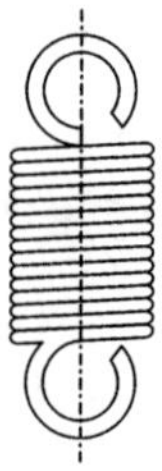	圆柱形螺旋压缩弹簧 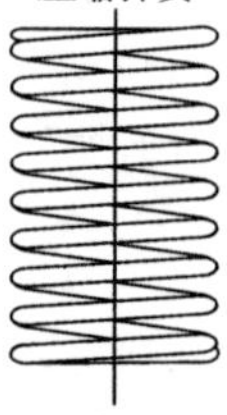 锥形螺旋压缩弹簧 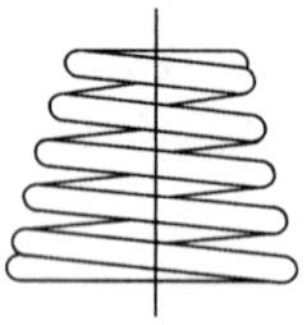	圆柱形螺旋扭转弹簧 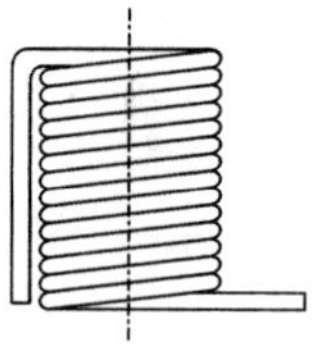	
其他		环形弹簧 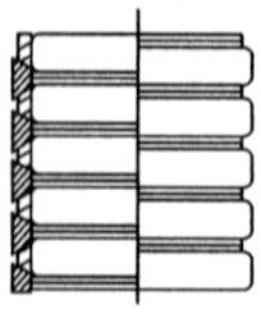 碟形弹簧 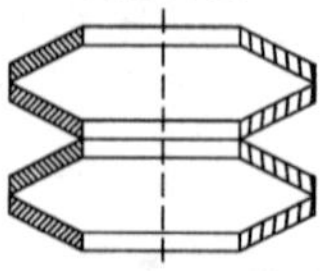	盘形弹簧 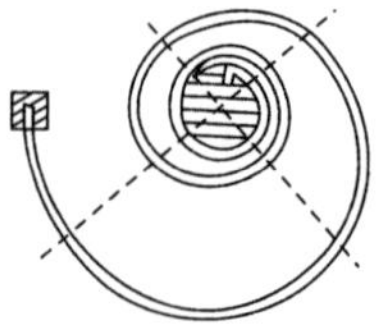	板弹簧 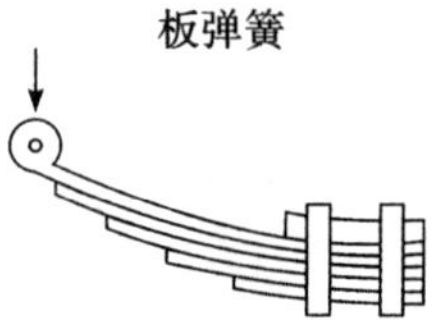

盘形弹簧主要用于钟表和仪表中，在某些型号的飞机机轮防滞装置中盘形弹簧也得到应用。

板弹簧通常是由若干长度不等的条形钢板叠合而成，并用簧夹夹紧。这种弹簧变形大，吸振能力很强，在工作中主要承受弯曲作用力，多用于各种车辆及重型锻压设备中。

扩展阅读

高性能航空用弹簧——高温钼铁弹簧

中国航空领域中弹簧的应用广泛，比如用于减震、支撑、防护等方面。其中一个先进案例是北京航空航天大学的研究团队开发的一种高性能航空用弹簧材料——高温钼铁弹簧。

这种高温钼铁弹簧采用了新型合金材料，并采用了独特的热处理工艺，使其在高温下具有优异的机械性能和耐腐蚀性能。它可以在高温、高压、高载荷等恶劣环境下工作，并且在长期使用中不会出现塑性变形、断裂等问题。

这种高温钼铁弹簧的研制成功，填补了我国在航空用弹簧材料领域的空白，同时也为我国航空航天领域的发展提供了强有力的支撑。

4.2 轴　　承

轴承是支撑轴的部件。它的主要功用是减少轴与支撑之间的摩擦和磨损，并保持轴的旋转精度。在飞机发动机系统中，轴承不仅数量多，而且它的工作环境好坏直接影响系统的工作性能，很多部件和系统的检修，都是由于轴承发生故障。由此可见，轴承是飞机和发动机系统和部件的重要组成部分。

根据轴承工作时的摩擦性质不同，可分为滑动轴承和滚动轴承两大类。

4.2.1 滑动轴承

根据轴承所受载荷的方向不同，可以将滑动轴承分为向心轴承[见图4.1(a)]、推力轴承[见图4.1(b)]和向心推力轴承[见图4.1(c)]。向心轴承承受径向载荷；推力轴承承受轴向载荷；向心推力轴承同时承受径向和轴向载荷，如图4.1所示。

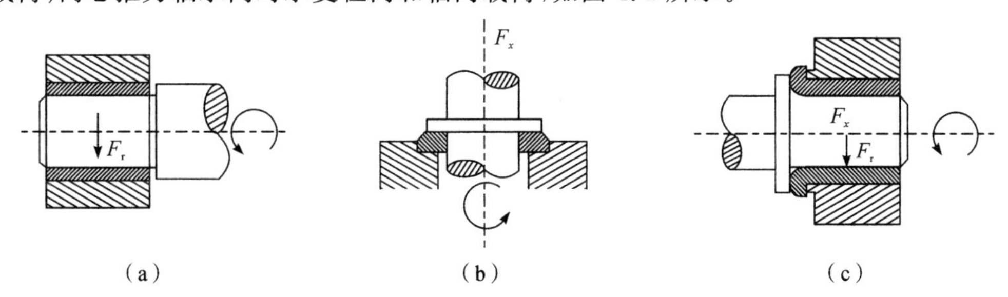

图4.1　滑动轴承的类型

(a)向心轴承；(b)推力轴承；(c)向心推力轴承

滑动轴承在一般情况下摩擦损耗较大，使用维护也比较复杂，所以在很多场合常由滚动轴承所取代。但滑动轴承结构简单、工作平稳、可靠、无噪声，若能保证液体摩擦润滑，可大大减小摩擦损失和表面磨损、提高承载能力和旋转精度以及具有一定的吸振能力，因此在某些场合还必须采用滑动轴承。

1.滑动轴承的结构及分类

滑动轴承一般是由轴瓦(或称轴套)与轴承座构成。根据结构不同，滑动轴承可分为整体式、剖分式和调心式3种。

(1)整体式滑动轴承。这种轴承分有轴瓦和无轴瓦两种。无轴瓦整体式滑动轴承只用于对旋转精度无要求、轻载、低速的场合。典型的整体式滑动轴承由轴承座和轴套组成，如图4.2所示。轴承座顶部制有装油杯的螺纹孔。轴套也相应开油孔并在内表面开油槽。这种轴承结构简单、成本低，但磨损后轴承间隙无法调整。安装拆卸时，轴或轴承需轴向移动，不大方便。所以整体式滑动轴承常用在低速、轻载以及不经常装拆的场合。

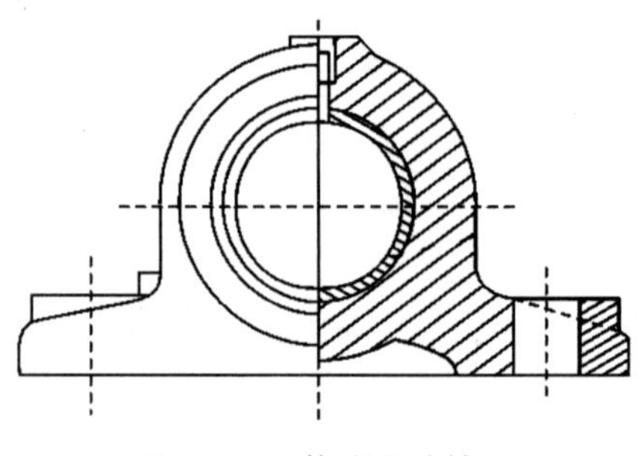

图4.2 整体式滑动轴承

(2)剖分式滑动轴承。剖分式滑动轴承由轴承盖、轴承座、上下轴瓦和润滑装置等组成，如图4.3所示。

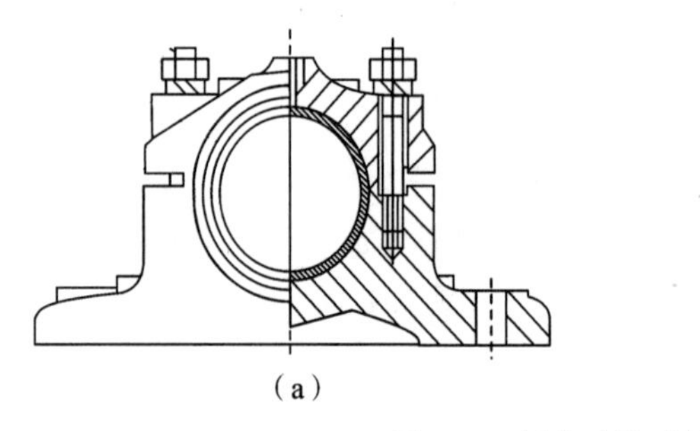

(a)

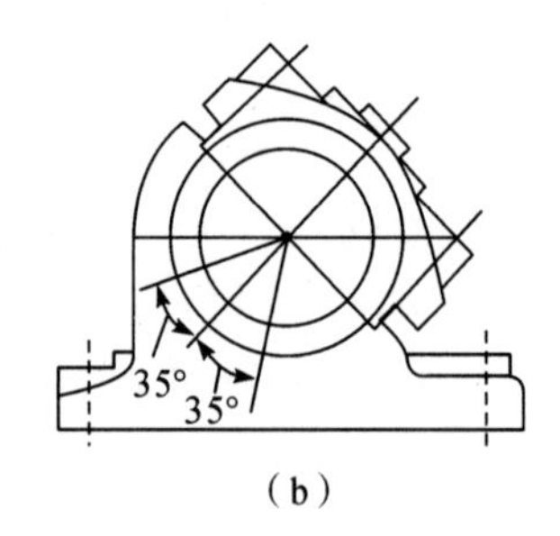

(b)

图4.3 剖分式滑动轴承

(a)水平式；(b)斜置式

这种轴承根据剖分位置分为剖分式正滑动轴承和斜滑动轴承两种。在剖分面处，制成凹凸状的配合表面，使之能上下对中和防止横向移动。通常在轴承盖与轴承座之间留有少量的间隙，当轴瓦稍有磨损时，可适当减少放置在轴瓦剖面上的垫片，并拧紧轴承盖上的螺栓以消除轴颈与轴瓦间的间隙，使磨损的轴瓦得到调整。选用剖分式正滑动轴承时，应保证径向载荷的作用线不超过中心线左右35°，否则，就应采用剖分式斜滑动轴承。这类轴承也已标准化，可查阅相关手册获之。剖分式滑动轴承装拆方便，轴瓦与轴颈的间隙可以调整，故应用最广泛。

(3)调心式滑动轴承。调心式滑动轴承由轴承座和轴瓦等组成,而且把轴瓦与轴承座相接触的表面做成球面形状,如图4.4所示。这种轴承可自动调整位置来适应轴的偏斜,常用在轴颈较长(宽径比$B/d>1.5$)或轴的刚性较小、或两端轴承不易精确对中的场合。

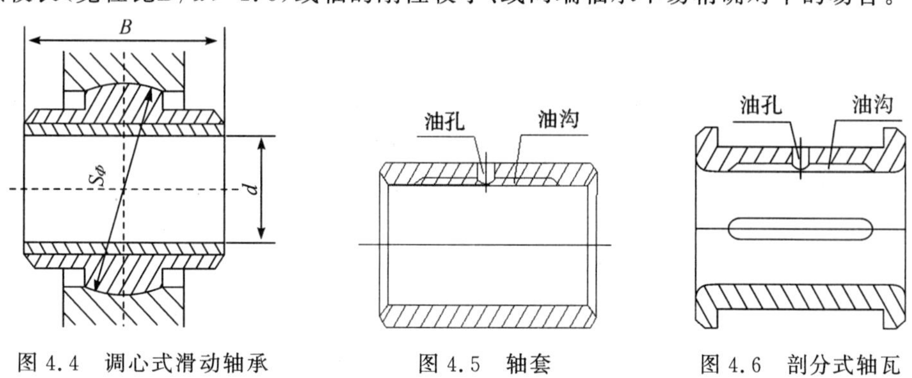

图4.4 调心式滑动轴承　　图4.5 轴套　　图4.6 剖分式轴瓦

2.轴瓦的结构和材料

轴瓦是滑动轴承中的核心零件,其工作表面既是承载面又是摩擦面。滑动轴承的工作能力和使用寿命,主要取决于轴瓦的结构和材料选择的合理性。

(1)轴瓦的结构。在整体式滑动轴承中,轴瓦为套筒形,故称其为轴套,其结构如图4.5所示。

在剖分式滑动轴承中,轴瓦由两块组成,其结构如图4.6所示。这种轴瓦两端的凸肩用以防止轴瓦的轴向窜动,并能承受一定的轴向力。为保证润滑油的引入和均匀分布,应在轴瓦的非承载部分开设油孔和油槽。注意:油槽不应开至端部,以防漏油,如图4.7所示。为了防止轴瓦随轴转动,可用定位销定位,如图4.8所示。

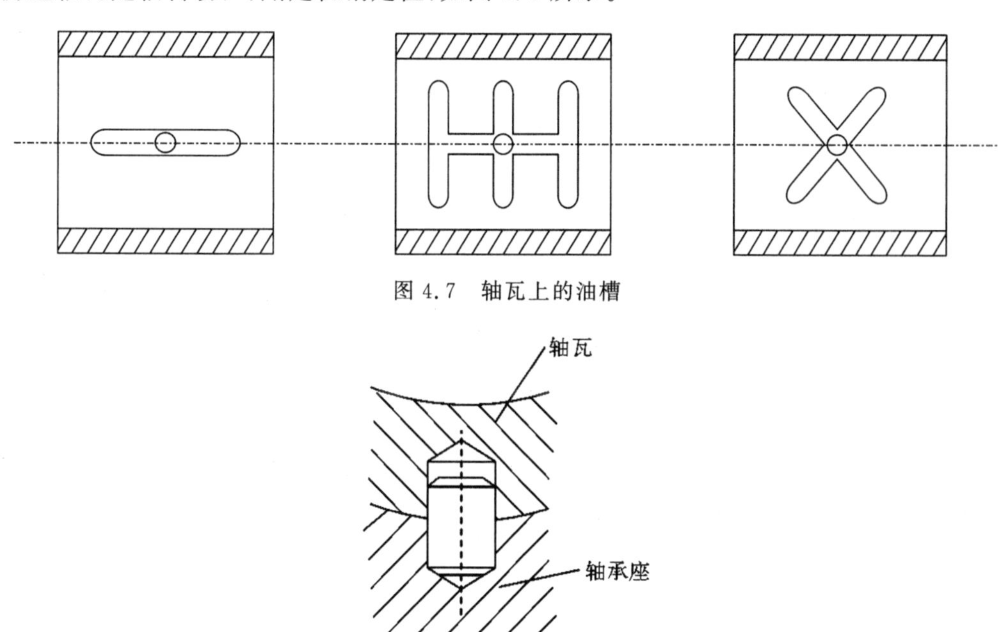

图4.7 轴瓦上的油槽

图4.8 销钉定位

为了改善轴瓦表面的摩擦性质，常在轴瓦内表面上浇铸一层或两层减摩材料，称为轴承衬。为了使轴承衬与轴瓦贴附牢固，在轴瓦内表面作出燕尾形或螺纹形的榫槽(见图 4.9)。

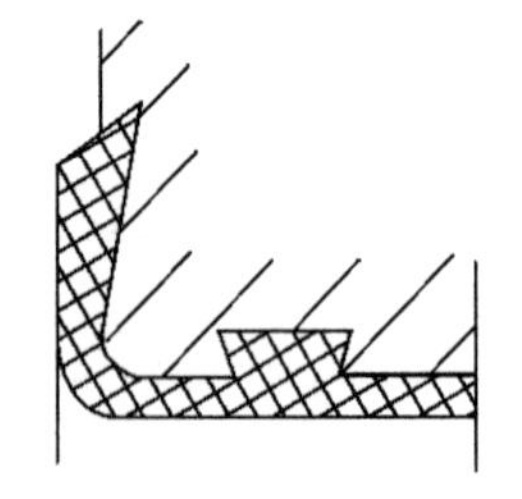
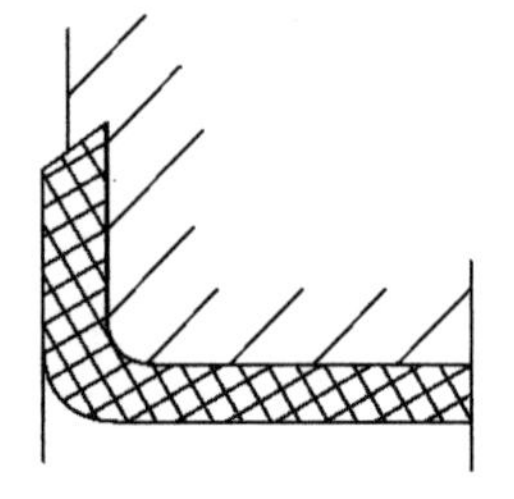
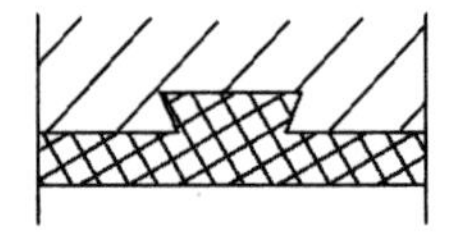

图 4.9 轴瓦的沟槽形状

(2)轴瓦的材料。对于轴瓦材料的要求：有足够的强度，对油的吸附能力强，摩擦因数小，耐磨性好，导热性好且易于加工。轴瓦可以由一种材料制造，也可以在高强度材料的轴瓦内表面浇注一层金属衬，称为轴承衬。

常用的轴瓦和轴承材料有以下 3 种。

1)轴承合金。除强度外其他各方面性能都比较好，是制造轴瓦的理想材料。但其价格昂贵，强度低。所以通常是将它浇注在铸铁、钢和青铜轴瓦的内表面上作为轴承衬。轴承合金适用于重载、高速的轴承。

2)青铜。其强度较高，其他性能不如轴承合金，但价格便宜。它适用于重载、中速的轴承。

3)铸铁。它的各种性能虽都不如轴承合金和青铜，但价格便宜。它适用于轻载、低速的轴承。

除了以上几种常用的轴承材料外，还有塑料、尼龙及粉末冶金等也可以作为轴瓦材料。

(3)特点。滑动轴承工作平稳、可靠，噪声较滚动轴承低。如果能够保证液体摩擦润滑，滑动表面被润滑油分开而不发生直接接触，则可以大大减小摩擦损失和表面磨损，且油膜具有一定的吸振能力。普通滑动轴承的启动摩擦阻力较滚动轴承大得多。

3. 滑动轴承的维护

滑动轴承的主要失效形式是磨损、胶合和疲劳剥落。因此，对滑动轴承的维护主要是定期添加或者更换规定牌号的润滑油，同时保证润滑油路畅通，油路与油槽接通，以确保摩擦面润滑良好。

轴承使用过程中要经常检查润滑和发热。遇有发热(一般在 60 ℃以下为正常)、干摩擦、冒烟、卡死以及异常振动、声响要及时检查、分析，采取相应的措施。

4.2.2 滚动轴承

滚动轴承用滚动摩擦取代了滑动摩擦，它具有摩擦阻力小、功率耗损少、起动容易、轴向尺寸小等优点。滚动轴承已标准化、系列化，实行专业化生产，选用和更换方便，价格便宜，所以广泛用于各类机器中。

1. 滚动轴承的构造

由于应用场合、受力大小及精度等要求不同，故滚动轴承的类型和结构形式也是多种多样的。

典型的滚动轴承由外圈 1、内圈 2、滚动体 3 和保持架 4 四种零件组成，如图 4.10 所示。内圈和外圈统称套圈。内、外圈上常制有凹槽，有限制滚动体轴向移动和降低滚动体与套圈间接触应力的作用。保持架的作用是将滚动体均匀地分隔开，减少滚动体之间的摩擦和磨损。滚动体是滚动轴承中的核心零件，它在套圈的滚道间滚动，在轴承中产生滚动摩擦。有些种类的滚动轴承，除必须有滚动体外，其他三种零件则视具体结构可有可无或者附加有某种用途的零件，如防尘盖和密封圈等。根据工作需要，滚动体可做成不同的形状，常见的滚动体形状如图 4.11 所示。

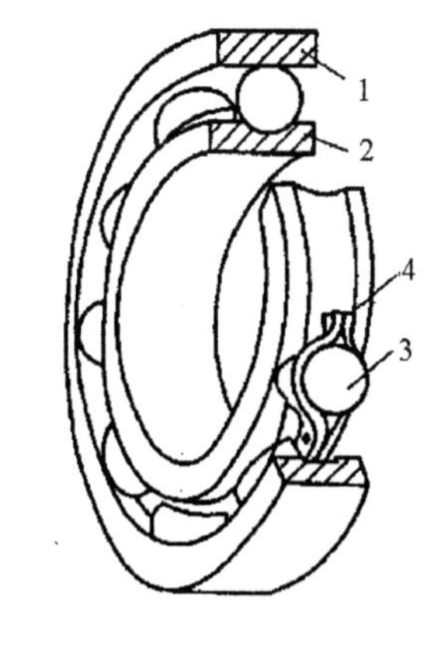

图 4.10　滚动轴承的构造图

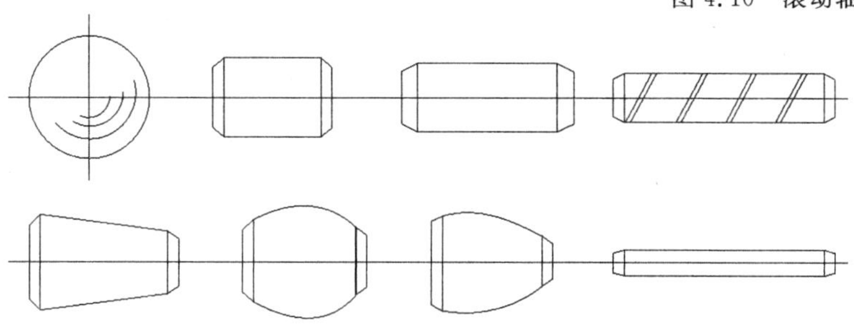

图 4.11　滚动体的形状

通常将内圈装在轴颈上与轴一起转动，外圈装在轴承座孔内固定不转动。但也有外圈转动，内圈不转动或两者都转动的情况。

2. 材料

滚动轴承的内、外圈用滚动体强度高、耐磨性好的铬锰高碳钢制造，常用的牌号如 GCr15，GCr15SiMn 等。保持架选用较软材料制造，常用低碳钢板冲压后铆接或焊接而成，整体保持架则选用铜合金、铝合金、酚醛层压布板或工程塑料等材料。

3. 特点

在一般工作条件下，滚动轴承的效率为 98%～99%，采用滚动轴承支撑的装置启动力矩小；径向游隙比较小，运转精度高；对于同尺寸的轴颈，滚动轴承的宽度比滑动轴承小，可使机构的轴向结构紧凑；大多数滚动轴承能同时承受径向和轴向载荷，故轴承组合结构较简单；消耗润滑剂少，便于密封，易于维护；标准化程度高，成批生产，成本较低。

滚动轴承承受冲击载荷能力较差，高速重载下轴承寿命较低，振动及噪声较大，径向尺寸比滑动轴承大。

滚动轴承因有专门工厂大量生产，能保证质量，在使用、安装、更换等方面又很方便，故在中速、中载和一般工作条件下运转的机器中应用非常普遍。在特殊工作条件下如高速、重载、精密、高温、低温、防腐、防磁、微型、特大型等场合，也可以采用滚动轴承，但需要在结构、材料、加工工艺及热处理等方面采取一些特殊的技术措施。

4. 滚动轴承的失效形式和维护

(1)滚动轴承的失效形式主要有下列 3 种。

1)疲劳点蚀。轴承工作时,滚动体与内外套滚道接触处产生脉动循环交变应力,当应力循环达到某一数值后,使表层下产生疲劳裂纹,并逐渐扩展到表面从而在接触表面形成疲劳点蚀。对于一般运转的轴承,疲劳点蚀是主要的失效形式。

2)塑性变形。在低速、重载和冲击载荷作用下,会使滚动体和滚道接触处的局部应力超过材料的屈服极限而出现塑性变形(凹坑)。塑性变形且超过一定值就会使轴承失效。

3)磨损。使用中维护、保养不当或润滑密封不良,会使轴承严重磨损而失效。

(2)滚动轴承的维护。针对滚动轴承的失效形式,日常维护中主要注意以下两点。

1)轴承的润滑。必须根据季节和地区,按规定选用润滑油。应定期加注润滑油(脂)。对油浴或压力润滑系统油池中的润滑油量和质量应及时检查、补充和更换。有些重要的轴承应按规定如期进行拆洗、检查和润滑,如飞机机轮中的轴承。

2)轴承的工作状况。通常,轴承损坏主要凭籍工作情况异常来辨别。运转不平稳和运转噪音异常,可能是轴承滚动面磨损,使径向游隙过大所致。运转沉重和温度升高异常,可能是轴承过紧、润滑不良或滚动面损坏所致。另外,应注意防尘,防止杂质进入滚动摩擦面。

扩展阅读

全球首个航空级大型复杂轴承数字化制造工艺

研制的全球首个航空级大型复杂轴承数字化制造工艺。中国南方航空工业集团该工艺集成了数字化设计、数字化仿真、数字化制造、数字化检验等多项先进技术,使轴承制造全流程可控、高效、精确,大幅提高了产品品质、生产效率和市场竞争力。

在该数字化制造工艺中,中国南方航空工业集团先后引入了多项先进技术,如数字化仿真技术、3D打印技术、智能机器人技术、虚拟现实技术等。通过数字化仿真,可以实现轴承结构设计的精确优化和可靠性验证;通过3D打印,可以实现复杂结构零部件的快速制造和个性化定制;通过智能机器人,可以实现轴承生产流程的自动化、智能化和灵活化;通过虚拟现实技术,可以实现轴承生产的数字化模拟和全方位监控。

通过数字化制造工艺的应用,中国南方航空工业集团已经成功地研制出了多种高性能、高可靠性的航空轴承产品,如旋转机翼前缘轴承、机身结构轴承、航空发动机轴承等,产品性能已经达到或超过了国际同类产品的水平。此外,该数字化制造工艺还获得了多项国际专利和技术奖项,成为中国航空工业数字化制造领域的一项重要创新成果。

4.3 传　　动

4.3.1 齿轮传动

1.齿轮传动特点

齿轮传动作为目前机械传动中应用最为广泛的一种传动形式之一,在飞机上也得到广泛应用。其主要优点是:传动平稳,效率较高,工作可靠,寿命较长,可实现多角度的传动等。但要求较高的制造和安装精度,成本较高,不能远距离传动。

按照两传动轴之间的相对位置和齿向，齿轮传动的类型如图 4.12 所示。

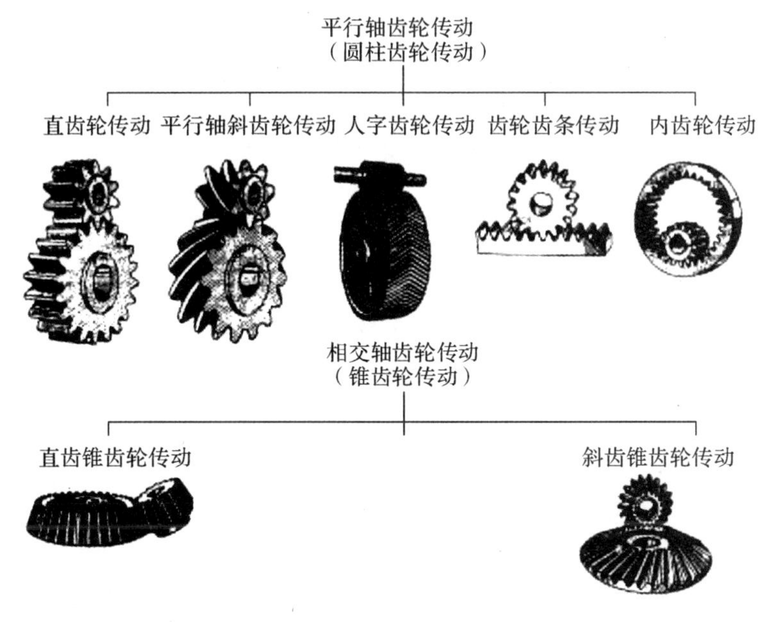

图 4.12　齿轮传动的类型

齿轮传动的工作质量和寿命直接影响着飞机和发动机系统的工作情况和检修期，通常对齿轮传动提出以下两项基本要求。

(1)传动要平稳。要求在传动过程中每个瞬时的传动比恒定不变，以减少冲击、振动和噪声。

(2)承载能力强。要求齿轮的尺寸小、重量轻，能承受的载荷大、寿命长，也就是强度高，耐磨性好，不易损坏。

2. 齿轮传动的类型

在飞机上，圆柱齿轮、圆锥齿轮传动有着广泛的应用。

(1)圆柱齿轮传动。如图 4.13(a)所示，两直齿圆柱齿轮的齿廓在任意位置啮合，其接触线都是与轴线相平行的直接，若接触则接触线的长度就等于齿宽，一对直齿的齿廓进入和脱离接触都是沿着齿宽突然发生的，故其噪声较大，不适合高速传动。斜齿轮的接触线都是与轴线不平行的斜线，如图 4.13(b)所示，而且在不同位置接触的接触线又时长时短，从两齿开始啮合时起，接触线长度由零逐渐增大，到某一位置后，又逐渐减小，直到脱离啮合。因此，轮齿的接触是逐渐进入啮合和逐渐分开的，故工作平稳。另外，由于斜齿轮的轮齿是斜的，所以同时啮合的齿数比直齿轮多，即重合度大，故承载能力较高。

斜齿轮与直齿轮相比，传动平稳、噪声小、承载能力高，但其缺点是传动中存在轴向分力，故在轴系设计时，需要安装推力轴承。

(2)圆锥齿轮传动。圆锥齿轮传动用于传递两相交轴之间的运动和动力，通常两轴交角为 90°。圆锥齿轮由于制造及安装较为困难，因此，除非布置及其他原因，应尽量避免采用。在飞机机械传动系统中圆锥齿轮传动应用较多，如从发动机转子轴到附件齿轮箱的传动即采用了圆锥齿轮传动。

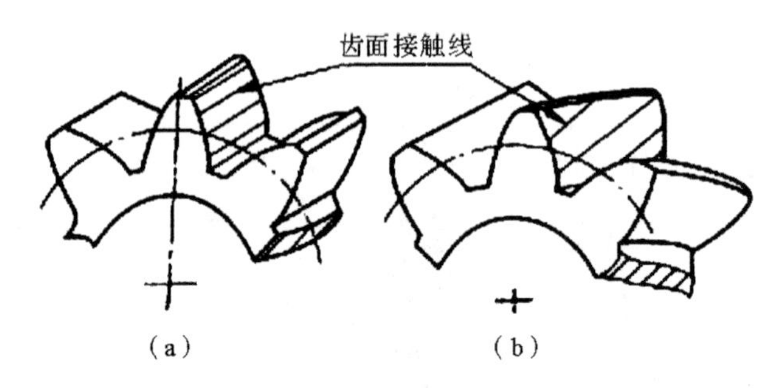

图 4.13　圆柱齿轮传动的接触线图

(a)直齿轮；(b)斜齿轮

3. 齿轮传动的传动比

在一对齿轮的啮合传动中，先转动的叫主动轮，被主动轮带动的叫从动轮。

如图 4.14 所示，在相同的时间里，主动轮转过几个齿，被动轮也一定转过相同的齿数。

假如 n_1 和 n_2 分别代表主动轮与从动轮每分钟的转速，z_1 和 z_2 分别代表主动轮与从动轮的齿数，则每分钟主动轮转过的齿数为 z_1n_1，从动轮转过的齿数为 z_2n_2，可得

$$z_1n_1=z_2n_2$$

则有

$$\frac{n_1}{n_2}=\frac{z_2}{z_1} \tag{4.1}$$

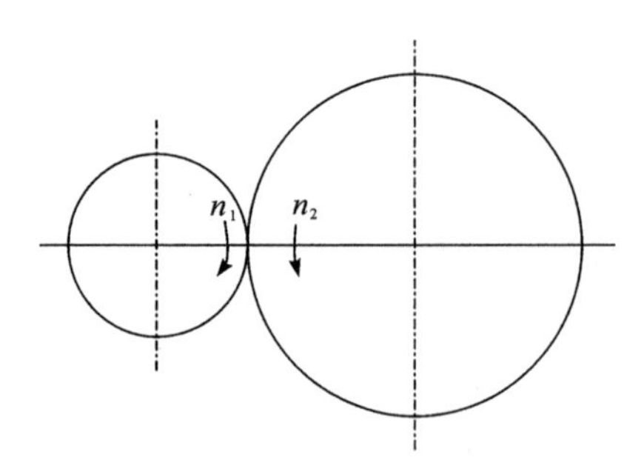

图 4.14　一对齿轮的啮合传动

主动轮的转速与从动轮的转速的比值叫做齿轮传动的传动比，用 i 表示。由上可知，传动比 i 又等于两个齿轮齿数的反比，即

$$i=\frac{n_1}{n_2}=\frac{z_2}{z_1} \tag{4.2}$$

因为齿轮的齿数 z 是一定的，所以齿轮传动的传动比 i 也是定值。

当两个齿轮之间再加一个齿轮时，此齿轮称为惰轮或介轮，其作用是改变传动方向，但不改变传动比。

常采用几对相互啮合的齿轮传动将主动轴与被动轴连接起来，以实现需要的传动比，这种由若干对相互啮合的齿轮所组成的传动系统称为齿轮系。按齿轮的几何轴线是否固定，

轮系可分为定轴轮系和周转轮系，所有齿轮的几何轴线均为固定的轮系称为定轴轮系；有一个以上的齿轮几何轴线是不固定的，而是绕其他齿轮的固定轴线转动，这样的轮系称为周转轮系。

定轴轮系的传动比计算方法为

$$i=\frac{\text{从动轮齿数的连乘积}}{\text{主动轮齿数的连乘积}} \tag{4.3}$$

为实现减速传动(即传动比大于1)的齿轮系称为减速齿轮系，为实现加速传动(即传动比小于1)的齿轮系称为加速齿轮系。

4.齿轮传动的失效形式

齿轮传动的失效主要是齿轮轮齿的失效。齿轮在传动过程中，轮齿上受有外力的作用，齿面间又有相对滑动，这些都会促使轮齿的失效破坏，轮齿必须依靠自身的一定尺寸、材料的机械性能及外加润滑等来抵抗破坏。轮齿失效形式主要有以下几种。

(1)轮齿折断。如图4.15所示，轮齿如同一悬臂梁，当载荷作用在齿上时，在齿根部分产生相当大的应力，在该处又有应力集中，当轮齿重复受载后，齿根处就会产生疲劳裂纹，裂纹逐渐扩展，最后引起轮齿折断。轮齿受到突然过载或严重磨损，使齿厚变薄，也会发生断齿现象。

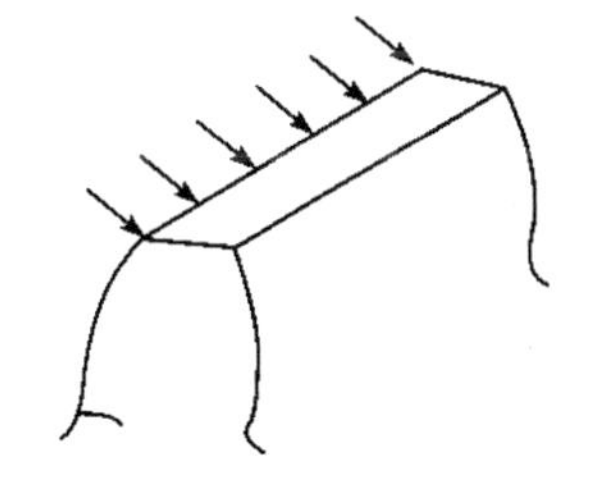
图4.15 齿轮轮齿受力图

由上述分析可知，提高轮齿抗折断能力的途径是增大齿根过渡圆角的曲率半径，消除过渡圆角处的刀痕，降低应力集中的影响；强化齿根处的表面，如采用滚压、喷丸和淬火等；采用使轮齿芯部具有足够韧性的材料；避免使齿轮承受过大的冲击载荷。

(2)轮齿工作表面的破坏。

1)齿面磨损。相互啮合的轮齿间有外力的作用，齿面间又存在相对滑动，当落入铁屑和沙粒等物质时，轮齿工作表面即被逐渐磨损，使齿廓失去了原来的形状，工作中就会产生冲击振动，磨损严重时又会引起轮齿的折断。当然，齿面磨损的快慢，还与齿面抗磨性和工作条件有关，对于润滑充分和防护完善的闭式传动，固然也存在磨损，但比较慢，这不是轮齿报废的主要原因。对于开式传动和防护不完善并在恶劣环境下工作的闭式传动，磨损往往是齿轮报废的主要原因。因此，加强防护或把开式传动变为闭式传动是避免齿轮磨损最有效的办法。

2)齿面点蚀。齿面点蚀是润滑良好的闭式齿轮传动常见的齿面破坏形式。点蚀产生是由于轮齿的传动是通过很小的面积进行的，因而在齿面接触表层产生很大的接触应力，而且这个应力是循环变化的。由于这个应力的多次重复作用，在齿面上就会产生疲劳裂纹，这个裂纹的不断扩展，造成齿面金属剥落，使齿面形成麻斑，这种现象叫点蚀，如图4.16所示。齿面产生点蚀以后，剥落下来的金属进入齿面间，会引起强烈的磨损，这些都会使轮齿失去正确的形状，影响传动的平稳性。

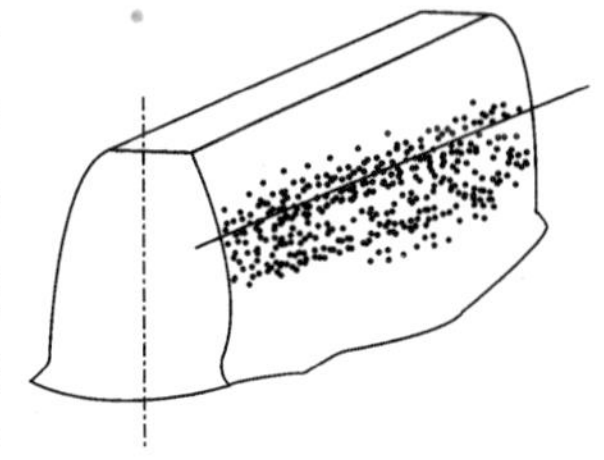
图4.16 齿面点蚀图

点蚀有两种：一种是扩展性点蚀，齿面麻斑逐渐增多加大，使齿廓失去正确形状，最后导致齿轮报废;另一种是非扩展性点蚀,也叫早起点蚀,多发生在工作初期,由于制造精度低,接触情况不好,使齿面局部载荷过大,造成局部点蚀,但经过一定时间的运转,载荷沿齿宽分布均匀后,点蚀即停止。这种点蚀不至引起齿轮报废,但应及时更换润滑油,否则将加快齿面磨损。提高齿面硬度、减少表面粗糙度、增大润滑油的黏度均可提高抗点蚀能力。

接触应力越大,越容易产生点蚀,为防止点蚀,应限制接触应力,使其不能太大。开式传动不产生点蚀破坏,因为点蚀的产生是外力多次重复作用的结果,而开式传动齿面磨损快,没等齿面产生点蚀而表面金属已磨掉了。

3)齿面胶合。对于高速、重载的齿轮传动,齿面间压力大,由于摩擦力引起发热量大,润滑油随之变稀而降低了润滑效果,油膜破坏,使金属齿面直接接触。在高温高压下,一齿面的金属灰熔焊在与之相啮合的另一齿面上,当两齿面相对滑动时,黏住的地方即被撕破,于是在齿面上沿相对滑动的方向形成划痕,这就是胶合破坏。胶合一经发生,齿轮很快报废。因为胶合的齿面不满着胶合线,齿面严重变形。这时齿面工作极不平稳,产生很大的振动与噪声,油温和箱体温度显著升高,原动机输出功率剧增。

采用黏度大的润滑油(适于低速重载传动)或硫化的润滑油(适于高速重载传动),提高齿面硬度及减少表面粗糙度均可防止或减缓胶合破坏。

4)塑性变形。低速重载的软齿面齿轮,表面上的压力和摩擦力都很大,轮齿在啮合中,齿面表层的材料就会沿着摩擦力方向发生塑性变形,如图 4.17 所示。提高齿面硬度及采用黏度较高的润滑油,有助于防止齿面产生塑性变形。

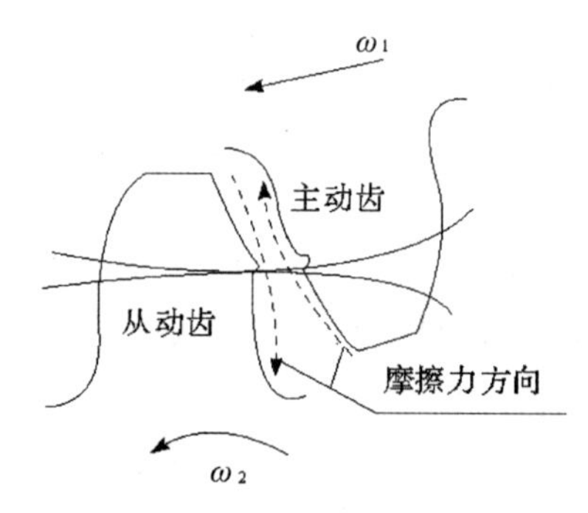

图 4.17　齿面塑性变形

5.齿轮传动的维护与润滑

为了保证齿轮传动的正常工作,首先必须正确地安装齿轮。在安装齿轮传动时,必须保证两轴的相对位置和中心距安装的正确,并保证必要的齿侧间隙。

当齿轮传动正确安装以后,其使用寿命的长短,将取决于日常的维护工作。在日常的维护工作中,保证传动良好的润滑条件是一项很重要的工作。齿轮传动往往因润滑不充分或润滑油选得不合适而造成传动件提前损坏。

对开式传动,润滑方法比较简单,一般是人工将润滑脂或者黏度很大的润滑油定期地刷在轮齿上即可。对重要的低速开式传动($v < 1.5\ \mathrm{m \cdot s^{-1}}$),若条件许可,可采用油槽润滑,即把一个齿轮的一部分浸入特制的油槽中而得到润滑。

对闭式传动,一般常用浸油润滑和喷油润滑。浸油润滑适用于齿轮的圆周速度小于

$12\ m\cdot s^{-1}$ 的传动。为了减小齿轮的运动阻力和油的温升，齿轮浸入油中深度以 1～2 个齿高为宜。速度高时还应该浅些，在 0.7 倍齿高上下，但至少为 10 mm。圆锥齿轮要把整个齿长浸入油中。对于多级传动，应尽量使各级传动浸入油中的深度相等。如果低速级及高速级齿轮半径相差很大时，可在高速级大齿轮下边装上打油轮。油池应保持一定深度，一般齿顶到油池的距离不应小于 30～50 mm，以免太浅时激起沉积在箱底的油泥。油池中保持一定的油量，油量可按每马力 0.35～0.5 L 计算。

当齿轮圆周速度大于 $12\sim15\ m\cdot s^{-1}$ 时，宜采用喷油润滑。喷油润滑可以在压力为 202.65～251.313 kPa（2～2.5 个大气压）下直接把油喷到要啮合的齿隙中去。喷油润滑也常用于速度并不很高但工作条件相当繁重的重型减速器中。

4.3.2　带传动

1. 带传动的组成与种类

简单的带传动是由小带轮 1、大带轮 2 及紧套在带轮上的皮带 3 组成，如图 4.18(a)所示。带的剖面形状有长方形[见图 4.18(b)]、梯形[见图 4.18(c)]和圆形[见图 4.18(d)]三种，分别称为平型带、三角带和圆型带。三角带与平型带相比，具有传动平稳、结构尺寸小等优点，因此应用较广泛；圆型带只用于传递很小的功率。

近年来又研究出同步齿宽带，如图 4.18(e)所示。这种带内侧有齿，与带轮面上的凹槽相啮合，所以还兼有链传动的优点，传动比准确，轴上压力小，但对制造安装的要求较高。

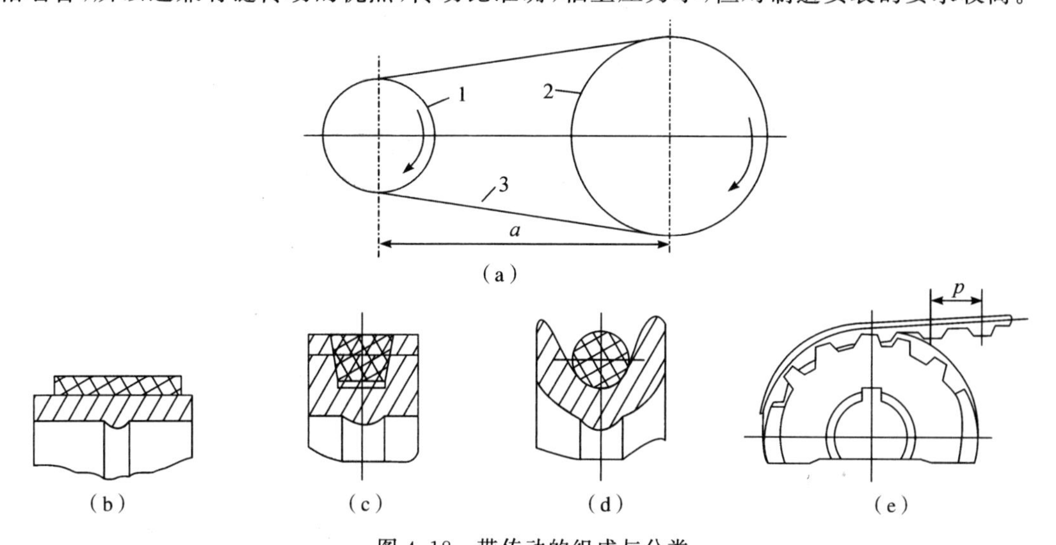

图 4.18　带传动的组成与分类

(a)带传动组成；(b)长方形剖面；(c)梯形剖面；(d)圆形剖面；(e)同步齿宽带

2. 带传动的工作原理与特点

带呈封闭的环形，并以一定的拉力（称为张紧力）套在两带轮上，使带与带轮相互压紧，当装于主动轴上的主动轮回转时，靠带与带轮间的摩擦力拖动带运动。同理，带又拖动装于从动轴上的从动轮回转，这样就把主动轴上的动力和运动传给了从动轴。

由于带本身是具有一定弹性的挠性件，因此带传动是借助于中间挠性件（带）的摩擦传动，而同步齿形带是借助于中间挠性件(同步齿形带)的啮合传动。

由上述特点，便可看出带传动的优缺点与应用范围。

带传动的优点：能缓和冲击与振动；过载时将引起带在带轮上打滑，因此可防止其他零件损坏(同步齿形带无此优点)；工作平稳、无噪声；可用于中心距较大的地方，中心距可达数十米；结构简单、维护方便，制造和安装精度不像齿轮、蜗杆传动那样严格。

带传动的缺点：由于带与带轮间有一定的相对滑动，因而不能保证准确的传动比；结构的紧凑型差，尤其是传动功率较大时，其尺寸常常较大；带的寿命较短，一般为 2 000～3 000 h；效率较低；不宜用于高温、易燃、易爆的场合。

带传动的应用范围很广泛，但由于效率低和结构的紧凑性差，因此大功率的带传动比较少用，通常不超过 50 kW；带的工作速度一般为 5～25 $m \cdot s^{-1}$。使用特殊带的高速带传动，速度可达 60～100 $m \cdot s^{-1}$。

4.3.3 链传动

1. 链传动的组成、特点与应用

简单的链传动是由两个装于平行轴上的链轮 1，2 和连接它们的链条 3 所组成，如图 4.19 所示。链轮上具有特形齿形的轮齿，与带传动相似，链传动也是用可挠曲的零件(链条)来传动的，所不同的是链传动不是靠摩擦力，而是靠链条与链轮轮齿相啮合进行传动的。因此，链传动的特点是借助于中间挠性件——链条的啮合传动。

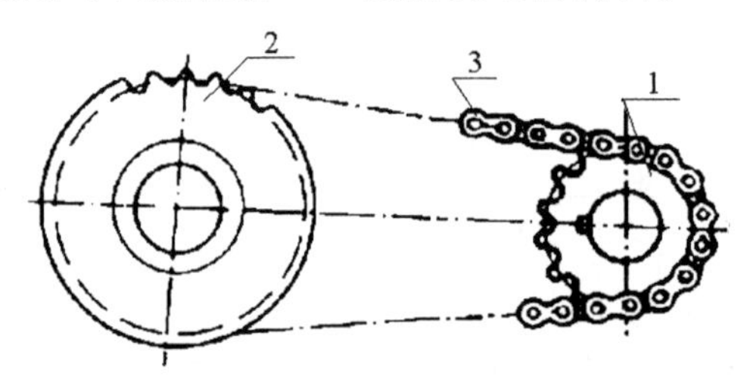

图 4.19 链传动的组成

与其他传动相比，链传动具有以下优点：与带传动相比，其平均传动比能保持准确；与齿轮传动相比，中心距可较大，最大可达 6 m；链条具有一定的弹性，可吸收一定的冲击振动，但不如带传动；能在较高温度的环境中工作，且不怕油污；与带传动相比，轴与轴承的受力小，因为是啮合传动，不需很大的初拉力。

但链传动也有一些缺点：由于瞬时传动比不恒定，故传动的平稳性较差，噪声大；磨损快，寿命短；仅能用于平行轴间的传动。

链传动主要用于要求平均传动比准确及中心距较大，工作条件恶劣(如温度高、灰尘多、有水、有油等)的场合。在飞机上主要应用于货物装载系统，在个别飞机的某些控制系统中也有应用，如在波音 747－200 飞机上，应用于自动油门杆控制。

2. 链传动的种类与构造

在链传动中，最常用的是套筒管子链和齿形链。

(1)套筒滚子链。单列套筒滚子链的构造如图 4.20 所示，它是由外链板、销轴、内链板、套筒及滚子所组成。内链板压配于套筒的端部，销轴自由地穿过套筒，外链板再压配于销轴的端部上。为了减轻链条与链轮啮合时的磨损，在套筒外还套上可以自由转动的滚子，用它把滑动摩擦变为滚动摩擦。相邻两销轴间的中心距称为链节距，简称链节，以 p 表示，它是链条的主要参数。这样，当链节屈伸时，套筒可绕销轴自由转动。内外链板均制成“8”字形，使链板各截面的抗拉强度近于相等，并减轻重量。

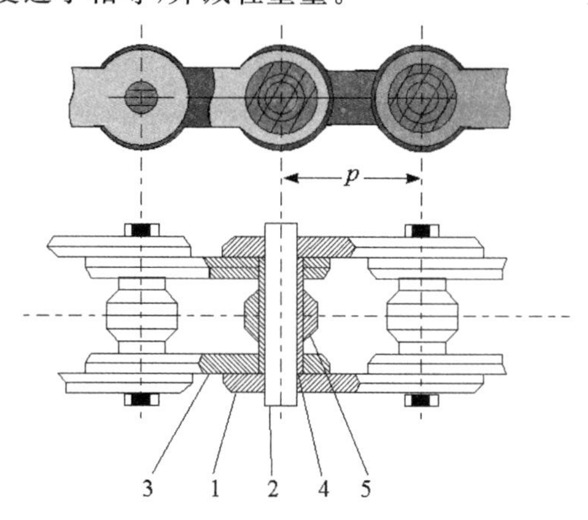

图 4.20　套筒滚子链的构造图

1—外链板；2—销轴；3—内链板；4—套筒；5—滚子

当速度较低，载荷不大时，也可不用滚子，这种链叫套筒链。当单排套筒滚子链承载能力不够或所选的链接太大时，可采用小链节的多排套筒滚子链，如图 4.21 所示。但多排链由于加工精度的影响，作用力分布不易均匀，因此不推荐采用四排以上的链。

(2)齿形链。齿形链是由一组齿形链板并列铰接而成，如图 4.22 所示。工作时通过链板侧面的两直边与链轮齿相啮合。与套筒滚子链相比，其传动平稳，噪声小，并承受冲击性能较好，工作可靠。但重量较大，结构复杂，价格昂贵，多用于高速或运动精度较高的传动中。

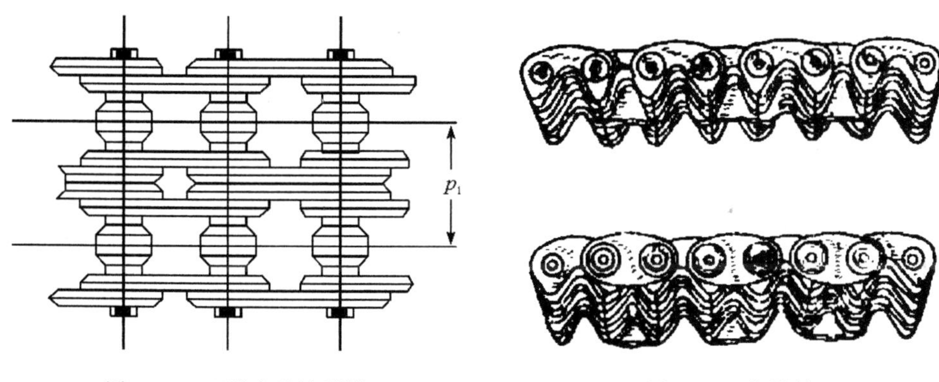

图 4.21　双排套筒滚子链　　　　图 4.22　齿形链

3. 链传动的维护与润滑

(1)链传动的使用与维护。为保证链传动的正常工作，在链传动的使用过程中应注意如下问题。

1)为保证链条与链轮的正确啮合，链传动装置要精确安装，以保证两轴相互平行及两轮位于同一平面内，否则将引起脱链或不正常的磨损。

2)在链条安装时，无需给链条以初拉力，由其自重通常能保证它与轮齿的正常啮合。但为了便于安装和调整以及消除因磨损而使链条伸长所引起的过渡松弛，在链传动中应设置张紧装置。其张紧方法与皮带传动类似，常用的方法是把两轮之一装在滑轨的机座上，以便于调节中心距；或设张紧轮；也可以从链条中去掉两节链节重新接头。

3)为了人员的安全，防止灰尘侵入，减小噪声以及便于采用最完善的润滑方法等目的，通常把链传动封闭在特制的护罩中。

(2)链传动的润滑。为提高传动的工作能力及延长寿命，对链传动应进行润滑。润滑方法主要有以下 4 种。

1)人工定期润滑。每隔 15～25 h，用油壶或油刷在链条松边加润滑油一次。适用于功率小、速度低或不重要的开式链传动。

2)滴油润滑。用油杯或者注油器通过油管将润滑油滴于松边内外链板间隙处，每分钟滴油 5～20 滴，适用于速度小于 $3\ m \cdot s^{-1}$ 时。

3)油池润滑。将主动或从动链轮之一浸入油池中连续润滑，链轮浸于油中的深度为 6～12 mm，适用于速度在 $3 \sim 8\ m \cdot s^{-1}$ 时。

4)压力润滑：当速度大于 $8\ m \cdot s^{-1}$ 时，可用油泵循环供油，循环油起润滑和冷却作用。

常用的润滑油为机械油 HJ20～HJ40。若用润滑脂润滑，则在潮湿环境中工作时，可用钙基润滑脂；当在温度高于 100 ℃的环境中工作时，可用钠基润滑脂或用 10%～20%石墨的润滑脂。

扩展阅读

高性能涡轮机传动系统

中航工业西安航空动力机械研究所研制的高性能涡轮机传动系统采用了先进的复合材料技术，以及多项专利技术，具有结构轻量化、寿命长、可靠性高等优点，能够满足民机、军机等多种不同应用场景下的需求。

该传动系统已被应用于多款国产民机、军机的涡轮机中，其中包括中国自主研发的 C919 客机和 AG600 大型水上飞机。

该传动系统的成功研发和应用，不仅提高了中国航空工业的核心技术水平，也为中国航空发动机的自主研发提供了关键性支持。

习 题 4

一、选择题

1. 关于弹簧的功用，描述不准确的是(　　)。

A. 控制运动　　B. 减震吸能　　C. 伸张与收缩　　D. 测力或力矩

2. 滑动轴承的工作能力和使用寿命，主要取决于(　　)。

A. 轴瓦的结构和材料选择的合理性

B. 轴承的类型和选用标准

C. 轴承的安装与调节方式

D. 以上均不对

3. 对于重载、高速的滑动轴承，一般选取(　　)材料。

A. 铸铁　　B. 轴承合金　　C. 青铜　　D. 以上均可

4. 滚动轴承的失效形式主要有(　　)。

A. 疲劳点蚀　　B. 磨损　　C. 塑性变形　　D. 以上均是

5. 以下关于齿轮传动中的传动比，说法错误的是(　　)。

A. 传动比等于主动轮的转速除以从动轮的转速

B. 传动比等于从动轮的齿数除以主动轮的齿数

C. 定轴轮系的传动比等于从动轮齿数的连乘积除以主动轮齿数的连乘积

D. 传动比小于 1 的齿轮系称为减速齿轮系

二、问答题

1. 比较滑动轴承与滚动轴承的特点。

2. 简述齿轮传动的优点及缺点。

3. 简述齿轮传动失效的形式及成因。

4. 简述带传动的优点和缺点。

5. 简述链传动的优点和缺点。

第5章 飞机图纸规范与识图

📖知识及技能

✍ 理解制图基本的概念。

✍ 了解飞机图纸的规范。

✍ 掌握飞机图纸的识读方法。

5.1 制图基本概念

5.1.1 投影规律及基本视图

目前,世界市场上主流的民航飞机是美国生产的波音系列飞机和以法国为主生产的空客系列飞机。这些飞机结构图纸都是按各自规定的画法绘制的,美国波音飞机图纸是按第三角投影画法绘制的,而空客飞机图纸则是按第一角投影画法绘制的。第三角投影画法与第一角投影画法都是按正投影原理进行绘制的,两者之间的差异主要体现在视图的位置配置不同,这一点对于学习过机械工程图纸的人来说,稍加练习即可识读。

我国的国家制图标准规定:我国的工程制图优先采用第一角投影画法。在国际上,有些国家(如美国、加拿大、日本和澳大利亚等)采用第三角投影画法,有的国家或地区允许这两种画法并存。ISO标准规定第一角投影画法和第三角投影画法等效,即国际间的技术交流可以采用第一角投影画法,也可以采用第三角投影画法。

将物体放在第一分角内(*H* 面之上、*V* 面之前、*W* 面之左)而得到的多面正投影称为第一角画法,如图5.1(a)所示;将物体放在第三分角内(*H* 面之下、*V* 面之后、*W* 面之左)而得到的多面正投影称为第三角画法,如图5.1(b)所示。第一角画法是将物体置于观察者与投影面之间进行投射,它们之间的位置关系是:人一物一图;第三角投影是将投影面置于观察者与物体之间进行投射,它们之间的位置关系是系是:人一图一物。

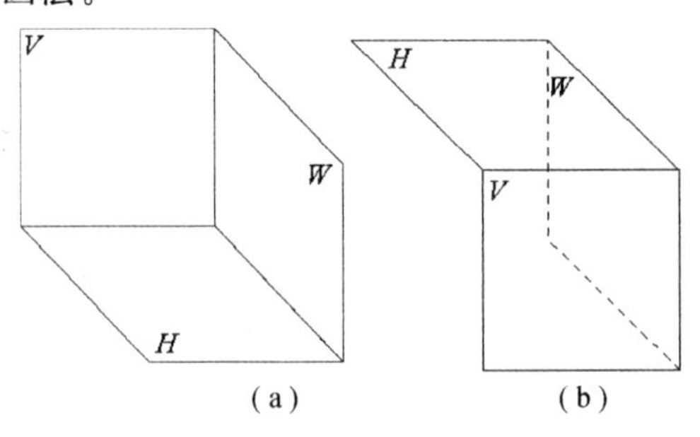

图5.1 第一角和第三角的投射位置对比

(a)第一角;(b)第三角

第一角投影和第三角投影及视图关系对比如图5.2所示。第一角投影画法和第三角投影画法对所要表达的物体都是按正投影原理进行绘制的,因此,二者都符合正投影法的规律,6个基本视图都保持“长对正、高平齐、宽相等”的投影关系。这两种画法的主要区别是基本视图配置的位置不同。第一角投影画法和第三角投影画法在各自的投影面体系中，观察者、物体、投影面三者之间的相对位置不同，因此，投影展开后得到的 6 个基本视图的配置关系不同。

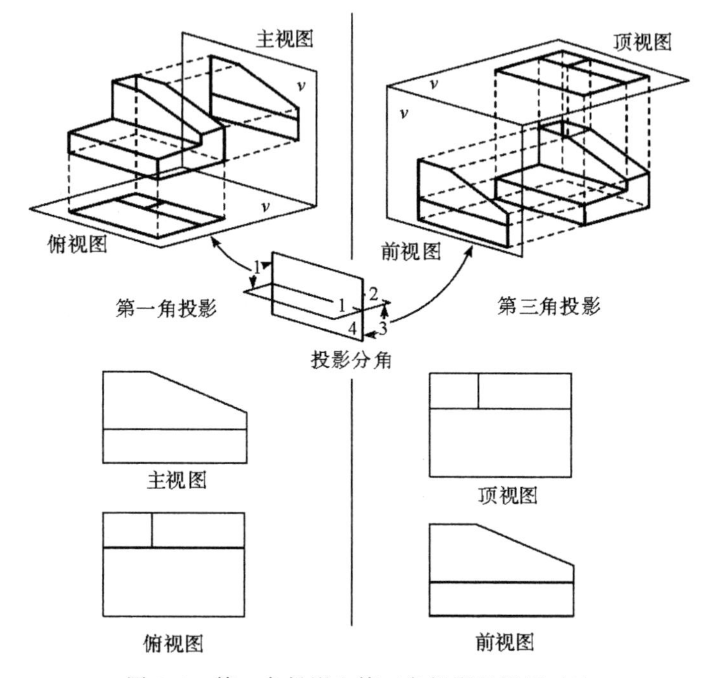

图 5.2　第一角投影和第三角投影及视图对比

第三角投影的 6 个基本视图如图 5.3 所示。

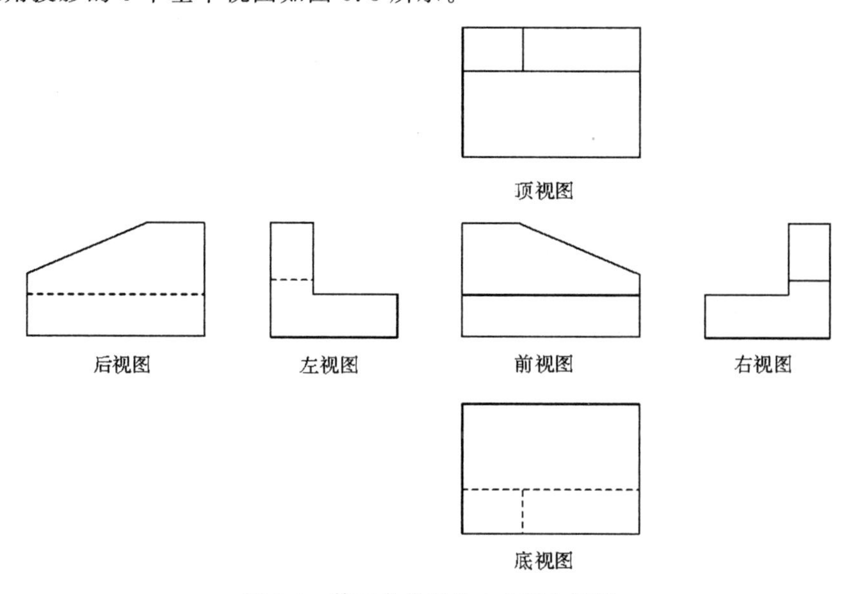

图 5.3　第三角投影的 6 个基本视图

有的国家或地区允许这两种画法并存，为避免引起误解，需要在图纸标题栏中用规定的符号标明该图纸采用哪种画法。为了便于交流，有时也需要在图纸标题栏中标出所采用画法的标记符号。第一角投影画法的标记符号如图 5.4(a)所示,第三角投影画法的标记符号如图 5.4(b)所示。

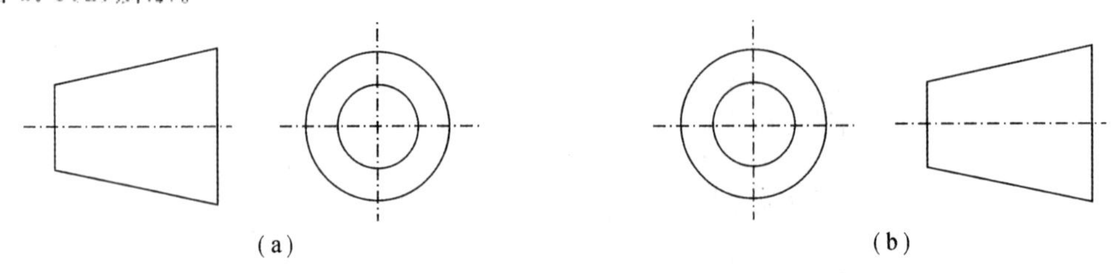

图 5.4　第一角投影画法和第三角投影画法的标记符号
(a)第一角画法;(b)第三角画法

5.1.2　其他视图

1. 详细视图(Detail View)

详细视图是通过放大某个物体或者某个物体的局部区域来详细描述它的细节。详细视图和原视图在同样的视角平面上,通常使用放大比例尺画法。视图用箭头标注,也可以用带圆圈的字母标注。所有详细视图用字母或者罗马数字命名,如图 5.5 所示。

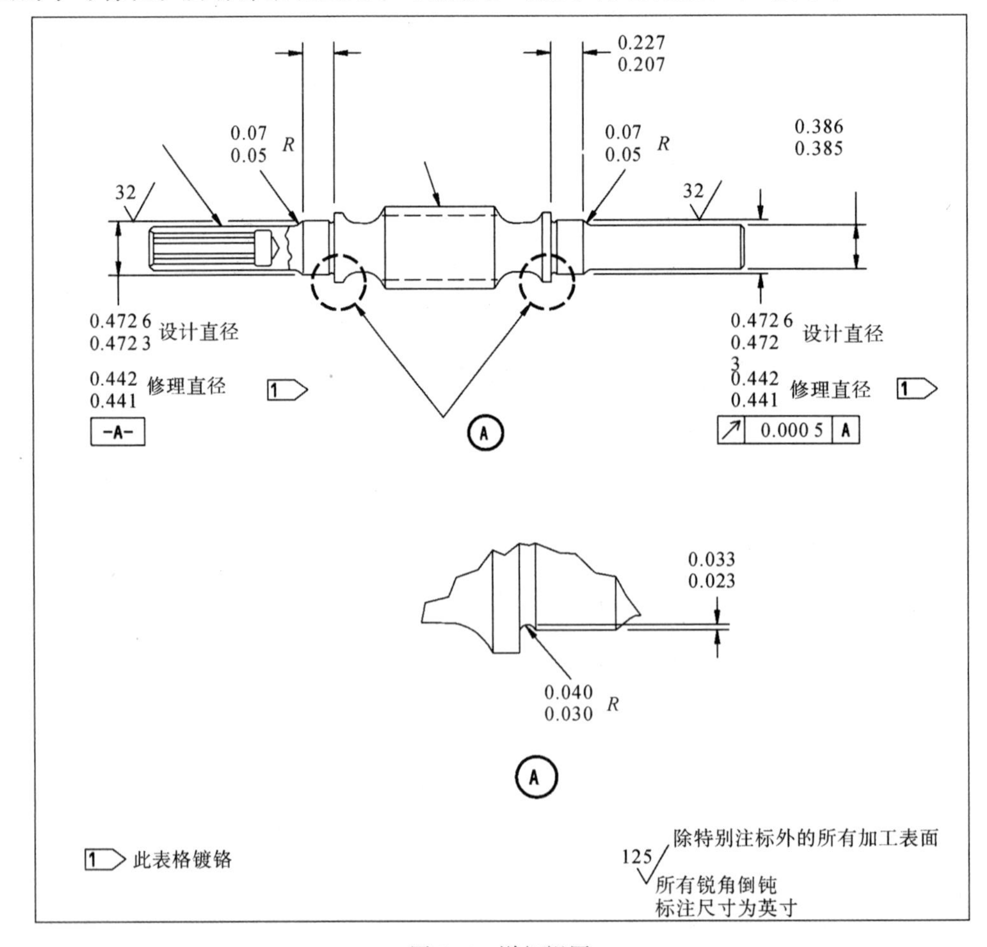

图 5.5　详细视图

2. 剖视图(Section View)

剖视图就好比用一个薄片切割一个零件而产生的剖面形状,它用来描述物体的内部结构和隐藏的特征,而这些信息在外部视图中又不能被清晰地表达。剖视图可取整个物体的剖面,也可只取物体某部分的剖面。剖视图用字母(或者字母与数字组合)和箭头标注。箭头的方向即为剖面视图的观察方向。在剖切位置明显且不会引起误会的情况下,剖面线往往省略不画,如图 5.6 所示。

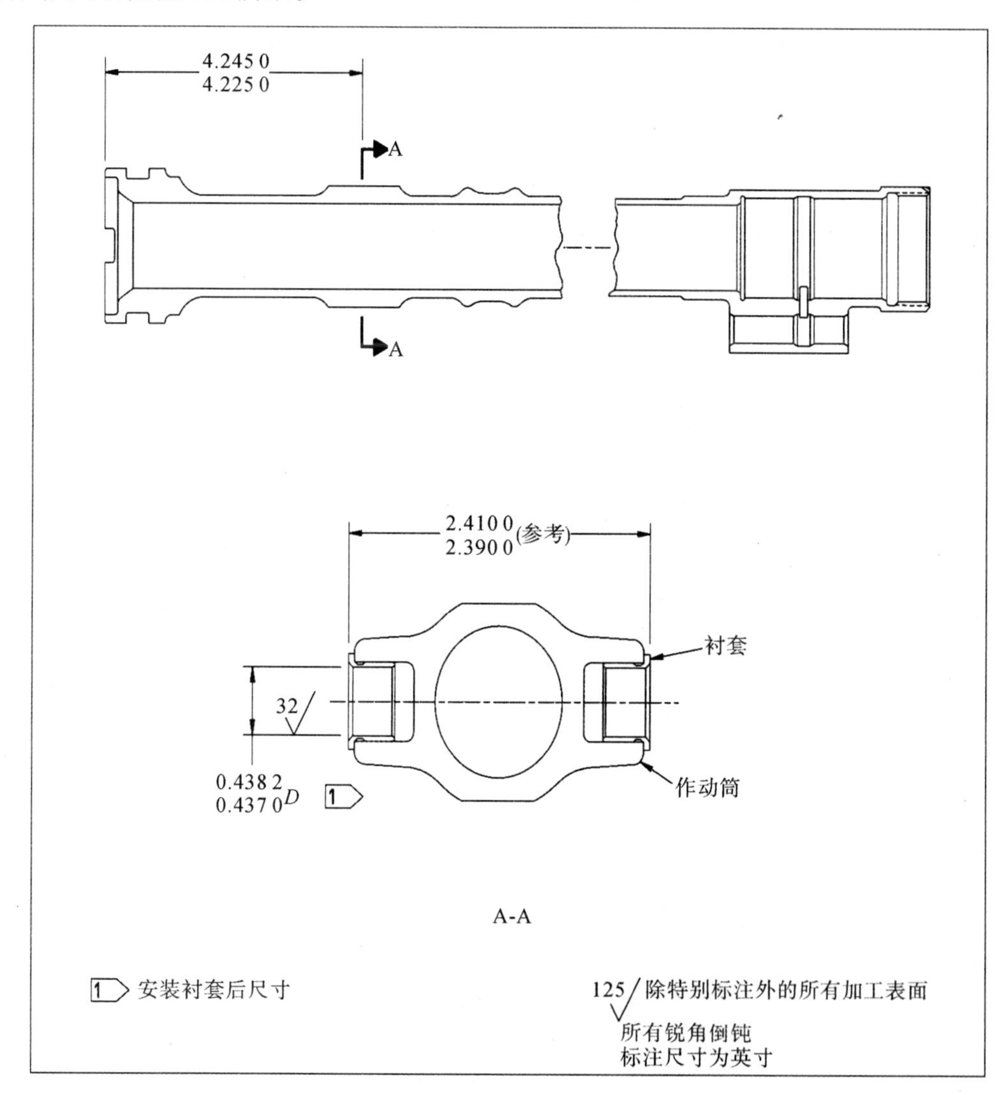

图 5.6　剖视图

3. 辅助视图

辅助视图用来表达标准视图中未表达清楚的特征信息。辅助视图的标注和剖面视图基本相似,用指向平面的箭头表示视图的观察方向,但其区别在于这个带箭头标注线的位置在物体之外。辅助视图是从物体外部的某个特定方向对物体进行观察,并表达在该方向上看到的外部特征,实际上相当于我国制图标准中的斜视图。它能给出倾斜于基本投影面的复杂物体的真实外形、真实角度和真实尺寸，如图 5.7 所示。

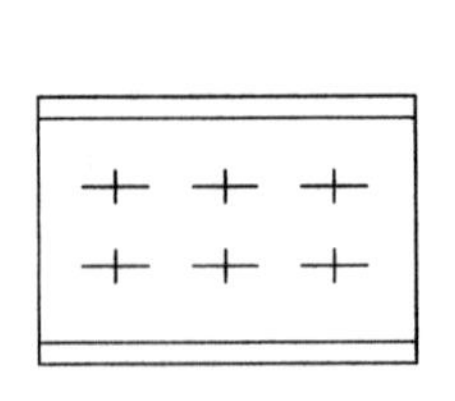

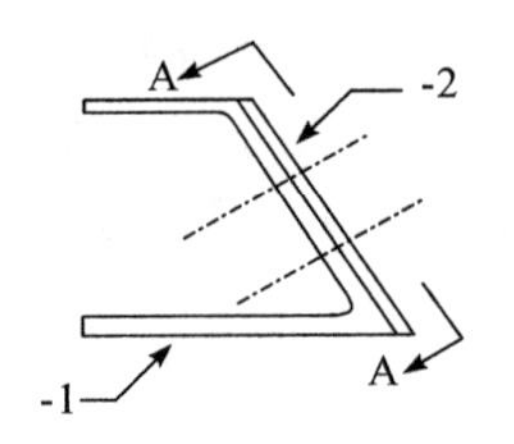

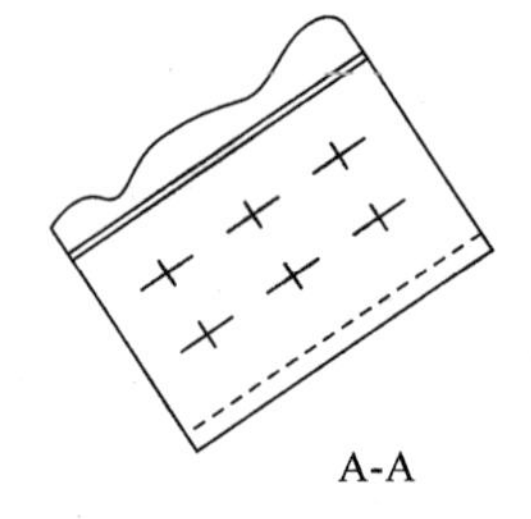

图 5.7 辅助视图

4. 轴测图

用平行投影法将物体连同确定该物体的直角坐标系一起，沿不平行于任一坐标平面的方向投射到一个投影面上，所得到的图形称作轴测图(见图 5.8)。它是用轴测投影的方法画出来的富有立体感的图形，接近人们的视觉习惯，但不能确切地反映物体真实的形状和大小。很多安装图上都有一个小的飞机轴测图，它可以清晰地反映主视图的位置和方向。

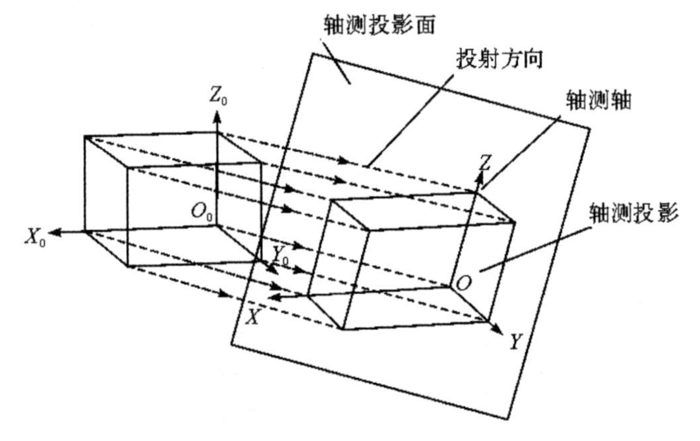

图 5.8 轴测图的形成

5.1.3 线型(Line)

世界上主要飞机制造厂商绘制飞机图纸所用的线条已标准化，且与我国机械工程制图图线的标准和用法基本相同。常见的线型及其用法见表 5.1。

表 5.1 常见的线型及其用法

图线名称	图线形式	一般应用举例
粗实线	————————	可见轮廓线、相贯线、螺纹牙顶线
细实线	————————	过度线、尺寸线、尺寸界线、剖面线、指引线和基准线、重合断面的轮廓线、剖面线、短中心线、螺纹牙底线
细虚线	- - - - - - - - - -	不可见轮廓线
细点画线	——— — ———	轴线、对称中心线、分度圆(线)、孔系分布的中心线、剖切线
粗点画线	——— — ———	限定范围表示线

续表

图线名称	图线形式	一般应用举例
细双点画线	——————— - - ———————	相邻辅助零件的轮廓线、可动零件的极限位置的轮廓线、成形前轮廓线、剖切面的结构轮廓线、轨迹线、中断线
波浪线	～～～	断裂处边界线、视图与剖视图的分界线
双折线	—\/——\/—	断裂处边界线、视图与剖视图的分界线
粗虚线	- -	允许表面处理的表示线

5.1.4　绘图符号(Drawing Symbols)

飞机图纸常常用一些简单的符号或者规定的画法来分别表达某种含义,以使图纸简洁易读。图 5.9 所示为一些材料的绘图符号,剖面线符号代表了材料的类型。如果图纸上其他地方标明了材料,则可以不用绘图符号绘图。在这种情况下,先用较容易绘制的铸铁符号绘制剖面,然后在材料目录中列出材料的类型和规格,或者在说明中注明。

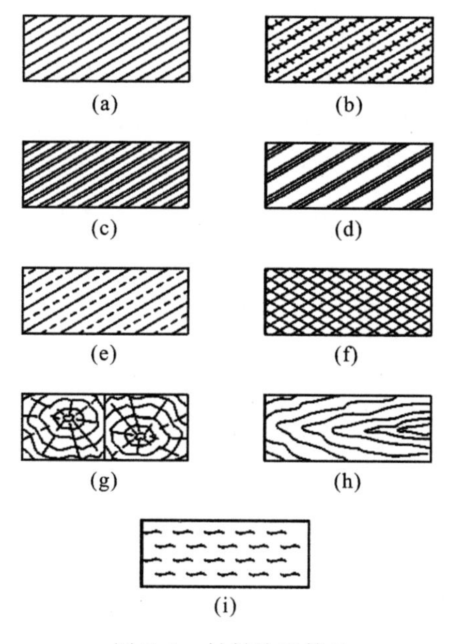

图 5.9　材料绘图符号

(a)铸铁；(b)镁、铝、铝合金；(c)钢；(d)橡胶、塑料、绝缘体；(e)黄铜、青铜、铜；(f)铅、锌、合金；(g)木材：横截面；(h)木材：纵切面；(i)布、皮革、石棉等

5.1.5　尺寸标注和公差

1. 尺寸标注

一张完整的飞机图纸,不仅要给出正确的图形,而且也要准确地给出所需全部尺寸和公差。尺寸是图纸中的重要内容之一,用于确定物体的大小、位置和形状特征。

在波音飞机结构图纸中，线性尺寸以英寸为单位，可以用于标注物体的长度、高度和宽度。除此之外，线性尺寸还可以表达其他信息，例如孔的深度、贴合面的位置和安装位置等。

2. 公差

公差是指零件的实际尺寸可以偏离设计尺寸的范围。实际尺寸可以是公差的最大限定值和最小限定值之间的任意值。波音图纸的公差有两种表示方法：通用公差和特定公差。

（1）通用公差。通用公差，通常用文字标注在图纸标题栏的左边。除了标有特定公差的尺寸以外，图纸上其余所有尺寸都使用这个通用公差，如图 5.10 所示。

通用公差（Tolerance Unless Noted Otherwise）	
一位小数（One Place Decimal）	± 0.1
两位小数（One Place Decimal）	± 0.02
三位小数（One Place Decimal）	± 0.004
角度（Angular）	± 0° 30′

图 5.10 通用公差示例

本例中，尺寸的通用公差，当尺寸标注为小数点后一位的尺寸时，按±0.1 公差要求制造；当尺寸标注为小数点后两位的尺寸时，按±0.02 公差要求制造；当尺寸标注为小数点后 3 位的尺寸时，按±0.004 公差要求制造。角度的通用公差为±0°30′。

（2）特定公差。当通用公差不能满足某个特定尺寸的精度要求时，需要为这个尺寸设置特定公差。特定公差在视图上的特定尺寸后面给出。有多种方法可用于标注特定公差，如图 5.11 所示。

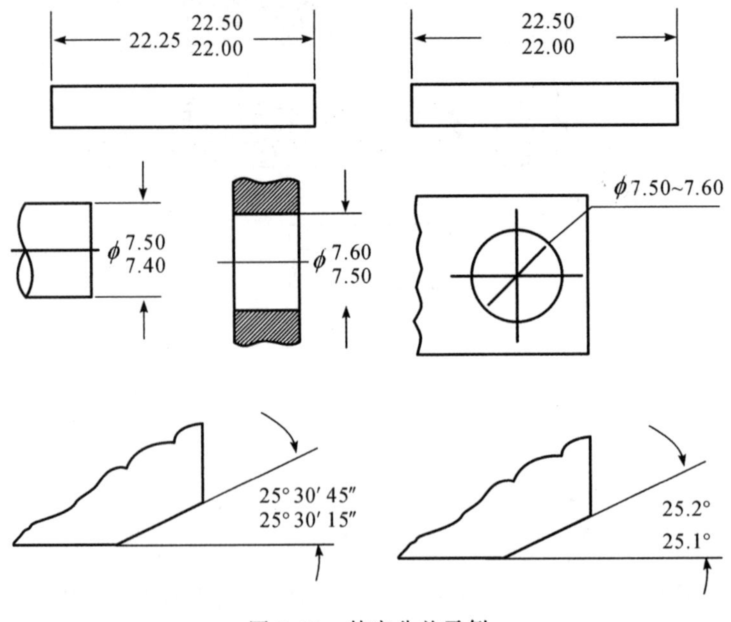

图 5.11 特定公差示例

扩展阅读

制图工艺落后造成飞机坠毁

中国航空工业领域制图是飞机制造中至关重要的一环，20 世纪 60 年代初期，中国正在进行自主研制的第一架喷气式战斗机，即“歼-6”战斗机，在进行制图时，设计人员发现由于飞机机身宽度太小，无法在机翼内安装标准的 60 L 油箱。为了解决这个问题，他们决定采用两个 30 L 的油箱来代替 60 L 的油箱，这个方案看起来非常合理。然而，在试飞中，当飞机达到最大速度时，机翼内的油箱出现了严重的共振问题，导致飞机不受控制，最终坠毁。这个事故引起了严重的反思，设计人员发现他们在制图时忽略了重要的气动特性和振动问题。

为了避免这种情况再次发生，中国航空工业开始引入先进的制图技术和工艺，加强对飞机设计和试飞过程的监管和质量管理。这个故事提醒人们，在飞机制图和设计中需要考虑到各种因素，包括材料和气动特性等，以确保飞机的质量和安全。

5.2　飞机图纸规范

5.2.1　飞机图纸的主要布局

1. 分区和位置表示

飞机图纸的绘图格式已标准化。一张图纸通常包括 6 个主要的区域：①标题栏；②材料目录；③技术说明；④更改说明栏；⑤应用说明；⑥视图。这 6 个区域在一张图纸上的位置如图 5.12 所示。标题栏和更改说明栏的位置在所有图纸上都是一样的，标题栏在右下角，更改说明栏在右上角，其他区域的位置可以由工程师自行确定。图纸可以有全部 6 个部分的信息，如果不需要，也可以只包括部分信息。一般来说，标题栏、更改说明栏和视图是每张图纸都必需的。

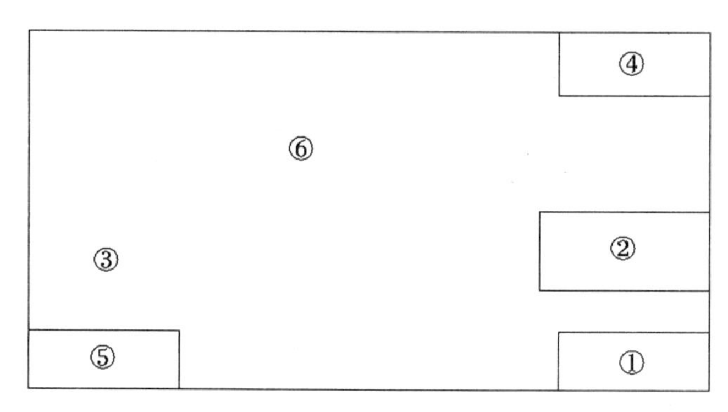

图 5.12　图纸的分区

飞机图纸的幅面一般较大,有的分多页绘制。为了便于阅读大张的图纸和多页图纸,通常在图纸页的四周边缘分别用字母和数字将整张图纸划分成若干个小的分区。规定沿图纸的上下边缘按从右向左的顺序用数字 1,2,3,…标注,沿左右两侧边缘按从下往上的顺序用字母 A,B,C,…标注。数字和字母的间隔都是 12 in,如图 5.13 所示。用字母和数字构成了二维坐标系,使查找所需零部件或者视图变得更加方便。例如,图 5.13 中所示 C5 表示剖切位置所处的区域,B3 表示剖视图所处的区域,Sect C5 表示此图的剖切位置在 C5 区域。

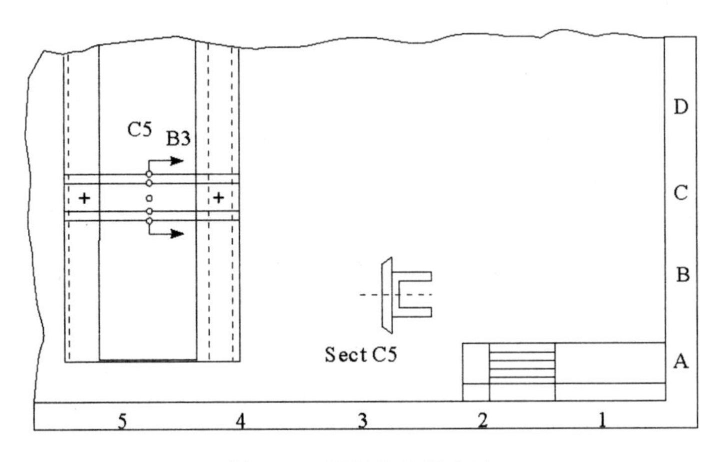

图 5.13　图纸的位置表示

2. 标题栏

标题栏(Title Block)总是位于图纸页的右下角,正确折叠后标题栏应该露在外面,以便参考查阅。标题栏没有固定的统一格式,图 5.14 为某飞机图纸的标题栏,下面以此为例介绍标题栏的主要内容。

<table>
<tr><td rowspan="3">USED ON
XYX</td><td>DRAWN</td><td>ADA</td><td></td><td colspan="4" rowspan="2">XYZ COMPANY</td></tr>
<tr><td>CHECKED</td><td>AARON</td><td></td></tr>
<tr><td>STRESS</td><td>MACK</td><td></td><td colspan="4" rowspan="3">SUPPORT ASSY-INBD FOREFLAP</td></tr>
<tr><td rowspan="2">SECT No.
31</td><td>ENGR</td><td>BURON</td><td></td></tr>
<tr><td colspan="3"></td></tr>
<tr><td>CHNG No.</td><td>GROUP</td><td>JAN</td><td></td><td rowspan="2">SIZE</td><td rowspan="2">CAGE CODE
12345</td><td colspan="2" rowspan="2">DWG No.
XYZ-54321</td></tr>
<tr><td rowspan="2">GROUP ORG</td><td>PROJ</td><td>JACK</td><td></td></tr>
<tr><td colspan="3"></td><td colspan="2">SCALE 1/1</td><td>ITEM 3131</td><td>SH 1</td></tr>
</table>

图 5.14　标题栏内容

(1)图号(DWG NO.)。每个零件或者组件都有自己的图号,图号是识别图纸和将图纸归档最重要的依据。每个公司都有自己的图纸编号的规则和系统,本例图号为 XYZ－54321。

(2)图纸名称(DRAWING TITLE)。此处的图纸名称也称为结构(件)名称,本例中的图纸名称为 SUPPORT ASSY - INBD FOREFLAP，表示这是个支撑组件，用于内侧前襟翼。

(3)图纸页码(SH.)。本例为“SH 1”。

(4)绘制比例(SCALE)。比例是指图样中图形与其实物相应要素的线性尺寸之比。波音飞机结构图纸采用“/”或者“:”比例符号标注比例。常用的比例见表 5.4。

表 5.4　飞机图纸常用比例

比例类型	比例值
全尺寸	1/1 或 FULL
缩小比例	1/2,1/4,1/10,1/20,1/40
放大比例	2/1,4/1
复合比例	NOTED,1/1/& NOTED,2/1/& NOTED 等

复合比例是指在某一份图纸上采用多种比例绘图，其标注见表 5.4 最后一栏。例如，某图的比例栏标注为 1/1&NOTED，表示该图中有的图形是按 1∶1的比例画图，有的图形不按 1∶1的比例画图，不按 1∶1比例绘制的图形要在该图形下面标注所采用的比例。又如，某图的比例栏中填写 NOTED，则表示该图采用多个比例，在每个视图下要标注所采用的比例。

(5)图幅尺寸(SIZE)。图幅尺寸用字母来表示图幅的大小，本例为 E，该图纸的大小相当于我国的 A0 号图幅。

(6)制造厂家的联邦供应代码(FSCM)或者商业和政府机构编号(CAGE CODE)。这些代码或者编号是由政府分配给每个公司的，美国商务部用其对企业的技术和产品进行出口控制和管理。

(7)基本的飞机型号。基本的飞机型号表明该图纸用于哪种型号的飞机。这一栏位于标题栏的左上角，本例为 USED ON XYX。

(8)飞机的段号(SECT NO.)。飞机的段号表明结构件或者结构组件在飞机中被安装到的位置，本例为 SECT NO. 31。

(9)署名栏。在这一栏填写该图初始版本负责人的姓名。

(10)组别(GROUP)。在这一栏填写对该图负责的工程部门的名称。

(11)更改号(CHNG NO.)。它用于核准该图页原始版本的发布。

3. 视图区

在图纸视图区，根据所表达零构件的具体情况，采用一组恰当的视图、一组完整的尺寸以及必要的形位公差和技术要求等，来绘制出零件图、组件图或者装配图，以充分详细地表达飞机结构零件、组件和部件的制造和装配。

4. 更改说明栏

图纸的更改说明栏始终位于图纸页的右上角，它用来记录图纸修订更改的信息。由于客户的要求、错误的改正、新设计和新材料、新程序的使用等都要更改图纸或说明，所有这些变更都必须记录在更改说明栏中。对于设计者来讲，如果在图纸上有一个小的改动，每次都对成千上万张图纸重画，将是非常费时和昂贵的，更改说明栏用于描述将要更改的图纸内容。

例如，图 5.15 所示为某飞机图纸的更改说明栏。更改说明栏包括以下内容。

(1)ZONE 栏说明图纸上发生更改的位置。本例中为 D6，D5 区域。

(2)REV 栏显示更改版本号。本例为 A，即第一次修改。当该图纸为最初原始版时，该栏标有“—”符号，如果是第二次修改则用 B 表示，以此类推。更改说明栏在手工绘制的图纸页上则称作 SYM 栏。

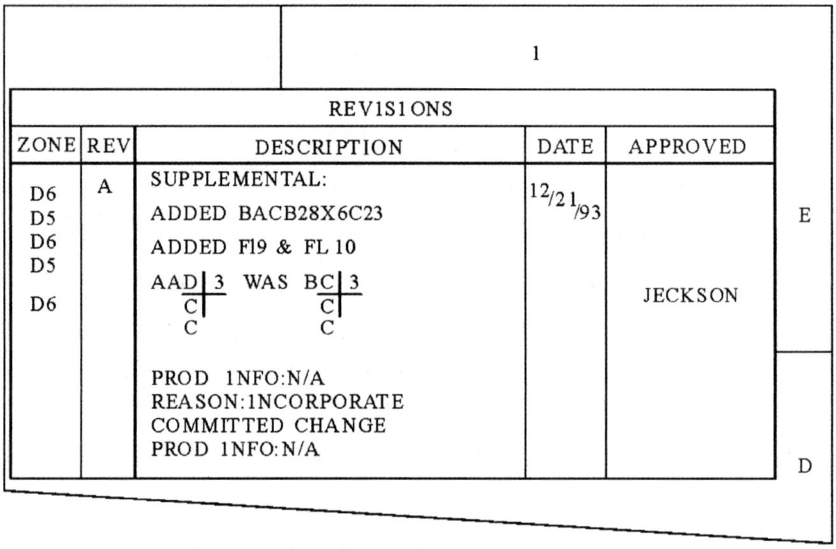

1

REVISIONS				
ZONE	REV	DESCRIPTION	DATE	APPROVED
D6 D5 D6 D5 D6	A	SUPPLEMENTAL: ADDED BACB28X6C23 ADDED FI9 & FL 10 AAD 3 C C WAS BC 3 C C PROD INFO:N/A REASON:INCORPORATE COMMITTED CHANGE PROD INFO:N/A	12/21/93	JECKSON

E

D

图 5.15　更改说明栏及其内容

(3)DESCRIPTION 栏描述图纸页内更改的细节。该栏内还会说明更改号、更改原因和加工信息。如果有快速修订 ADCN 页，ADCN 号也会列出；ADCN 最多只有 4 个，每个 ADCN 的更改都不用对图纸进行修改。当累计到第 5 个 ADCN 时，就会将前面几个 ADCN 合并成一个正常修订 DCN 进行更改。DCN 对图纸进行了更改或者换页。

(4)DATE 和 APPROVED 栏显示对更改负责的人和更改日期。

5.2.2　波音飞机图纸编号系统简介

波音商用飞机部先后设计了“无意义图纸编号系统”(Non - Significant Numbering System)和“有意义图纸编号系统”(Significant Numbering System)两种图纸编号系统用于飞机图纸。无意义图纸编号系统是无规律的图纸编号系统，它是一种旧的图纸编号系统，用于波音 707、波音 727 以及早期制造的波音 737 - 200 和波音 747 - 200 飞机。现行的图纸编号系统是有意义图纸编号系统，是基于波音飞机结构分类文件而开发的有规律的图纸编号系统。这种图纸编号系统首先用于波音 757 和波音 767 飞机，现在设计的波音 737、波音 747 和波音 777 飞机都采用这种图纸编号系统。

1. 有意义图纸编号系统

有意义图纸编号系统采用 8 位字码表示图号，其所编图号的结构示意图如图 5.16 所示。

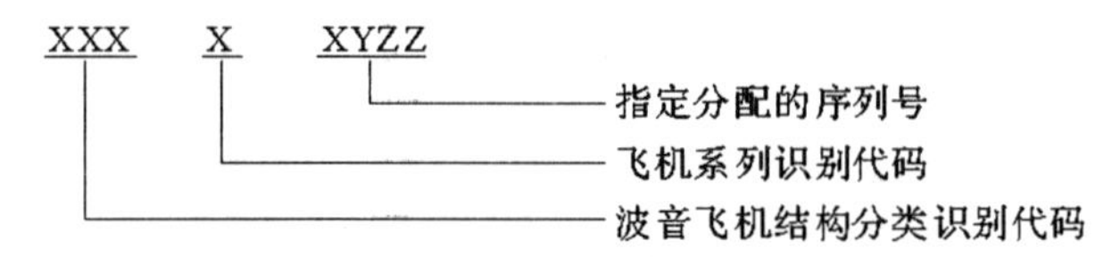

图 5.16　有意义图纸编号结构示意图

(1)波音飞机结构分类识别代码。波音飞机结构分类识别代码由 3 位数字代码组成，其中左起第 1 位字码是主要部件的识别码，用数字 0～9 表示，其含义分别为：0—集成组装的产品；1—飞机各结构部件；2—飞机各系统；3—推进系统；4—有效载荷；5—测试、改进与评估；6—客户支持；7—工程设计计算机应用；8—未指定的；9—管理。

波音飞机结构分类识别代码的第 2,3 位字码是两位数字，是由波音飞机结构分类文件指定的用于识别主要部件的子组件。

(2)飞机系列识别代码。左起第 4 位字码是字母，用于标识该图属于哪种飞机系列。该字母也是指定的，含义见表 5.5。

表 5.5　飞机系列识别代码

代　码	代码含义	代　码	代码含义
A	B737	W	B777
U	B747	D	E-6A(预警机)
N	B757	X	非生产图纸/文件
T	B767	Z	新飞机设计

(3) 指定分配的序列号。最后 4 位数字是指定的序列号，它是由工程设计部门通过工程资料控制中心给出的。

(4)按照有意义图纸编号系统编制的飞机结构图纸的图号示例如图 5.17 所示。

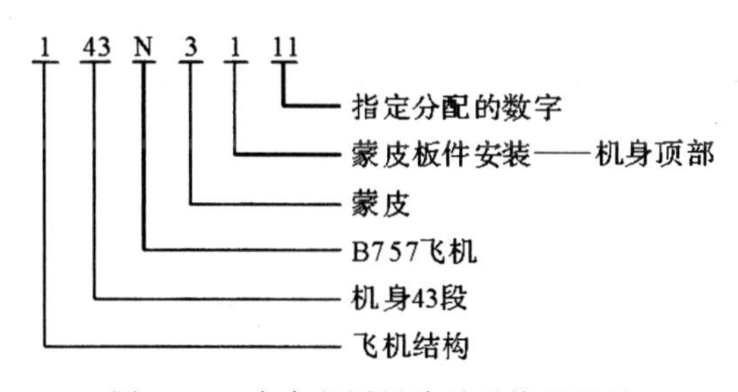

图 5.17　有意义图纸编号系统的图号

2. 无意义图纸编号系统

按照旧式结构图纸编号系统进行图纸编号的机型有波音 707、波音 727 以及早期制造的波音 737 和波音 747。无意义图纸编号系统的结构示意图如图 5.18 所示。

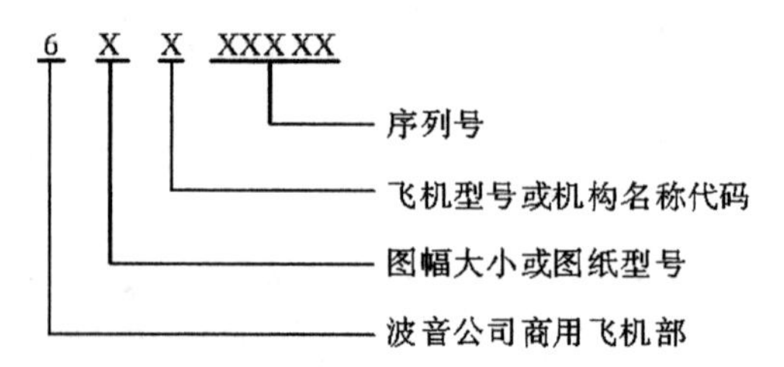

图 5.18 无意义图纸编号结构示意图

序列号由 5 位数字组成，它是由工程资料控制中心依顺序指定的。

飞机型号或机构名称代码用“-”或字母来表示：“-”或 C 代表波音 707、波音 727 和波音 737 飞机；B 代表波音 747 飞机；Y 代表飞行操纵部分；V 代表公务机。

按照无意义图纸编号系统编制的飞机结构图纸的图号示例如图 5.19 所示。

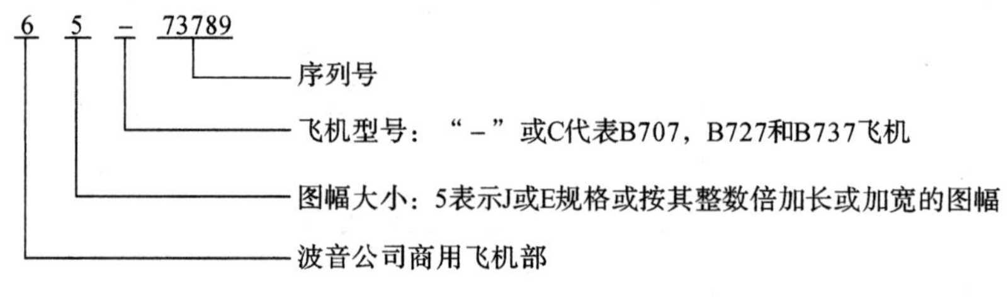

图 5.19 无意义图纸编号系统的图号

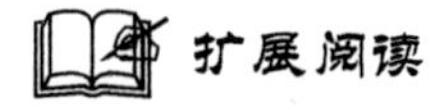
扩展阅读

小失误造成大灾难

1992 年，中国正在进行自主研制的大型民机 Y－10 的制造工作。在制图的过程中，由于一位工程师的失误，导致机身前部结构的支撑设计出现了严重问题。这个问题直到 Y－10 的首次试飞时才被发现。

在试飞中，机组人员发现机身前部出现了不正常的颤动，试飞不久后，飞机坠毁，所有机组人员和试飞人员全部遇难。这起事故造成了巨大的损失，也是中国航空工业历史上的一次重大教训。

这起事故再次提醒我们，在飞机制图的过程中需要严格按照设计要求，任何疏忽和失误都可能会带来严重的后果。在制造过程中，也需要加强质量管理和检查，确保每个零部件和整个飞机的质量符合要求，确保乘客和机组人员的安全。

5.3 飞机图纸识读

飞机图纸用于表达飞机结构、系统及部件的设计、制造、装配和安装等信息，是联系飞机设计、制造、维护、修理等环节的重要技术文档。飞机机械员在进行飞机维修工作中将会接触到许多种图纸，每一种图纸都包含一些具体要说明的信息，因此必须熟悉常用的图纸类型。最常用的图纸是工作图纸，包括零件图、装配图和安装图。其他类型的图包括安装示意图、原理图、框图、线路图等。

5.3.1　飞机零件图(Detail Drawings)

1.零件图概述

零件图是用于表达飞机结构零件的形状、尺寸和技术要求等制造零件所需的全部信息资料的图纸。注意：一张零件图可以只表达一个零件，也可以表达多个零件。一个零件可以用多个视图表示，但只能画在一张图纸上。另外，有些简单零件和标准件是没有单独的零件图的，它们用标识符号或者图形在组件图或装配图中表达。

当绘制一张零件图时，要有一个严格的制图比例和尺寸，但是由于绘图时的误差，图纸上的零件尺寸并不与实物的尺寸一样，因此绝不能丈量图纸上的尺寸，而是要以所标注的尺寸为准。

2.零件图的内容

零件图包括下列内容。

(1)零件的尺寸和形状。

(2)公差配合。

(3)原材料尺寸和材料牌号。

(4)热处理。

(5)表面粗糙度。

(6)零件编号和标记说明。

(7)孔的位置。

(8)保护涂层。

(9)加工规范和标准。

(10)该零件将被用于的上一级结构件的图号。

3.零件图的识别

通过图纸标题栏中的零件名称，零件图很容易被识别。假如名称标题出现ASSEMBLY或ASSY，以及INSTALLATION或STALL字样，该图就不是零件图；反之则是。例如：某一图纸标题栏中的图纸名称为“SHAFT－SPLINED，ENTRY DOOR”(花键轴，登机门)，则该图是零件图。又如，图纸名称为“ANGLE－LATCH SUPPORT”，该图也是零件图。图纸的大小不能说明图纸类型。有的零件图图幅很小，而有的零件图图幅很大。图幅的大小取决于所表达零件的大小与复杂程度，零件图不表示零件的位置、方位或者紧固方法。零件图可能会给出有关紧固件最终安装位置的信息，但不会给出紧固件本身的信息。

4.识读零件图的步骤

图5.20为飞机副翼后梁零件图(局部)。识读零件图的一般步骤如下。

(1)识读标题栏。

(2)识读视图。分析视图，想象形状，分析细节，结合查阅零件清单看懂图纸。

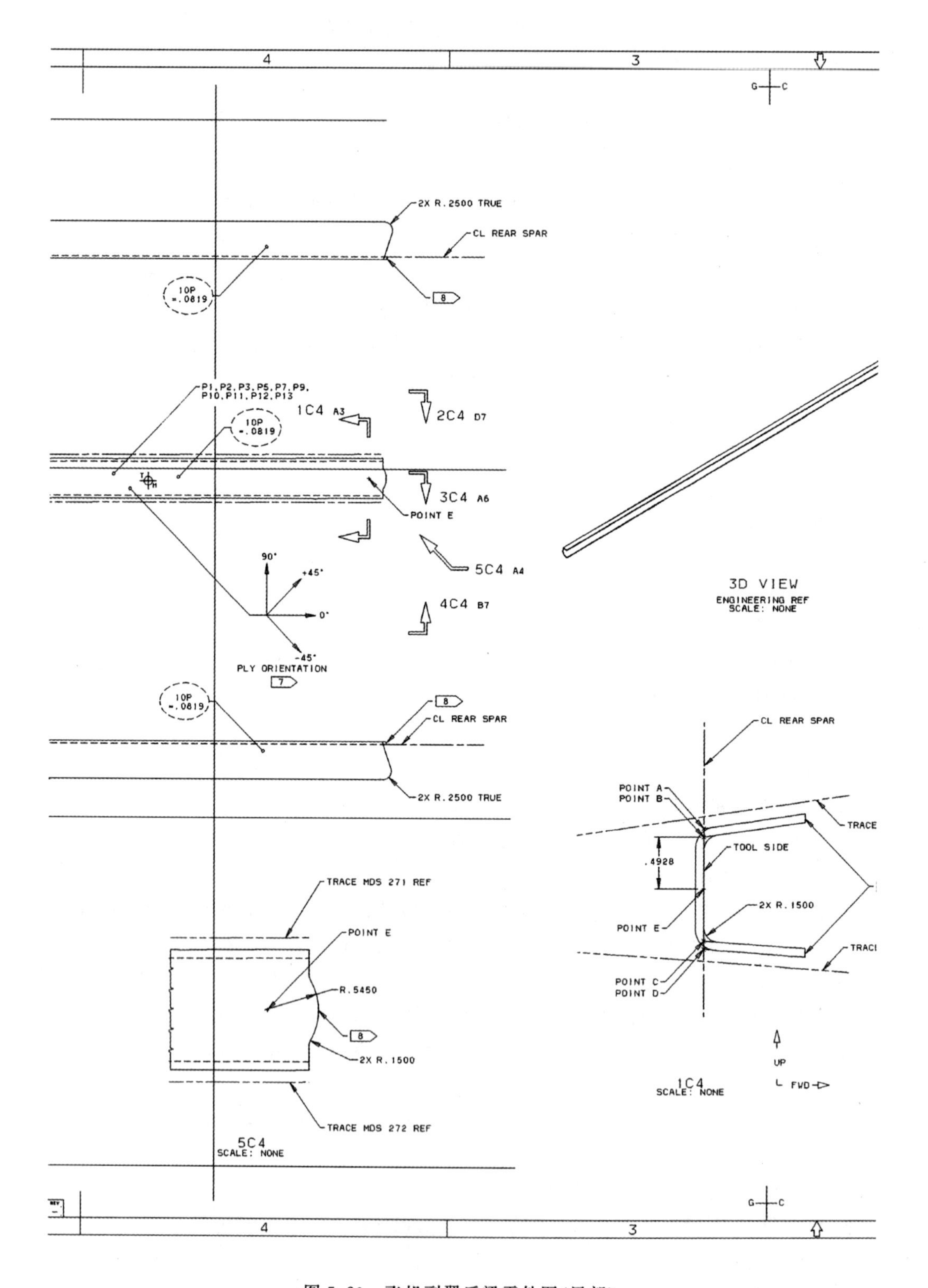

图 5.20　飞机副翼后梁零件图(局部)

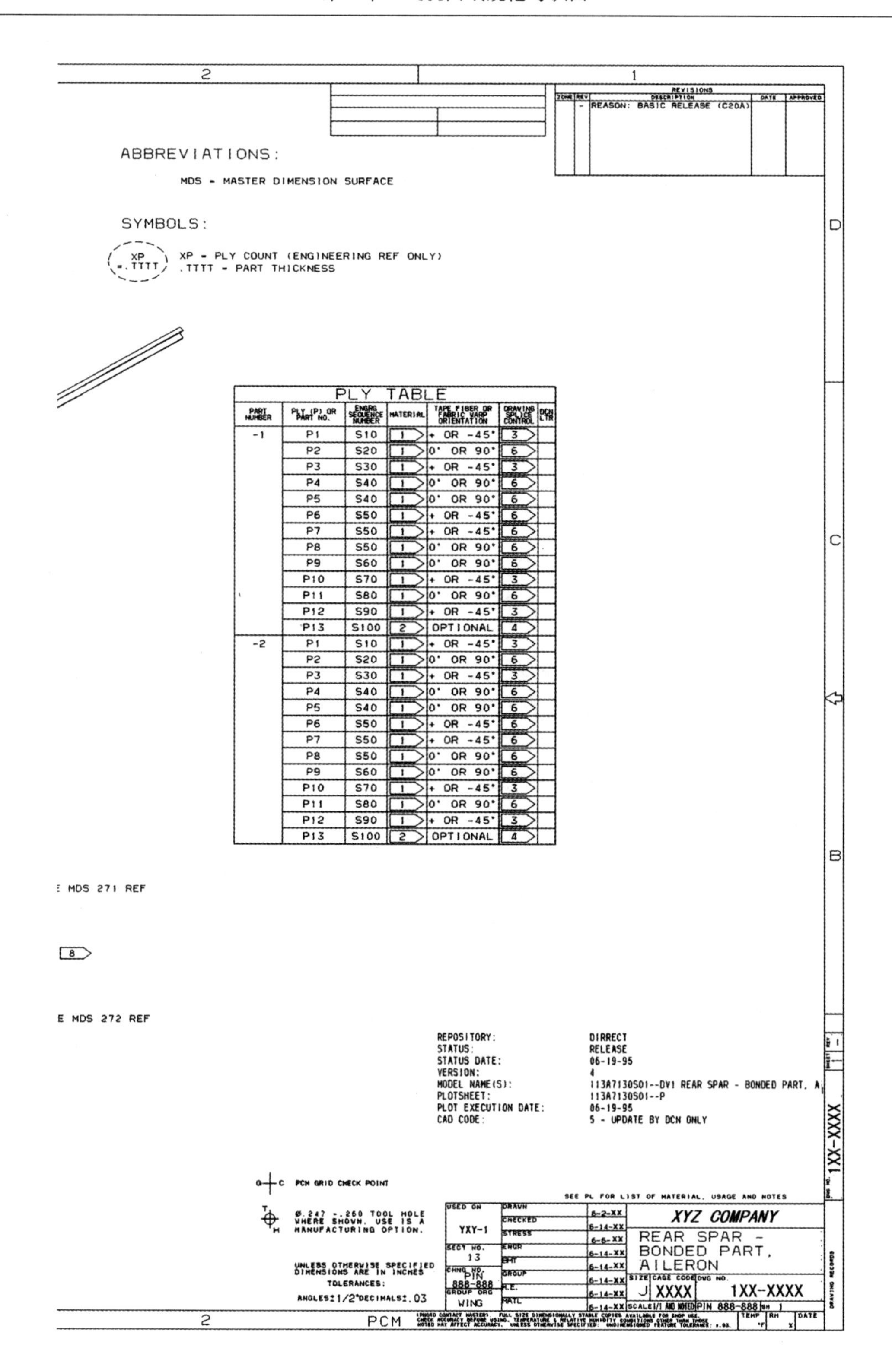

PLY TABLE

PART NUMBER	PLY (P) OR PART NO.	ENGRG SEQUENCE NUMBER	MATERIAL	TAPE FIBER OR FABRIC WARP ORIENTATION	DRAWING SPLICE CONTROL	DCN LTR
-1	P1	S10	1	+ OR -45°	3	
	P2	S20	1	0° OR 90°	6	
	P3	S30	1	+ OR -45°	3	
	P4	S40	1	0° OR 90°	6	
	P5	S40	1	0° OR 90°	6	
	P6	S50	1	+ OR -45°	6	
	P7	S50	1	+ OR -45°	6	
	P8	S50	1	0° OR 90°	6	
	P9	S60	1	0° OR 90°	6	
	P10	S70	1	+ OR -45°	3	
	P11	S80	1	0° OR 90°	6	
	P12	S90	1	+ OR -45°	3	
	P13	S100	2	OPTIONAL	4	
-2	P1	S10	1	+ OR -45°	3	
	P2	S20	1	0° OR 90°	6	
	P3	S30	1	+ OR -45°	3	
	P4	S40	1	0° OR 90°	6	
	P5	S40	1	0° OR 90°	6	
	P6	S50	1	+ OR -45°	6	
	P7	S50	1	+ OR -45°	6	
	P8	S50	1	0° OR 90°	6	
	P9	S60	1	0° OR 90°	6	
	P10	S70	1	+ OR -45°	3	
	P11	S80	1	0° OR 90°	6	
	P12	S90	1	+ OR -45°	3	
	P13	S100	2	OPTIONAL	4	

续图 5.20　飞机副翼后梁零件图(局部)

5.3.2 飞机装配图(Assembly Drawings)

1.装配图概述

当所有的零件制成后,根据装配图装配成各种部件。装配图是主要用于表达两个或两个以上零件的连接组合与装配信息的图纸。装配图也可表达单个简单零件的制造信息。一个装配图中可能包括所装配零件的部分或全部零件图。如果零件图画在装配图纸上,这个零件在装配图上可以用符号表示或只给出零件的位置,而不画出实形。

2.装配图的内容

装配图主要包含以下内容。

(1)零件清单。

(2)各零件如何装配(各零件之间的装配关系)。

(3)零件编号和标记说明。

(4)零件连接紧固方法。

(5)保护涂层。

(6)加工规范和标准。

(7)图中标记说明。

(8)含有该组件的上一级结构组件的图号。

3.装配图的识别

通过图纸标题栏中的图纸名称来识别组件图。如果图纸标题栏的图纸名称中有ASSEMBLY或者ASSY字样,则该图纸为装配图。下面是两个组件图的例子,其零件名称分别为“DOOR ASSEMBLY－CREW ENTRANCE”和“ROD ASSY－INBOARD, ELEVATOR CONTROL”。图5.21为飞机某构件装配图。

假如,若在某装配图上详细表达某个零件,那么装配图应该给出制造这个零件所需的全部信息。另外,一份装配图也可以表达一个以上的组件。

5.3.3 飞机安装图(Installation Drawings)

1.飞机安装图概述

飞机安装图是主要用来表达零件和组件在飞机上的位置及安装等信息的图纸,安装图也能表达简单零件和组件的信息。很多时候,安装图、装配图和零件图是画在一起的,这样一个安装图实际上是零件－装配－安装图。通常与实际安装不相关的飞机部分也在图中以参考线显示出来,以便于正确定位所安装的零件。图5.22为副翼安装图(局部)。

2.飞机安装图的内容

安装图包括以下内容。

(1)零件清单。

(2)位置尺寸(相对于飞机结构)。

(3)件号和有效性。

(4)零件连接紧固方法。

(5)工艺规范和标准。

(6)图中标记说明。

(7)含有该装配件的上一级装配件的图号。

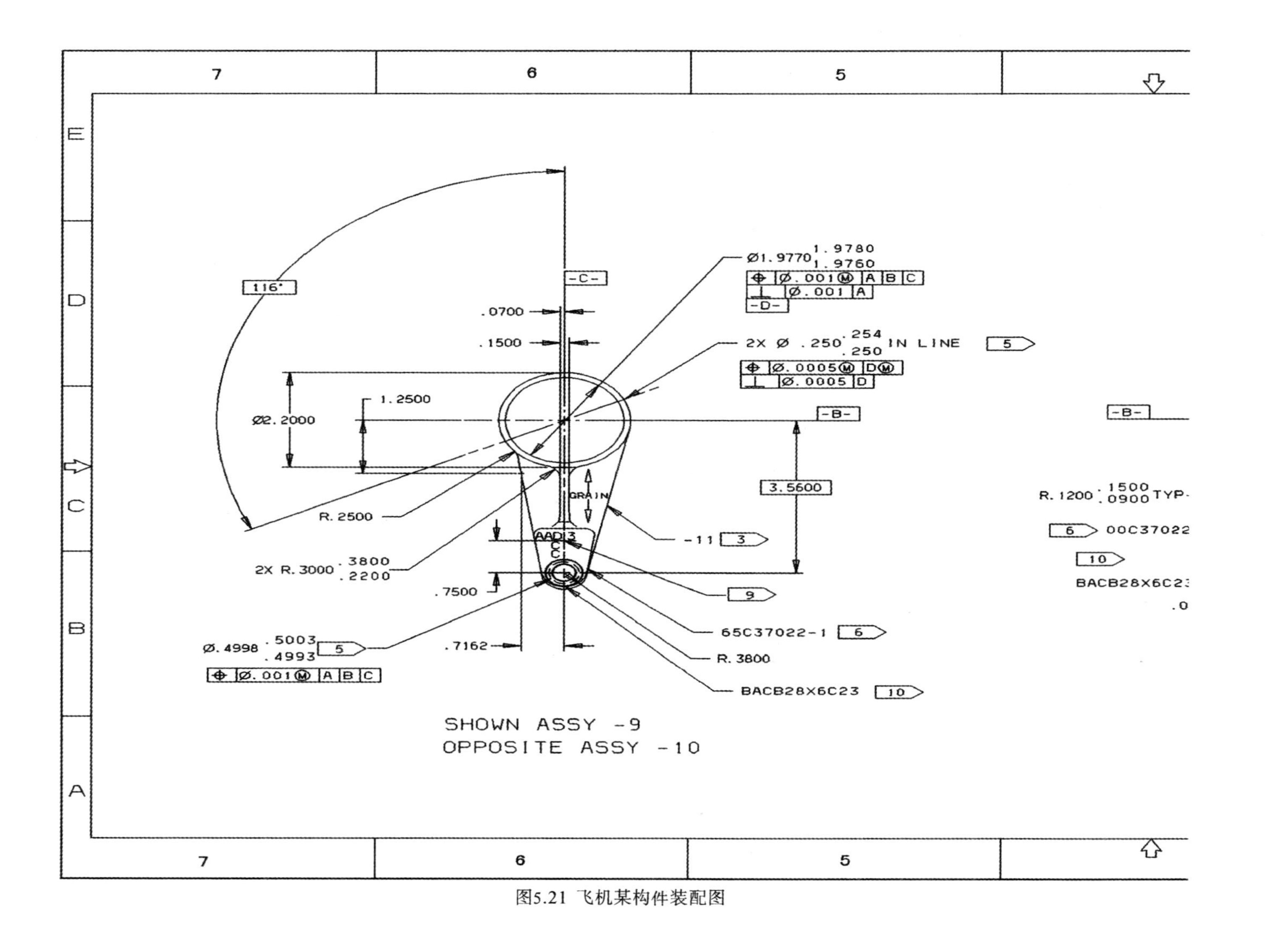

图5.21 飞机某构件装配图

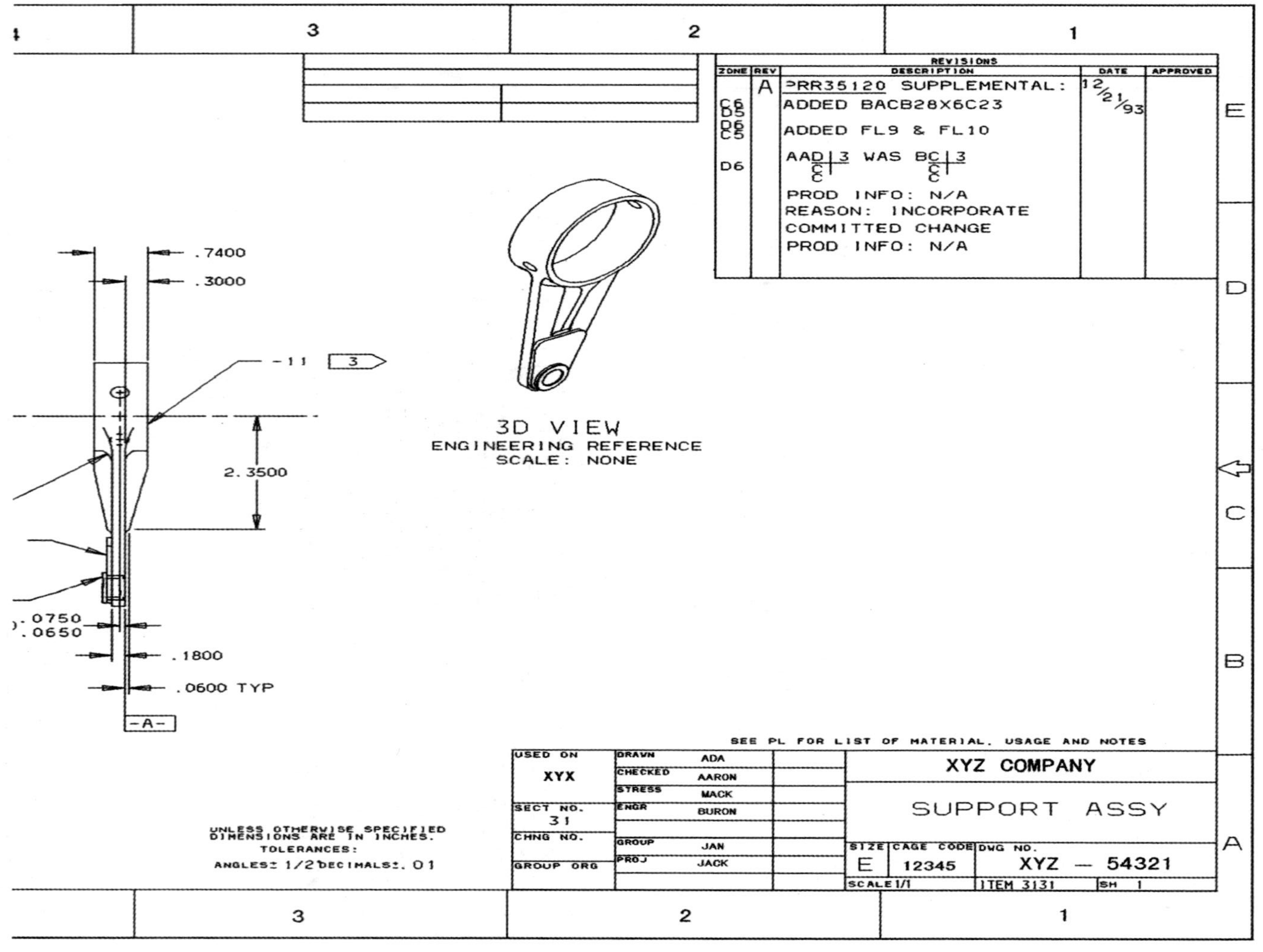

续图5.21 飞机某构件装配图

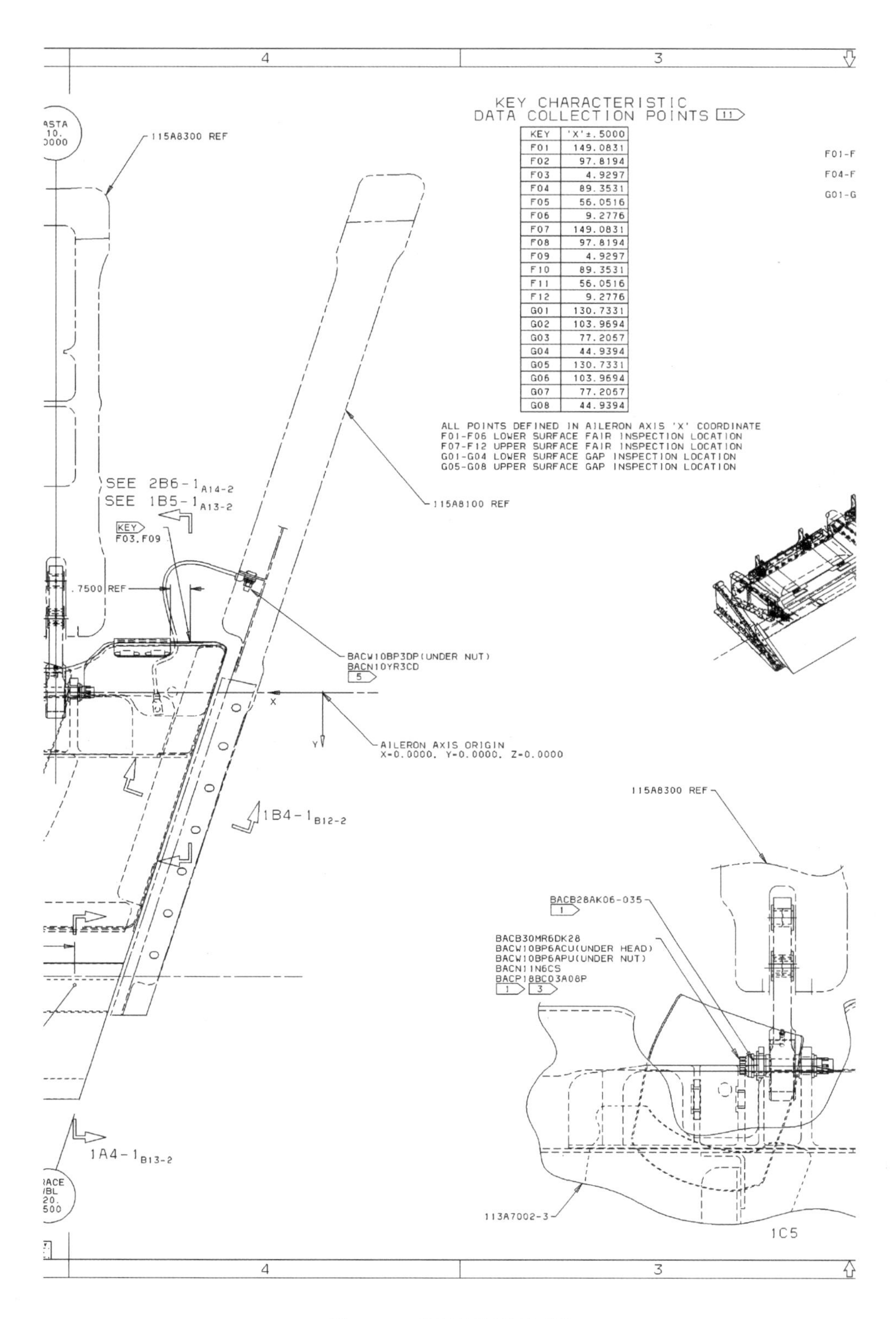

KEY	'X'±.5000
F01	149.0831
F02	97.8194
F03	4.9297
F04	89.3531
F05	56.0516
F06	9.2776
F07	149.0831
F08	97.8194
F09	4.9297
F10	89.3531
F11	56.0516
F12	9.2776
G01	130.7331
G02	103.9694
G03	77.2057
G04	44.9394
G05	130.7331
G06	103.9694
G07	77.2057
G08	44.9394

图 5.22　副翼安装图(局部)

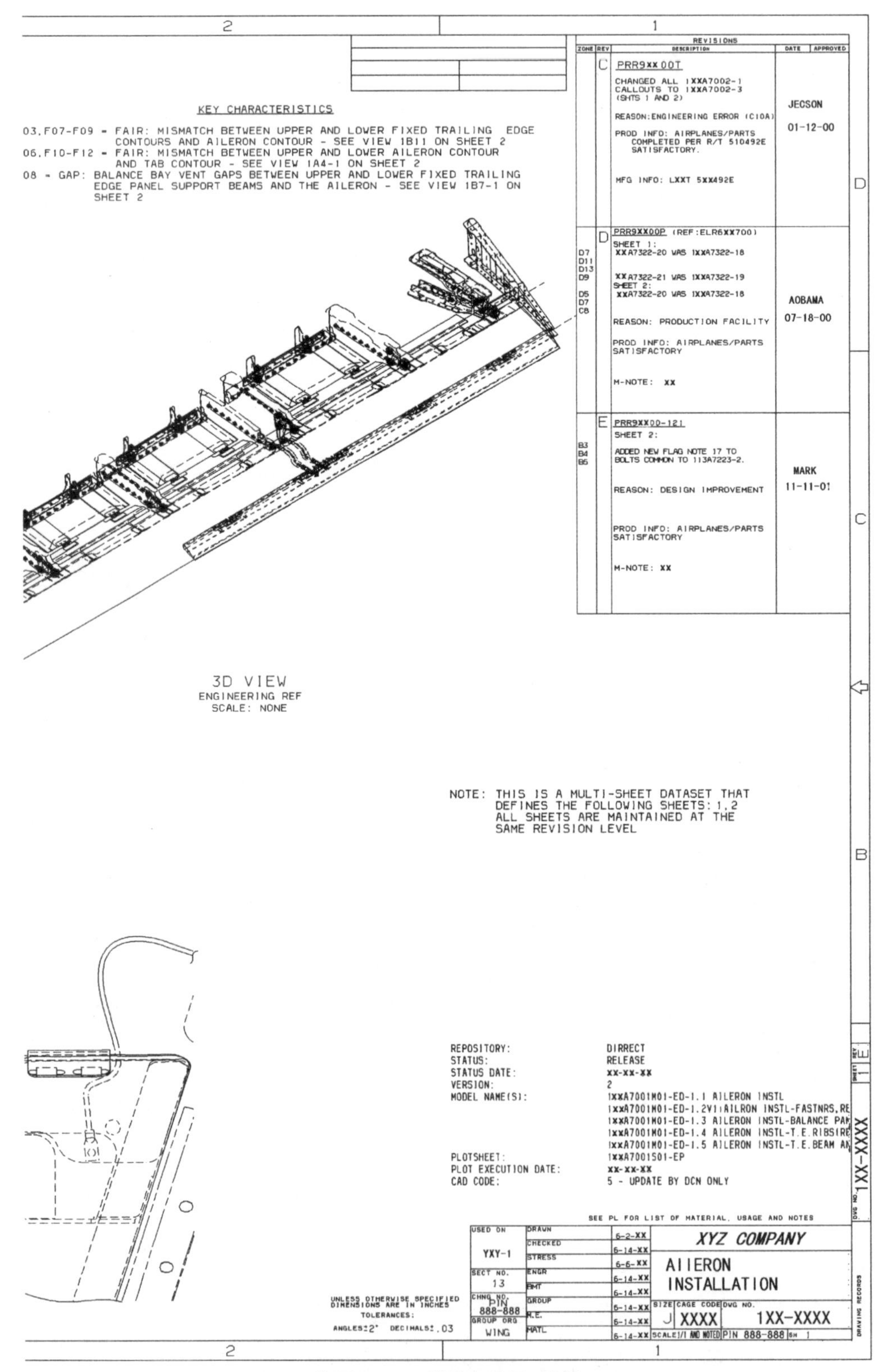

续图 5.22　副翼安装图(局部)

3. 安装图的识别

通过图纸标题栏中的图纸名称，安装图很容易被识别。如果图纸标题栏的图纸名称中出现 INSTALLATION 或者 INSTL 字样，则该图纸为安装图。下面是两个安装图的例子，其零件名称分别为“BULKHEAD INSTALLATION-BODY STATION 311”和“RIB INSTL-WING STAION934.20 INSPAR RIB NO. 29”。

假如在某安装图上要详细表达某个零件或者某个组件，则安装图会给出制造这个零件或者组件所需的全部信息，如图 5.22 所示。另外，一份安装图也可以表达一个以上的装配件。

6.3.4　示意图(Diagrams)

这里的飞机示意图定义为用来描述系统和组件工作的方法原理或展示零部件组成的图形。飞机示意图有很多类型，但飞机机械员主要接触和需要熟悉的主要 4 种：安装示意图(Installation Diagrams)、原理图(Schematic Diagrams)、框图(Block Diagrams)和线路图(Wiring Diagrams)。

1. 飞机安装示意图

图 5.23 为某飞机驾驶舱导航部件的安装示意图。图 5.23 给出了每个部件的名称，并标出了它们在飞机中的位置。安装示意图在飞机维护和维修手册中大量应用，对快速确定部件的位置和理解各系统的工作有重要帮助。

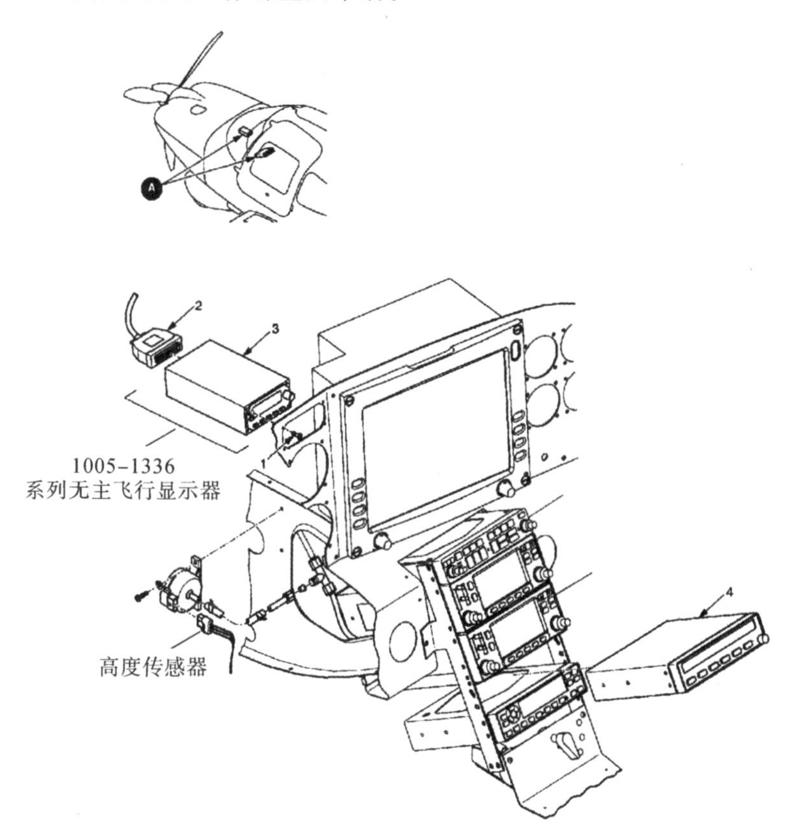

图 5.23　某飞机驾驶舱导航部件安装示意图

1—螺钉；2—电线接头；3—高度/垂直速度选择器；4—飞行指引计算机

2. 飞机原理图

飞机原理图不给出各部件在飞机中的具体位置，但会给出各部件在系统中的相对位置。图 5.24 所示为波音 737 飞机的液压系统原理图。在原理图中，每个管路都会以颜色或标记加以区分，并标明流体的流动方向，以方便查阅；每个部件都予以命名，且在系统中的相对位置通过管路的进出关系确定。原理图主要用于排故，在飞机维护手册中广泛应用。

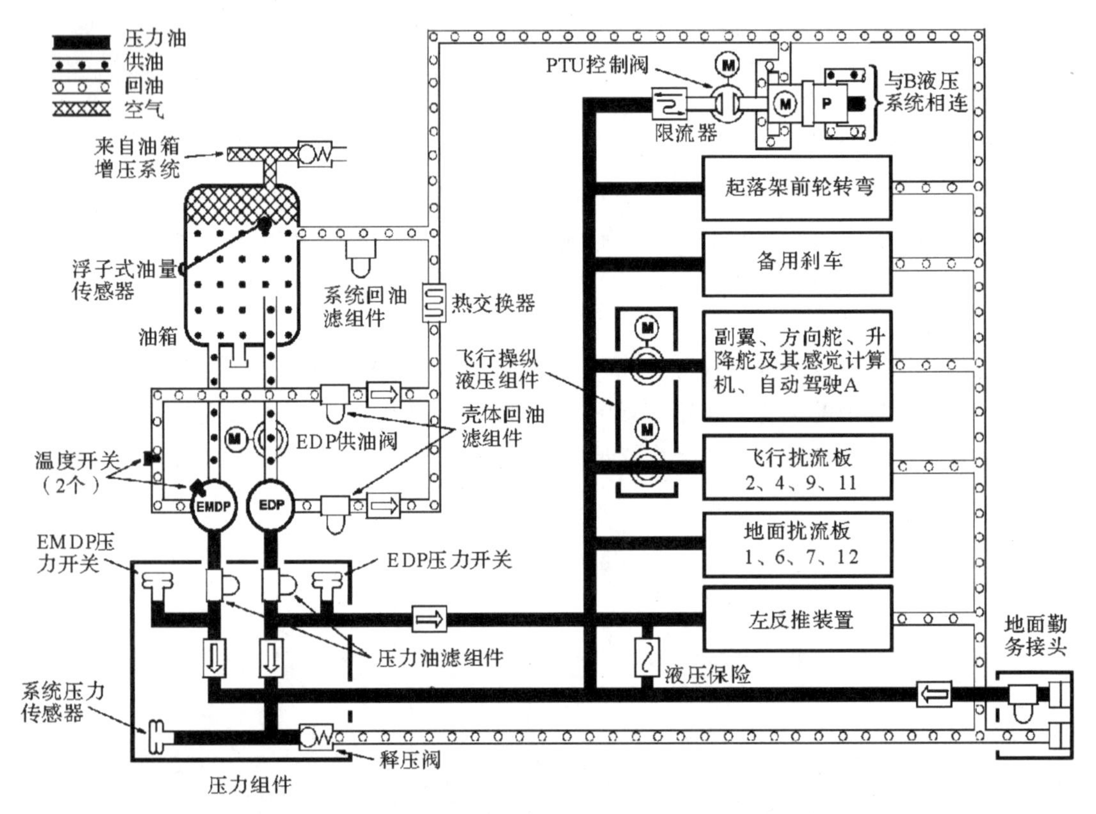

图 5.24　波音 737 飞机液压系统原理图

3. 飞机框图

飞机框图(见图 5.25)用于给出一个复杂系统的简化关系。一般用于电子电气系统，每个元器件用一个方框代替，再用线条将各个方框按实际关系连起来。

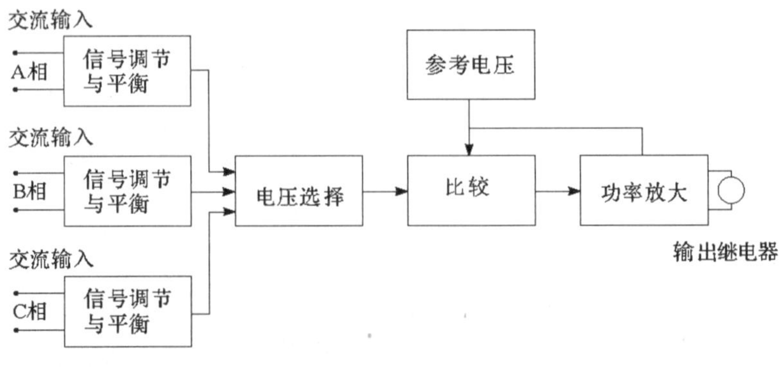

图 5.25　飞机框图

4. 飞机线路图

飞机线路图(见图5.26)即飞机电气系统和设备的电路图。即使是相对简单的电路，其线路图也可能相当复杂。对于从事电气维修和安装的技术人员，全面了解线路图和电气原理图是必不可少的。

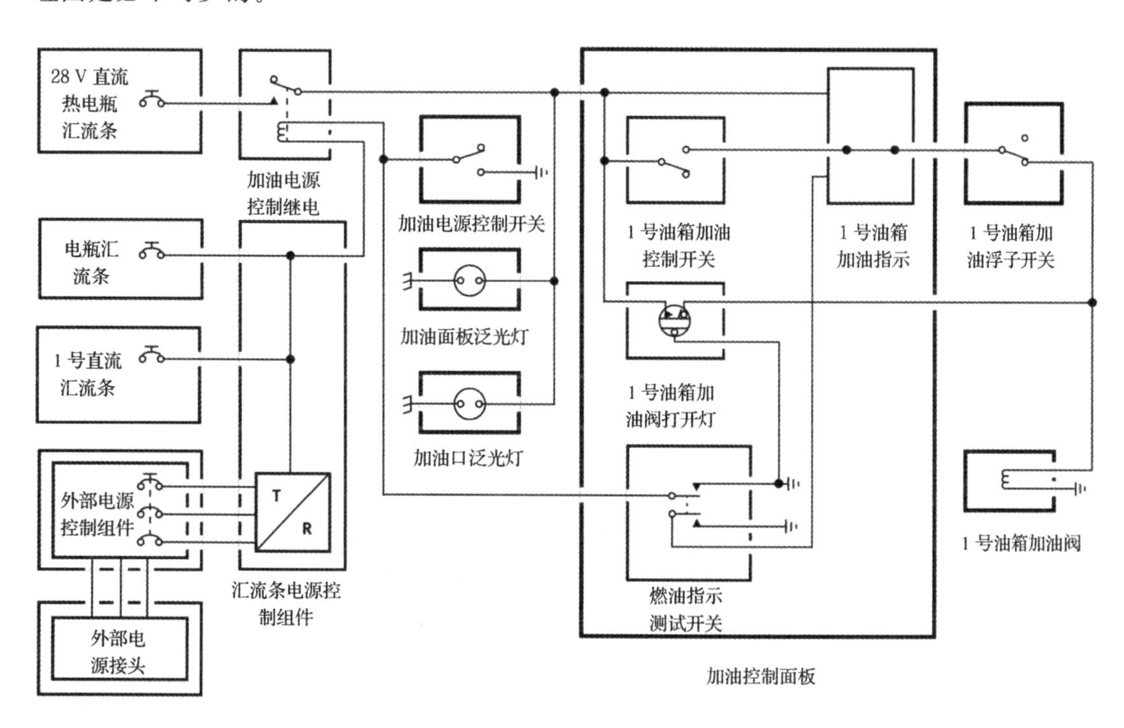

图5.26　飞机线路图

习　题　5

一、选择题

1. 美国采用的是(　　)投影画法。

　A. 第一角　　B. 第二角　　C. 第三角　　D. 第四角

2. 投影的基本视图有(　　)个。

　A. 2　　B. 4　　C. 6　　D. 8

3. 通过放大方式描述物体某个局部细节的视图称为(　　)。

　A. 详细视图　　B. 剖视图　　C. 安装图　　D. 零件图

4. 粗实线一般表示(　　)。

　A. 可见轮廓线　　B. 尺寸线　　C. 轴线　　D. 剖面线

5. 细虚线一般表示(　　)。

　A. 可见轮廓线　　B. 尺寸线　　C. 轴线　　D. 不可见轮廓线

6. 图纸上物体的尺寸通过(　　)得到。

　A. 丈量　　B. 标注

7. 飞机图纸的右上角区域是(　　)。

A. 标题栏　　B. 更改说明栏　　C. 视图区　　D. 材料目录

8. 飞机图纸的右下角区域是(　　)。

A. 标题栏　　B. 更改说明栏　　C. 视图区　　D. 材料目录

9. 飞机图纸的图号位于(　　)。

A. 标题栏　　B. 更改说明栏　　C. 技术说明　　D. 材料目录

10. 用于表达飞机结构零件的形状、尺寸和技术要求等信息的图纸是(　　)。

A. 零件图　　B. 装配图　　C. 安装图　　D. 详细视图

11. 用于表达两个或两个以上零件的连接组合与装配信息的图纸是(　　)。

A. 零件图　　B. 装配图　　C. 安装图　　D. 详细视图

12. 用来表达零件和组件在飞机上的位置及安装等信息的图纸是(　　)。

A. 零件图　　B. 装配图　　C. 安装图　　D. 详细视图

13. 常用于飞机系统排故的图是(　　)。

A. 零件图　　B. 装配图　　C. 安装图　　D. 原理图

14. 常用于飞机电子电气系统的图是(　　)。

A. 零件图　　B. 装配图　　C. 安装图　　D. 线路图

15. 如果图纸标题栏的图纸名称中出现 INSTALLATION 或者 INSTL 字样，则该图纸为(　　)。

A. 零件图　　B. 装配图　　C. 安装图　　D. 框图

二、问答题

1. 简述零件图的识别方法。

2. 简述原理图的特点和适用场合。

第6章　航空器载重与平衡

📖知识及技能

✍ 理解航空器载重与平衡的概念。

✍ 掌握飞机称重的程序和重心的确定方法。

✍ 了解飞机配平的必要性和主要方法。

6.1　载重与平衡的基本概念

6.1.1　载重与平衡的重要性

无论何种类型的飞机，都具有两个共同特性：一是对重量（Weight）敏感；二是对重心（Center of Gravity）的位置敏感。载重与平衡（Weight and Balance）指的是对飞机重量和重心位置的控制。

载重与平衡是影响飞行效率和飞行安全的最重要因素之一。一个超重的飞机，或者一个重心在允许范围之外的飞机，它的飞行效率低下，甚至不安全。对飞机载重与平衡的控制，贯穿飞机的设计、制造、运行和维护等环节，相关责任人从设计师和工程师开始，延伸至营运人、飞行员和维护人员。

在飞机出厂时，制造商会给运营人提供关于飞机空机重量（Empty Weight）和空机重心位置的技术文件。空机重量，指的是以下项目重量之和：飞机本身的结构、动力装置和固定设备（如座椅、厨房设备等）、油箱内不能利用或不能放出的燃油滑油、散热器降温系统中的液体、应急设备等。

在飞机以后的运行过程中，由于污物污染、结构损伤修理及设备安装或拆卸等，都会使飞机空机重量及重心发生变化。所以，定期对飞机进行称重以确定空机重量及重心位置，是飞机维修业务中一项非常重要的工作。飞机维护人员需要在飞机重量与平衡的技术手册上记录重量和平衡的任何变化。飞机装载以后，还应对飞机的总重量和实用重心位置进行计算，保证在允许的范围之内。航线飞机的营运人必须按照有关规定出示说明飞机在运行过程中重量和平衡均未超出允许限制的文件，以确保飞机飞行安全。飞机驾驶员有责任在每一次飞行中知道飞机的最大允许重量及重心极限，并在航前检查时确定飞机的装载情况合理，重心在允许的范围之内。

6.1.2　飞机的重量

重量是飞机的关键参数，它要求引起飞行和机务人员足够的重视。过重的重量会降低飞机的飞行效率和减小紧急情况下的安全余量。在飞机设计阶段,根据特定飞行条件下机翼所能提供的升力大小,确定飞机的最大重量。另外,飞机的结构强度也会限制飞机的最大重量。

在设计机翼时,它要能支撑飞机的最大允许重量,并且在满足结构强度的前提下设计得尽可能轻。如果一架飞机的重量增加,则机翼必须产生额外的升力,机翼结构不仅要支撑附加的静荷载,还要支撑机动飞行时产生的动荷载(过载)。例如,一架超重 3 000 kg 的飞机,它的机翼必须在水平飞行时支撑 3 000 kg 的附加重量,但当飞机以 60°坡度协调转弯时,过载要求机翼承受两倍的附加重量,即 6 000 kg。如果飞机作严重不协调机动,或者进入不稳定气流,产生的过载会更大,可能使得机翼结构失效。

飞机超重除了对飞行安全构成威胁,还会影响飞行性能,主要存在以下 8 个问题。

(1)飞机需要更高的起飞速度,从而需要更长的滑跑距离。

(2)爬升率和爬升角较小。

(3)升限下降。

(4)巡航速度下降。

(5)航程缩短。

(6)机动性能下降。

(7)着陆速度增大,着陆距离增长。

(8)过量的载荷会作用在结构上,尤其起落架。

大多数现代飞机都是这样设计的:如果客舱满座、货舱装满货物、油箱装满燃油,则飞机就会严重超载。这种设计给运营人针对特定飞行设计装载方案提供了很大的自由度。如果需要最大航程,必须将乘客或货物减量;如果需要最大装载,则必须缩短航程,即减少携带的燃油量。在实际运行中,飞机的最大载重还受到运行条件的限制,例如机场海拔高度、跑道积水状况、跑道长度等影响因素。

特别注意的是,仅保证飞机装载不超过允许的最大重量是不够的,飞行前另一个要考虑的重要因素是飞机重量的分布,即重心的位置。必须确保重心位置在允许的范围之内。

6.1.3 飞机的平衡

飞机的平衡指的是受力平衡,例如匀速平飞就是一种典型的平衡状态,它需要满足力平衡和力矩平衡两方面的条件。其中,力矩是否平衡跟重心位置密切相关。因此,飞机的平衡问题,通常指的就是对飞机重心位置的控制。在飞机设计阶段,重心的理想位置,需要仔细计算确定,并计算出与这个特定位置之间所允许的最大偏差,即重心的允许范围。

重心是假想的一个点,在这个点上集中了飞机所有的重量。只有当重心在特定的范围时,飞机才能保持平衡。飞机的平衡有三种,即纵向平衡(俯仰平衡)、横向平衡和航向平衡。由于飞机在纵轴上不对称,且纵向尺寸很大,所以重心位置对纵向平衡的影响最为明显,重心位置在纵轴上的控制最为重要。对于常规布局的飞机,压力中心(升力的作用点)和重心两个点有确定的前后关系:重心必须在压力中心前方不远处,则平尾产生的气动力方向向下,如图 6.1 所示。

重心的前后位置不可能一成不变,但只要保持在允许的范围之内,飞机就能获得纵向平衡,并且具有良好的纵向稳定性和操纵性。当飞机由于外界干扰而失去纵向平衡时,可以靠飞机自身的稳定性自动恢复平衡。例如，当气流干扰使得机头上仰，则平尾产生的向下的气动力减小，于是飞机机头开始下沉；反之，当机头下俯，则平尾向下的气动力增大，飞机最终会回到平飞姿态。

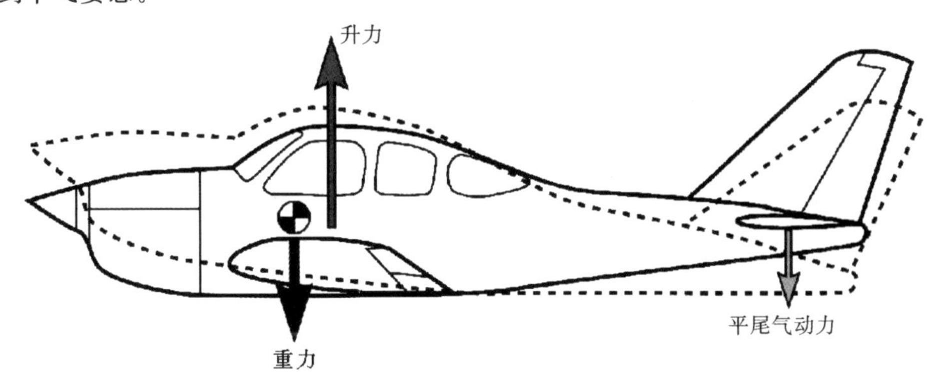

图 6.1　飞机纵向平衡

如果重心向后移动，离压力中心太近，飞机纵向稳定性将变差，并且难以从失速状态中改出。重心一旦移到压力中心之后，则飞机不具备纵向稳定性，无法飞行。

如果重心太靠前，飞机的稳定性太强，会导致操纵性变差。同时，飞机尾翼将要产生过大的方向下气动力，则飞行阻力增大、飞行效率下降，最终导致油耗上升。情况严重时，头重尾轻的飞机在起飞和降落阶段难以将机头拉起，容易发生飞行事故。

6.1.4　飞机重心位置的表示

飞机重心位置一般有两种表示方法。一种是以基准面(Datum)为参考，给出重心相对于基准面的距离，如图 6.2 所示的 L_{CG}。所谓基准面，相当于一维坐标原点，可以任意选定，一般选在机头前方某处。飞机制造厂会定义基准面的位置，并明确表示在飞机的技术规范中。另一种方法是给出重心在翼弦上的相对位置。压力中心的位置也用这种方法表示。这种表示法的好处在于，通过重心或压力中心的位置参数，能直接反映出飞机的空气动力特性。

由于现代飞机机翼不是简单的矩形机翼，而是常见的后掠机翼，因此从翼根至翼尖之间，每一处翼弦的长度是不相同的(见图 6.2)。这时，可以假想一个矩形机翼，其面积、空气动力特性和俯仰力矩等都与原机翼相同。该矩形机翼的翼弦与原机翼某处的翼弦长度相等，则原机翼的这条翼弦称为平均空气动力弦，用 MAC(Mean Aerodynamic Chord)表示。每种机型的平均空气动力弦的长度和所在位置都是固定的，都已在飞机的技术说明书中写明。有了平均空气动力弦，可以把飞机的重心投影到平均空气动力弦上，然后以投影点到平均空气动力弦前缘之间的距离占平均空气动力弦长度的百分比(%MAC)来表示重心的位置。

如图 6.2 所示，重心的相对位置%MAC 可以表示为

$$\%MAC=\frac{X_T}{b_A}\times 100\% \tag{6.1}$$

%MAC 数值越小，说明重心越靠前。注意，重心和压力中心的相对位置对飞机空气动

力学特性有重要影响。如前面分析，飞机重心是在压力中心稍前一些的位置，大部分飞机的%MAC 约为 10%～30%。

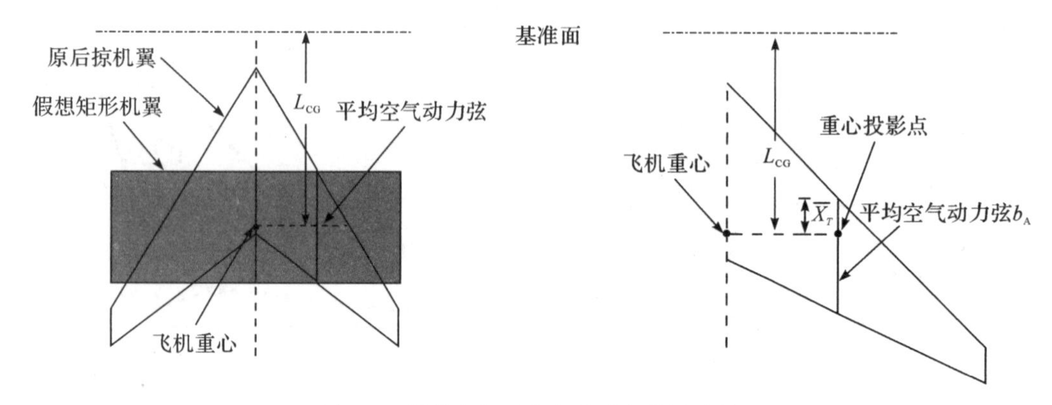

图 6.2　平均空气动力弦及重心位置表示

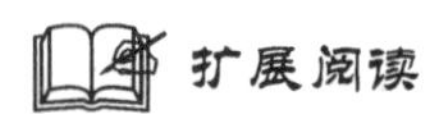

无法起飞的飞机

中国南方某个城市的机场上一架客机准备起飞，然而机组人员却发现飞机载重不平衡，需要重新安排乘客和货物的位置。在乘客的配合下，机组人员重新安排了每个人的座位，移动了一些货物，最终成功地完成了载重平衡的任务。

然而，飞机滑出跑道后，机组人员发现这次平衡还是失败的。飞机的前部过重，导致机头过高，无法顺利起飞。机组人员迅速决定将一些乘客转移到后部座位，并移动了一些货物，最终成功地实现了载重平衡，并顺利起飞。

这个故事告诉我们，飞机载重平衡是非常重要的一项任务，需要认真对待。如果载重不平衡，那么飞机的安全将受到威胁，甚至可能导致飞机事故。因此，每一名机组人员都必须认真负责地执行各自的任务，并根据不同的情况采取相应的措施来保证载重平衡。

6.2　飞机称重的程序和重心的确定方法

6.2.1　飞机称重的基本原理

飞机称重是为了获得飞机重量平衡的两个基本参数：空机重量和重心位置。运行控制部门和货运部门在飞机运行时的配重计算正是以这两个参数为基础的。

为了方便确定飞机结构和设备的位置，飞机制造厂会确定一个基准面，并明确表示在飞机的技术规范中。基准面相当于一维坐标原点，可以任意选定，一般选在机头前方某处。在飞机重量平衡的计算中，也是以基准面为参考，确定力矩计算中的力臂。

图 6.3 为称重状态的飞机，很明显，飞机处于平衡状态，根据力平衡和力矩平衡原理，有以下两个方程：

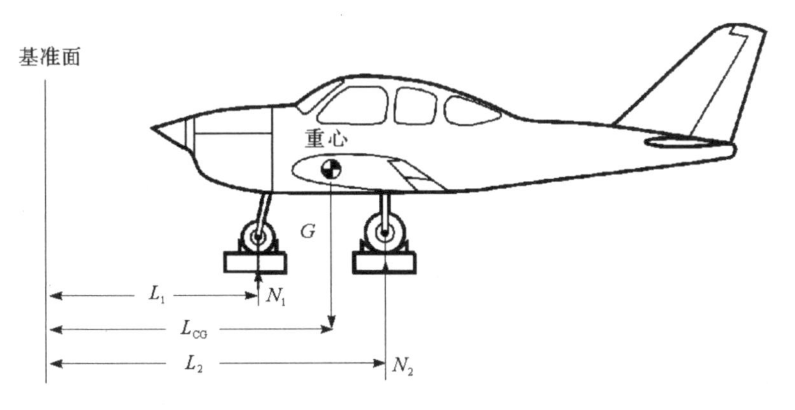

图6.3　重量和重心的计算

$$\sum N_i - G = 0 \tag{6.2}$$

$$\sum (N_i \times L_i) - G \times L_{CG} = 0 \tag{6.3}$$

式中　G——飞机重力；

N_i——某个称重点对机轮的支持力；

L_i——某个支持力到基准面的力臂；

L_{CG}——重心到基准面的力臂。

经简单换算，就可以计算出飞机重量平衡的两个基本参数。

(1)飞机重量，为所有称重点重量之和。计算式为

$$W_{\text{Total}} = \sum W_i \tag{6.4}$$

(2)重心到基准面的距离(力臂)，为所有称重点重量乘对应力臂之和除以飞机重量。计算式为

$$L_{CG} = \frac{\sum (W_i \times L_i)}{W_{\text{Total}}} \tag{6.5}$$

式中　W_{Total}——飞机重量；

W_i——某个称重点的重量。

注意：称重点重量取净重，即从称重设备的读数中减去轮挡等固定装置的重量。

如果需要计算重心的%MAC，可以参考式(6.1)和图6.2。

6.2.2　飞机称重程序

1. 称重前飞机的准备

(1)使飞机处于水平姿态。

(2)清洗飞机。因为一架飞机很大，很可能在飞机内部积有很多灰尘而使重量不准确。当一架飞机准备称重时，应该对它进行清洗，所有的灰尘、杂质都应该从其表面和内部清除出去。

(3)检查飞机设备清单，以确保所有需要的设备确实安装好，拆下不包括在飞机设备清

单内的所有项目。

(4)对燃油系统放油,直到油量指示为零,即排空。只有残存的流不出来的燃油(残余燃油),即在正常飞行状态下不能供给发动机的那部分燃油,才被视为飞机空重的一部分。

(5)装满液压油箱及滑油箱,液压油和滑油属于空重的一部分。

(6)饮用水箱、污水箱以及厕所便桶应当排空。

(7)当对一架飞机称重时,像扰流板、前缘缝翼、襟翼和直升机旋翼系统的位置是一个重要的因素。这些项目的规定位置,应查阅制造厂的技术文档。查看飞机,注意所有包括在核准空重中的设施都应安装在正确位置。去掉那些在正规飞行中并不携带的东西。还要检查一下行李舱,以确认其中是空的。

(8)将所有的检查盖板、滑油和燃油箱盖、舱门、应急出口以及其他曾经拿掉过的部件放在原处。所有的门舱和滑动座舱盖都应该在正常飞行位置。

2. 称重设备的准备

一般有两种飞机称重的方法:地磅称重和顶升称重。

使用地磅称重时,需要将飞机机轮牵置于地磅之上。地磅有机械式和电子式,大型飞机称重一般采用电子式地磅平台,如图 6.4 所示,地磅平台设计有斜板,以方便牵引飞机到磅秤上。地磅平台具有使用方便、安全、可靠等优点。

使用顶升称重时,需要在千斤顶和飞机之间放入载荷传感器,如图 6.5 所示。载荷传感器为电子式压力传感器,可以测量重量,称重数据通过导线传输到面板上显示。载荷传感器价格相对便宜,且配合千斤顶能方便调节飞机水平姿态,但缺点是操作复杂,且安全风险相对较高。

(a)

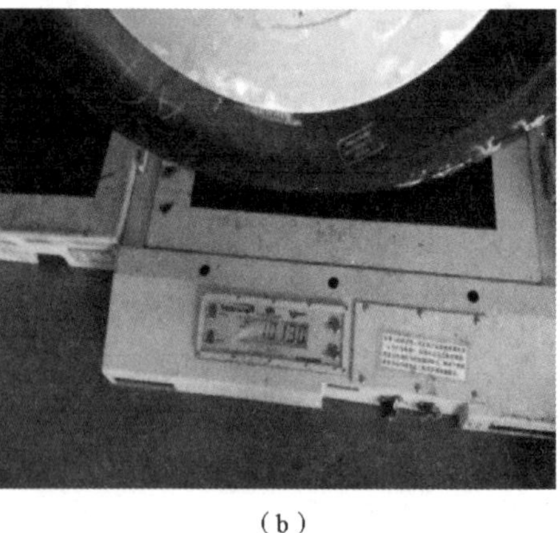

(b)

图 6.4 地磅平台称重

(a)飞机通过斜板牵引至地磅平台;(b)地磅读数

称重前要准备下列设备。

(1)地磅或载荷传感器、吊挂设备、千斤顶和水平顶置设备。地磅或载荷传感器用于测量重量,吊挂及千斤顶用于吊起或顶起(支撑)飞机,水平顶置设备用于使飞机处于水平。

(2)轮挡和沙袋,用于使飞机在磅秤上稳定停放。

(3)标尺、气泡水准仪、铅锤、白粉线和一个测量卷尺。用于测量水平及称重点到基准面的距离。

(4)适用的飞机技术规范和重量与平衡计算表格。

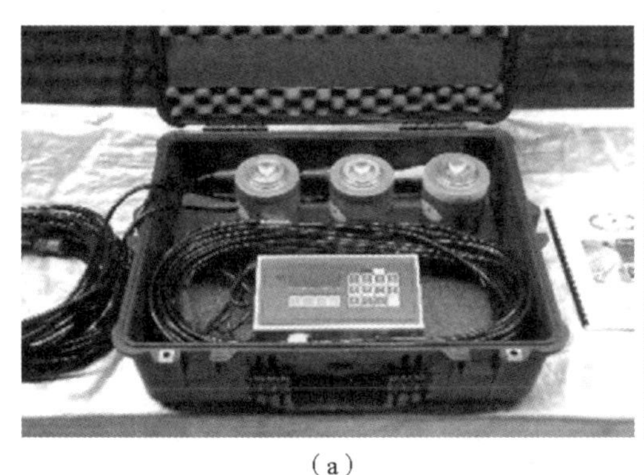

(a)

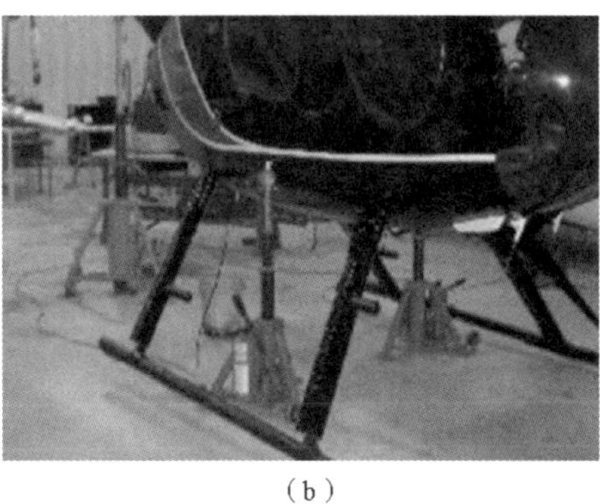

(b)

图6.5　顶升称重

(a)载荷传感器；(b)直升机使用顶升称重

3.称重和测量

对于大型飞机，称重常用的方法是地磅称重法，采用杆式牵引车移动飞机到地磅平台上。应在机库内进行飞机称重，以避免风影响磅秤读数的准确性。飞机称重的基本操作程序如下(仅供参考，详见厂商手册)。

(1)安装好滑行板、挡块和磅秤。

(2)用牵引车将飞机移动到磅秤上，检查磅秤的指示是否正常。

(3)如果磅秤工作正常，将飞机牵引至垫板上。

(4)将磅秤调零。

(5)再次将飞机牵引至磅秤上。

(6)飞机停稳后，设置停留刹车。注意：飞机在磅秤上运动时，不能使用刹车，否则会导致磅秤损坏，产生侧向载荷，导致读数异常。

(7)脱开牵引车连接。

(8)检查飞机水平状态。

(9)记录每一个磅秤的读数。

(10)牵引飞机到垫板上，进行第二次称重，记录飞机重量。比较两次称重的偏差，如果在允许范围内，则最终记录第一次重量。

(11)如果出现偏差，则进行第三次称重。

(12)数据整理完毕后，工程师将对称重的数据进行计算。

4.重量和重心位置的计算

根据以上称重数据，由式(6.4)可以计算出飞机的重量。应用式(6.5)计算重心位置，需要确定称重点到基准面的距离，即对应减震支柱到基准面的距离。这些距离可以通过实际测量得到，也通过减震支柱的站位(Station)数据得到。

图6.6为某机型的称重参数。则由式(6.4)，得到飞机重量为

$$W_{Total}=W_{Nose}+W_{Left}+W_{Righ}=1\ 032+17\ 164+17\ 164=35\ 630\ \text{kg}$$

由式(6.5),得到重心到基准面的距离为

$$L_{CG}=\frac{\sum(W_i\times L_i)}{W_{Total}}=\frac{1\ 302\times 200+1\ 103\times 17\ 164\times 2}{35\ 630}=1\ 070\ \text{in}$$

由式(6.1),得到重心的%MAC 为

$$\%MAC=\frac{X_T}{b_A}\times 100\%=\frac{1\ 070-1\ 022}{1\ 198-1\ 022}\times 100\%=27.3\%$$

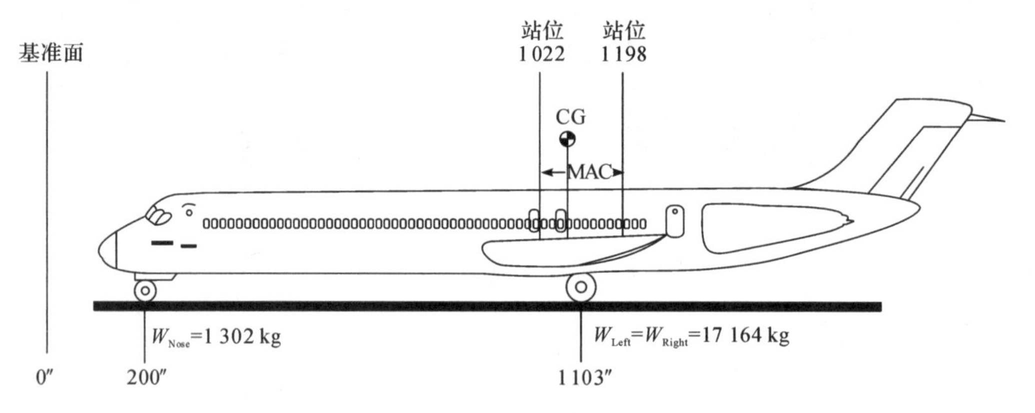

图 6.6　飞机称重参数

扩展阅读

重心有误导致机毁人亡

1987 年,一架美国西北航空公司的货运飞机在底特律机场起飞后不久坠毁,造成两名机组人员死亡。据调查发现,事故原因是飞机的重心偏前,导致飞机无法顺利起飞并失控坠毁。

事后调查还发现,这架飞机的货物称重出现了误差。机场地勤人员使用了一种错误的称重方法,导致货物的质量被低估了。而且,货物的分布也没有按照正确的方式进行。

这个事故表明了飞机称重的重要性,飞机称重的不准确会导致载重平衡失衡,使飞机无法保持稳定的飞行,甚至可能导致飞机失事。因此,对于每一次航班,机组人员和地勤人员都必须认真地进行称重,并根据正确的方法和程序进行操作,以确保飞机的载重平衡。

6.3　飞机装载后重量与平衡的控制

6.3.1　飞机装载后重量和重心的计算

飞机的空机重量(EW)确定后,加上附加设备重量、机组及其随身携带物品重量、服务设备及供应品重量、其他如飞机的备件等应计算的重量,得到飞机的基本运行重量(BOW)。

当飞机装载旅客、货物、燃油等后，加上对应项目的重量，得到飞机的装载后的重量。必须对装载后飞机的重量和重心的位置进行计算，以保证这两个参数均在允许的范围之内。

在装载计划表（见表 6.1）中，会列出各相关项目（Item）的重量（Weight）及其力矩（Moment，通常缩小 1 000 倍），一般包括飞机的基本运行重量、旅客、货物、燃油等基本项目。其中，旅客、货物和燃油等项目的重量由相关部门提供，其力矩则由相应的表格查出，见表6.2～表 6.4。

表 6.1　装载计划表

项目（Item）	重量（Weight）/lb①	力矩（Moment）1000/（lb・in）②
基本运行重量（BOW）	105 500	92 837
前客舱（PAX forward）18 座	3 060	1 781
后客舱（PAX aft）95 座	16 150	16 602
前货舱（Fwd cargo）	1 500	1 020
后货舱（Aft cargo）	2 500	2 915
1 号燃油箱（Fuel tank 1）	10 500	10 451
2 号燃油箱（Fuel tank 2）	10 500	10 451
3 号燃油箱（Fuel tank 3）	28 000	25 589
	177 710	161 646

假设飞机的平均空气动力弦（MAC）及其前缘（LEMAC）的站位参数如下。

$$\text{MAC}=180.9\ \text{in},\quad \text{LEMAC}=860.5$$

则飞机装载后，重心到基准面的距离为

$$L_{\text{CG}}=\frac{M_{\text{Total}}}{W_{\text{Total}}}=\frac{161\ 646\times 1\ 000}{177\ 710}=909.6\ \text{in}$$

重心的%MAC 为

$$\%\text{MAC}=\frac{909.6-860.5}{180.9}\times 100\%=27.1\%$$

至此，飞机装载后的重量与重心位置都已确定。

某些大型飞机装有机载称重系统，当飞机在地面时，可以给机组提供飞机总重和重心位置（%MAC）的指示。此系统由装在每个起落架的压力传感器、称重与平衡计算机、重量指示器、重心指示器和地面姿态指示器等组成。压力传感器将每个起落架的压力数据传至计算机，再结合姿态传感器的数据，就可以计算出飞机重量和重心的位置，并在对应的是指示器给予指示。

① 1 lb=0.454 kg；

② 1 lb・in=27 679.9 kg・m。

表 6.2 旅客载重表

旅客载重表(PASSENGER LOADING TABLE)		
旅客人数	重量(Weight)/lb	力矩(Moment)/1 000 (lb·in)
前客舱质心—582.0		
5	850	495
10	1 700	989
15	2 550	1 484
20	3 400	1 979
25	4 250	2 473
29	4 930	2 869
后客舱质心—1 028.0		
10	1 700	1 748
20	3 400	3 495
30	5 100	5 243
40	6 800	6 990
50	8 500	8 738
60	10 200	10 486
70	11 900	12 233
80	13 600	13 980
90	15 300	15 728
100	17 000	17 476
110	18 700	19 223
120	20 400	20 971
133	22 610	28 243

表 6.3 货物载重表

货舱载重表(CARGO LOADING TABLE)		
力矩(Moment)/1 000 (lb·in)		
重量(Weight)/lb	前货舱力臂/in	后货舱力臂/in
5 000	3 400	5 830
4 000	2 720	4 664

续表

3 000	2 040	3 498
2 000	1 360	2 332
1 000	680	1 166
900	612	1 049
800	544	933
700	476	816
600	408	700
500	340	583
400	272	466
300	204	350
200	136	233
100	68	117

表 6.4　燃油载重表

1,3号燃油箱			2号燃油箱					
重量 lb	力臂 in	力矩 ×1 000 lb·in	重量 lb	力臂 in	力矩 ×1 000 lb·in	重量 lb	力臂 in	力矩 ×1 000 lb·in
8 500	992.1	8 433	8 500	917.5	7 799	22 500	914.5	20 576
9 000	993.0	8 937	9 000	917.2	8 255	23 000	914.5	21 034
9 500	993.9	9 442	9 500	917.0	8 711	23 500	914.4	21 488
10 000	994.7	9 947	10 000	916.8	9 168	24 000	914.3	21 943
10 500	995.4	10 451	10 500	916.6	9 624	24 500	914.3	22 400
11 000	996.1	10 957	11 000	916.5	10 082	25 000	914.2	22 855
11 500	996.8	11 463	11 500	916.3	10 537	25 500	914.2	23 312
12 000	997.5	11 970	12 000	916.1	10 933	26 000	914.1	23 767
燃油容量			（见右下方说明）			26 500	914.1	24 244
						27 000	914.0	24.678
			18 500	915.1	16 929	27 500	913.9	25 132
			19 000	915.0	17 385	28 000	913.9	25 589
			19 500	914.9	17 841	28 500	913.8	26 043
**说明： 2号燃油箱从12 000 lb 至18 600 lb的计算省略			20 000	914.9	18 298	29 000	913.7	26 497
			20 500	914.8	18 753	29 500	913.7	26 954
			21 000	914.7	19 209	30 000	913.6	27 408
			21 500	914.6	19 664			
			22 000	914.6	20 121	燃油容量		

6.3.2 起飞前的纵向配平

在飞机重量和重心满足运行要求的前提下，为了保持飞机在起飞过程中良好的操纵性，机组需要在起飞前，根据飞机当前的重心位置设定水平安定面的配平量。不同机型的安定面配平量的标定方法各不相同。图 6.7 为波音 737 飞机安定面配平指示，飞机起飞前，机组需要根据重心的%MAC 数据，在飞行手册中查询安定面配平设定图表（见图 6.8），得到准确的配平量，并予以配平（必须位于绿色 TAKE - OFF 区域）。例如，当%MAC 为 22%时，对应的配平量为 5 个单位。波音 737 飞机配平单位采用飞机抬头单位 ANU（Airplane Nose UP）。

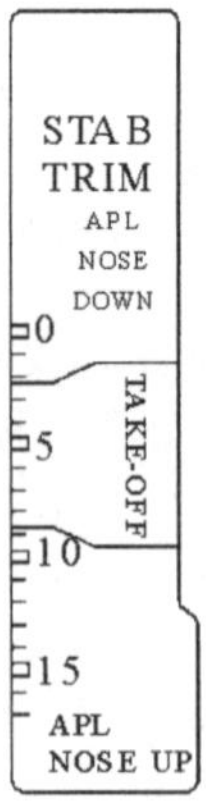

图 6.7　波音 737 飞机安定面配平指示

Stabilizer Trim Setting—Units Airplane Nose Up	
重心(CG)	襟翼(全部)(Flaps (All))
6	8
8	$7\frac{3}{4}$
10	$7\frac{1}{2}$
12	7
14	$6\frac{3}{4}$
16	$6\frac{1}{4}$
18	$5\frac{3}{4}$
20	$5\frac{1}{2}$
22	5
24	$4\frac{1}{2}$
26	4
28	$3\frac{1}{2}$
30	3
32	$2\frac{1}{2}$

图 6.8　波音 737 飞机重心位置与配平量对照图表

6.3.3 飞行中的平衡控制

飞机的平衡有三种，即纵向平衡（俯仰平衡）、横向平衡和航向平衡。当飞机同时处于这三种平衡，才说明飞机处于平衡状态。

（1）纵向平衡。它是指作用于飞机上的上仰力矩和下俯力矩彼此相等，使飞机既不上仰，也不下俯。

影响飞机纵向平衡的因素主要有旅客的座位安排方式和货物的装载位置及滚动情况、机上人员的走动、燃料的消耗、不稳定气流、起落架或副翼的伸展和收缩等。因此，航空公司配载人员在安排旅客的座位时，除去按照舱位等级来安排之外，在对重心影响较小的飞机座位区域尽量多安排旅客，并且在飞机起降时请旅客不要在客舱内走动，以免影响飞机的俯仰平衡；在安排货物时，对重心影响程度小的货舱尽量多装货物，对于散装货物来说，要用网、绳固定牢靠，防止货物在货舱内滚动，影响俯仰平衡及造成货物损坏。

由于现代大型飞机的纵向尺寸大，且不对称，重心纵向位移大，因此飞机纵向的平衡控制比其他两个方向的平衡控制更具有挑战性。当飞行中出现纵向不平衡时，驾驶员或者自动飞行系统通过偏转安定面而产生额外的力矩，使得飞机重新获得平衡。例如，当飞机机头下俯时，则安定面后缘上偏，产生更大的向下的空气动力，即可使飞机抬头力矩增大，使得飞机回到纵向平衡状态。注意，大型飞机的升降舵一般用于纵向操纵(短时间)，不用于纵向配平(长时间)。

(2)横向平衡。它是指作用于飞机机身两侧的滚转力矩彼此相等，使飞机既不向左滚转，也不向右滚转。

影响飞机横向平衡的因素主要有燃油的加装和利用方式、货物装载情况和滚动情况、气流的作用等。因此，加油和耗油时都要保持左右机翼等量。尤其对于宽体飞机，装载货物时要保证机身两侧的载量相差不大，同时固定稳固，避免货物在飞机失去横向平衡时向一侧滚动而加重不平衡的程度。

当由于某种原因使飞机失去横向平衡时，可以通过改变某侧机翼的副翼角度而使飞机恢复横向平衡。例如，当飞机向左侧滚转时，则增大左侧副翼放下角度使左侧升力增大，即可使向右滚转的力矩增大，使飞机重新回到横向平衡状态。

(3)航向平衡。它是指作用于飞机两侧的力形成的使飞机向左和向右偏转的力矩彼此相等，使飞机既不向左偏转，也不向右偏转。

影响航向平衡的因素主要有发动机推力和横向风，例如，飞机在飞行时一台发动机熄火，则飞机必然向该发动机所在一侧偏转。又如，飞机在飞行时，遇到一股横向风，则飞机出现偏转。

当由于某种情况使飞机失去航向平衡时，可以通过改变方向舵角度，使飞机向相反航向偏转，即可使飞机恢复航向平衡。例如，飞机向右侧偏转时，则使方向舵向左偏一定角度，产生机头向左偏转的力矩，使飞机回到原方向。

扩展阅读

重量与平衡控制不当，导致飞机坠毁

1979 年，美国联合航空公司的一架 DC－10 客机从纽约肯尼迪国际机场起飞后不久，飞机左侧发动机发生了爆炸，导致了机身的严重受损，而且还造成了多人死亡。

经过调查，发现这个事故是由于飞机装载后质量与平衡控制不当导致的。在这次飞行前，机场地勤人员使用了错误的方法计算了飞机的载重平衡，导致飞机重心偏后。而且，在进行飞机装载时，乘客和货物也没有按照正确的方式分布在飞机的前、中、后部，进一步导致

了飞机载重不平衡。

这个事故的发生，使得美国联合航空公司彻底改革了他们的飞行安全管理制度，特别是对于飞机载重平衡的管理和控制方面进行了加强和改进。同时，全球的航空业也加强了对于飞机载重平衡的管理和控制，以确保每一次飞行的安全性。

习　题　6

一、选择题

1. 以下哪些人员有责任知道飞机载重与平衡的重要性？(　　)

A. 飞机设计师　B. 运营人　C. 飞行员　D. 维护人员

2. 飞机载重与平衡需要确定的两个基本参数是(　　)。

A. 飞机重量　B. 重心的位置　C. 最大起飞重量　D. 起飞配平量

3. 引起飞机载重与平衡参数变化的原因可能是(　　)。

A. 污染物　B. 结构修理　C. 设备安装　D. 飞行速度

4. 飞机载重与平衡不合理时，主要影响飞机的(　　)。

A. 飞行安全　B. 飞行性能

5. 飞机的平衡要满足(　　)。

A. 力平衡　B. 力矩平衡

6. 飞机重心要位于压力中心(　　)。

A. 之前　B. 之后　C. 之上　D. 之下

7. %MAC 越大，说明飞机重心(　　)。

A. 靠前　B. 靠后　C. 靠上　D. 靠下

8. 飞机称重前，需要做好以下准备：(　　)。

A. 清洗飞机　B. 排空液压油　C. 排空可用燃油　D. 排空饮用水箱

9. 使用磅秤称重时，需要(　　)。

A. 顶升飞机　B. 保持飞机水平　C. 无风环境　D. 相关技术表格

10. 磅秤在使用前，需要(　　)。

A. 校准　B. 调零

11. 大型飞机起飞前的纵向配平的操纵面是(　　)。

A. 升降舵　B. 方向舵　C. 副翼　D. 水平安定面

12. 飞机的平衡包括(　　)。

A. 纵向平衡　B. 横向平衡　C. 航向平衡

13. 飞机左右油箱燃油消耗速度不一致，主要会影响(　　)。

A. 纵向平衡　B. 横向平衡　C. 航向平衡

14. 飞机横向配平的操纵面是(　　)。

A. 升降舵　B. 方向舵　C. 副翼　D. 水平安定面

15. 计算飞机重心到基准面的距离，需要知道哪些数据？(　　)

A. 飞机总重量　B. 总力矩　C. 飞机长度　D. MAC 长度

二、计算题

1. 某飞机平均空气动力弦相关参数如图 6.9 所示，试计算重心的%MAC。

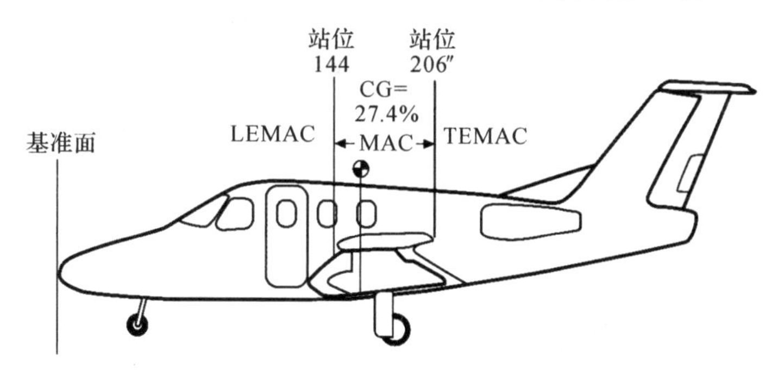

图 6.9　某飞机平均空气动力弦相关参数

2. 某飞机装载情况如下。

装载后重量：90 000 lb；

装载后重心：22.5% MAC；

重量变化：2 500 lb；

前货舱质点：站位 352.1；

MAC：141.5 in；

LEMAC：站位 549.13。

现在有 2 500 lb 的货物从前货舱(Forward cargo hold)卸下，试求此时飞机重量和重心位置。

第7章 腐蚀与防腐

📖知识及技能

✍ 理解金属腐蚀的原理及类型。

✍ 掌握腐蚀对航空器结构的影响。

✍ 了解防腐的主要措施。

7.1 金属腐蚀的原理及类型

7.1.1 金属腐蚀的基本原理

金属腐蚀的具体形式多种多样,但根据腐蚀发生的原理不同,概括起来有两种类型:化学腐蚀和电化学腐蚀。在这两种类型的腐蚀中,金属被转化为金属化合物,如氧化物、氢氧化物或硫酸盐。腐蚀过程总是同时发生两个变化:被侵蚀或氧化的金属发生所谓的阳极变化;腐蚀介质(电解质)减少,可以认为是发生阴极变化。

因此,腐蚀是金属和周围环境起化学或电化学反应导致的一种破坏性侵蚀。它是一种化学过程,而且大多都是电化学过程,伴随着氧化还原反应的发生。电化学腐蚀过程中,有阴阳极和电流的产生,称为腐蚀电池。腐蚀电池的阳极反应是金属的氧化反应,结果造成金属材料的破坏;产生的电流不对外做功,而全部消耗在内部,转化成热。

腐蚀的起因

1. 化学腐蚀

化学腐蚀是指裸露的金属表面直接暴露于腐蚀性液体或气体介质引起的一种侵蚀。与电化学腐蚀的阳极和阴极发生在一定间隔的两个点上不同,化学腐蚀的阳极和阴极是同时发生在同一点上的。对飞机造成化学腐蚀的最常见介质:①从电瓶中溢出的电池酸液或气体;②焊接后没有清理干净的助焊剂沉积;③残留的腐蚀性清洗溶液。

腐蚀产物形态特征

图7.1为电瓶舱发生的化学腐蚀。目前,随着密封的铅酸电瓶和镍镉电瓶的广泛使用,发生电池酸液溢出的问题越来越少。

钎焊、铜焊和焊接中使用的许多助焊剂都是有腐蚀性的,它们会对所焊接的金属或合金产生化学腐蚀。因此,在焊接操作后立即清除金属表面的残余助焊剂是非常重要的。助焊剂具有吸湿特性,也就是说,它们吸收水分,如果不彻底清除干净,会引起严重的点蚀。

图 7.1　电瓶舱化学腐蚀

腐蚀性清洁剂溶液应存放在密封容器内，并尽量远离飞机。一些用于去除腐蚀的清洁剂，本身就是潜在的腐蚀剂。因此，应特别注意腐蚀性清洁溶液在飞机使用后要完全清除干净。在不易清洗的区域，应该使用非腐蚀性的清洁剂，即使效果差一些的。

2. 电化学腐蚀

电化学腐蚀的行为特性可以看作是电镀、阳极氧化或干电池中发生的电解反应。在这种腐蚀行为中，需要一种介质，通常是水，它能传导微小电流。当金属与腐蚀介质接触，并通过液态或气态的通道连通时，电子就可以流动，金属的腐蚀就开始(见图 7.2)。在腐蚀过程中，腐蚀介质的数量逐渐减少，如果得不到补充，可以与金属完全反应，使之中和。同一金属表面的不同区域具有不同的电位水平，如果由导体(如盐水)连接，就会形成一系列腐蚀微电池，腐蚀开始。

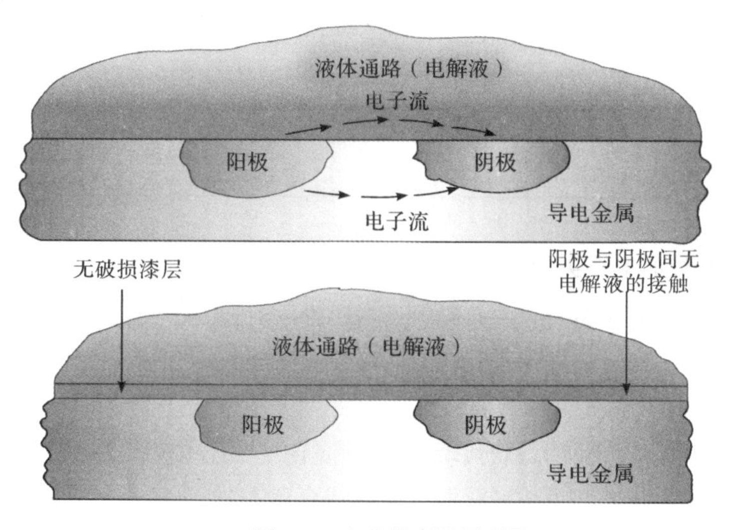

图 7.2　电化学腐蚀原理图

电化学腐蚀形成要满足以下三个条件:①不同金属或金属不同部位形成阴阳极;②存在电解质溶液;③阴阳极之间有电子通路。

所有金属和合金都具有电化学活性的,在特定的化学环境中具有特定的电位。这种不同金属的电位高低可以通过金属电化排序表查询,见表7.1。注意,电化学腐蚀中,将电位较低的金属规定为阳极,电位较高的为阴极。电位越低的金属,就越容易遭到腐蚀。飞机结构金属的选用,往往是一种综合考虑强度、重量、耐腐蚀性、易加工性和成本的折衷方案。

合金中的成分也有各自不同的电位。合金表面暴露在导电性、腐蚀性介质中,活性金属变成阳极,而活性较低的金属变成阴极,从而满足了发生腐蚀的条件。这种情况形成的腐蚀电池称为微观腐蚀电池。当腐蚀的条件具备时,两种金属之间的电位差越大,腐蚀的严重程度就越大。

电化学腐蚀发生的条件是导电流体和金属之间存在电位差。飞机结构和部件中绝大部分的腐蚀形态都是电化学腐蚀导致的。通过定期的清洗和表面修补,可以清除电解质溶液和隔断微电流通路,则腐蚀就不会发生,这是有效控制腐蚀的基础。

表7.1　部分金属电化排序表

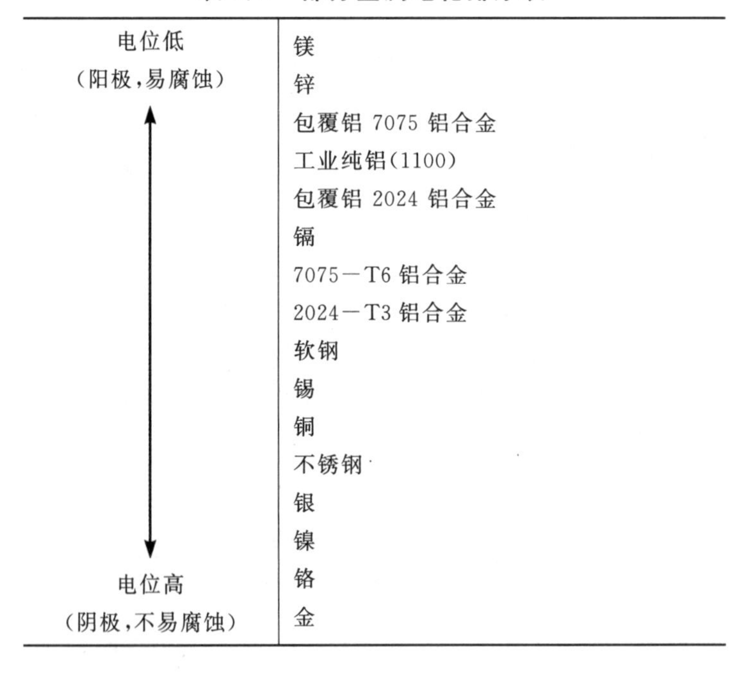

电位低 (阳极,易腐蚀)	镁
	锌
↑	包覆铝 7075 铝合金
	工业纯铝(1100)
	包覆铝 2024 铝合金
	镉
	7075－T6 铝合金
	2024－T3 铝合金
	软钢
	锡
	铜
	不锈钢
	银
↓	镍
电位高	铬
(阴极,不易腐蚀)	金

7.1.2　金属腐蚀的主要类型

金属腐蚀的形式多种多样,取决于所涉及的金属及其大小和形状、具体功能、大气环境以及腐蚀介质。本节主要介绍飞机结构中较常见的腐蚀类型。

1. 点腐蚀(Pitting Corrosion)

点腐蚀是指金属表面形成的点状或坑状腐蚀(见图7.3)。结构修理中常将点腐蚀称为“麻坑”。点腐蚀多发生在表面生成钝化膜的金属或合金上,如不锈钢、铝及铝合金等。金属或合金表面某区域的钝化膜受到破坏,未受破坏的钝化膜和受到破坏已裸露出来的基体金属形成两个电极，如果周围环境有电解液存在，就形成了腐蚀电池。钝化表面为阴极，而且面积比钝化膜遭到破坏的阳极区域大得多，腐蚀就会发生并向深处发展，形成点腐蚀。

点腐蚀常伴有粉末状腐蚀产物。有时腐蚀会在表面涂层下扩散，因此不能仅靠表面粗糙情况或粉末沉积物来判断腐蚀情况，而应该仔细检查，可能会发现油漆或表面涂层的表面鼓起很多小包。这些小包是表面底下由腐蚀产物积聚所产生的压力引起的。

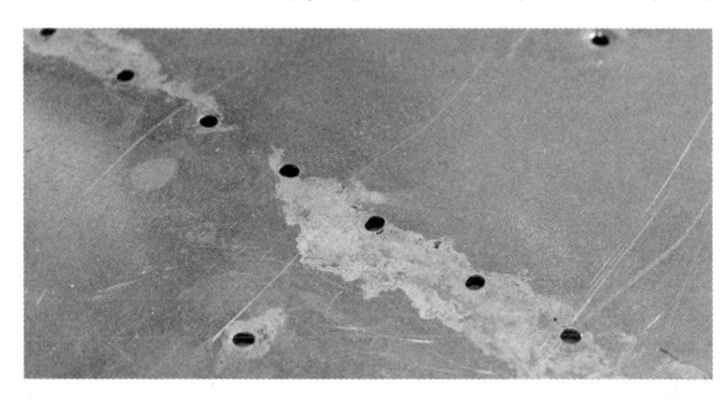

图 7.3　点腐蚀

2. 缝隙腐蚀(Crevice Corrosion)

金属与金属或金属与非金属之间，由于存在特定的狭小缝隙，限制了与腐蚀有关物质(如溶解氧等)的扩散，从而形成以缝隙为阳极的(氧)浓差电池，使缝隙内金属发生强烈的局部腐蚀。这种腐蚀称为缝隙腐蚀。

经验表明，缝隙腐蚀通常与在搭接处、垫片底面、螺帽底面、铆钉头周围的缝隙处存在有少量不易流动的积液有关。它通常发生在缝隙内，不易发现。持续的腐蚀可使金属表面产生蚀坑、蚀孔或使表面变粗糙。缝隙腐蚀是铝合金构件中最常见的一种腐蚀形式。对于胶接铝合金结构，如果产生脱胶损伤，形成缝隙，就必然产生缝隙腐蚀。图 7.4 为机身底部蒙皮内表面发生的缝隙腐蚀。

图 7.4　缝隙腐蚀

由于缝隙腐蚀发生在缝内，在腐蚀初期很难检测出来。缝隙腐蚀的前期以微电池的电化腐蚀为主导，呈均匀腐蚀型，而到后期形成宏电池腐蚀。缝内介质流动不畅和腐蚀产物的水解催化作用成了加快腐蚀速度的主要因素。大气中，特别是海洋大气中含有氯化钠，它们会沉降在航空器结构上,对航空器结构形成缝隙腐蚀环境。另外,厨房和厕所中渗漏的溶液中也含有氯化物,对航空器结构形成缝隙腐蚀环境。控制或减缓缝隙腐蚀的有效方法是使用防腐剂,排除水分,并阻止水分再进入缝隙中。

3. 丝状腐蚀(Filiform Corrosion)

丝状腐蚀是一种特殊形式的缝隙腐蚀,多数情况发生在保护膜下面,又称膜下腐蚀或漆膜下腐蚀(见图 7.5)。这种情况通常是由于油漆前表面化学处理不当引起的。

丝状腐蚀在某些金属保护层下向难以预知的方向扩展,腐蚀产物将漆膜拱起,呈现线丝状。这种腐蚀经常发生在紧固件的头部或蒙皮的边缘处。影响丝状腐蚀的最主要因素是大气的相对湿度。当相对湿度高于 65%时,才产生丝状腐蚀;相对湿度高于 90%,腐蚀主要表现为漆膜鼓泡。随着湿度的增加,丝状腐蚀线条变宽。丝状腐蚀是一种轻微的表面腐蚀,但如果不及时维修,腐蚀会加重,甚至会在紧固件孔周围发展成晶间腐蚀。

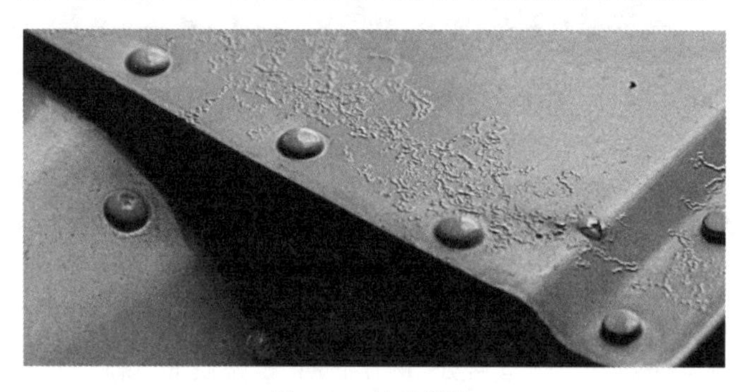

图 7.5 丝状腐蚀

4. 电偶腐蚀(Dissimilar Metal Corrosion)

两种或两种以上的具有不同电位的金属相接触时产生的腐蚀称为电偶腐蚀,也称为非相似金属腐蚀(见图 7.6)。无论表面腐蚀是否发生,在绝缘遭到破坏的不同金属之间的接触部位,电偶腐蚀都会发生。电偶腐蚀是非相似金属间的腐蚀。这种电化学腐蚀造成的损伤很可能是非常严重的,因为在许多情况下,这种腐蚀行为是在视线之外发生的。在结构失效之前检测到腐蚀的唯一方法是分解和检查。

使用机械方法清除金属表面污染物时,可能会诱发电偶腐蚀。例如,使用钢丝棉或钢丝刷清除铝合金或镁合金腐蚀产物时,钢材的微粒会留在金属中,这将进一步侵蚀和破坏邻近的金属表面。在使用非纺织研磨擦垫时,要特别留意,擦垫在一种金属中用过后,不能再用于另外一种金属。

电偶腐蚀

在结构设计中,应尽量避免不同金属相互接触,特别是避免形成小阳极大阴极面积比的组合。在异类材料连接处或接触面采取绝缘措施,采用适当的涂层进行保护。

5. 晶间腐蚀(Intergranular Corrosion)

沿着晶粒边界或晶粒之间发生的腐蚀称为晶间腐蚀(或晶界腐蚀)。这种腐蚀通常是由于合金结构的不均匀造成的。这是因为在材料制造过程中,容易发生因热处理不当而引起金属结构的不均匀。铝合金和一些不锈钢特别容易发生这种形式的电化学腐蚀。图 7.7 为与不锈钢紧固件接触的 7075－T6 铝合金件上出现的晶间腐蚀。

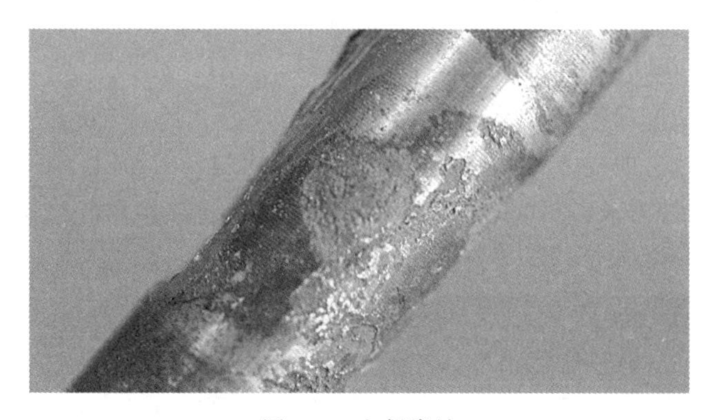

图 7.6　电偶腐蚀

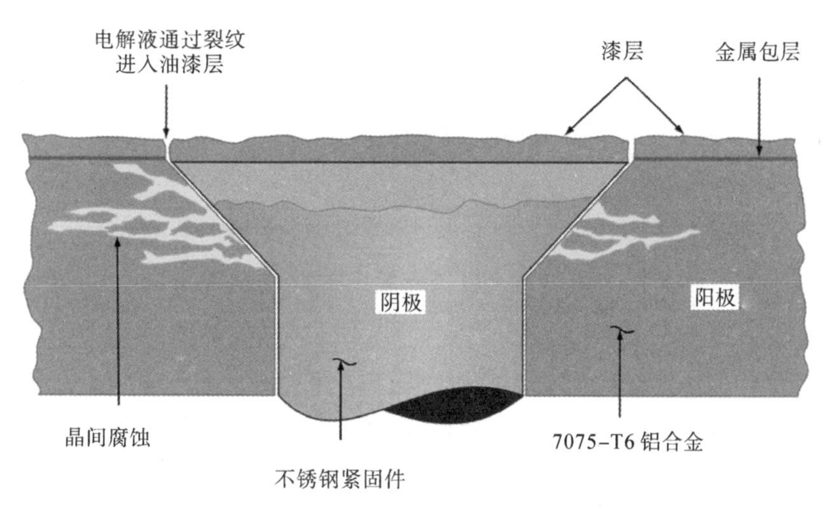

图 7.7　晶间腐蚀

晶间腐蚀可能没有明显的表面痕迹，但严重的晶间腐蚀可能会导致金属表面的片状脱落，如图 7.8 所示。这是由于表面之下的晶界腐蚀产物形成压力，使得金属表面鼓起或剥落。受挤压的部件(如梁)常遭受此类型的腐蚀。晶间腐蚀在初期是很难发现的，但可以使用超声波和涡流检测方法进行检测，目前已取得了巨大的成功。

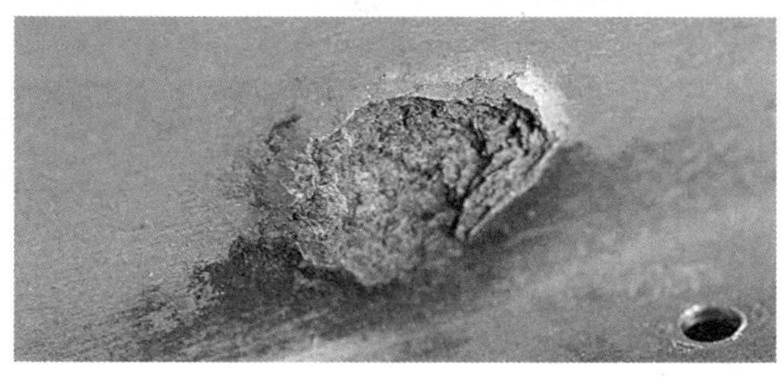

图 7.8　晶间腐蚀引起表层剥落

6. 应力腐蚀(Stress Corrosion)

应力腐蚀是持续的拉伸应力和腐蚀性环境共同作用的结果。大多数的金属结构中都存在应力腐蚀开裂,尤其好发于铝、铜、特定的不锈钢和高强度合金钢中。腐蚀裂纹可以沿着晶界或者穿过晶界。

应力腐蚀开裂速度很快,远远超过疲劳开裂以及其他腐蚀类型的扩展速度,使得结构损伤检测周期大大缩短。此外,结构表面应力腐蚀裂纹比较狭窄,开裂区域往往没有明显腐蚀迹象,加大了应力腐蚀的及时检测难度。因此,应力腐蚀开裂具有很大危害性。图 7.9 所示为某机型龙骨梁下缘条应力腐蚀开裂。

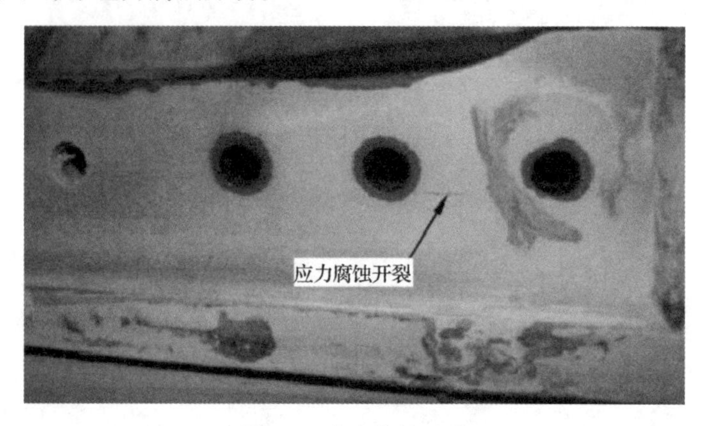

图 7.9　应力腐蚀开裂

7. 振动腐蚀(Fretting Corrosion)

振动腐蚀是一种特别具有破坏性的腐蚀形式,一般发生在两个相互配合的表面。在运动机构中,两个相对静止的表面,实际上会有轻微的相对振动,从而可能产生振动腐蚀。它的特点是金属表面产生麻点和大量碎屑。由于两个表面的约束,碎片不易掉出,就容易诱发局部的腐蚀(见图 7.10)。

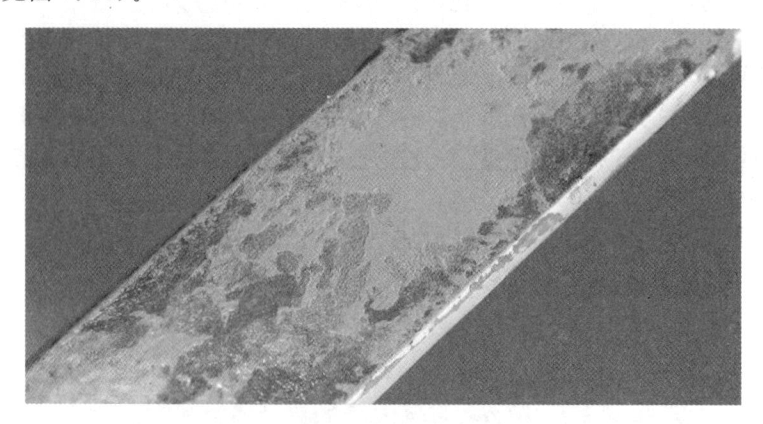

图 7.10　振动腐蚀

水蒸气的存在大大加速了这种类型的腐蚀。如果接触面积小而尖,表面可能出现类似布氏硬度标记的磨损。因此,这种类型的腐蚀(在轴承表面)也被称为假布氏硬度标记。

扩展阅读

中国古代的金属防腐技术

中国古代很早就开始使用铜制品，如青铜器、铜钱等，但是由于铜材料容易被腐蚀，随着时间的推移，这些铜制品往往会变得暗淡无光，丧失原有的光泽和价值。

为了保护铜制品的质量和长久保存，中国古代人民开始研究和应用防腐蚀技术。其中一种常用的方法是在铜制品表面涂上一层保护膜，以防止空气中的氧气、二氧化硫等物质对铜的腐蚀作用。这种保护膜通常是由油、蜡、胶等物质制成的。

在清代末年，一位中国工匠发明了一种新型的防腐蚀技术，即用菜籽油和铜粉混合后涂抹在铜制品表面，经过特殊处理后，可以形成一层坚硬的保护膜，具有良好的防腐蚀性能和精美的外观效果。这种防腐蚀技术在当时引起了很大的轰动，成为了一项重要的手工艺技术。

随着科技的进步，现代化的防腐蚀技术也不断涌现。例如，在航空航天领域中，钛合金等材料的防腐蚀技术也得到了广泛地应用。现代防腐蚀技术的发展使得金属制品的使用寿命得到了大幅度延长，也为各行各业的发展提供了坚实的保障。

7.2　腐蚀对航空器结构的影响

7.2.1　结构腐蚀对民用飞机的危害

结构腐蚀和疲劳裂纹是威胁水上飞机及航空运输类老龄飞机飞行安全的主要因素。腐蚀不仅会大大加速疲劳裂纹扩展，还会诱导结构疲劳裂纹。剥蚀、应力腐蚀等严重腐蚀形态的扩展速度很快，能够在较短时间内导致结构腐蚀断裂失效，直接危及飞机安全。例如：1986 年 8 月 22 日，台湾远东航空公司一架波音 737－200 型老龄飞机因为机身货舱底部蒙皮壁板大面积腐蚀导致空中解体。1988 年 4 月 28 日，阿洛哈航空公司一架老龄波音 737－200 型飞机因为机体结构腐蚀分层诱导产生了疲劳裂纹，导致机身 43 段上部蒙皮壁板结构在太平洋上空全部撕裂、丢失(见图 7.11)。

图 7.11　美国阿洛哈事故飞机

波音公司B737CL(第二代机型)投入使用后近20年间,国内外用户均发现飞机龙骨梁ADF天线安装区域存在腐蚀问题。龙骨梁一旦腐蚀断裂失效,容易导致机身折断等重大事故,不仅直接威胁乘客和机组人员生命安全,也给航空公司带来了巨大的经济损失。2007年2月21日,印度尼西亚Adam航空公司一架波音737-300飞机在泗水机场降落时机身折断(见图7.12)。初步调查结果显示很可能与腐蚀导致的龙骨梁失效有关。统计数据显示:波音737CL飞机龙骨梁每处腐蚀进行加强修理的经济损失平均约为156万美元/次,进行更换修理的经济损失更是高达平均273万美元/次。

图7.12 印尼Adam航空公司波音737-300飞机机身折断情形

飞机结构腐蚀还给运营单位造成了巨大的经济损失。飞机维修成本统计数据显示:结构腐蚀导致的经济损失,占飞机结构修理总成本的90%以上。

7.2.2 飞机结构腐蚀成因

飞机结构腐蚀绝大部分属于电化学腐蚀的范畴。电极电位差、电子通路以及与电解液直接接触是结构腐蚀的充分必要条件。由于以下原因,结构腐蚀所需要的电位差和电子通路无法避免,而电化学腐蚀需要的电解液条件也很容易满足。

1. 电极电位差

(1)不同材料之间电极电位不同,组合在一起形成电极电位差。

(2)合金内部往往存在不同的相,不同相之间的电极电位不同,这些相往往直接结合在一起,形成合金内部不同相之间的电极电位差。

(3)结构表面氧气浓度不同,形成浓差电位差。

2. 电子通路

(1)因防雷击设计要求,不同飞机结构之间需要保持电子通路。

(2)因防静电设计要求,不同飞机结构之间需要保持电子通路。

(3)金属材料内部各微观相组织直接接触,形成电子通路。

3. 电解液。

(1)飞机地—空—地冷热循环,形成冷凝水。

(2)厨房、厕所等难以避免而形成的微渗漏,也能形成电解液。

(3)飞机穿越云层、飞越海洋等运营环境而在飞机各部件表面形成的水膜,也是形成电解液的重要因素。

为了避免电解液直接接触金属结构，现代飞机结构均需要设计合适的排水通道，以便将飞机内部积聚的电解液及时排出飞机外部。结构之间接合面，则尽可能采用密封胶湿装配避免电解液滞留在结构之间接合面。结构表面还喷涂有底漆和面漆，并采用缓蚀剂防止水分在结构表面积聚。由此可见，结构表面保护层（漆层和缓蚀剂）失效，是电化学腐蚀的前提条件。

阴极和阳极之间电位差、面积比以及电解液导电率，是影响腐蚀扩展速度的主要因素。阴极和阳极之间的电位差越大，腐蚀速度越快；阴极和阳极之间的面积比越大，腐蚀速度越快；电解液导电率越高，腐蚀速度越快。

7.2.3 易发生腐蚀的区域

本节介绍一般飞机上容易发生腐蚀的区域。要注意的是，对于特定的飞机，由于运行条件不同，发生腐蚀的区域有所差异。

1. 排气尾喷管区域(Exhaust Trail Areas)

飞机发动机的排放物含有腐蚀性成分，会给位于排气尾喷管区域的间隙、缝隙、铰链和整流罩带来很大的麻烦。图7.13为发动机排气尾喷管区域。排放物会沉积在难以清洁的地方，要特别注意排气所经过的铆钉和蒙皮铆接处，以及其他缝隙周围的区域。要定期拆下并检查排气区域的整流罩和接近盖板。另外，不要忽视在较远处的排放物沉积，如尾翼表面。这些地方排放物沉积比较缓慢，可能直到腐蚀性损害发生时后才被注意到。

图7.13 发动机排气尾喷管区域

2. 电瓶舱和电瓶通风口区域(Battery Compartments and Battery Vent Openings)

尽管保护漆涂层和密封、通风的方式都有所改进，但电瓶舱仍然是易被腐蚀的区域。过热的电解液中冒出的烟雾难以控制，会扩散到邻近的舱室，对所有未受保护的金属表面产生快速腐蚀。飞机蒙皮上电瓶通风口应该包含在电瓶舱检查和维护程序中。定期清洗和中和酸性沉积物，将减少这种原因造成的腐蚀。

3. 舱底区域(Bilge Areas)

机身底部、地板区域容易积集水、灰尘、碎片等脏物以及废液压油、滑油等废物。残存的油通常会覆盖少量的水，沉淀在底部，从而形成一个隐藏的化学电池，导致腐蚀的发生。在检查时,要特别注意厨房、厕所等飞机外部排放口区域。厕所的污物和清洁厕所的化学品对普通的飞机金属有很大的腐蚀性。应经常清洗这些地方,保持油漆的清洁光亮。

4. 起落架轮舱和起落架(Wheel Well and Landing Gear)

与飞机上的其他区域相比,起落架轮舱和起落架更易受到泥浆、水、盐、碎石等物体的损伤。由于起落架的部件数量众多、形状复杂、装配复杂,难以做到所有金属表面都有漆膜覆盖。由于刹车制动作用会产生大量的热,某些主起落架机轮不能使用防腐剂。另外,有些防腐剂往往是掩盖腐蚀,而不是防止腐蚀。在检查这一区域时,特别注意下列易腐蚀点。

(1)镁金属机轮,特别是在螺栓头、凸耳和网罩,尤其是在有积水的情况下。

(2)暴露的硬管,特别是螺母和金属环区域,以及卡箍和识别标签底下区域。

(3)暴露的位置指示电门(接近电门)和其他电气设备。

(4)加强件、桁条、隔框和下蒙皮之间的缝隙,这是典型的容易积集水和污物的地方。

5. 集水区域(Water Entrapment Areas)

设计规范要求飞机在所有可以收集水的地方安装排水管。对低点排水管道和排放口的日常检查应该是标准要求。如果这种检查被忽略了,排水管可能会因为堆积的碎屑、油脂或密封材料而失效。

6. 发动机前部和冷却空气通气口(Engine Frontal Areas and Cooling Air Vents)

这些区域不断与空气中的灰尘和颗粒、跑道上的碎石发生摩擦,并受雨水侵蚀,容易失去保护层。对这些区域的检查应包括冷却空气通道的所有部分,并特别注意在海上作业期间可能沉积盐的地方。

7. 襟翼和扰流板凹处(Wing Flap and Spoiler Recesses)

污垢和水可能会聚集在襟翼和扰流板的凹处,并且因为襟翼和扰流板通常处于收上位置而不易被注意到。因此,这些凹处是潜在的腐蚀问题区域。检查这些地区时,扰流板和襟翼要处于完全放出位置。

8. 外部蒙皮区域(External Skin Areas)

飞机外部蒙皮容易观察和接近,便于检查和维护。对于镁金属蒙皮,如果表面的原有漆层和绝缘得到足够的维护,则腐蚀问题相对较少。切边、钻孔和铆接会破坏一些原有的表面处理,并且通过修复程序也不可能予以完全修复。因此,任何腐蚀检查应都应包括所有镁金属蒙皮,尤其要注意边缘、紧固件周围区域、裂纹、缺口或缺失的油漆。

点焊连接的金属蒙皮腐蚀,是由于腐蚀介质进入金属层之间造成的。这种腐蚀可以在缝隙中找到腐蚀产物。腐蚀进展下去,会导致蒙皮凹陷,最终点焊处断裂。早期阶段的蒙皮凹陷可以目视或用直尺检测。防止这种情况的唯一方法是在所有可能的湿气入侵点,包括由点焊产生的接缝和孔洞,填充密封剂或合适的防腐剂。

9. 操纵钢索(Control Cables)

所有的操纵钢索,无论是普通碳钢或耐腐蚀钢,都应定期检查以确定有无腐蚀的情况。在检查过程中,用浸沾溶剂的湿布随机对一小段钢索进行清洗,来检查钢索的腐蚀情况。如果外部腐蚀明显,则放松钢索,再检查钢索的内部腐蚀情况。要更换有内部腐蚀的钢索。对于轻微的外部腐蚀,用浸沾少许油的非棉质擦垫,或用钢丝刷轻轻清除。当腐蚀痕迹清除干净,给钢索重新涂防腐层。

7.2.4 腐蚀的等级划分

中国民用航空局综合考虑已发生的腐蚀对结构件承受载荷能力的影响、已发生腐蚀的影响范围及代表性和腐蚀在相继腐蚀检查过程中的出现情况，在咨询通告 AC－121－65 中对机体腐蚀的级别给出定义。

评估已发生的腐蚀对结构件承载能力的影响是根据清除腐蚀时所除去的材料量是否超出容许极限来确定，评估已发生腐蚀的影响范围由腐蚀属于局部腐蚀还是漫延腐蚀来确定。具体情况如下。

(1)容许极限指在不影响结构件极限设计强度条件下，可以除去的材料的最大量(通常用材料厚度表示)。容许极限由型号合格证或补充型号合格证持有人确定。

(2)局部腐蚀指不超过一个隔框、桁条或加强杆的蒙皮或腹板格子(机翼、机身、尾翼或吊架)内的腐蚀。一般局限在单个隔框、桁条或加强杆；或者是一个以上的隔框、桁条或加强杆，但腐蚀构件每边的相邻件上不存在腐蚀。

(3)漫延腐蚀指两个或者两个以上相邻蒙皮或腹板格子上的腐蚀，或者说是指一个隔框、翼肋、桁条或加强杆与相邻蒙皮或腹板格子上同时发生的腐蚀。

(4)腐蚀允许损伤极限指厂商对腐蚀规定的允许损伤限制。腐蚀允许损伤极限，在结构修理手册的第 101～199 页，典型的通常厚度在 10％。腐蚀在允许损伤容限内，只需作打磨修整，无需换件；结构有剩余强度。

航空器结构上的腐蚀产物清除后，可根据打磨后材料的厚度的减少量和腐蚀面积的大小，并参考结构手册确定腐蚀等级。通常，腐蚀损伤分按照其严重程度为 3 个等级。

1.一级腐蚀

一级腐蚀指以下一种或几种情况。

(1)发生在相继两次腐蚀检查任务之间的腐蚀是局部腐蚀，并可以在容许极限内清除。

(2)超过了容许极限的局部腐蚀，但不是运营人同一机队其他航空器可能发生的典型腐蚀情况(例如水银溢出引起的腐蚀)。

(3)以往相继腐蚀检查之间都只有轻微腐蚀，最近一次腐蚀检查任务发现腐蚀，清除腐蚀后超出容许极限。

一般说来，一级腐蚀是发生在两次相邻检查之间的较轻微腐蚀。制订和实施腐蚀预防及控制大纲的目的在于将飞机腐蚀控制在一级或更好的水平。

总之，发生在单个设备舱腐蚀，小于允许损伤；或者多处的腐蚀，但是腐蚀深度远远低于允许损伤的腐蚀现象属于一级腐蚀。

2.二级腐蚀

任何两次相继的腐蚀检查任务之间超出容许极限的腐蚀。二级腐蚀需要进行修理、加强、全部或部分替换相应结构。

如果在老龄航空器上发现了二级腐蚀，则建议并支持机队中同型号的其他航空器相应部位进行腐蚀检查和评定，并对防腐维修大纲做适当的修改。必要时，缩短检查间隔。对于打磨量超过容许极限值较多的二级腐蚀，建议由制造厂家做进一步的评估。

3.三级腐蚀

指在第一次或以后各次腐蚀检查任务中,运营人认为是严重危及适航性的腐蚀情况。

用户当发现飞机存在三级腐蚀时,应考虑在机队其他航空器采取相应的紧急维修措施。用户应将有关腐蚀问题的详细情况和计划采取的措施及时向适航当局和航空器制造厂报告。

扩展阅读

一场大雨,导致一次重大事故

1963年,美国空军一架C-130E运输机在执行一次军事任务时坠毁,导致全部人员死亡。事故发生后,调查人员发现飞机的机翼出现了严重的腐蚀。原来这架飞机在一次飞行任务中遇到了海洋上的一次大雨,机翼上的缝隙进水后未能干燥,导致机翼内部的金属产生了严重的腐蚀,最终导致飞机坠毁。

这次事故引起了全球范围内的关注和警惕,许多国家开始加强对飞机腐蚀的防护和检测。在航空器制造和维护方面,许多新技术和方法得到了广泛地应用,如防腐涂料、电化学检测、超声波检测和X射线检测等。这些措施和技术的应用使得航空器的安全性得到了大幅度地提高,为人们的飞行安全提供了更加可靠的保障。

7.3 防腐与腐蚀处理措施

7.3.1 腐蚀防控

腐蚀预防和控制是一项庞大的系统工程,起始于飞机设计阶段,并贯穿于整个飞机制造、使用和维修阶段。参照欧美发达国家先进民用运输航空飞机结构防腐蚀设计经验,主要有如下腐蚀防控原则和方法。

1.总体原则

电位差以及与电解液直接接触,是腐蚀的两个必要条件。阳极和阴极之间的电位差越小,腐蚀速度越慢。腐蚀防护总体思路,就是充分利用材料选择及应力控制、表面保护、装配密封、排水系统以及缓蚀剂等手段,尽量减小阴极和阳极之间的电位差并避免电解液与金属结构直接接触、降低剥蚀和应力腐蚀扩展所需应力水平。

根据《CCAR-25-R3中国民用航空规章第25部运输类飞机适航标准》,飞机结构腐蚀防护与控制应遵循以下原则。

(1)结构腐蚀防护与控制是飞机结构完整性的重要部分,应视为同结构动静强度、耐久性/疲劳、损伤容限同等重要。

(2)在满足飞机结构安全性的同时,要满足飞机经济性、可用性、兼容性。

(3)结构腐蚀防护与控制是一项系统工程,必须贯穿于方案论证、工程研制、设计定型、生产和使用维修各阶段,对机体结构全寿命期实行腐蚀防护与控制。

(4)飞机在整个使用寿命期间或规定期间内，在腐蚀环境条件下具有/保持其设计的能力/功能，能避免由于腐蚀损伤引起的灾难性破坏。即：

1)由于初始设计、制造缺陷影响飞机结构使用状态的腐蚀(包括蚀坑、应力腐蚀开裂、电偶腐蚀、缝隙腐蚀、磨蚀和剥蚀等)，在一个适当的服役使用周期内不应出现，此类初始缺陷从耐久性、损伤容限观点来看是不能接受的。

2)在使用环境条件下，飞机结构腐蚀防护体系应在指定的周期内保持有效，这一指定的周期必须与维修检查大纲的规定相匹配(一般规定为最小服役使用周期)。

3)应辨识特殊要求的腐蚀防护与控制方法和工艺流程，并确定其与飞机结构所要求的使用和维护能力相当。

4)对于难以检查、修理、更换或过分增加使用维护费用的，腐蚀防护与控制应满足使用寿命期[飞行小时、起飞/着陆(水)次数、日历寿命]、重复载荷源(机动、突风、振动和航空声载荷、循环增压等)的要求。

2. 材料及应力

根据腐蚀机理可知，剥蚀和应力腐蚀与材料的应力均密切相关。不同导电材料种类之间以及同种材料内部各微观组织之间电位不同，微观组织构型也不相同。因此，不同材料(包括不同热处理状态)具有不同的抗腐蚀性能。大量腐蚀案例已经证实：材料选择和应力控制不当，是目前民用飞机铝合金结构普遍存在剥蚀甚至应力腐蚀等严重腐蚀类型的主要原因。

不同材料的剥蚀和应力腐蚀对应力的敏感性不同。因此，材料选择和应力控制必须同时考虑，是防腐蚀设计阶段的重点。飞机结构设计人员必须根据结构承受的载荷类型、腐蚀环境、相互接触的材料种类、损伤可检性和接近性、经济性等因素，选择合适的结构材料种类，尽可能降低相互接触的结构材料之间电位差并得到合理的结构材料内部微观组织构型。图 7.14 和图 7.15 为典型材料选择以及应力控制不当导致的腐蚀。

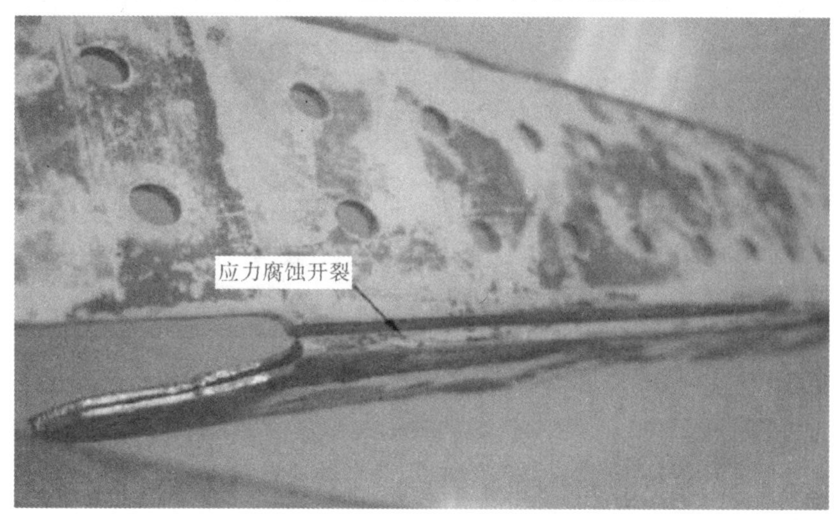

图 7.14　材料选择和应力控制缺陷导致的应力腐蚀开裂

(某机型机身加强框缘条，材料：7075－T6511)

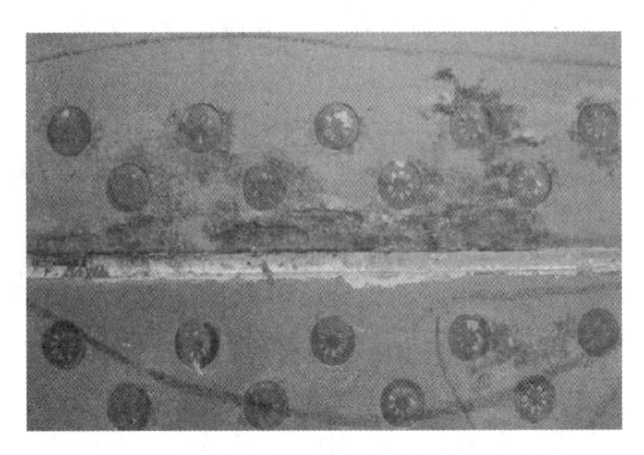

图 7.15　材料选择和应力控制缺陷导致的剥蚀
（某机型上翼面蒙皮，材料：7075－T6）

3.*表面保护*

底漆和面漆等结构表面保护层，不仅可以避免电位差较大的结构材料直接接触，减小、甚至避免不同导电材料之间电位差，还可以有效防止电解液直接接触金属材料，从而达到腐蚀防护与控制目的。因此，底漆和面漆是结构腐蚀防控的主要保护层。表面漆层破损是飞机结构腐蚀的必要条件。图 7.16 所示为舱门铝合金内蒙皮隔热棉不锈钢安装扣未采用表面保护陷导致的电偶腐蚀。

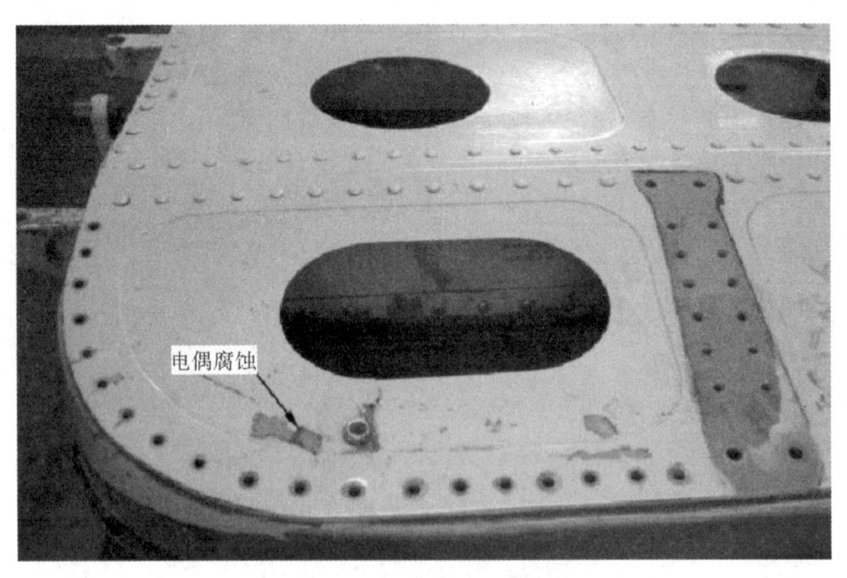

图 7.16　表面保护缺陷导致的电偶腐蚀

底漆的主要作用如下。

(1)作为主要腐蚀防护层。飞机铝合金结构底漆中含有的铬离子，能够自动修复铝合金结构表面因擦伤等原因被破坏的阳极氧化层，从而起到腐蚀防护作用。

(2)提供面漆黏接基体、增强面漆黏接力。没有底漆作为基体，面漆很难附着在结构表面。底漆弹性好，但缺点是膜层比较软，很容易因为刮擦而破损。因此，飞机外表面等在使用、维修期间容易刮擦到的区域结构表面，需要在底漆表面再喷涂一层硬度较高的面漆进行保护，避免底漆擦伤导致电解液直接接触金属结构表面。面漆具有弹性较差的缺点，以下原因均可能导致面漆破裂失效。

1)飞机制造或者维修过程中安装紧固件。

2)漆层老化。随着飞机使用时间逐渐增加，漆层将因为逐渐老化导致弹性下降，与金属结构之间存在的受载变形协调问题将日益严重，可能导致面漆破裂。

面漆破裂时容易导致其底部黏接的底漆一同撕裂，使得金属结构表面漆层系统被破坏、电解液直接接触金属结构。因此，现代飞机对飞机内部、结构之间接合面等使用、维修中不容易刮擦到区域结构表面漆层系统进行了改进，一般采用“两层底漆”取代原来采用的“一层底漆加上一层面漆”漆层系统。

4. 装配密封

装配密封指采用合适的密封胶，封闭电解液能渗入的相关结构通道，阻止电解液进入特定区域的方法。密封分为防腐蚀密封和整体油箱密封、气动密封、电器密封等其他密封类型。防腐蚀密封主要包括接合面(缝内)密封、填角(缝外)密封、注射密封、紧固件湿安装、铝合金结构相邻复合材料密封以及衬套和轴承密封，主要通过在结构与结构之间接合面或/和接合面周缘，或者紧固件表面涂上合适密封胶，消除结构与结构之间，或者紧固件与结构安装孔之间缝隙，达到防止电解液积聚、预防和控制缝隙腐蚀目的。图 7.17 为机身蒙皮与蒙皮加强板之间未采用密封导致的缝隙腐蚀。

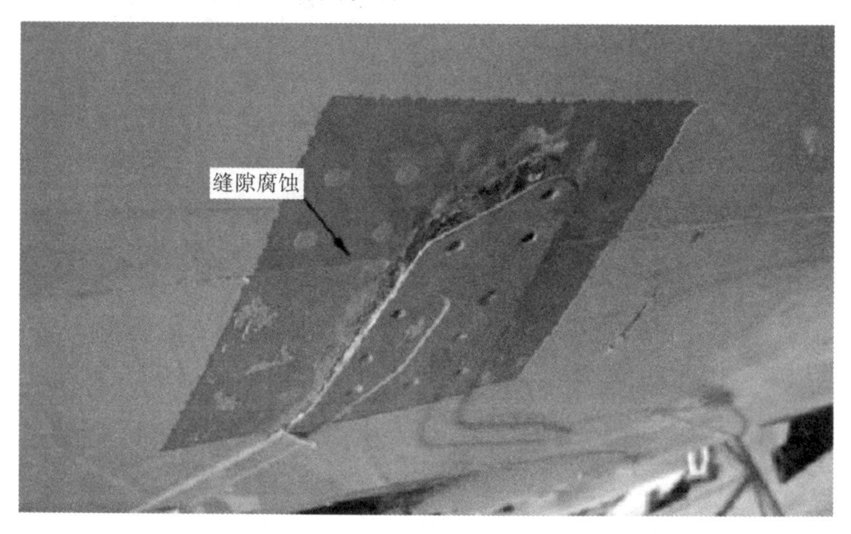

图 7.17　防腐蚀密封缺陷导致的缝隙腐蚀

飞机结构防腐蚀密封设计过程中，应满足以下基本准则。

(1)选择合适的密封类型以及密封材料。

(2)尽可能减少需要密封的结构件数量，以便减少电解液渗漏通道。

(3)密封部位结构之间刚度应该接近，以便减小密封部位结构受载后变形差或尽可能降低破坏密封材料的变形。

(4)选择合适的密封位置,使结构变形有利于结构密封,尽量避免密封材料承受张力。

(5)需要密封部位的结构间隙应该能够保证密封胶的最小黏接面积要求,以便确保密封胶的黏接可靠。

(6)尽量减小密封面的长度,以便尽可能降低使用密封材料带来的重量增加。

(7)满足密封部位的可达性和可见性要求,保证密封施工以及后续维修。

5. 排水

由于冷凝水,各种意外渗漏等原因,飞机内部不可避免地会产生电解液。如果不能够及时排出到飞机外部,电解液将在飞机内部结构表面积聚,加速密封材料、表面保护层以及缓蚀剂的老化、破损失效,最终导致电解液直接接触金属结构材料并产生腐蚀。

合理设置排水孔、排水缝等排水通道,可以保证电解液及时排出到飞机外部、避免金属材料接触电解液。因此,排水通道是防腐蚀设计的重点和难点。一旦排水系统设计存在缺陷,相关区域必然会积聚电解液并导致结构严重腐蚀。图 7.18 为飞机机身底部区域无排水系统导致的大面积腐蚀。

图 7.18　无排水系统缺陷导致的腐蚀

6. 缓蚀剂

缓蚀剂为多种腐蚀抑制剂复合溶解于低表面张力、挥发性溶剂后形成的不含硅有机物。喷涂于结构表面后,缓蚀剂将置换掉结构表面以及缝隙中积聚的水分。缓蚀剂中溶剂挥发后,能够在结构表面形成一层腊状保护膜,阻止电解液与结构直接接触,从而达到预防腐蚀或者减缓腐蚀速度的作用。

缓蚀剂喷涂后具有一定耐久期限,老化后会失去腐蚀预防和控制作用。因此,飞机投入使用后,需要定期检查并视情采用溶剂清除后重新喷涂。大量使用经验证实:飞机制造阶段以及使用/维护阶段,在结构表面喷涂合适种类的缓蚀剂,是一种成本较低且有效的腐蚀预防和控制方法。飞机结构缓蚀剂主要包含水置换型缓蚀剂和耐久型缓蚀剂两种。

水置换型缓蚀剂具有较强的渗透性,可通过毛细现象渗透进入裂纹、紧固件与结构之间接合面等细小缝隙并将结构表面吸附的水分置换掉。溶剂挥发后，在结构表面形成一层由多种复合抑制剂组成的防水薄膜。水置换型缓蚀剂包括轻型和复合型两种。

轻型缓蚀剂具有很强的渗透性，可以渗透进入极细小的缝隙。这类缓蚀剂的主要优点是渗透性强，溶剂挥发后形成的保护膜较薄、增加重量较小。它的主要缺点是耐久性较差，固化后具有一定黏性、容易积聚外来物。轻型缓蚀剂一般用于飞机结构的轻度腐蚀敏感区域。此外，轻型缓蚀剂还被用作双重缓蚀剂体系的耐久型（重型）缓蚀剂预喷涂层。

复合型缓蚀剂同时具有轻型缓蚀剂以及耐久型缓蚀剂的优点：一方面，渗透性较好，可以渗透进入细小缝隙将缝隙内的水分置换掉；另一方面，耐久性较好，不容易被磨损、刮擦掉。因此，复合性缓蚀剂可以用于替代“一层轻型缓蚀剂 ＋ 一层重型缓蚀剂”的双层缓蚀剂体系。采用复合型缓蚀剂替代“一层轻型缓蚀剂 ＋ 一层重型缓蚀剂”双层缓蚀剂体系，不仅可以大大减少喷涂工作量，还可以在一定程度上减轻喷涂缓蚀剂给飞机增加的重量。

耐久型缓蚀剂的主要优点是固化后形成的保护膜较厚，耐久性很好，不容易被磨损、刮擦掉。但是，这类缓蚀剂的主要缺点是渗透能力较差，很难渗入裂纹、紧固件与结构之间接合面等缝隙。此外，这类缓蚀剂密度较大，喷涂后飞机增重较多。耐久型缓蚀剂一般适用于厨房、厕所下部、机身底部以及龙骨梁区域等严重腐蚀敏感区域。喷涂耐久型缓蚀剂之前，必须先喷涂一层轻型缓蚀剂。

7.3.2　腐蚀处理

一般来说，一个完整的腐蚀处理过程包括以下 4 方面的内容：①清洗和剥离腐蚀区域；②尽可能多消除腐蚀产物；③中和凹坑和裂缝中的残留物；④表面防腐处理，恢复表面保护层，施加涂料或油漆。

1. 清洗和去除油漆

（1）彻底清洁。清除腐蚀首先要彻底清洁机体的表面，这是非常重要的一步。要将机体表面上的污垢、灰尘、排气管的残余物以及滑油、润滑脂沉积物等全部清除干净。

清洁机体表面时，应把飞机停在用能软管进行清洗，又没有强烈太阳照射的地方。使用符合技术条件要求的乳胶型清洁剂，用水按照一定比例稀释，用刷子或喷洒的方法将已稀释的清洁溶液涂到机体的外表面，并让清洁剂保持湿润在机体表面上停留几分钟，以便让清洁液渗到各种污渍中去，最后用高压的温水将清洁液以及洗掉的污物全部冲掉。

发动机罩和起落架舱部位经常有一些滑油和润滑脂的残留物，清洁起来比较困难。为了清除这些污渍，必须用稀释的清洁液进行浸泡，然后用软毛刷刷洗，使污渍从表面脱掉，最后用高压温水冲洗，将清洁液及已刷下的污物冲掉。

排气口一些污物比较顽固，清除起来比较困难。可以在乳胶状溶液中加入清洁剂和煤油，并把这个混合物施加到要清洁的表面上，对顽固的污渍进行浸泡，然后用软毛刷刷洗，最后用高压温水进行冲洗。

对顽固的难以清除掉的污渍，上述的清洁过程可以反复进行，直到把污渍清除掉。

（2）清除油漆保护层。为了检查漆层下面是否发生了腐蚀，必须先将漆层清除掉。

清除机体表面的油漆保护层要使用一种可用水冲洗掉的、黏稠状的漆层清除剂。用刷子将它涂抹到要清除漆层的表面，保持较厚的一层，并让它在表面停留一段时间直到漆层鼓起、卷曲起来，表明漆层已和金属脱开，就可以用热水冲洗了。有时可能要重复施加油漆清除剂，这时可以用塑料或铝制的刮削器刮削漆层，然后施加第二层油漆清除剂，使它能浸到油漆层的底层。在清除铆钉头或沿缝隙的油漆层时，可以使用比较硬的刷子，以便刷掉这些部位上的漆层。

使用油漆清除剂清除漆层时应注意以下5方面。

1)使用不熟悉的油漆清除剂时，应先在与要清除漆层金属相类似的金属上进行试验，如果对金属没有产生有害的作用才能在机体表面上使用。

2)必须用较厚的铝箔将不要清除漆层的部位遮盖住，防止油漆清除剂与这些部位接触。

3)油漆清除剂对橡胶和合成橡胶都有侵蚀作用，必须对机轮轮胎、软管、密封剂等进行保护，防止油漆清除剂与它们接触。

4)油漆清除剂对风挡和观察窗的透明塑料件有较强的侵蚀作用，清除机体表面漆层时必须严格按照要求对透明塑料件进行保护。

5)油漆清除剂有毒，对人有害，因此使用时必须小心，不要将清除剂弄到皮肤上或眼睛里。一旦碰到，应立即用水冲洗，并找医生进行及时处理。

2. 清除腐蚀

在机体表面被彻底清洗，底层可能发生腐蚀的漆层也被清除后，应全面检查以确定是否有腐蚀发生，一但发现腐蚀，首先要做的是将腐蚀产物全部彻底清除掉。

(1)铝合金腐蚀产物的清除。一旦发现铝合金产生腐蚀，应将腐蚀产物——灰色或白色粉末全部清除掉。采用的方法视腐蚀轻重而定。

轻微的腐蚀可以采用研磨剂或尼龙擦垫来清除，研磨剂中不能含有氯成分。

中等腐蚀可以采用铝棉或铝丝刷来清除，也可以采用尺寸小于500筛号的小玻璃珠对表面喷丸来清除凹陷处的腐蚀产物。不能使用钢丝棉或钢丝刷清除铝合金表面的腐蚀产物，因为钢材的微粒会留在铝合金中引起更严重的腐蚀。在用研磨剂、铝刷、喷丸等方法清除掉腐蚀产物之后，要用放大5～10倍的放大镜进行仔细检查，以确保所有腐蚀的痕迹都已被清除掉。

对于已发生严重腐蚀的铝合金可以采用锉刀锉掉腐蚀产物，或浸沾铝氧化物对腐蚀部位进行打磨。在清除腐蚀产物操作时，应注意进行目视检查，争取在去掉最少材料的情况下，把所有腐蚀产物清除掉。清除后用5～10倍的放大镜仔细检查，看是否还残留腐蚀的痕迹，如果确定腐蚀产物已被彻底清除掉，就再多打磨掉2/1 000 in的金属材料，这样做的目的是保证借助放大镜肉眼也观察不到的晶间裂纹的末梢也能被清除掉。

腐蚀产物清除以后，先用280粒度，再用400粒度研磨纸将表面打磨光滑，用清洁剂溶液清洗，再用5%铬酸溶液进行中和处理。

注意：对于飞机结构表面的轻度腐蚀，采用打磨器等机械打磨方法是结构修理中最常用、最有效的腐蚀去除方法。彻底清除结构表面的腐蚀产物后，可能还需要去除部分未腐蚀区域的结构材料以确保结构件的耐久性。因为这样可以消除腐蚀引起的结构表面次应力以及结构表面的微裂纹。打磨清除结构表面的腐蚀后，如果结构表面粗糙度不满足要求，会降低结构修理的耐久度。粗糙的结构表面是应力集中源，在交变载荷作用下，粗糙的结构表面会加速疲劳裂纹的产生。打磨清除结构腐蚀之后，还可能会在结构表面形成凹坑。所以必须按照规定的斜率对这些凹坑进行打磨过渡，才不会导致结构表面产生较高的应力集中。

(2)钢及合金钢腐蚀产物的清除。清除钢或合金钢部件表面锈斑的方法是用研磨砂纸或刷子进行手工和动力的打磨，对于没有电镀层的钢件最好的方法是用细砂、铝氧化物、玻璃珠进行喷砂去掉腐蚀产物，特别是凹坑底部的腐蚀产物。如果钢件有镉或铬镀层，进行喷砂时应小心保护镀层，防止镀层受到损伤。

对于高强度合金钢，比如起落架、发动机受力构件，清除时要极小心操作，使清除腐蚀造成构件材料损失最少。清除的方法可以使用细油石，细研磨砂纸进行打磨，也可以使用很细的玻璃珠、研磨料进行喷砂去除。但绝不能用钢丝刷来清除，因为刷子会在钢件表面留下划痕，高强度钢对这些划痕非常敏感，很浅的划痕就会产生应力集中，大大削弱钢件的疲劳性能。

钢及合金钢件上的腐蚀产物清除掉以后，用400粒度的研磨砂纸将表面打磨光滑，然后清除干净。表面干燥后应尽可能快地涂上铬酸锌底漆保护表面，防止再生锈。

(3)镁合金腐蚀产物的清除。因为镁合金非常活泼，清除镁合金腐蚀产物只能用非金属材料的硬毛刷或尼龙擦布，不能使用金属工具，否则金属颗粒残留在镁合金中会造成更大的损伤。对于深凹陷里的腐蚀产物可以用钢或硬质合金刀具、刮削工具来清除。不能使用金刚砂轮或金刚砂纸打磨，以防止电化学腐蚀。如果使用喷砂方法来清除镁合金的腐蚀产物，只能使用玻璃珠进行喷砂操作。

3.中和腐蚀产物中的残留物质

按照上述方法将腐蚀产物清除之后，应用5%浓度的铬酸溶液中和残留的腐蚀产物盐类，让溶液在清理腐蚀的表面至少停留5 min后，再用水将溶液冲掉，然后让表面彻底干燥，为表面的防腐处理做好准备。在铝合金表面涂阿洛丁(alodine)除了可以形成保护层之外，也有中和残留的腐蚀产物的作用。

4.表面防腐处理

(1)铝合金。因清除腐蚀产物而被损坏的铝合金件表面的保护层可以采用化学处理的方法进行修复。最常用的方法是在表面涂阿洛丁。先将已清除完腐蚀产物的表面彻底清洁，是否达到要求可用水膜试验进行鉴定。在表面还保持湿润状态下，用刷子或喷涂方法涂一层充足的阿洛丁涂层，让它在表面停留2～5 min，并且在阿洛丁成形期间一定保持表面湿润，不能让表面干燥，否则形成的保护层会出现条纹而失去保护作用，然后再用水进行冲洗。保护层未干之前很软容易受到损坏，这时要十分小心，不要损伤阿洛丁生成的保护层。用水冲洗后让表面干燥。如果涂阿洛丁操作成功，在干燥后，铝合金表面就形成一层均匀的淡黄色或透明无色的闪光薄膜。

在清洁后的铝合金表面涂阿洛丁不但能形成保护层，而且阿洛丁涂料也有中和作用，可以中和表面残留的盐类腐蚀产物。另外，在铝合金表面形成的阿洛丁膜层还为油漆涂层提供了很好的黏接底层。

(2)钢及合金钢。腐蚀产物被清除，表面清洁后，应尽可能快地在钢或合金钢件表面涂上铬酸锌底漆，否则光滑而清洁的钢件表面很容易产生锈蚀。铬酸锌底漆不但保护清洁的表面不产生锈蚀，而且也为油漆涂层提供了很好的黏接基础。铬酸锌底漆漆好后，让它干燥，通常在1 h后即可以在铬酸锌底漆涂层上施加油漆漆层了。

(3)镁合金。表面腐蚀产物清除以后,对表面可用铬酸盐溶液进行处理。用擦拭材料将这种溶液涂在表面,让它停留 10~15 min,然后用热水彻底冲洗。也可以采用重铬酸盐进行变换处理,形成更具保护作用的涂层。在表面施加重铬酸盐溶液,让它停留在表面直到形成均匀的金褐色氧化膜,用冷水冲洗表面并吹风让表面干燥。在形成坚硬的氧化膜之前,不要过分地擦拭或触摸,以防氧化膜受到损坏。

扩展阅读

铝合金表面高温氧化防护涂层

中国航天科技集团公司研制的"铝合金表面高温氧化防护涂层",是一种基于无机陶瓷材料的高温氧化防护涂层,可以在高温、高压和高速气流环境下保护铝合金材料,延长其使用寿命和提高安全性。该防护涂层采用低成本、易得到的材料,并采用喷涂工艺制备,操作简单、成本低廉、适用范围广泛。

该技术已经成功应用于多个航空领域,包括高超声速飞行器、火箭发动机和航空发动机等。这种防护涂层还被应用于高速列车和电力设备等领域,为各行业提供了一种高效、低成本、易操作的防护技术。

习　题　7

一、选择题(多选题)

1. 金属腐蚀的两大基本原理是(　　)。
   A. 化学腐蚀　　B. 电化学腐蚀　　C. 点蚀　　D. 电偶腐蚀
2. 电化学腐蚀需要的条件是(　　)。
   A. 电位差　　B. 电子通路　　C. 电解液　　D. 不同金属
3. 以下金属电位最低的是(　　)。
   A. 镁　　B. 锌　　C. 铜　　D. 金
4. 电偶腐蚀一般发生在(　　)。
   A. 同种金属之间　　B. 不同金属之间
5. 晶间腐蚀的原因通常是(　　)。
   A. 振动　　B. 合金材料不均匀　　C. 持续拉应力　　D. 高温
6. 发动机尾部排气区域易发生腐蚀的原因是(　　)。
   A. 高温　　B. 高湿　　C. 高振动　　D. 排放物含腐蚀性物质
7. 起落架区域易发生腐蚀的部位是(　　)。
   A. 机轮螺栓　　B. 金属管识别带的下面
   C. 位置指示电门　　D. 蒙皮缝隙
8. 操纵面易发生腐蚀的部位是(　　)。
   A. 凹槽处　　B. 上表面　　C. 作动筒　　D. 电缆

9. 腐蚀深度远远低于允许损伤的腐蚀现象属于(　　)。

A. 1 级腐蚀　　B. 2 级腐蚀　　C. 3 级腐蚀　　D. 4 级腐蚀

10. 飞机防腐蚀设计阶段的重点是(　　)。

A. 材料选择和应力控制　　B. 装配密封

C. 使用缓蚀剂　　D. 表面处理

11. 底漆的作用是(　　)。

A. 防腐保护　　B. 提供面漆黏接基础　　C. 密封　　D. 导电

12. 缓蚀剂的防腐原理是(　　)。

A. 置换水分　　B. 形成保护膜　　C. 绝缘　　D. 吸收腐蚀产物

13. 腐蚀处理需要做的第一步工作是(　　)。

A. 清洗和清洁　　B. 褪漆

C. 清除腐蚀产物　　D. 表面处理

14. 对于中度腐蚀，不能使用钢丝刷清除腐蚀的金属件是(　　)。

A. 铝合金件　　B. 高强度合金钢　　C. 镁合金

15. 常用的表面处理防腐材料有(　　)。

A. 阿洛丁　　B. 铬酸溶液

二、问答题

1. 飞机结构腐蚀的主要形式有哪些？腐蚀的机理分别是什么？

2. 飞机哪些部位容易发生腐蚀？原因是什么？如何避免腐蚀？

第8章　无损检测

📖知识及技能

✍ 熟悉飞机结构损伤的类型。

✍ 了解无损检测技术。

8.1　损伤类型

飞机结构损伤的类型较多，其分类的方法也较多，一般可按损伤现象和损伤程度来分类。

8.1.1　按损伤现象分类

(1)磨损。这是一种由于运动部件和相邻部件之间的刮擦、摩擦或风蚀造成的损伤。损伤区域有材料丢失，外形一般比较粗糙且不规则。

(2)腐蚀。由化学或电化学作用形成部件截面发生变化的损伤。这种损伤一般发生在部件表面、边缘或孔内，其数据测量必须在腐蚀物完全去除后进行。腐蚀产物的出现严重降低了部件材料的机械性能。

(3)裂纹。由于载荷或外力引起材料有效截面改变的部分或完全断裂。这种损伤一般呈不规则线状，且常由材料疲劳原因导致。

(4)褶皱。区域因受压或向后折叠以致形成边缘比较锋利或带有比较明显的起皱的损伤。可以认为褶皱等同于裂纹。

(5)刻痕。由坚硬或锐利的物体冲击部件，在部件表面形成有一定深度但面积较小且部件表面有材料缺失的凹槽。刻痕造成部件截面发生了变化，可以将连续的一行刻痕等同认为是凿痕。

(6)划痕。由坚硬或锐利的物体划过部件表面造成的，在部件表面形成细长并伴有材料缺失的损伤。划痕造成部件截面发生了变化，呈细流线状。

(7)穿孔。部件由于被尖物撞击而形成的完全穿透部件且形状不规则的损伤。这种类型损伤的修理必须在允许损伤极限内。

(8)烧伤。材料遇明火或雷击引起的烧伤、烧蚀。

(9)分层。材料相邻层之间的脱胶。黏合材料的两层或多层结合面的分离、黏合的蒙皮和核心材料的分离会导致脱胶，脱胶不会贯穿部件整个表面。如果允许损伤或修理区域没有给出脱胶的限制，则使用分层的限制说明。金属材料因腐蚀产生的类似分层状的损伤，称为剥离而不能叫做分层。

(10)凹坑。这种损伤一般是被光滑形状物体撞击而形成,损伤边缘是平滑的。损伤区域相比原始轮廓是被推进去的,材料截面没有发生变化。其中,凹坑长度指从凹坑一端到另一端的最长距离,凹坑宽度指垂直于长度方向上的最长距离。注意,厚蒙皮区域的类似凹坑形状的损伤可能是由外物敲击引起的,但如果蒙皮内表面轮廓没有变化,那么这个损伤可以认为是造成了蒙皮局部横截面发生了变化,不能归类为凹坑。

8.1.2 按损伤程度分类

(1)允许损伤。这种损伤是允许的且没有飞行限制,比如一些轻微的刻痕或凿痕等,能被简单的类似顺滑的方式去除。大部分结构件的允许损伤在结构修理手册相对应的章节都有允许极限值,以具体的尺寸数据或部件原始厚度的百分比体现。如果完成损伤检查,且所发现的损伤在部件允许再处理的限制内,则飞机在恢复运营状态前不需要其他检查,但是在处理损伤的过程中可能需要额外检查步骤以确保损伤全部清除,比如在打磨划痕时需要使用无损探伤法检测有无隐藏裂纹。

(2)可修理损伤。可以再处理或进行修理的损伤,这种损伤一般是通过安装补片的方式来恢复飞机结构的原始强度。补片修理又可以分为外补修理和镶平修理两种。外补修理相对于部件表面是突出的,其施工较快,用于保持飞机较短的停场周期,但为了外观或气动性要求可以更换此类型修理为镶平修理。镶平修理相对于被损坏的气动表面是齐平的,一般适用于气动性要求较高或维修周期较长的飞机。两种修理在静强度上是一样的。

(3)必须更换的损伤。当部件损伤严重或部件属于非常关键和敏感的类型时,一般飞机制造厂商不建议进行修理,而是选择更换部件。这种情形在结构修理手册的不同修理章节或允许损伤里会有具体说明。结构修理手册的修理程序中给出了可修理结构件已经批准的修理方案,而对于没有具体修理方案的结构件通常把更换称为修理。

扩展阅读

认真的中国航天员杨利伟

中国航天员杨利伟在执行首次载人航天任务时,返回舱底部发现了一个约3 cm大小的损伤。

据报道,杨利伟在进入返回舱检查时,发现其底部存在一个裂痕和一个凹陷,并且底部彩条的表面也被划伤了。这个损伤可能是在发射升空的过程中产生的,也可能是由于离子风对舱底所产生的作用力导致的。

在得知损伤情况后,中国航天科技集团公司立即组织了专家组进行分析和评估,并在地面进行了一系列的检查和测试。最终,专家组得出结论,认为损伤对任务的执行没有影响,并没有对飞行员的安全构成威胁。

这个故事告诉人们,损伤是航天(航空)领域面临的一个严峻问题,需要在航空器的设计、制造、运行等各个环节中重视,采取有效的措施进行预防和修复,确保飞行安全。

8.2 无损检测技术

无损检测(Nondestructive Test,NDT)指的是在不损伤结构的前提下检测其有无损伤的方法或技术。其中,一些无损检测方法很简单,不需要额外的专门知识,而另一些无损检测方法非常复杂,要求技术人员经过专门培训,并取得特殊认证。

在进行无损检测前,必须遵循与具体检测类型相一致的准备步骤。一般来说,零部件或检测区域必须彻底清洗。有些零件必须从飞机或发动机拆下,有些区域可能需要剥离油漆或保护涂层。并且,需要全面了解设备和程序,如果需要,设备的校准和检查必须是最新的。

8.2.1 目视检测

目视检测(Visual Inspection)可以通过明亮的光线、放大镜和镜子(需要时)来观察可疑区域。有些缺陷可能很明显,不需要进一步的检查。无目视缺陷并不意味着无需进一步的检查。有些缺陷可能存在于表面之下,或者可能很小,即使在放大镜的帮助下,人眼也无法探测到它们。

8.2.2 内窥镜

使用内窥镜(Borescope)检测本质上是一种目视检测。内窥镜是一种装置,使得检测者在不拆卸部件的情况下查看内部区域。一个例子是检查活塞发动机气缸内部,内窥镜由火花塞孔插入,检查气缸内部的活塞、气缸壁、阀门等部位有无损伤。另一个例子是检查涡轮发动机的热段,通过拆卸点火电嘴或专门的检查堵头,插入内窥镜检查。

内窥镜有两种基本类型。简单的一种是刚性小口径望远镜,末端有一个小镜子,使得观察者可以看到角落里的情况。另一种使用光纤,有更大的灵活性。内窥镜探头一般有灯,以照亮检测区域。检测图像可以显示在计算机或视频监视器上,以便更清楚地观察检测区域,并能储存图像。

8.2.3 渗透检测法

渗透检测(Penetrant Inspection)是一种适用于非多孔材料表面损伤的检测方法。它在铝、镁、黄铜、铜、铸铁、不锈钢和钛等金属的损伤检测中都取得了成功,也可用于陶瓷、塑料、模制橡胶和玻璃。

渗透检测可以检测表面裂纹或气孔等缺陷。这些缺陷可能是由疲劳裂纹、收缩裂纹、热处理裂纹、接缝和爆裂引起的。渗透检测也能反映连接金属之间是否黏合不足。渗透检测的主要缺点是,缺陷必须在表面开口,以使渗透剂进入缺陷。正因为如此,如果检测的部位是铁磁性材料,一般建议使用磁粉检测方法。

渗透检测使用渗透液体进入表面开口并留在那里,使其清晰可见。它要求对工件加工后进行目视检查,通过增加缺陷的可见度检测到缺陷。通过添加着色或荧光染料,可以增加渗透材料的可见度。着色渗透检测在可见光下进行,需要用到染料渗透剂、染料去除乳化剂和显像剂。荧光渗透检测在黑光灯下进行,需要用到黑光灯(紫外线光源)、渗透剂、清洁剂和显像剂。航空器及其零部件一般使用荧光渗透检测。

1. 渗透检测的步骤

一般来说，渗透检测有以下 6 个基本步骤。

(1)表面预处理。表面预处理是渗透检测工艺过程中非常关键的一环。航空器在役过程中产生的损伤，其表面开口被涂层、油污、灰尘等覆盖或填满，表面预处理工序应将所有覆盖被检测表面的污物去除，暴露出缺陷的开口，才能使渗透剂进入缺陷里面。

(2)施加渗透剂。施加渗透剂的方法有浸涂、刷涂、喷涂等多种方法，目的是使被检测表面全部被渗透剂覆盖，使渗透剂渗入缺陷里面。在渗透过程，应保持渗透剂湿润。

(3)去除多余的渗透剂。这道工序的目的是尽可能将被检测表面的渗透剂去除干净，而最大限度保留缺陷内的渗透剂。可以采用浸洗、擦洗和喷洗的方法去除被检测表面多余的渗透剂。一般是在黑光灯下进行，随时观察被检测表面的清洗情况，防止欠清洗和过清洗。

(4)干燥。按照规定的时间和温度干燥，去除工件表面的水分，以便充分显像。干燥的方法通常有压缩空气吹干、热空气吹干和热空气循环烘干。

(5)显像。显像的过程是将显像剂施加到被检测表面形成均匀的薄层，显像剂利用毛细原理将缺陷中的渗透剂吸附至零件表面，产生清晰可见的缺陷图像。显像的方法有喷粉柜喷粉、静电喷粉、喷罐喷涂等。

(6)检测。显像结束后应对工件进行检测，对显示进行评定、解释和辨别显示的真伪，最终给出检测结果。

2. 渗透检测的原则

渗透检测的成功率和正确性取决于工件准备的充分程度。使用渗透检测有以下 8 个基本原则。

(1)渗透剂必须进入缺陷以形成显示。重要的是要留出足够的时间，以便渗透剂能渗入缺陷。缺陷必须是干净的并且没有污染物质，以便渗透剂可以自由进入。

(2)如果所有渗透剂从缺陷中洗掉，则不能形成指示痕迹。在使用显像剂之前的冲洗操作中，有可能将渗透剂从缺陷内部以及从表面除去。

(3)干净的裂缝一般容易检测。无污染的表面开口，无论多细小，很少不被渗透检测检测到的。

(4)缺陷越小，渗透所需时间越长。细小的裂缝比孔状缺陷需要更长的渗透时间。

(5)当检测件是由铁磁性材料制成的，如果设备许可的话，应该用磁粉检测的方法。

(6)着色渗透型显像剂施加于工件表面，干燥后形成平滑、均匀、白色的涂层。当显像剂干燥时，表面缺陷处会出现明亮的红色指示。如果没有红色的痕迹出现，没有表面缺陷。

(7)当进行荧光渗透检测时，在黑光灯下缺陷会呈现为明亮的黄绿色，而完好的区域会呈现深蓝紫色。

(8)检查缺陷的痕迹，并确定缺陷的原因及其范围是可能的。

显示的大小，即渗透剂积累的多少，反映缺陷的范围，而光泽反映缺陷的深度。深裂纹会渗透更多的渗透剂，会变得更宽更亮。很细的开口，只能容纳少量的渗透剂，会出现细纹。图 8.1 给出了 3 种用渗透剂确定的缺陷。

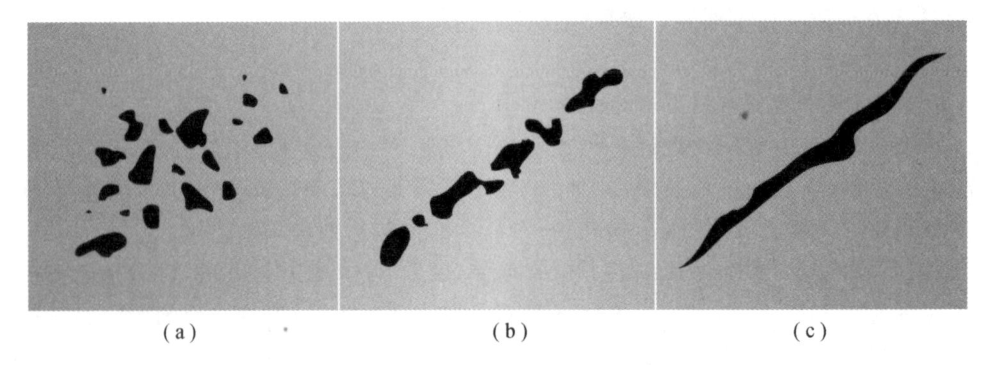

图 8.1　渗透剂确定的缺陷
(a)坑孔；(b)不连续开裂；(c)裂纹或开口

要注意，有两种情况可能会造成渗透剂堆积产生假显示，与真正的表面裂纹和不连续相混淆。

第一种情况是清洗不足引起的。如果在渗透剂停留时间满足后，不对表面多余的渗透剂进行水洗或溶剂清洗，则未除去的渗透剂将是可见的。清洗不完全的情况一般很容易辨认，因为渗透剂是在一大片区域，与真正的小范围边界清晰的缺陷痕迹差别很大。若某个部位有未清洗干净的渗透剂，则该部位应该重新处理。

第二种情况可能是在零件相互配合时产生的。如车轮压入轴上，渗透剂将在配合线上产生显示。这是完全正常的，因为这两个部分不应该焊接在一起。这种类型的显示很容易识别，因为它们在形态和形状上都是规则的。

8.2.4　涡流检测法

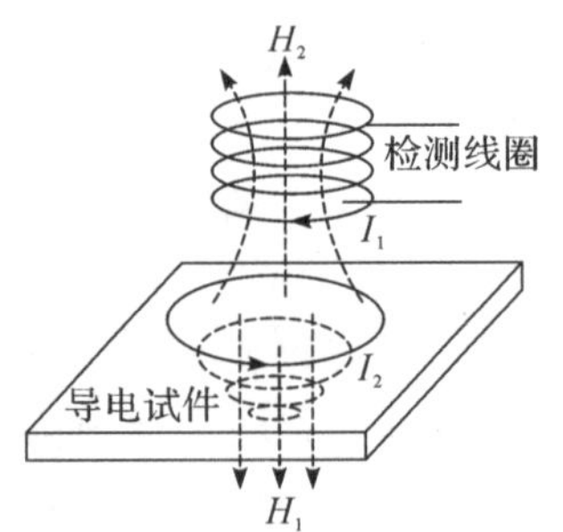

图 8.2　涡流检测原理图

涡流检测法(Eddy Current Inspection)是以电磁感应原理为基础的，如图 8.2 所示。给检测线圈(激励线圈)施加一个交变电流 I_1，检测线圈周围会产生一个快速衰减的磁场 H_1(一次磁场)，当激励线圈接近导电试件时，这个变化的磁场就会使得导体上产生脉冲涡流 I_2，而且涡流会在试件内移动，同时会产生一个涡流磁场 H_2(二次磁场)，涡流磁场会作用于检测线圈，导致检测线圈的参数改变。如果试件表面(或近表面)上存在缺陷，缺陷就会影响涡流的分布，进而影响涡流磁场，所以就会反映在检测线圈上，通过处理线圈相关参数的变化可以到达检测缺陷的目的。

涡流检测可以在不去除底漆、涂料和阳极氧化膜等表面涂层的情况下进行，它可以有效检测表面和近表面的腐蚀、缺陷和热处理状态。在飞机维修领域，涡流用于检查机翼蒙皮、机轮、螺栓孔、喷气发动机涡轮轴和叶片、火花塞孔等部位的裂纹或热损坏。图 8.3 为技术员在进行铝机轮的涡流检测。

涡流检测也可用于因火或高温损伤的铝制飞机的修理中。相同的金属在不同硬度的状态下，会有不同的仪表读数。将受影响区域的读数与已知未受影响区域的相同材料进行比较，读数的差异表明受影响区域硬度状态的变化。在飞机制造厂，涡流检测是用来检查铸件、冲压件、机械零件、锻件和挤压件。

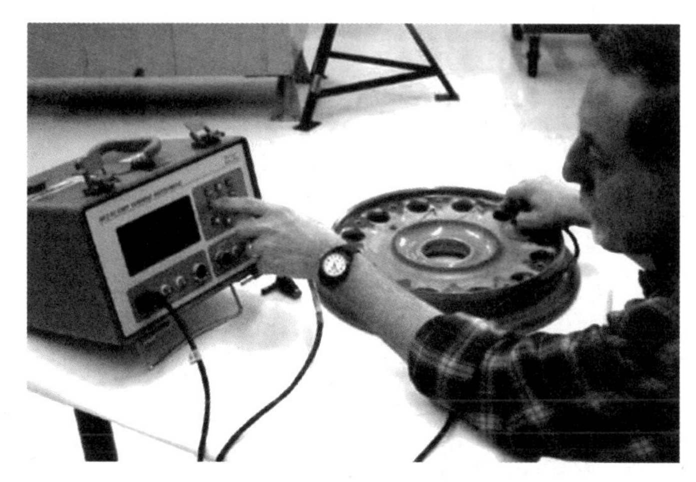

图 8.3　铝机轮的涡流检测

涡流检测的基本步骤如下。

(1)预处理。消除工件表面的污物、金属屑，尤其是非磁性金属工件上的磁性金属屑和不均匀的涂层。

(2)准备设备器材。根据检测对象确定涡流检测系统组成，该系统包括合适的仪器、探头和对比试件，必要时需准备专用工夹具及辅助设备。

(3)涡流系统的标定。选择适当的检测频率、探头驱动电压、X/Y 增益比等参数，在对比试件上调节相位、增益使对比试件上的不连续性信号达到工艺文件的要求，必要时需设置滤波器、报警阈值等。

(4)扫查。对检测区域进行扫查，扫查方向应尽量垂直于可能产生裂纹的方向，扫查间距一般不应大于检测线圈的直径。对于出现可疑信号的部位，应从不同方向反复扫查，以确定是否存在缺陷，必要时可用其他无损检测方法验证。

(5)系统重新标定。涡流检测系统每连续工作 2 个小时或每次检测结束后均应重新标定，若发现检测灵敏度低于工艺文件的要求，则自上次标定正常至本次检测之间所有的被检件应重新进行检测。在检测过程中，涡流检测系统的任何部分改变或检测参数变化，系统均应重新标定。

(6)结果评定。确定缺陷的位置、大小、形状，根据工艺文件规定确定被检件是否可用并签发检测报告或签署工作单。

8.2.5　超声波检测法

超声波检测(Ultrasonic Inspection)是利用超声波与试件相互作用，就发射、透射和散射的波进行研究，以检测试件缺陷的方法。超声波检测设备可以在所有类型的材料中检测到缺陷。微小的裂纹、缺陷和 X 射线不能看到的气孔，通过超声波检测都可以确定。超声波检测设备只需要检侧待测材料的一个表面，可以使用直射式检测或斜射式检测。

超声检测需要熟练的操作人员，熟悉所使用的设备以及用于检测不同工件的检测方法。

图 8.4 为用于复合材料的超声检测。

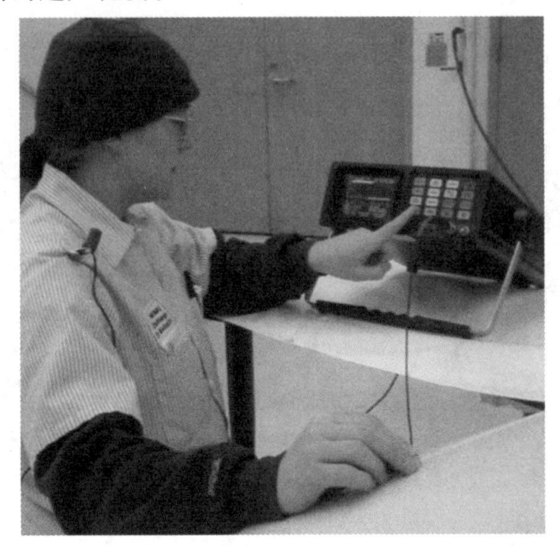

图 8.4　复合材料的超声检测

超声波检测有两种基本方法。第一种方法是浸泡检测法。这种方法中，工件和探头不必直接接触，但两者要完全浸没在耦合液体里(可以用水或任何其他合适的液体)。第二种方法称为接触检测法，适合现场使用，是本节重点讨论的方法。在这种方法中，须在工件和探头相对的两个面上涂上黏性液体，使其润湿，然后直接接触。

按原理的不同，超声波检测分为脉冲反射法、穿透法和共振法。

1. 脉冲反射法

脉冲反射法(Pulse Echo)是通过测量反射信号的振幅和这些信号在特定表面和不连续介质传播所需的时间来检测缺陷。原理如图 8.5 所示。当超声波遇到由声阻抗不同的介质构成的界面时，将会发生反射现象。采用一个兼作发射器和接收器的探头，接收信号并在检测仪的显示器上显示，根据缺陷及底面反射波的有无、大小及其在时基轴的位置来判断缺陷的有无、大小及其位置。

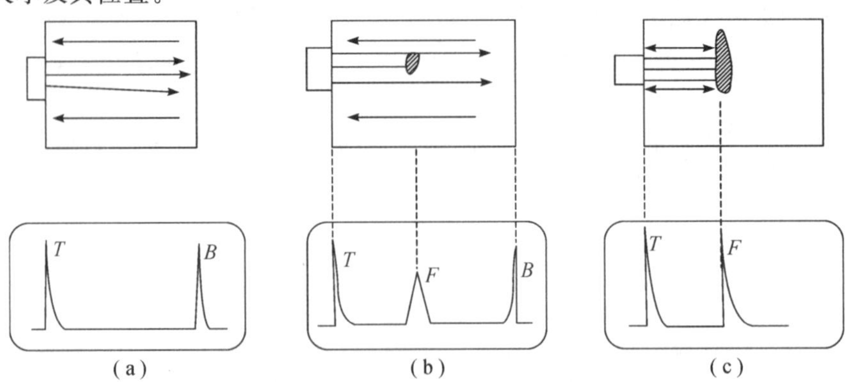

图 8.5　脉冲反射检测原理

(a)无缺陷；(b)小缺陷；(c)大缺陷

T—始发脉冲；F—缺陷回波；B—底面回波

通过斜射式，脉冲反射法也可以检测不在探头正下方的缺陷。直射式与斜射式不同之处，仅在于超声波通过被检测材料的方式不同。探头的波束通过一个石英晶体，折射后以一定的倾斜角射入工件，并在材料表面或任何分界面发生连续的反射如图 8.6 所示。在直射式检测中，显示器上始发脉冲和第一个回波之间的水平距离代表了工件的厚度；在斜射式检测中，这一距离代表的是工件从探头处到对面边缘的宽度。

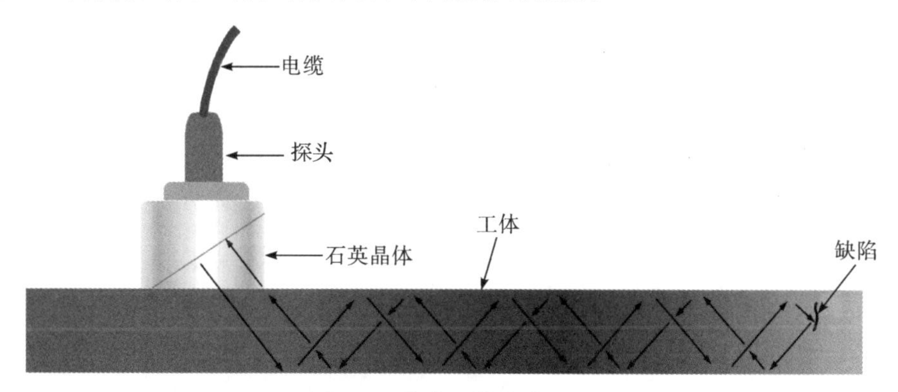

图 8.6　脉冲反射检测原理

脉冲反射法的优点是灵敏度高。当反射声压为起始声压的 1%时，即能检测出，可发现较小的缺陷。由于探测面至缺陷的声程距离可用缺陷波在显示器时基轴上的位置表示，据此可对缺陷进行定位，定位精度较高。

2. *穿透法*

穿透法(Through Transmission)检测使用两个探头，一个发射探头产生脉冲波，另一个接收探头放在工件对面表面接收波束。波束路径的扰动代表缺陷，会显示在显示器上。相对于脉冲反射法，穿透法检测对小缺陷不够敏感。

3. *共振法*

超声波在被检测工件内传播时，若工件的厚度为超声波半波长的整数倍，将产生共振(Resonance)，仪器显示共振频率。用相邻的两个共振频率之差，由以下公式可计算出工件的厚度：

$$\delta=\frac{\lambda}{2}=\frac{C}{2f_0}=\frac{C}{2(f_m-f_{m-1})}$$

式中　δ——工件厚度；

λ——波长；

C——工件声速；

f_0——工件固有频率；

f_m, f_{m-1}——相邻的两个共振频率。

当工件内部存在缺陷或其厚度发生变化时，共振频率也将改变，根据工件的共振特性来判断缺陷情况和工件厚度的方法称为共振法。

共振法主要用于工件的厚度测量，尤其适用于工件的两面均光滑、平行，背面又难以到达的检测现场。与脉冲法不同之处在于，共振法的超声波频率可以连续变化。超声共振厚度仪可用于测量诸如钢、铸铁、黄铜、镍、铜、银、铅、铝和镁等金属的厚度。此外，油箱、管道、机翼蒙皮和其他结构的腐蚀或磨损区域可以用共振法定位和评估。

8.2.6 磁粉检测法

1. *基本原理*

磁粉检测法(Magnetic Particle Inspection)是检测铁和钢等铁磁性材料中不可见裂纹等缺陷的一种方法。当铁磁性工件被磁化后，如果工件表面或近表面存在缺陷，会造成局部磁阻增大，磁力线在缺陷附件弯曲，呈绕行趋势。图 8.7 为周向磁化和纵向(轴向)磁化后，缺陷工件的磁力线分布情况。溢出的磁力线叫缺陷漏磁，形成缺陷漏磁场，此漏磁场将吸引、聚集检测过程中施加在工件表面的磁粉，形成缺陷显示。此方法不适用于非铁磁性材料。

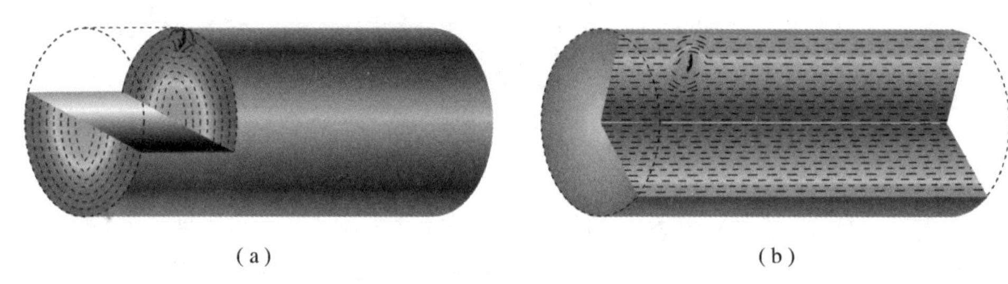

(a) (b)

图 8.7 含缺陷工件的磁力线分布

(a)周向磁化；(b)纵向磁化

在快速旋转、往复运动、振动和其他高应力的飞机部件中，小的缺陷往往发展到导致部件完全失效的程度。磁粉检测已被证明能可靠而快速地检出这些位于表面或近表面的缺陷。利用这种检测方法，能确定缺陷的位置，并给出大致的尺寸和形状。

2. *磁粉施加方法*

磁粉施加有湿法和干法两种方法。磁粉悬浮在油、水或其他液体介质中使用称为湿法，它是在检测过程中，将磁悬液均匀分布在工件表面上，利用载液的流动和漏磁场对磁粉的吸引，显示出缺陷的形状和大小。湿法检测中，由于磁悬液的分散作用及悬浮性能，可采用的磁粉颗粒较小。因此，它具有较高的检测灵敏度。特别适用于检测表面微小缺陷，例如疲劳裂纹、磨削裂纹等。湿法经常与固定式设备配合使用，也与移动和便携式设备并用。用于湿法的磁悬液可以循环使用。在飞机部件的检验中通常采用湿法。

干法又称干粉法，在一些特殊场合下，不能采用湿法进行检测时，而采用特制的干磁粉按程序直接施加在磁化的工件上，工件的缺陷处即显示出磁痕。干法检测多用于大型铸、锻件毛坯及大型结构件、焊接件的局部区域检查，通常与便携式设备配合使用。

无论湿法或干法检测，在进行检测前必须将油渍和污垢从工件中清洗干净。清洁是非常重要的，因为任何油污或其他外来物可能会吸引磁粉，从而产生虚假显示。在缺陷处，足够多的油脂或外来物也会阻碍缺陷显示的形成。注意，依靠磁粉悬浮液清洗工件是不可取的。悬浮液清洗并不彻底，而且从工件中洗掉的杂质又会污染悬浮液，从而降低其有效性。清洁过程中，所有的开口和连通内部的油孔都应用石蜡或其他合适的非腐蚀性材料封堵。

镉、铜、锡和锌的涂层一般不会影响磁粉检测的效果，除非涂层非常厚，或工件不连续界面非常小。镀铬和镀镍一般不会干扰金属基体表面的裂纹显示，但会影响细小不连续性的显示，如夹杂物的情况。由于镍的强磁性，镀镍比镀铬更大程度地影响了显示的形成。

3. *磁化方法*

磁粉检测的第一步是对要被检测工件进行磁化。当缺陷方向与工件上建立的磁场磁力线夹角为 90°时，漏磁最严重，缺陷显示得最清晰；当夹角小于 45°时，灵敏度将明显下降；当夹角为 0°时，缺陷可能不会显示出来，如图 8.8 所示。因此，需要进行两个单独的磁化操作，分别为周向磁化和纵向（轴向）磁化。

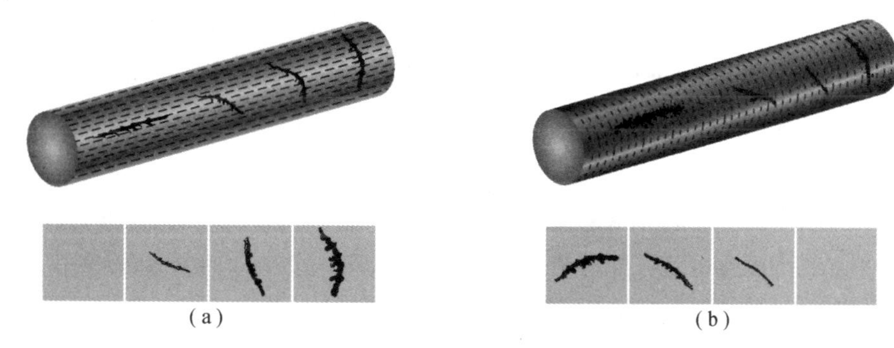

图 8.8　工件磁化方向对缺陷显示的影响

(a)纵向磁化及缺陷显示；(b)横向磁化及缺陷显示

(1)周向磁化。给工件直接通电，或者使电流流过贯穿工件中心孔的导体，从而在工件中建立一个环绕工件并且与工件轴线垂直的闭合磁场。周向磁化用于发现与工件轴线（或电流方向）大致平行的缺陷。图 8.9 为凸轮轴的周向磁化。

图 8.9　凸轮轴的周向磁化

(2)纵向磁化法。电流通过环绕工件的线圈，使工件中的磁力线平行于线圈的轴线。纵向磁化用于发现与工件轴线相垂直的缺陷。利用电磁轭磁化使磁力线平行于工件纵轴亦属于这一类。图 8.10 为曲轴的纵向磁化。注意，当磁化工件很长时，需要沿着工件移动线圈，确保工件在整个轴向范围的磁化强度。

图 8.10 曲轴的纵向磁化

4. *磁粉检验方法*

当工件被磁化后，只要磁化电流保持不变，工件磁场强度就会达到磁化电流对应的最大值，并保持不变。当磁化电流去除时，磁场强度会降低到一个较低的剩余值，剩余值取决于材料的磁性和工件的形状。这些磁特性决定了用连续法还是剩磁法进行磁粉检测。

连续法在对工件充磁的同时，往工件上喷洒磁粉或磁悬浮液，并进行检查。这种方法能以较低的磁化电流达到较高的灵敏度，特别适合剩磁磁性低的材料。相对于剩磁法，连续法在飞机结构检测中应用更广泛，尤其在近表面的缺陷检测中。但缺点是操作起来不太方便，检查效率低。

剩磁法利用工件充磁后的剩磁进行检查。这种方法操作简单方便、效率高，但需要用较大的磁化电流，而且只适用剩磁感应强的材料，例如已经热处理的钢。

5. *显示识别*

磁粉显示的主要特征包括外形、积聚量、宽度和清晰度。利用这些特征，首先区分不同类型的缺陷，其次确定缺陷的严重程度。最容易辨别的显示是表面的裂缝。这些不连续界面包括疲劳裂纹、热处理裂纹、焊缝和铸件中的收缩裂纹和磨削裂纹。疲劳裂纹的一个例子如图 8.11 所示。正确识别显示的特征是非常重要的，但有时仅仅依靠观察磁痕显示是很难做出全面的损伤评估的。

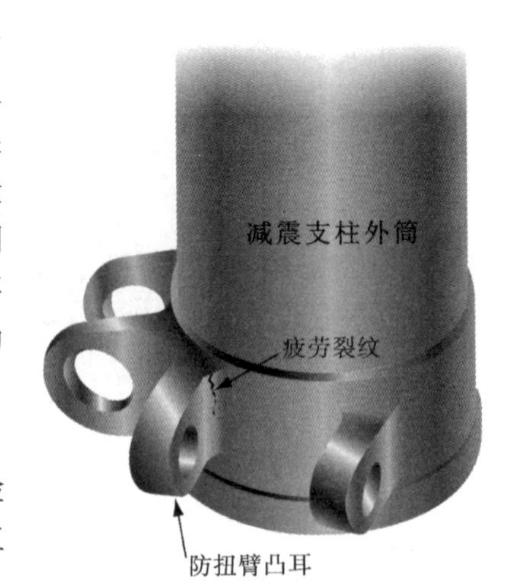

图 8.11 主起落架疲劳裂纹

6. *退磁处理*

使工件的剩磁回零的过程叫退磁。工件经磁粉检测后所留下的剩磁，会影响工件复位后周围仪表的工作精度和功能，或者吸引铁屑造成齿轮等表面的磨损。有时工件中的强剩磁场会干扰焊接过程，引起电弧的偏吹，或者影响以后进行的磁粉检测。因此，当工件检测完成，必须做退磁处理，才能重新恢复使用。当工件进行两个以上方向的磁化后，若后道工序不能克服前道工序剩磁影响时，也应进行退磁处理。

退磁的基本原理是，把工件放入磁场中(退磁的起始磁场强度大于或等于磁化时的磁场强度)，然后不断改变磁场的方向，同时使其逐渐减小到零，即可除去工件的剩磁。退磁的方法有以下 3 种。

(1)将工件从交流磁化线圈中移开。把工件放在通有交变电流的磁化线圈中，然后缓慢地将工件从线圈中移出。对焊缝表面可采用磁轭作局部退磁，其方法是把磁极放在其表面上，围绕着该区域移动，保持电磁轭处于激励状态，让焊缝表面缓慢移开。

(2)减小交流电。把工件放入磁场中，其位置不变，逐渐减小交流电，把磁场降低到规定值。

(3)直流换向衰减退磁。为了使工件内部能获得良好的退磁，可让电流通过工件，并不断切换电流的方向，同时使电流逐渐衰减至零。由于直流磁化比交流磁化穿透得深，所以直流退磁比交流退磁效果要好。

8.2.7　X 射线检测法(X Radiographic Inspection)

X 射线与自然光并没有本质的区别，都是电磁波，只是 X 射线的光量子的能量远大于可见光。它能够穿透可见光不能穿透的物体，而且在穿透物体的同时将和物质发生复杂的物理和化学作用，可以使原子发生电离，使某些物质发出荧光，还可以使某些物质产生光化学反应。如果工件局部区域存在缺陷，它将改变物体对射线的衰减，引起透射射线强度的变化，这样，采用一定的检测方法，比如利用胶片感光，来检测透射线强度，就可以判断工件中是否存在缺陷以及缺陷的位置、大小。当采用感光胶片来检测射线强度时，内部有缺陷的部位就会在感光胶片上留下黑度较大的影像(见图 8.12)。

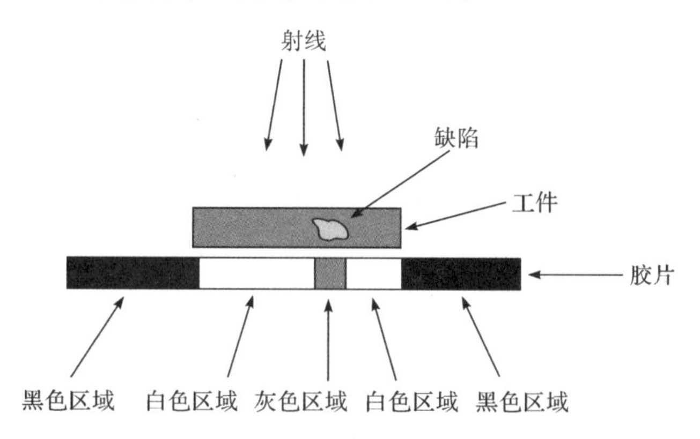

图 8.12　射线照相法检测缺陷

射线探伤技术用于确定机身结构或发动机的缺陷或瑕疵，仅需少量甚至无需拆卸工件。而对于其他类型的无损检测，通常在检测之前，需要将检测部分拆除、分解和剥离油漆。射线检测不但可以检测出材料表面缺陷，还可以检测出材料内部缺陷；对目视可达性差或被其他构件覆盖的构件，如蒙皮覆盖下的桁条、框、肋等，都可以用 X 射线检测法来检查损伤情况。由于 X 射线有损害健康的风险，检测人员要做好防护，只有经过严格培训的合格技术人员才允许操作 X 射线设备。

8.2.8 声发射检测法

材料中因裂缝扩展、塑性变形或相变等引起应变能快速释放而产生的应力波现象称为声发射(Acoustic Emission Inspection)。利用接收声发射信号研究材料、动态评价结构的完整性称为声发射检测技术。声发射作为一项动态无损检测技术,需要将声发射传感器放置在飞机结构的不同位置,并施加载荷或应力。机身受力结构中的裂纹和腐蚀区域发出的声波由传感器记录。声波的特征数据可以用来定位缺陷,并评估缺陷的发展,得到缺陷发展与荷载应力之间的函数。

相对于其他无损检测技术,声发射检测方法的优势是一次检测就能够确定结构中所有的缺陷。由于飞机结构的复杂性,在飞机无损检测中应用声发射检测对测试技术和数据处理能力都提出了全新的要求。

扩展阅读

涡流探伤技术

2017年,西藏航空公司一架从成都飞往拉萨的航班上,机长在飞行中突然接到了左侧发动机过热的警报。机组人员马上启动了备用的右侧发动机,将飞机安全降落在成都双流机场。经过检查,机械师发现是左侧发动机的燃气涡轮叶片出现损伤,导致了过热。

为了彻底排查这个问题,机械师必须要彻底检查左侧发动机的燃气涡轮叶片。但是,燃气涡轮叶片位于发动机内部,机身外部无法直接观察。如果要将发动机拆开,那么检查会非常耗时费力,并且会对飞机的正常运行造成较长时间的影响。

此时,无损探测技术就派上了用场。机械师使用了一种名为"涡流探伤"的技术,这种技术可以在不拆开发动机的情况下,通过涡流感应检测设备和电子探头,探测出燃气涡轮叶片中的损伤情况。通过使用这种技术,机械师们最终确认了损伤的具体位置,并及时修复了叶片,确保了飞机的安全运行。

这件事情充分展示了无损探测技术在航空维修中的重要性和应用价值,它不仅可以有效地排查隐患和损伤,而且可以节省维修成本和时间,提高维修效率,确保飞机的安全运行。

习　题　8

一、选择题

1. 鸟击造成的损伤属于(　　)。

A. 磨损　　B. 腐蚀　　C. 划痕　　D. 凹坑

2. 生锈造成的损伤属于(　　)。

A. 磨损　　B. 腐蚀　　C. 划痕　　D. 凹坑

3. 按损伤程度,损伤可以分为(　　)。

A. 允许损伤　　B. 可修理损伤　　C. 必须更换损伤

4. 发动机孔探属于(   )。

A. 内窥镜检测 B. 渗透检测 C. 磁粉检测 D. 射线检测

5. 不适用于非磁铁性材料的检测方法是(   )。

A. 超声检测 B. 渗透检测 C. 磁粉检测 D. 射线检测

6. 可以检测材料内部缺陷的检测方法是(   )。

A. 超声检测 B. 渗透检测 C. 磁粉检测 D. 射线检测

7. 需要用到染色剂或荧光剂的检测方法是(   )。

A. 超声检测 B. 渗透检测 C. 磁粉检测 D. 射线检测

8. 应用电磁感应原理的检测方法是(   )。

A. 超声检测 B. 渗透检测 C. 涡流检测 D. 射线检测

9. 按原理不同,超声检测可以分为(   )。

A. 脉冲反射法 B. 穿透法 C. 共振法 D. 接触法

10. 工件磁化方向与缺陷的夹角为(   )时,缺陷显示最清晰。

A. 0° B. 45° C. 90° D. 180°

11. 使工件剩磁回零的过程叫(   )。

A. 退磁 B. 磁化

12. 最可能实现原位检测的方法是(   )。

A. 超声检测 B. 渗透检测 C. 磁粉检测 D. 射线检测

二、问答题

1. 磁粉检测的基本原理是什么?它主要的检测步骤有哪些?

2. 渗透检测的基本原理是什么?它主要的检测步骤有哪些?

第9章 非正常事件

📖知识及技能

✍ 理解非正常事件的概念。

✍ 掌握雷击检查、HIRF穿透检查、重着陆检查和飞机经过严重紊流区检查的方法。

9.1 雷击检查

9.1.1 概述

闪电是在高带电云层间的放电或带电云层与大地之间的放电。如果飞机在飞行中或处于地面靠近这样的云层,就可能遭遇雷击。飞机的外部金属结构是最基本的雷击保护层,在遭到雷击时金属表面有如屏蔽板一样,允许大电流通过,以防止飞机内部部件损伤。对于不导电复合材料的外部部件,采用了特殊工艺——使复合材料表面层的金属箔导电,以减少雷击损伤。

雷击常常被认为是静电放电。这种观点是不正确的,并且会使我们认为装在飞机表面上的静电放电器(放电刷)可以防止雷击。实际上,这些放电刷只能放掉飞机上的静电,而不能达到防闪电功能。放电刷经常被闪电击中而损坏。

当飞机在空中飞行时,由于与空气中的水汽和尘土等互相摩擦碰撞,因而使飞机产生静电。当静电积聚到一定程度时,飞机本身就可以把静电释放掉。如果飞机上带有静电,它就会产生噪声,干扰无线电的接收工作。放电刷的作用就是释放静电,防止无线电干扰。

雷击至少有一个接触点(或损伤进入点)和一个出口点。飞机不可能存储闪电能量,典型的雷击出入点是飞机的尖端部位,如机头、翼尖、升降舵和安定面尖端、天线和发动机,如图9.1(区域1)所示。雷击也可能发生在区域2和区域3。

雷击通常造成一些小圆孔状的烧痕,直径大约1/8 in,此烧痕或集中于一处或随机地分布于大面积范围内,当雷击强度非常大时,甚至可能造成直径1/4 in或更大的孔,雷击的其他迹象是蒙皮和铆钉的烧痕或褪色。

闪电会使飞机上用铁磁性材料制成的部件严重磁化。雷击发生时,如果有大的电流流过飞机结构,就会产生这种磁化现象。

9.1.2 雷击检查方法

1.雷击检查的工作项目

(1)检查飞机外表面是否遭到雷击。

(2)检查飞机内部部件是否遭到雷击。

(3)检查并操作无线电与导航系统。

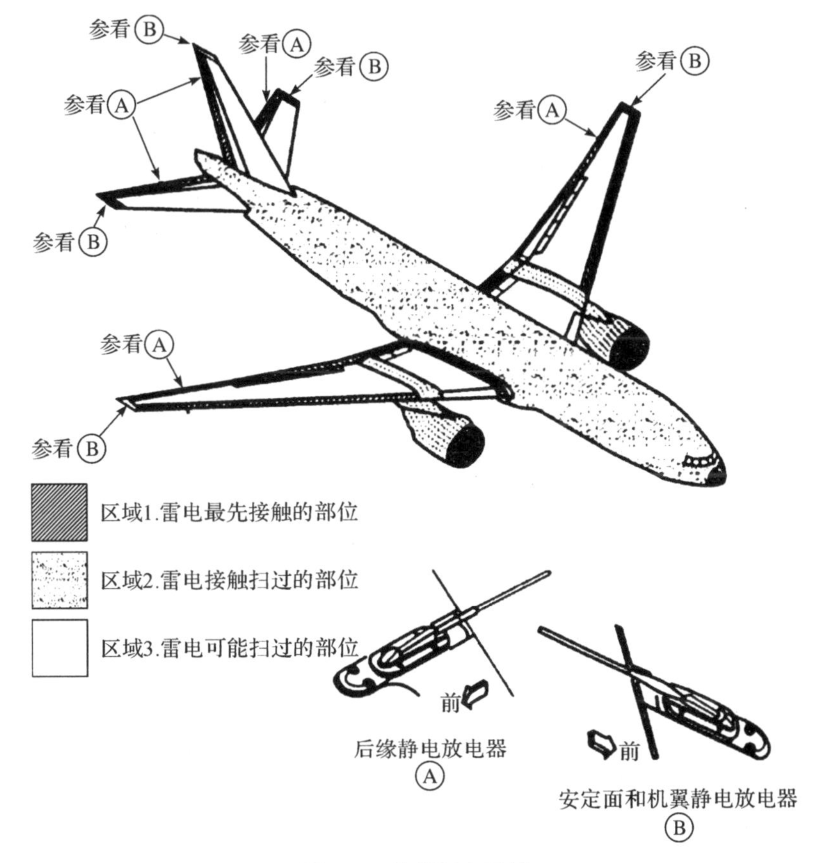

图 9.1　外部雷击区域

2. 检查步骤

如果飞机遭到雷击,必须按下列步骤进行检查。

(1)环绕飞机进行总的检查以找到雷击和静电放电的区域。

(2)对所发现的损坏迹象进行细致检查以发现损坏的数据。

3. 雷击检查的主要区域

(1)飞机外表面。

(2)静电放电器。

(3)燃油系统活门。

(4)综合驱动发电机(IDG)及相关导线。

(5)飞机尾部的液压接头。

(6)无线电系统。

(7)导航系统。

(8)搭铁带。

扩展阅读

全机雷击检查系统

雷击是飞行安全中的一个重要问题，因为当飞行器遭遇雷击时，电磁脉冲和电压可能会破坏飞行器的电子设备和系统。因此，雷击检查是飞机安全的关键环节之一。

在过去，雷击检查是一项费时费力的工作。传统的雷击检查方法需要将整个飞机拆开，逐个检查每个部件。这不仅非常耗时，而且还会给飞机带来额外的成本和风险。

为了解决这个问题，我国科学家和工程师研发出了一种先进的雷击检查技术，名为“全机雷击检查系统”。该系统利用高精度的电磁场仿真技术，可以在数小时内检查整个飞机，识别出雷击损伤的位置和程度。这大大提高了雷击检查的效率和准确性，同时还可以节约大量时间和成本。

这项技术在我国的民用和军用航空领域得到广泛地应用。例如，在2017年的珠海航展上，中国航空工业集团展示了其最新的“全机雷击检查系统”，引起了广泛关注和赞誉。

这项技术的成功研发，不仅为我国飞行器安全带来了重要的贡献，同时也证明了我国在航空科技和工程领域的领先地位。

9.2 HIRF 穿透后的检查

9.2.1 概述

HIRF是高能辐射场(或高能辐射区)的英文缩写。HIRF环境的频率范围是从10 kHz～40 GHz。

现代飞机的飞行越来越依靠复杂的、高度集成的电子/电气系统。日益增加的电子设备改变了飞机本身的电磁环境，增加了电磁干扰；为了减少飞机重量，使用了大量的非金属复合材料，这就降低了屏蔽外部发射源的辐射能力；而外部发射源无论在数量上还是在功率上都有了很大的增加，这些发射源包括以地面为基地的军用系统、通信、电视、无线电、雷达和卫星中继发射机，同时还有移动发射源，如：舰船、其他飞机等。研究表明，起关键作用的飞机电子/电气系统很可能经不住HIRF产生的电磁环境而发生故障或失效。因此，HIRF对航空安全构成了威胁。

9.2.2 抑制电磁干扰的几种常用方法

接地、屏蔽、滤波这三种常用方法在电路和系统中都具有独特的作用，但它们有时也相互关联。接地良好，可以降低电子/电气设备对屏蔽的要求，而良好的屏蔽也可使滤波的要求低一些。从对系统影响方面考虑，接地可以降低干扰频率的能量，屏蔽通过隔离辐射耦合途径降低干扰的辐射能量，而滤波将传导干扰的频率能量进行衰减。

1. 接地

接地，一般定义为电路或系统的零电位参考点。直流电压里的零电位点或零电位面不一定为实际的大地，可以是设备的外壳或其他金属板线。

接地是电路或系统正常工作的基本技术要求之一，因为一些电路的电流需经过地线成回路，而地线或接地平面总有一定的阻抗，该公共阻抗使两接地点间形成一定的电压，产生接地干扰，而恰当的接地方式可以给高频干扰信号形成阻抗通路，从而抑制了高频信号对其他电子设备的干扰。

可以说，良好的接地可以提高元器件及设备本身的性能，降低自身的干扰电平，提高自身的抗干扰能力，在设备设计阶段应特别引起重视。

2. 屏蔽

屏蔽有两个目的，一是限制内部辐射的电磁能量泄露出该内部区域，二是防止外来的辐射干扰进入某一区域。屏蔽可分为电屏蔽、磁屏蔽和电磁屏蔽三种，一般指的是电磁屏蔽，即是指用来防止交变电磁场的影响。

一个屏蔽体所具有的三种衰减作用：一是因为空气与金属交界阻抗的不相同而使得入射能量被屏蔽体表面所反射，称反射损耗 R，其衰减作用与金属厚度无关；二是当入射能量通过屏蔽体时被吸收衰减，称吸收损耗 A；三是当入射能量通过屏蔽体内部到达屏蔽体另一面，由金属与空气交界阻抗不同引起的反射衰减，称多重反射损耗 B。

屏蔽效率 S 可以表示为

$$S=R+A+B$$

金属的反射损耗不仅与材料本身的特性(电导率、磁导率)有关，而且与金属板所处位置有关。在近区，电场的反射损耗大于磁场的反射损耗；在低频，吸收损耗较小，屏蔽作用以反射损耗为主；到高频段，随着频率的上升，吸收损耗增加得很快，而反射损耗却随着频率的上升而下降，这时屏蔽效能以吸收损耗为主。

在屏蔽体较厚时，由于吸收损耗较大，到达屏蔽层另一面的频率能量很低，这时候多重反射损耗的影响就很小了。在屏蔽体很薄或频率很低时，吸收损耗很小，这时候就必须考虑多重反射损耗。如在现代电子设备中，各种工程塑料机箱逐渐增多，为使之具有电磁屏蔽作用，可采用喷涂、真空沉淀和粘贴等技术在机箱上包覆一层导电薄膜。

另外，屏蔽的同时需要良好的接地。这是因为不接地的屏蔽体由于高频的趋肤效应，其干扰频率的感应电荷会出现在屏蔽体表面，起不到屏蔽作用。屏蔽体接地良好与否，直接影响其屏蔽效率的好坏。一般屏蔽体接地应采用螺接或焊接方式直接与机箱的母地线连接。

3. 滤波

滤波是指从有噪声或干扰的信号中提取有用信号分量的一种方法或技术。即使对于设计很好且具有正确接地良好屏蔽措施的系统，仍然会有干扰能量传导进入该系统，只有通过滤波器才能使干扰信号减少到满意的电平上。

9.2.3　HIRF 防护检查

1. HIRF 防护检查的目的

HIRF 防护检查的目的是检查导线束及其插头是否存在问题。如果发现导线束发生损伤，须进行彻底的修理或更换。

2. HIHF 防护检查的主要区域

HIRF 防护检查的主要区域如图 9.2 所示。

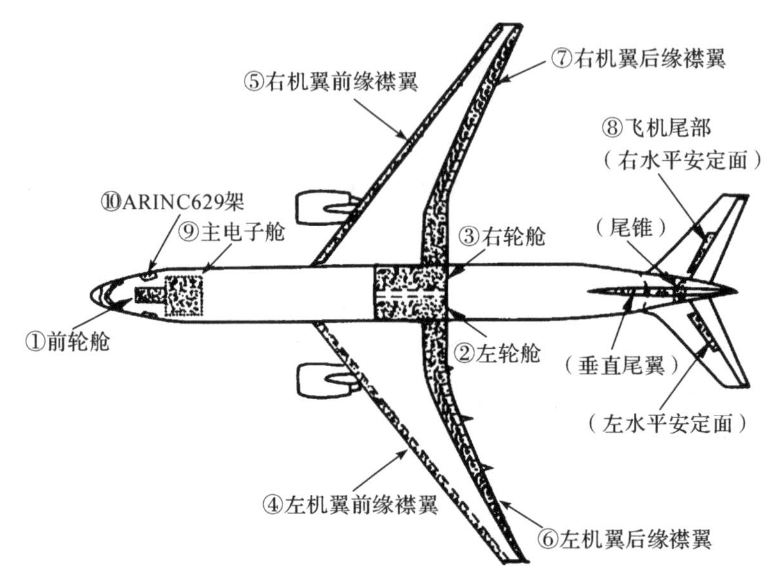

图 9.2　HIRF 防护检查的主要区域

扩展阅读

飞行实验电磁兼容检测系统

在过去，由于技术限制，飞机高频度辐射场（High-Intensity Radiated Field，HIRF）穿透检查一般是在停机坪上进行的，这样做存在一定的局限性。因为 HIRF 穿透检查需要对飞机的各个部位进行全面的辐射测试，而停机坪上的测试环境无法模拟真实的飞行条件。为了解决这个问题，我国的科学家和工程师进行了一项探索性的研究，试图在飞行中对飞机进行 HIRF 穿透检查。

他们设计了一架名为“飞行实验电磁兼容检测系统”的飞机，该飞机可以在飞行中对其他飞机进行 HIRF 穿透检查。这项技术不仅可以大大提高 HIRF 检查的效率和准确性，而且可以在真实的飞行条件下进行测试，进一步保证了飞行安全。

这项技术的研发对于我国的航空安全具有重要的意义，同时也体现了我国在航空科技和工程领域的领先地位。

9.3　重着陆检查

9.3.1　概述

所谓重着陆一般包括硬着陆、高阻力/侧超荷着陆和超重着陆。

(1)硬着陆。无论何时，虽然飞机本身重量低于最大设计着陆重量(MLW)，但飞机在着陆接地时垂直加速度过大，接地载荷超过了该机型给定的限制值，这种类型的着陆就是硬着陆。

(2)高阻力/侧超荷着陆。无论何时，飞机提前在草坪上而未在主跑道上着陆，着陆时使两个或更多的轮胎爆裂以及在跑道上因刹车滑行而导致飞机一定程度的损坏，这种着陆就是高阻力/侧超荷着陆。

(3)超重着陆。飞机以最大设计着陆重量(MLW)以上的重量着陆，该种着陆称之为超重着陆。

9.3.2　重着陆检查方法

重着陆检查分为第Ⅰ阶段和第Ⅱ阶段，如果按第Ⅰ阶段检查未发现损坏，则不需要进一步的检查。如果在第Ⅰ阶段检查中发现了损坏或故障，则必须按相应机型维修手册的第Ⅱ阶段完成检查。

在本状态检查，当要求对某个部件进行“检查”时，均包括对下列状态的检查(按需要进行部件的更换或修理)。

(1)裂缝。

(2)结构拉脱。

(3)漆层剥落。

(4)部件扭曲。

(5)部件弯曲。

(6)结构中的皱褶和翘曲。

(7)紧固件孔变大变长。

(8)紧固件松动。

(9)紧固件拉脱或丢失。

(10)分层(部件中的一层或多层被拉开)。

(11)部件不对中。

(12)纤维断裂不对中。

(13)干扰(部件之间的间隙不足)。

(14)变色(过热损伤)。

(15)划伤。

(16)其他的损坏迹象。

9.3.3　重着陆检查的项目

下面是飞机硬着陆、高阻力/侧超荷着陆或超重着陆后第Ⅰ阶段检查的项目。

1. 发动机吊架

检查吊架盖板、门和结构是否弯曲、裂纹，紧固件是否拉脱或丢失。

2. 大翼

(1)检查前缘整流罩是否错位，紧固件孔是否拉长或撕裂，蒙皮是否裂纹，紧固件是否拉脱或丢失。

(2)检查后缘后襟翼驱动杆、机构、整流罩后驱动杆是否变形、裂纹或是否有其他的损伤。

3.主起落架

检查主起落架包括以下10项内容。

(1)检查轮胎是否损坏。

(2)检查轮子是否裂纹。

(3)检查减震支柱是否漏油。

(4)检查减震支柱门和连接装置是否变形、裂纹或有其他的损坏。

(5)检查轴颈和减震支柱是否裂纹和螺栓是否变形。

(6)检查轴颈附加接头是否变形或裂纹。

(7)检查阻力支柱是否变形或裂纹。

(8)检查轮轴架位置控制机构及连接装置是否变形、裂纹或有其他损坏迹象。

(9)检查轮轴架梁是否变形、裂纹或有其他损坏迹象。

(10)检查起落架及起落架支撑结构是否漆层碎裂或裂纹。

4.前起落架

检查前起落架包括以下6项内容。

(1)检查轮胎是否损坏。

(2)检查轮子是否裂纹。

(3)检查减震支柱是否漏油。

(4)检查减震支柱是否变形、裂纹及漆层剥落。

(5)检查前轮舱是否翘曲、掉漆、裂纹以及特别靠近轴颈和阻力支柱支撑接头的前轮舱腹板紧固件是否拉脱或丢失。

(6)检查起落架及起落架支撑结构是否漆层碎裂或裂纹。

5.机身

检查飞机下后方机身结构是否有触地迹象。

扩展阅读

大国重器——C919上的飞机着陆监测系统

在飞机着陆时,如果速度过快或者角度不当,就会造成飞机的重着陆,也就是俗称的“硬着陆”。这种情况下,飞机的机身和底盘都会受到较大的冲击力,可能会导致机身和底盘的损坏,进而影响飞机的安全性能。

为了及时发现飞机的重着陆问题,我国的科学家和工程师研发出了一种名为“飞机着陆监测系统”的技术。这个系统可以通过对飞机的底盘和机身进行实时监测,来检测是否存在重着陆的情况。如果发现了重着陆问题,系统就会立即发出警报,以便机组人员及时采取措施避免飞机损坏。

这项技术在我国的航空领域得到广泛地应用,例如在中国商用飞机有限责任公司的C919大型客机上就采用了这种技术。该系统的研发不仅提高了飞机的安全性能,也为我国的航空科技和工程领域带来了新的进展和贡献。

9.4　飞行经过严重紊流区的检查

9.4.1　概述

飞行时的颠簸主要是由于空气的不规则的垂直运动,使飞机上升下沉。热力原因造成的颠簸有午后或太阳辐射最强烈时的强紊流,动力原因造成的颠簸产生在风切变和强烈的气旋流动中。如果飞机飞行经过严重的紊流区,会造成严重颠簸,即引起飞机高度和/或姿态上的大而突然的变化,飞机在短时间内失去控制,这通常会引起飞机空速上的大变化,系着座椅安全带的旅客和机组人员被剧烈晃动,无束缚的物体会在机内到处移动。严重的紊流可能会造成飞机结构上过度的垂直或横向变形。

9.4.2　检查方法

严重或异常的颠簸状况发生后,驾驶员必须做出是否要进行结构检查的决定。本检查也是用于失速、抖振或速度超过设计极限后的状态检查。

在本状态检查,当要求对某个部件进行“检查”时,均包括对下列状态的检查(按需要进行部件的更换或修理)。

(1)裂缝。

(2)结构拉脱。

(3)漆层剥落。

(4)部件扭曲。

(5)部件弯曲。

(6)结构中的皱褶和翘曲。

(7)紧固件孔变大变长。

(8)紧固件松动。

(9)紧固件拉脱或丢失。

(10)分层(部件中的一层或多层被拉开)。

(11)部件不对中。

(12)纤维断裂。

(13)不对中。

(14)干扰(部件之间的间隙不足)。

(15)变色(过热损伤)。

(16)划伤。

(17)其他的损坏迹象。

扩展阅读

空军飞机尾流辨识和预测系统

在我国的一次大规模军事演习中,飞行员发现自己的飞机在经过其他飞机的尾流区时,会出现不可控的“侧滑”现象，飞行员难以稳定飞行，这给演习的进行造成了很大的风险。

为了解决这个问题，我国科学家和工程师研发出了一种名为“飞机尾流辨识和预测系统”的技术。该系统可以通过多个传感器实时监测飞机尾流的强度、位置和方向，预测飞机经过尾流区时可能出现的情况，并自动调整飞机的姿态和航向，以保持稳定的飞行状态。

这项技术在我国的军用航空领域得到广泛应用，为军机的飞行安全提供了有力的保障。它不仅提高了飞机经过飞机紊流区的飞行安全性能，也为我国的军用航空科技和工程领域带来了新的进展和贡献。

习　题　9

一、选择题

1. 下列选项中不属于雷击检查工作项目的是(　　)。

A. 检查飞机外表面是否遭到雷击

B. 检查飞机内部部件是否遭到雷击

C. 检查并操作检查无线电与导航系统

D. 检查飞机发动机并试车

2. (多选)雷击检查的主要区域是(　　)。

A. 飞机外表面　　B. 静电放电器

C. 燃油系统活门　　D. 综合驱动发电机(IDG)及相关导线

E. 飞机尾部的液压接头　　F. 起落架系统

3. (多选)重着陆检查的项目主要有(　　)。

A. 发动机吊架　　B. 大翼

C. 主起落架　　D. 前起落架

E. 机身

二、填空题

1. 目测检查可以借用的简单工具有(　　)、(　　)、(　　)、(　　)和(　　)等。

2. 典型的雷击出入点是(　　)。

3. 重着陆一般包括硬着陆、(　　)着陆和(　　)着陆。

第10章　飞机地面操作和存放

📖知识及技能

✍ 掌握地面牵引的操作程序。

✍ 掌握飞机顶升的操作程序。

✍ 掌握飞机地面系留和停放的方法。

10.1　飞机的地面牵引

在航坪和滑行道上进行推/拖飞机的操作对于航线维护人员来说是经常要做的工作,甚至是一天工作中的主要任务。特别是在航班流量处于高峰的时段,机坪上各类进出港飞机、勤务车辆以及地面人员的活动十分频繁,如果再考虑到机场附近可能出现的恶劣气象条件或突发事件的影响,能否安全有效地执行飞机的推/拖任务,是对航线维护人员专业素养的一次考验。因此,负责飞机地面牵引的人员必须熟练掌握飞机推/拖的操作方法和注意事项。

10.1.1　执行人员的资格

负责拖行任务的地面指挥员和机上人员,应持有维修人员上岗合格证并经过相关机型的拖行培训。

10.1.2　执行人员的职责

1. 地面指挥员的职责

地面指挥员由跟随牵引车的维修人员担任。负责指挥牵引车司机开动牵引车或停车,指挥飞机上人员松刹车和使用刹车。在牵引飞机的过程中,指挥员应随时观察周围是否有障碍物,牵引杆连接是否正常。在遇有紧急/危险情况时,应及时通知飞机上人员和拖车司机使用刹车。当发生牵引杆断开而危及飞机安全时,应果断命令机上人员操纵刹车并命令牵引车迅速驶离飞机。

2. 机上人员的职责

在牵引飞机的过程中必须集中精力,注意观察,始终与指挥员保持联络。在紧急/危险情况时(如牵引杆断开),应及时使用刹车停住飞机。

3. 牵引车司机的职责

在认为对飞机安全有影响时,可自行停止牵引飞机,与指挥员联络后再行牵引。在紧急/危险情况时，应根据实际情况及时刹车停止牵引飞机或迅速驾驶牵引车远离飞机，同时应用对讲机报告指挥人员通知机上人员刹车。

4.地面监护人员的职责

负责观察飞机有关部位与障碍物之间的距离，保证飞机安全通过障碍物。在紧急/危险情况时，应使用事先约定的有效联络方法通知牵引车司机停止牵引飞机。在推/拖飞机进出机库和复杂区域时，如：无滑行线、小于安全距离等，必须派有监护人员。监护人员的数量和位置应根据飞机的牵引路线、区域复杂情况、能见度、飞机停放密度等情况决定。

10.1.3 牵引飞机前的准备

牵引飞机前的准备工作包括下列11项内容。

(1)检查飞机两侧对应油箱的油量应平衡，必要时进行导油操作。

(2)检查飞机刹车压力应在正常范围内。

(3)检查飞机机轮压力和减震柱压缩量应正常。

(4)安装起落架地面安全销、前起落架转弯销。

(5)关好登机门、货舱门和各种检查门。

(6)检查飞机上的设备和可能发生移动的物品应放置稳妥。

(7)打开飞机驾驶舱左侧窗并接通飞机内话系统，保证飞机内外通话清晰。

(8)检查适用该机型的牵引杆上的部件处于正常状态，将牵引杆连接到飞机上。

(9)检查飞机周围以及行驶路线范围内应无影响牵引的障碍物。

(10)在大风天气时，只有在符合维修手册规定的风速限制时，方可牵引飞机。

(11)夜间或能见度较差时，应接通航行灯和防撞灯并确认其工作正常。

10.1.4 牵引飞机的速度和转弯角度

在开阔地带牵引飞机的直线行驶速度不应超过10 $km \cdot h^{-1}$。通过障碍、复杂区域(无滑行线，小于安全距离和进出机库的区域)、有坡度地带的速度不应超过5 $km \cdot h^{-1}$。夜间和特殊天气拖飞机时的速度不得超过5 $km \cdot h^{-1}$。转弯时的速度不得超过3 $km \cdot h^{-1}$。牵引飞机进入停机位置的速度不得超过3 $km \cdot h^{-1}$。推飞机的速度不得超过5 $km \cdot h^{-1}$。

拖/推飞机转弯时应缓慢进行，不得超过该型飞机的最大牵引转弯角度。正常拖行的最大转弯极限标识被漆成红色的条带，位于前起落架舱门上。

10.1.5 牵引飞机的程序

维修人员应首先将牵引杆与飞机连接好，再指挥牵引车司机将牵引车与牵引杆连接好。指挥员在确保各项准备工作完成后撤出轮挡，戴好耳机向飞机上人员发出松刹车的指令。此驶舱人员应首先通过内话耳机提醒地面指挥员前轮转弯销是否插好，在得到确认后方可开刹车并向地面人员发出刹车已松开的信号。地面指挥员接到信号后应观察位于前起落架上的刹车指示灯并确认刹车已松开后，向牵引车司机发出开始牵引飞机的指令。

在飞机移动期间，地面指挥员应注意与拖车、牵引杆、前起落架机轮、主起落架机轮之间保持至少3 m以上的距离，还要注意观察拖行中的飞机与停放的飞机或移动中的障碍物之险间的净距(静止或移动的两物体间最近两点间的水平距离):翼展在24 m以下的飞机的净距不小于3 m;翼展在24～36 m的飞机的净距不小于4.5 m;翼展在36 m以上的飞机净距不小于7.5 m。

在夜间或能见度较低的情况下牵引飞机时,应打开航行灯和防撞灯,如有故障不能打开时,应加派监护人员为牵引车引导和监护飞机。遇有大雨、大雾、大风、大雪、黄沙等复杂天气情况时,维修人员应采取相应措施以保持翼尖的视线清晰可辨。同时要加强地面指挥和引导,加强机头、两机翼尖,机尾等各部位的监视,在即将到达指定停机位置时,地面指挥员应命令牵引车司机停车,下车后站在该型飞机前起落架机轮所应停止的黄线标识旁边,指挥牵引车缓缓前行。由于牵引道面存在冰雪使得牵引车打滑时,必须将冰雪清除后方可牵引飞机。

飞机停稳后,地面指挥员通过内话耳机通知机上人员实施停留刹车,在确认飞机停留刹车已刹好之后,挡好轮挡,再将牵引车与牵引杆的连接端脱开,并指挥牵引车司机驾驶牵引车慢速驶离飞机。最后将牵引杆从飞机上取下,并将其挂到牵引车上,牵引杆由牵引车带回并摆放至规定的位置。

推飞机的规定应参照牵引飞机的规定执行。

扩展阅读

疏忽大意,机头撞墙

2018年,中国海南航空公司一架波音737客机正在哈尔滨太平国际机场进行牵引操作,突然因为牵引车失控,飞机被拖行至机场停车坪墙壁,导致飞机机头受损。

事故原因是由于牵引车司机在操作时,未按照规定速度牵引,且未及时发现车辆失控,导致了事故的发生。该事件引起了人们对于地面操作的重视,航空公司对于机务人员的培训和监督也进一步加强。

这起事故再次提醒我们,在进行地面牵引操作时,需要操作人员严格按照规定程序进行,且注意随时观察车辆状态和安全情况,确保地面操作的安全性。同时,需要在平时加强机务人员的培训和监督,提高机务人员的技能和素质,以预防和避免类似的事故发生。

10.2 飞机的地面滑行

依据《中华人民共和国民用航空行业标准》中MH3145.33的规定,飞机的滑行只允许该机的驾驶员执行。对于现代大型商用飞机而言,飞机的地面滑行一般是指飞机落地后沿滑行线行驶并最终进入指定停机位的过程,我们称之为“进港滑行”。此外还包括“出港滑行”,即飞机由滑行道上的指定位置沿滑行线驶离站坪直至起飞跑道的过程。因此,在地面维护人员可视范围内的飞机的滑行安全以及与滑行紧密衔接的地面准备工作就显得尤为重要。

10.2.1 飞机出港滑行前的地面操作

在飞机出港时,地面维护人员负责指挥拖车将飞机推至滑行道上的指定位置启动发动机。这个过程与前面论述的飞机牵引过程是有很大区别的，例如：司机操纵拖车沿滑行线倒推飞机的难度大、视野受到限制、不能很好地分配注意力等。负责地面指挥的维护人员也同样存在类似的问题，再加上飞机上的人员换成了驾驶员，如果双方的沟通和配合不够默契就会造成安全隐患。因此，倒推飞机的工作对地面维护人员提出了更高的要求。

地面维护人员必须熟悉该型飞机滑行路线周围区域现时的环境设施情况和间距限制要求，在推飞机过程中应注意观察，并能够做出预先判断。在拥挤的或受限制的区域，如机库附近、机坪外围终端区域、飞机集中停放区域等，夜间以及恶劣天气条件下需要加派更多的地面人员作为观察员来帮助观察大翼的间隔。需要特别提醒的是，在航班运营高峰期间，滑行道附近过往的飞机和勤务车辆/人员十分频繁，负责指挥的地面人员很可能会过于专注前方目标的动态而忽略了拖车、拖把、机轮与自身所处位置之间也正处于动态变化之中这一危险情况，因此地面指挥人员应当有意识地适时调整自己的注意力。

飞机推到位后，地面维护人员应当使用飞行内话耳机指示机组操作停留刹车并确认刹车已保持住，在前起落架机轮前后放置好轮挡。需要注意的是，曾经发生过一架波音 737 机组因忙于执行航前的快速检查程序或专心于同塔台进行通信联系而忘记实施停留刹车，险些对地面人员造成伤害。因此，任何掉以轻心、偷懒、不使用轮挡或者没有正确放置轮挡的做法都是不可取的。

在发动机启动前，地面维护人员应观察并确信滑行道周围的道面是清洁的，没有冰、雪、油污或其他外来物，不存在其他可预见的不安全因素，包括过往人员、过往车辆以及自身安全等。为此，负责观察发动机运转情况的地面指挥人员必须熟知该型飞机发动机在地面运行时的危险区域(见图 10.1 和图 10.2)。在发动机成功启动并稳定运转后，机组应通知地面人员发动机已准备好。地面维护人员摘下内话耳机并盖好盖板，撤除轮挡和前起落架转弯销，站在离机头稍前一点，并在左机翼翼尖线上，且能看到驾驶员的眼睛。在机长发出请求滑行的手势后，再次确认滑行道道面清洁，滑行线周围区域没有障碍物后，平伸手臂指向滑行方向，同时挥摆另一个持有转弯销的手臂向机长展示转弯销已取下。

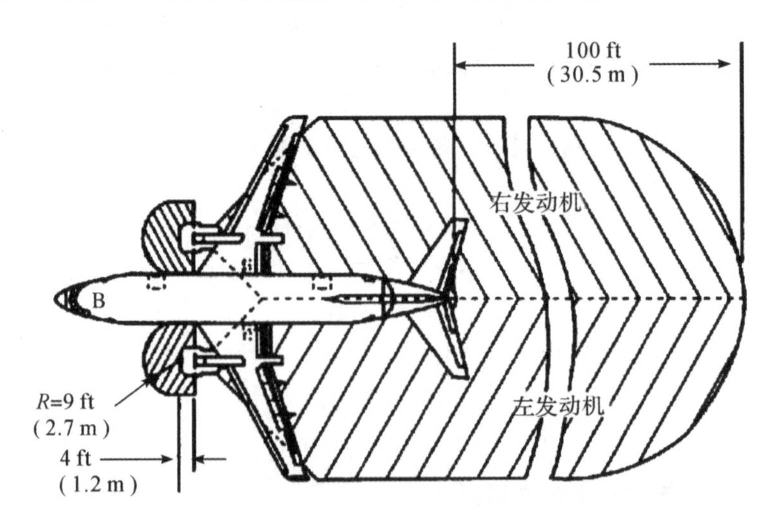

图 10.1　波音 737-300 型飞机地面慢车运行时，发动机进气口和排气口附近的危险区域

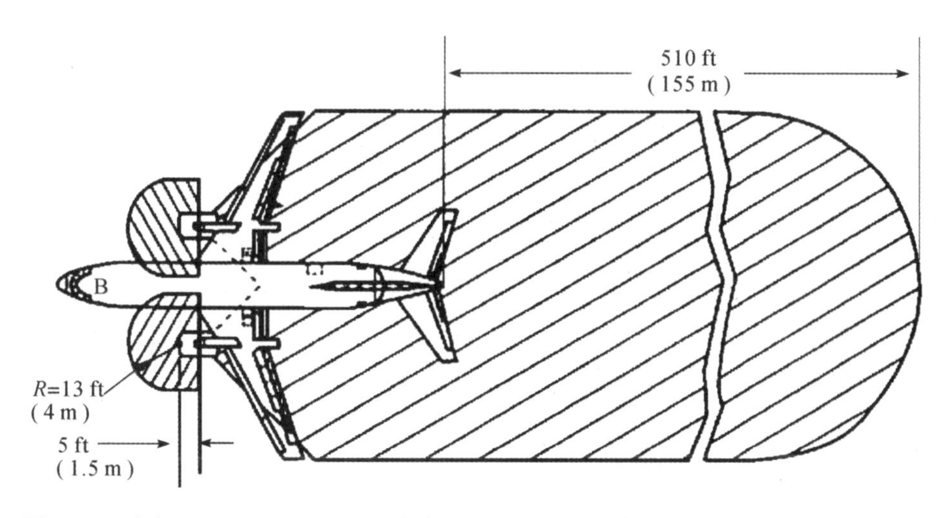

图 10.2　波音 737-300 型飞机地面大车运行时,发动机进气口和排气口附近的危险区域

10.2.2　飞机进港滑行前的地面操作

负责该飞机进港的地面维护人员应提前 15 min 到达相应停机位,准备好耳机、转弯销以及所需数量的轮挡,并站在该型飞机前起落架机轮的停机黄线旁边等候。在等候期间,地面维护人员应观察滑行线周围道面上有无影响飞机进站滑行的障碍物,如:轮挡、冰雪、异物或大片油污等。滑行道面上如果存有大片溢出的燃油,会在周围产生大量危险的油汽/空气混合气体,对过往飞机的安全造成严重威胁。还应观察毗邻站位上的飞机、地面勤务车辆/设备的停放状态,并对安全间距进行评估。如果发现问题,应与相关部门/人员取得联系,及时排除安全隐患,并将情况告知站坪调度和负责进港滑行指挥的协调员。在大雨或大雾天气条件下,机坪上的能见度较低,飞机驾驶员可能看不清滑行线和停机位,机场地面控制部门应提供引导车引导飞机滑行。

10.3　飞机的顶升

在实施飞机维护和修理时,常常需要将整架飞机或单个轮子顶升到一定的高度。飞机维修人员必须熟悉飞机顶升工作,并能进行正确的操作。在顶升飞机的实施过程中,对于设备的准备、顶升的操作、安全措施等都有一些应共同遵守的要求。特别要注意的是,在顶升某架具体飞机时,飞机维修人员必须熟悉该型飞机制造厂维护手册中有关顶升的程序并严格遵照执行。负责飞机顶升的指挥人员在顶升前应对人员、设备、飞机现状、顶升现场、安全措施等进行检查,确认是否符合顶升要求。顶升过程中,顶升指挥人员应时刻掌握飞机顶升姿态,与操作人员之间保持有效的联系,并能适时发出指令。顶升操作人员应分工明确,服从指挥,认真正确地完成分工承担的工作。

10.3.1　顶升前顶升设备的准备

飞机顶升必须使用经过校验的专用设备或满足该机型飞机要求的代用设备。整架飞机的顶升应使用三角架千斤顶;单轮顶升应使用单基座千斤顶。检查千斤顶状态是否良好,绝不能使用渗漏或损坏了的千斤顶。千斤顶的顶起能力和行程均要满足要求。所有顶升设备在使用前必须进行升缩试验,以确保其工作正常。检查安全锁定装置的功能是否正常,顶销是否完好无损。

10.3.2 顶升前飞机的准备工作

检查飞机的重量和重心位置符合该型飞机厂家维护手册中的规定。飞机上的某些设备需要拆下,燃油要放掉,以避免顶升过程中造成严重的结构损伤。飞机机体上的承力板件都要安装到位,避免顶升过程中损伤飞机结构。飞机的构型应允许进行顶升操作。

10.3.3 整架飞机的顶升

1. 顶升点

顶升点应按照该型飞机制造厂家的维护手册中的说明来确定,因为这关系到顶起时飞机是否能保持平衡和每个顶起点承受的载荷。顶起整架飞机至少需要三个顶升点,两个主顶升点在左右机翼处,一个较小的顶升点在机头处或机尾附近。有些飞机还采用了第四个辅助顶升点,用来增加飞机的稳定。大多数飞机在顶升点处都有千斤顶垫座。在顶升过程中,千斤顶垫座有着重要的作用,首先垫座凸出的承压面与千斤顶杆端的凹面相吻合,保证顶升点位置的准确,防止千斤顶顶杆端部从顶升点滑脱;另一个重要的作用是,顶升点承受的载荷可以通过垫座分布到一定面积的机体结构上,而不是集中作用在机体结构的某一点,对机体结构起到保护作用。所以,在顶升飞机过程中,一定要让千斤顶顶杆对准垫座,使垫座凸头稳妥地顶入千斤顶杆端的凹面内,充分发挥垫座的保护作用。

2. 顶升过程中的安全措施

在顶升和放下飞机前,都应清理现场,无关人员和地面设备都应撤离现场。在正确的时机,按照正确的方向路线将顶升所用千斤顶放进或移出。在顶升和放下飞机过程中,千斤顶动作筒应垂直地面,顶杆端部与垫座稳妥配合。在统一指挥下,将飞机缓慢、同步、水平地顶升或放下。顶升到需要高度后应尽快锁紧千斤顶顶杆并放置托架。注意千斤顶动作筒外伸量不能超出安全限制。每个千斤顶都应有专人看管,并不断检查,防止倾斜和滑脱。顶升时,应松开刹车取出轮挡;放下时,当飞机重量落到起落架上,要使用刹车,挡好轮挡。当飞机支撑在千斤顶上时,飞机周围应有安全警戒,在飞机上不应有人员走动,如果工作需要,动作也应当尽量放轻。飞机在顶起状态时,如果工作人员需要撤离或暂停维修工作,应由在场负责人决定,并且指定专人看守。

10.3.4 飞机的单轮顶升

当要更换某个机轮或进行机轮轴承及刹车维护工作时,需要进行单轮顶升。进行单轮顶升时应注意以下几点:进行单轮顶升的单基座千斤顶不能与三角架千斤顶同时使用,而且不能用单基座千斤顶顶起两个起落架。除了要顶起的机轮外,其他机轮前后必须放置轮挡,防止飞机滑移。配置尾轮的飞机,单轮顶升时,尾轮必须锁住。单轮顶升的高度应尽量低,能够进行维修工作就可以了。

10.4　飞机的地面系留

现代大型飞机的设计使之可以在任何角度上抵御较高的地面风速而无需进行系留/固定。然而，如果气象站预报机场地区会遭遇强风暴袭击时，地面维护人员就应该格外小心，应尽可能地将飞机转移到安全的区域（如：拖入机库或实施转场）。如果飞机不能够转移，就应及时进行系留操作。

对在机坪上存放的飞机造成影响的地面风可分为侧面风和迎面风两种，强烈的侧面风会使飞机产生偏航、侧滑甚至倾斜，迎面风则容易使机头产生上翘趋势。另外，不同的机体重量、重心位置、舵面位置、道面情况以及风力级别等因素都会对飞机的安全和稳定产生影响。例如：水平安定面的位置和机体重心位置（CG）不会降低侧面风对飞机的影响，但却可以减小迎面风所造成的使机头上翘的趋势。

图 10.3 中的水平线（虚线）显示出侧风对一架 65 700 lb 重的飞机产生的影响。为了能够找出使一架更为重型的飞机产生偏航、侧滑或倾斜的地面风速，就要用已知的能使一架 65 700 lb 重的飞机产生偏航、侧滑或倾斜的风速值（虚线所对应的），乘以这架飞机全重所对应的校正系数（见图 10.4）。例如：在存有冰雪的道面上，使一架 65 700 lb 重的飞机产生偏航趋势的地面侧风风速为 30 knots[①]。假设有一架波音 737 飞机的全重为 95 000 lb，由图 10.4 可查到对应的校正系数是 1.2，则在同样的道面上使其产生偏航的侧风风速为 36 knots。

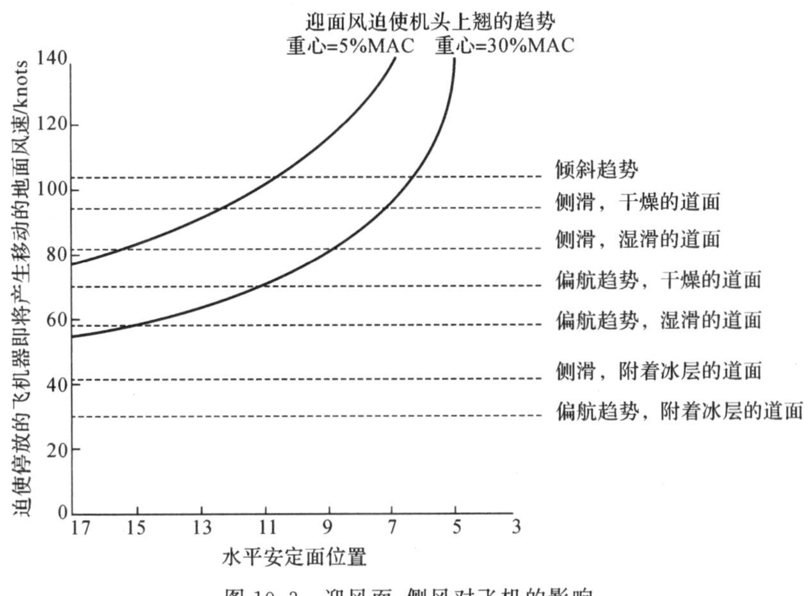

图 10.3　迎风面、侧风对飞机的影响

图 10.3 中的曲线显示出一架重 65 700 lb 飞机的重心处于 5%MAC 至 30%MAC 之间时，迎面风会使机头呈上翘趋势。例如，当水平安定面配平在 9 个单位重心处于 30%MAC 时，使机头产生上翘的迎面风风速为 80 knots；而将飞机重心前移到 5%MAC 时该值变为

① 1 knots=1.852 km·h^{-1}

115 knots 左右。由此可见，为了在大风中减小飞机机头上翘的危险，应采取加注燃油的方法使飞机重心尽量前移(如波音 737 型飞机要求将油箱加满，波音 767 型飞机要求所有油箱的燃油不少于满值的 40%，波音 747 型飞机要求全部主油箱的燃油不少于满值的 10%)，将襟翼设置在全收上位置以减少大翼升力，将水平安定面设置到 0 单位使机头向下。

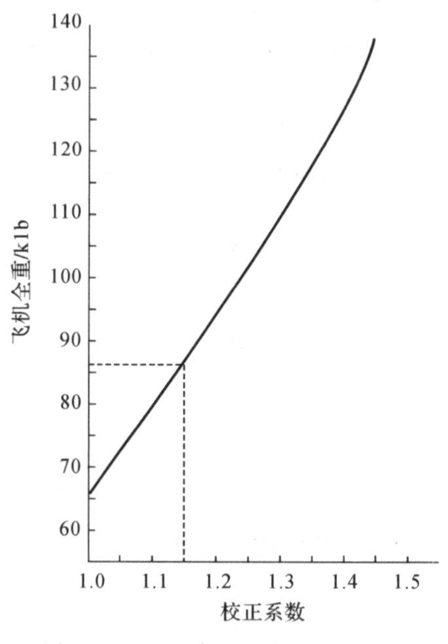

图 10.4 飞机全重对应的校正系数

10.4.1 飞机系留前的准备工作

航空公司维修控制中心应将气象部门发来的大风预报信息及时通知相关生产单位的地面维护人员。一般情况下，机场气象站会同时使用两种形式对外发布风力预报信息，即风力等级和风速($m \cdot s^{-1}$)。地面维护人员接到通知后应迅速查看风力转换表(见表 10.1)将风速单位转换为海里/小时(节)，并尽快与工程部门取得联系，获得需要进行系留操作的飞机的最新称重数据，根据飞机上的剩余燃油量计算出飞机全重，参考停机位的道面条件并根据图 10.3 和图 10.4 所示的方法判断是否需要对该飞机进行相应的系留。一旦确定系留就应参照该型飞机厂家维护手册或航空公司制定的系留工卡内容对飞机进行系留前的准备工作，一般包括以下 10 项工作。

(1)在所有起落架机轮前后安置轮挡，并将前后轮挡用带子或连杆连接起来。

(2)确保所有起落架上的地面安全销都已插好。

(3)确保所有的遮盖和堵盖都紧紧地保持在各自的位置上。

(4)接通电源，打开液压泵增压一段时间，将停留刹车刹好，然后关闭液压泵。停留刹车将会在近 8 h 内有效。在 8 h 结束之前，维护人员必须松开刹车，并再次打开泵实施刹车操作，这将确保刹车液压充足以保持住飞机。

(5)确保飞机重心处于该型飞机维修手册所规定的范围内。

(6)确保襟翼和扰流板设置在全收上位置。

(7)确保水平安定面配平、副翼配平和方向舵配平设置到0单位。
(8)如果电瓶电源不需要的话,将电瓶电门转到OFF位。
(9)关闭所有舱门和口盖。
(10)确保飞机周围可能移动的地面设备都已被放置在规定区域内并系留/固定牢靠。

表10.1 风速与风力等级对应表

风力等级	相当风速		
	风速/m·s^{-1}		转换风速/n mile·h^{-1}
	范围	平均	
0	0.0~0.2	0.1	小于1
1	0.3~1.5	0.9	0.5~2.7
2	1.6~3.3	2.5	3.2~5.9
3	3.4~5.4	4.4	6.5~10.2
4	5.5~7.9	6.7	10.8~15.1
5	8.0~10.7	9.4	15.7~20.5
6	10.8~13.8	12.3	21.1~26.5
7	13.9~17.1	15.5	27.0~32.9
8	17.2~20.7	19.0	33.5~40.0
9	20.8~24.4	22.6	40.5~47.5
10	24.5~28.4	26.5	48.1~55.1
11	28.5~32.6	30.6	55.6~63.2
12	高于32.6	高于30.6	高于63.2

10.4.2 系留方法

对飞机的具体系留方法应参照该机型的厂家维护手册进行。以波音737-300型飞机为例:将拖机用的大眼螺栓(见图10.5)连接到每个主起落架的底端(见图10.6),将系留带或钢索的一端系在大眼螺栓上,另一端系在该主起落架后方机坪上的地锚上(见图10.7),这样会减少飞机的向前移动和侧向移动。再按如图10.8、图10.9所示的方法将前起落架和机身后部的千斤顶垫座用系留装配件或者钢索与地面上的地锚相连接。最后检查并确保所有的系留带或钢索有着同等的张力且不要太紧,以防止大风期间可能会出现的应力过大。

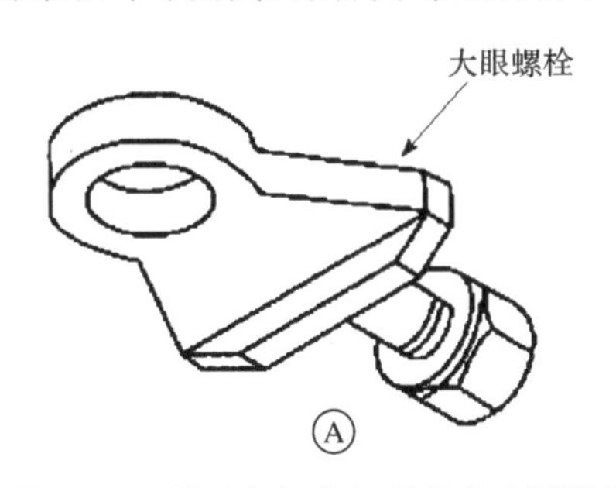

图10.5 用于主起落架系留的大眼螺栓

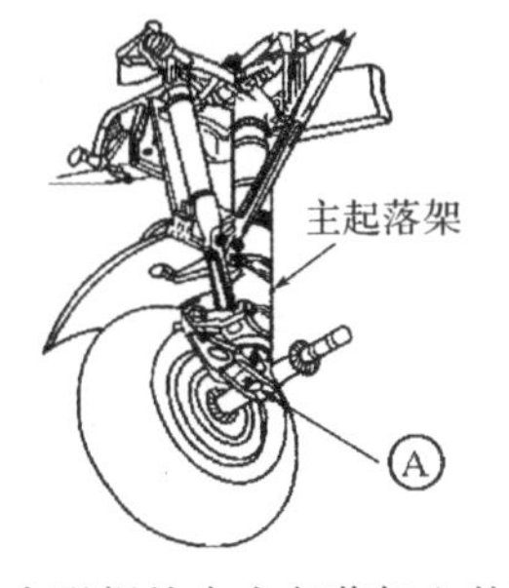

图10.6 大眼螺栓在主起落架上的安装位置

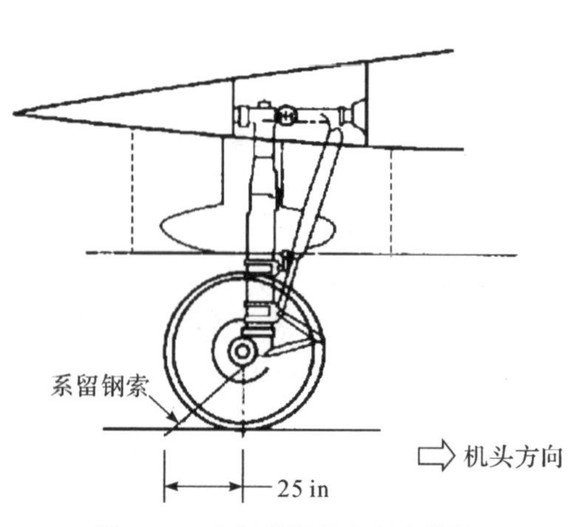

图 10.7　主起落架的系留点位置

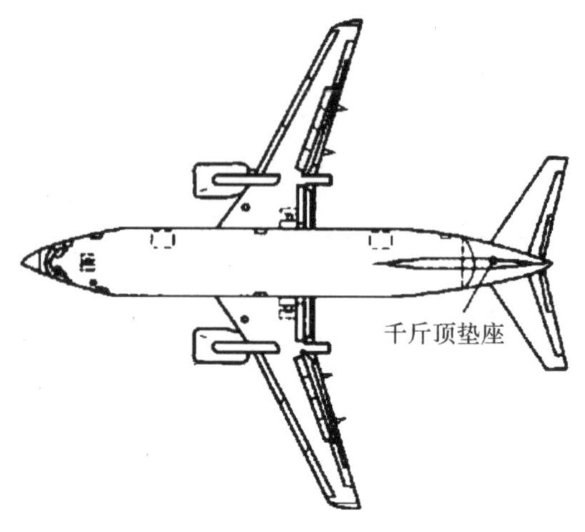

图 10.8　机身后部千斤顶垫座的安装位置

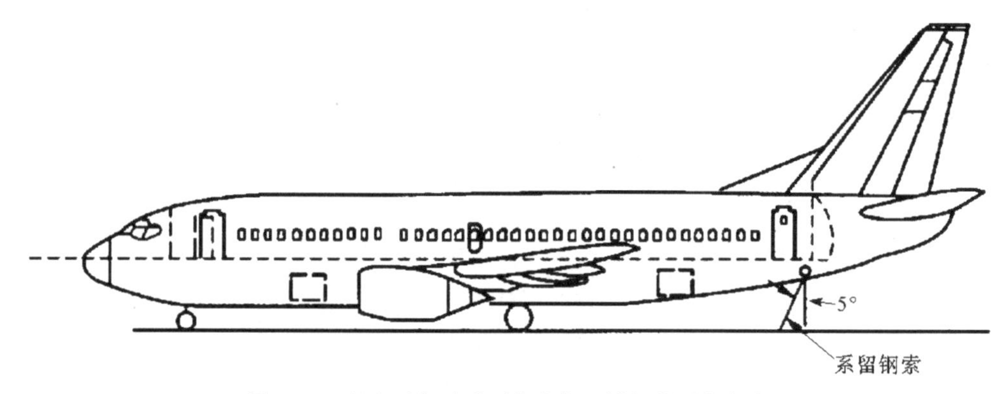

图 10.9　机身后部千斤顶垫座与地锚间的系留角度

10.5　飞机的地面停放方法

10.5.1　对停机坪的要求

停机坪的停机位置、大小和停放的方位应根据机型尺寸、飞机进出方式(滑进、滑出、拖进、拖出)、停放时与建筑物的关系、发动机运转时气流、噪声等因素决定,并按有关资料计算求得。所选择的停机坪的强度应能承受相应型号飞机的重量。机坪上应绘制引导标线,标线应使用耐油的黄色涂料按进出的最大机型的前轮轨迹绘制成连续的实线,其宽度不应小于 10 cm。

10.5.2　飞机停放的净距要求

停放的飞机与建筑物、移动或停止中的飞机、移动的障碍物(如机场专用车辆)之间的净距应符合以下要求。A 类:翼展在 15 m 以下,主起落架外轮间距 4.5 m 以下,净距不应小于 3 m。B 类:翼展在 15～24 m,主起落架外轮间距 4.5～6 m,净距不应小于 3 m。C 类:翼展在 24～36 m(以波音 737－300 为例,见图 10.10),主起落架外轮间距 6～9 m,净距不应小于 4.5 m(见图 10.11)。D 类:翼展在 36 m 以上,主起落架外轮间距 9～14 m,净距不应小于 7.5 m(如波音 757/767/777/747 系列)。直升机停放时,相互间最凸出点(旋翼、尾桨在旋转状态时)之间的净距不应小于 8 m。

值得重视的是,在实际工作中,一些地面维护人员对"净距"一词的理解不够准确,认为仅指并排停放的飞机邻近大翼翼尖之间的水平距离或是停放的飞机大翼翼尖与附近障碍物之间的水平距离。这种对"净距"的理解,在停机坪上绘有存放和拖行引导标线的情况下,只要严格按照规定线路推/拖飞机是不会出现问题的。但是,当飞机停放在没有引导标识的机坪上时,这种片面的理解就很可能会导致一起重大的地面损伤事故。因此,地面维护人员必须参照相关机型的厂家维护手册中对于飞机存放的技术要求,准确把握"最小净距"一词的含义(以波音 737 飞机为例,见图 10.11、图 10.12 和表 10.2)。

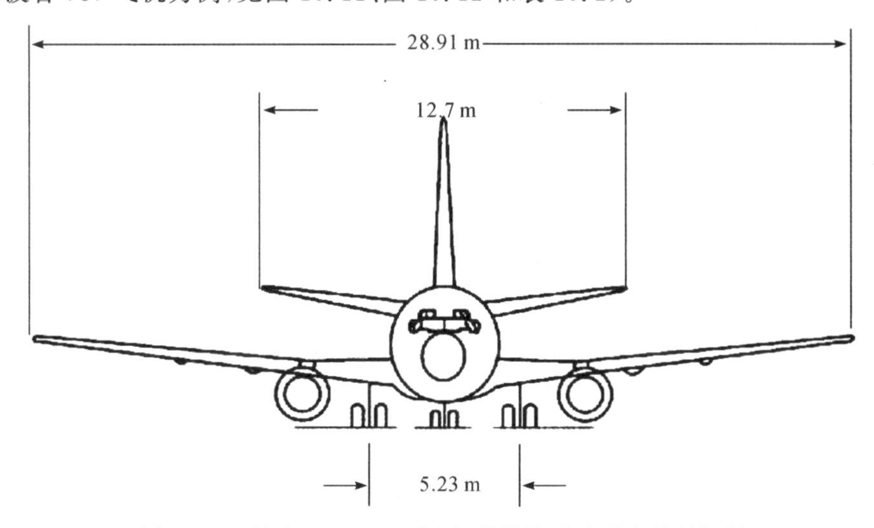

图 10.10　波音 737－300 型飞机的翼展、主起落架外轮间距

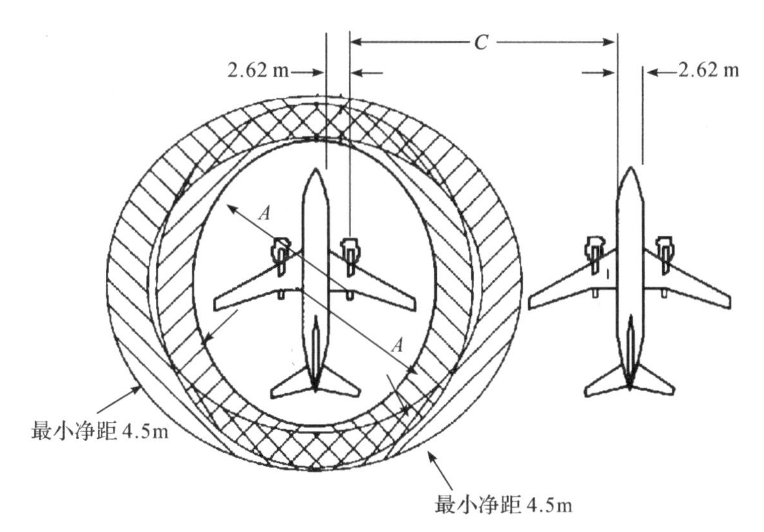

图 10.11　飞机并排停放

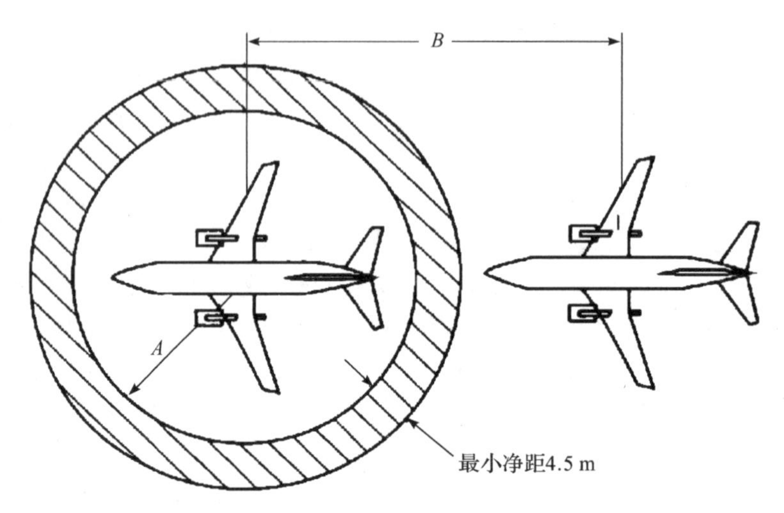

图 10.12　飞机前后排列停放

表 10.2　飞机停放净距表

飞机型号	A/m	B/m	C/m
波音 737－300	18.3	41.2	35.7
波音 737－400	18.3	44.2	35.7
波音 737－500	18.3	38.7	35.7

小飞机与大飞机应分开停放。必须混杂停放时，大飞机在试车、滑行时其气流或喷流不应对小飞机的安全构成威胁。飞机相对停放时的间距按翼展乘 1.35～1.50 之间的一个系数保证转弯滑行的需要。

10.5.3　正常情况下飞机停放操作的一般要求

将飞机拖至划定的、符合该型飞机停放要求的停机位置。操纵液压泵增压一段时间，将停留刹车刹好，然后关闭液压泵。正常情况下，有效刹车的保持时间应在 8 h 以上。如果发现刹车过热，应在放好轮挡后松开停留刹车。因为在这种情况下保持刹车，刹车片很可能会黏连在一起而无法松开。航后停放期间，要求在主起落架机轮和前起落架机轮前后都放置轮挡，并将飞机正确接地。航前和过站期间则不需要进行静电接地，放置轮挡的位置/数量应按照该型飞机维护手册上的规定执行。

在主起落架和前起落架上正确安装起落架地面安全销。航后需要安装带有红色警告条带的空速管管套和静压孔堵盖，以防止昆虫或沙尘进入动静压管路。安装发动机进气口堵盖/布罩、排气口堵盖(发动机冷却以后)以及封堵其他需要专用堵盖的部位。

检查并确认襟翼和扰流板处于全收上位；水平安定面配平、副翼配平以及方向舵配平处于 0 单位。检查并确认各种舱门、活动窗、临近面板/勤务盖板都已关好。如不需要，将电瓶电门转到 OFF 位。最后将地面设备移放到指定位置并固定牢靠，按要求对飞机进行铅封后移交给机坪警卫人员。

10.6　环境对飞机地面操作和工作的影响

10.6.1　飞机地面试车

飞机地面发动机的试车不应危及其他飞机和周围建筑物的安全，应当在指定区域进行。客机坪上由于航班运营环境拥挤，过往的勤务车辆和人员也十分频繁，因此不允许试大车。如果试车地点靠近路口或滑行道，必须在靠近路口或滑行道的地方放置中/英文两种文字的警告标志牌，夜间还必须用适当的灯光加以照明。试车场地应保证土质坚硬、无易燃物品及其他障碍物，机轮和轮挡接触的地面以及发动机/螺旋桨周围没有沙石、浮土、冰雪及其他松散杂物。试车时飞机必须迎风停放，如果风向禁止发动机在指定的区域内进行试车测试应联系机场当局以获得发动机在机场的另一区域内进行试车的批准。如果未得到批准，则试车测试必须推迟，直到风向允许的情况下再进行试车测试。当风速超过试车风速限制时，不得启动发动机。如果试车时的地面风力较大，以波音 737－300 型飞机为例，当地面风速超过 25 knots 时，则必须将发动机进气口附近的危险区域扩大 20%，即

$$R=4\times 120\%=4.8\ \text{m}$$

10.6.2　飞机的充氧

飞机的充氧工作必须安排在通风良好的户外进行，并采取相应的防火措施。在机库内不允许进行充氧操作。雷电天气禁止对飞机进行充氧。飞机充氧时禁止加/放燃油、通电以及从事其他引起电弧火花的维修工作。飞机和充氧设备必须接地良好，充氧设备离飞机的距离不应小于 2 m，在充氧设备 15 m 半径内严禁明火和吸烟。充氧位置周围不应存放滑油、油脂、易燃溶剂、灰尘、棉絮、细小金属屑或其他易燃物质，因为这些物质与高压氧气接触时可能引起着火或爆炸。

10.6.3　飞机接地

当飞机停放在机库里时必须进行静电接地，而在正常运营过程中的短暂停场或者勤务期间，则不需要给飞机接地。航后期间，当相应机位上具备静电防护装置时，应该进行静电接地。在连接地线前应首先挡好轮挡，如果飞机要移动，在撤除轮挡前应先将接地线去除。当机场周围大气电场活跃或处在强射电区域时，应停止飞机的接地操作，也不要接上耳机和触摸飞机上的接地桩，否则，闪电和高射电电流可能会对地面人员造成严重的伤害。

10.6.4　地面供电

雷电期间在户外应停止对飞机的地面供电勤务操作。在炎热的夏季，当外界大气温度超过 100 ℉(37.8 ℃)时，飞机上的电气设备可能会变得很热，设备冷却系统可能会发出警告(如波音 737－300 型)。因此，当机上供电超过 20 min 时，地面维护人员就应该接通机上空调冷气以保证电气设备的冷却。

10.6.5 水系统勤务

遇有结冰天气过夜时，应有专门人员负责给飞机放出饮用水和污水，防止冻坏水系统。

10.6.6 防风安全

不应在露天大风环境中进行登高作业，必须进行登高作业时，应使用具备抗风能力的工作梯架和锁定装置，并采取可靠的安全保护措施，如佩戴安全帽，系安全带等。不应在露天大风环境中上下飞机和车辆，若必须上下时，应在开关舱门和上下时抓紧扶牢舱门或其他固定物。风灾过后，应尽快检查飞机、各种地面设施及工具设备，特别应详细检查飞机上开口、有孔的部位，如发动机进气口/排气口、动静压孔等。

10.6.7 维修环境/设施的清洁

机坪、机库地面、工作梯、工作台、试验设备和工具等都应保持清洁，以保证其正常工作。工作结束后，应将工作现场外溢的燃油、润滑油、清洁剂以及废料垃圾清理干净，并清除影响现场整洁的其他物品。工作中产生的有害物质和液体应立即清除，以防止污染环境。为保证在修理、大修过程中不会玷污附件和组件，所有工作台面、存放架和存放柜都应保持清洁，不能把附件与其他物品混放。在整个工作过程中，敏感/精密的附件/零件应更加注意存放和防尘。

环境对飞机地面滑行、推/拖、停放、系留、除/防冰、加/放油、顶升、供气、供压等操作的影响，请参见相关程序的描述。

10.7 飞机地面加油和放油程序

10.7.1 加/放油场所的要求

飞机加/放油作业应在户外机坪上进行，停放区域应使救援和消防设备易于接近。加油应确保毗邻飞机的辅助动力装置(APU)所排出的气流不会进入加油飞机的易燃油汽区域，例如：燃油通气口、加油站面板和加油车周围区域。

10.7.2 天气条件对加油操作的限制

机场突降大雨或视区范围 8 km 上空有雷电时，禁止加油。雷电期间，维护人员应将飞机外部所有的耳机撤走，停止接地操作，不要触摸飞机上任何的接地连接点。大风情况下由于沙砾和气流的摩擦会在停放的支援设备上产生大量的静电并可能导致放电，因而一旦出现大风情况，应停止加油操作。

10.7.3 对加油车的要求

加油车上应标有“严禁烟火”的标志或标志牌，并配有符合要求的灭火瓶。加油车上的电气设备应符合防爆要求。不允许在加油车上放置打火机或火柴。加油车所供燃油的牌号、供油压力和流量应符合该型飞机维修手册的要求。

10.7.4　明火限制

进行飞机加油作业的人员不许随身携带打火机或火柴，禁止吸烟；不允许使用主管部门认为禁止使用的照明和明火装置；在距飞机 15 m 范围内不允许进行任何热作业（焊接、切割、锡焊、爆炸铆接或涉及明火、加热以及可产生火花的任何加工作业）；必须摆放符合要的灭火瓶。

10.7.5　加油的接地要求

加油之前，使用静电导线将加油车与飞机进行搭地连接，以平衡二者之间的电位差。加油完毕后，应先拆除加油管线，最后拆除搭地线。进行翼上加油时，还应对加油枪进行搭地连接，即将加油枪上带有夹子或插头的搭接导线连接到飞机燃油箱的加油口上，构成通路。在拆开加油口盖板之前，应先接好搭接线。如果没有插座或夹子无法夹上，应在拆开加油口盖之前，先用加油枪的喷口碰触加油口盖，以平衡加油枪与加油口之间的电位差。加油过程中，应一直保持加油枪的喷口接触加油口的颈部；如果使用漏斗，应使其保持与加油口颈部、加油枪的喷口或供油容器接触，并必须使用金属漏斗。

10.7.6　机载高频/雷达设备的使用限制

在距加油作业场所 90 m 范围之内，不应接通飞机观测雷达设备的高压；不应接通飞机上的气象雷达设备的气象/地图方式；不应操作飞机上的 HF 高频无线电通讯设备。

10.7.7　对飞机周围车辆和设备的使用限制

由于添加的燃油重量会使起落架减震柱压缩，因此在进行加油操作前，确保与飞机接触的所有车辆和设备都已移开。加油过程中，与飞机勤务保证工作无关的车辆和设备不允许进距加油设备或燃油通气口 15 m 范围内的区域。对于执行该飞机勤务保证工作的车辆和设备，其发动机或排气口应与燃油通气口或加油车保持 3 m 以上的距离。由于燃油系统的翼尖通气口周围油汽比较集中，因而在距离通气口 3 m 的范围内不允许停放加油车（该距离是指燃油通气口在其正下方地面上的投影点，与加油车的发动机或尾喷口的直线距离，其他距离数据的计算与此相同）。

10.7.8　对电气设备操作的限制

进行飞机加油作业时，不应进行接通/断开飞机上的电瓶充电开关的操作；不应进行接通/断开地面电源发电机或其他地面电源设备的操作；不应使用可产生火花或电弧的电动工具；不应进行充氧和更换氧气瓶的操作。在距加油设备、加油面板或通气口 3 m 范围之内，不应使用照相闪光灯、移动电话、步话机等通信设备和启动电瓶车。

10.7.9　飞机放油操作的要求

用外部油泵或加油车进行飞机油箱抽油时，应安排足够的人员来参加操作，防止容量过满、软管松脱和油液溢出等情况的发生。靠重力放出油箱内的燃油时，应避免燃油自由下落，应使燃油箱与接油桶之间有可靠的导静电连接。

10.7.10 溢油的处理

1. 燃油溢出区域超过 2 m^2 时

当燃油溢出区域超过 2 m^2 时应立即停止加油工作。不允许拖动工作梯等设备，防止因摩擦而产生火花。在距离溢油区 25 m 的范围内，不允许开启电器设备；不得操作辅助动力装置、电源车、空调等设备(经批准的靠近飞机的防爆电器设备可以保持接通状态，其他电器设备应处于关断状态)。

在清除溢出燃油并符合安全要求之前，将机动加油车辆或其他机动设备保持现状。在溢油区域布置带有灭火设备的人员，并处于警戒状态，防止未经批准的人或车辆闯入。其余无关人员应立即避向燃油的上风方向或转移到安全地带。如果溢出的燃油失火并有可能危及飞机的安全，只要条件允许，就应当将飞机撤离溢油区。对于少量的溢油，可用砂子、泥土或其他矿物吸收剂进行掩盖，然后将其清除。不允许将燃油冲入或排放到排水沟或下水道内。一旦燃油进入了排水沟或下水道，就应尽可能地向排水沟或下水道注入大量的水，最大可能地冲淡所含易燃油液。

2. 溢油面积超过 5 m^2 或在任何方向溢出距离超过 3 m 时

此时应立即通知机场消防部门。消防人员未到达现场前，在场的维修负责人应组织人员在溢油的边缘喷洒泡沫或干粉灭火剂，并用沙土或其他矿物吸收剂从溢油边缘慢慢倒向溢油中心，直到完全覆盖为止。不要清除吸收剂，等待消防人员的到来。也可以在溢油区域喷洒化油剂覆盖燃油，喷洒量应为溢出燃油的 30%，喷洒后等 1～2 min 后，用大量自来水冲洗。如果溢油区域还有油珠出现，则再进行一次。

如果任何人员被燃油喷中，或衣服被燃油浸湿，应撤离到安全地带，脱下衣服用水冲洗身体。如果个别人员的身体被引燃，应立即用毯子、大衣或其他被服包裹其全身或立即提醒其打滚或迫使其倒地打滚，将火苗扑灭。

发生溢油的飞机应进行彻底检查，是否发生损坏或易燃液体、蒸汽进入机翼或机身的隐蔽区域，如发现问题，要采取纠正措施。

10.8 飞机的地面除冰/防冰程序

飞机出港前，若当地机场正处在结冰的气象条件下，即外界大气温度在 3 ℃以下，已形成可见的潮气(例如能见度低于 1.5 km 的雾、雨、雪、雨夹雪、冰晶)或在跑道上出现水流、雪水、冰或雪的气象条件下，地面维护人员在发现机翼、发动机进气道、水平安定面和机身上出现结冰、积雪/霜和透明冰层时或机长要求时，就应对飞机进行地面除冰/防冰的操作。所谓的除冰操作是为了使飞机获得清洁的表面而使用除冰液将冰/雪/霜从飞机上清除的过程；而防冰操作是使用防冰液为处理过的飞机表面提供保护，以确保在有限的保持时间内，冰/雪或霜不会聚集并渐渐附着在飞机表面上。防冰的保持时间是指防冰液持续保护飞机表面而不会使之结出冰/霜或者积雪的大概的预计时间。保持时间从最后一次使用防冰液开始计算，至应用于飞机上的除冰/防冰液失效时结束。由于天气条件以及防冰液的混合比例会影响保持时间，这就要求执行该项任务的维护人员能够利用以往的经验来做出预防时间的评估。如果机场正值降雪时，则应尽可能地在邻近飞机出港时进行除/防冰操作。

10.8.1 除冰/防冰操作的一般规则

除冰/防冰工作应使用经民航总局适航部门批准的或符合ISO11075/ISO11078的除冰液和防冰液，并根据外界温度、气象条件和保持时间正确地选择。应使用除冰车、防冰车、拖把、鬃刷、鬃扫把、冷/热的液体和冷/热气源等除冰/防冰专用设备和工具，不能使用可能造成飞机表面损伤的工具设备。

除冰/防冰的人员应经培训后持上岗证上岗，进行飞机完工检查的人员应经过除冰/防冰的培训并持有该型飞机维修人员执照。飞机的放行人员应负责检查和完成飞机的除冰/防冰工作，应将使用防冰/除冰液的部位和数量、完成防冰的时间、防冰液的保持时间和防冰代码记录在飞机飞行技术记录本上，同时应向飞行机组报告。机组在保持时间内应完成飞前飞机机翼/尾翼和其他典型表面的检查，并根据当时气象条件做出评价。超过保持时间时，机组在起飞前5 min之内应进行一次起飞前检查，确认机翼/尾翼和其他典型表面未附着冰/雪/霜，如发现有冰/雪/霜，应再次进行除冰/防冰的工作。机长有权对飞行做出最后决定。

10.8.2 透明冰层的检查和清除

如果飞机在地面期间遇到降雨状态(如雨、小雨、雾)，在机翼下表面油箱区域已经形成霜或冰，或者根据气象条件怀疑机翼上表面已经形成清洁的冰层时，应采用适当的方法接近机翼上表面检查是否有清洁的冰层。一般情况下，由于清洁透明的冰层位于雪或脏雪的下面而不容易被发现，因此维护人员需要通过用手进行触摸来确定。一旦发现有透明的冰层或一层厚冰，应使用加热的除冰液体破坏冰层。这种方法是利用金属蒙皮的高热传导来融化冰层。其方法是在近距离直接将热的除冰液体喷射到冰层的一点上，直至暴露裸露的金属为止。裸露的金属将热量向表面周围横向传递并把温度升高到冰点以上，从而破坏了附着在飞机表面冻结的物质。通过多次重复这个程序，可以破坏附着的大面积的冰雪或光滑的冰层。然后根据冰雪的堆积量，使用低速或高速除冰液将附着的冰层清除干净(不准使用工具敲击、刮铲的方法除冰)。

10.8.3 防冰的方法

除冰工作完成后，应赶在除冰液结冰之前进行防冰工作(典型的时间是在3 min之内)。应根据防冰液的保持时间、外界大气温度和气象条件来选择正确的防冰液。如果防冰操作期间又发现飞机重要部位出现结冰，应当再次对其进行除冰操作。

10.8.4 除冰/防冰过程中的注意事项

应采取合理措施，以减少液体进入发动机、其他进气口和操纵面的空腔。不允许将除冰/防冰液直接喷到动静压探头、静压通气孔、迎角传感器和窗户上。两侧机翼和安定面应进行完全相同的和全部的防冰处理。在飞机离港前应将驾驶舱窗户上的除冰/防冰液的痕迹清洁干净，特别注意装有雨刷的窗户。在除冰/防冰以后，应全面检查和清除空气动力区域和空腔有无聚集残存的除冰/防冰液，例如平衡舱、机翼后梁和安定面后梁等区域。在大雪的气象条件下，应及时清除飞机上的积雪。人工清除大翼表面积雪时，不得操纵和踩踏大翼活动面，以防伤人。

10.8.5 飞机除冰/防冰后的检查

为了保证安全，当飞机的机翼和操纵面有霜、冰、雪和积水时不允许起飞。在完成除冰/防冰后还应检查飞机的机翼、缝翼、襟翼、方向舵、升降舵、水平安定面、垂直安定面、平衡舱、排水孔、操作连杆、驱动组件等部位。在机翼上表面除冰/防冰完成以后，应采用适当的方法重新接近机翼进行检查，在一些情况下，只有通过用手触摸才能确定有无残留冰层。还需要进行检查的区域和部位包括：驾驶舱窗户前而的机身区域、辅助动力装置和空调冲压进/出气口及其周围区域以及起落架、锁机构和电门元件等。在启动发动机以前，必须检查发动机进气道区域和探头是否聚集有雪和/或冰。在冰雾情况下，还应检查风扇叶片的后面有无结冰，若发现结冰情况，应使用热气源把冰融化。

10.9 飞机的地面供电

外场维护期间，为了延长 APU 的使用寿命和节省航空燃油，在条件允许的情况下，航后应及时使用外接地面电源以代替 APU 供电。另外，在航前/过站期间，若 APU 不能使用，也要求机务人员在飞机停稳，挡好轮挡后能够及时插上地面电源。而在飞机定检/维修期间所进行的地面供电操作，则更容易因考虑不周、各工种之间缺乏良好的沟通和协作而造成飞机设备或人员的伤害。因此，操作人员应当熟练掌握地面外接电源的操作方法和有关注意事项，如确保地面供电操作人员具备完成该项任务的资格。在供电勤务前，操作人员应依据该机型的通用检查单，对飞机进行电路通电前检，以确保飞机所处状态满足通电要求。应仔细检查外接电源电缆插头和飞机上的外接电源插座，如果发现严重的电弧侵蚀、腐蚀，热力损伤或者插钉插座出现变色等现象，应停止使用并请求专门人员进行修理。

将外部电源电缆接到飞机上之前，应将电源断掉，否则容易引起电弧放电而造成人员伤害或损坏设备。对飞机及地面电源装置或地面电源车要保持正确的接地，并检查电源装置的电压及频率是否满足飞机供电需要。将外部电源插头从飞机上拔出时也应先关断外部电源，并确信电缆上不再有电。拔出电源插头时，应握住插头小心拔出，不应用拽电缆的方式将插头拔出。不应过度摇晃和扭曲插头，防止拉坏插头和飞机外接电源插座。供电勤务结束后应确认飞机的外接电源勤务盖板已盖好。如不需要，将机上主电瓶电门扳到 OFF 位。下面以波音 737 飞机为例加以说明。

波音 737 飞机“电路通电前检查”程序如下。

(1)备用电源电门(自动位)。

(2)旅客氧气电门(关闭)。

(3)飞行操作电门(关闭)。

(4)备用襟翼电门(关闭)。

(5)增压泵电门(OFF)。

(6)风挡雨刷电门(OFF)。

(7)紧急出口灯(OFF)。

(8)设备冷却(正常位)。

(9)厨房电源(OFF)。

(10)风挡/空速管加温电门(OFF)。

(11)电动马达驱动泵电门(OFF)。

(12)气象雷达(OFF)。

(13)客舱增压系统(自动/地面)。

(14)脱离跑道灯/着陆灯/滑行灯(OFF)。

(15)起落架手柄(放下位)。

(16)襟翼操纵手柄(与襟翼位置一致)。

(17)减速板手柄[收上位(向前向下)]。

10.10　飞机的地面供气

航线地面运营期间,因辅助动力装置APU失效或者飞机正在进行定检维修而无法启动APU时,就需要使用地面气源装置为飞机提供压力和流量适合的清洁空气,以便执行发动机启动、客舱空调气供应、大翼和发动机整流罩热防冰试验、液力油箱和饮用水系统的增压等任务。因此,操作人员应当熟练掌握地面气源供给的操作方法和相关注意事项。例如:确认执行地面供气操作的人员具备完成该项任务的资格,确认飞机接地良好,地面与驾驶舱之间已建立起有效的通信联系。遵守先供电源后供气源,先断气源后断电源的供电/供气顺序,以防止空调设备的损坏。

在对用气源系统进行增压前,应隔离空调系统、发动机启动系统、大翼和发动机整流罩防冰管路、液力储油箱、饮用水箱等系统,以防止压力损失以及因设备的意外作动而可能导致的人员伤害或设备损坏。气源车应能够提供符合该型飞机要求的清洁气体。供气软管应符合要求,无渗漏,供气时供气管不应扭曲。供气时所有人员应离开供气管路,以免伤人。供气源应完全停止工作并确保气源系统卸压后才能拆卸地面供气管,并确信关好气源系统地面勤务盖板。

不应同时使用外部空调和机上空调设备。使用地面空调车时,应确认放气活门处于全开位,防止因飞机增压不当而导致人员伤害或损坏设备。

10.11　地面液压源的供给

飞机的起落架必须定期进行地面操作实验。要做到这一点,需要用千斤顶将飞机抬离机库地面,并可以选择将一套地面液压装置连接到飞机的液压系统,这样起落架就可以被循环地收起和放下以检查其相应的运行情况。另外,定检过程中对飞机液压系统的内部或外部渗检查、各种舵面操纵实验、反推操纵实验、停留刹车实验等，有时也会用到地面液压设备。因此，机务人员有必要熟练掌握地面液压供给的操作方法和有关注意事项。例如：在连接液压供给装置之前，操作人员必须确保所使用的管线是清洁的，不会有灰尘或污染物进入飞机的液压系统。正常情况下，这些地面液压供给设备并不向飞机提供油液，相反，它们使用飞机内部的液压油。因此，总会有部分剩余油液存留在地面液压装置内部的泵和管路里面。而不同类型的液压油之间是不相容的（如 MIL－H－5606 和 Skydrol™），所以，必须确保所使用的地面装置的油液类型与飞机液压系统的液压油类型是一致的。如果飞机被注入了错误的液压油，则整个液压系统中的所有部件将不得不进行彻底的清洗、冲刷，甚至做必要的分解以更换封严装置。经检验合格后还要重新添加正确的、新的、无污染的液压油，整个的修理过程将会是极其昂贵和费时的。

其他的操作要求和注意事项还包括确认执行地面液压供给操作的人员具备完成该项任务的资格；确认飞机接地良好；确认地面与驾驶舱之间已建立起有效的通信联系。供压之前，确保前起落架、主起落架、飞行操纵舵面、大翼和尾翼、发动机反推等区域的人员和设备都已完全撤离。

确保以下操作。

(1)发动机整流罩/反推整流罩（已关闭）。

(2)起落架手柄（放下位）。

(3)襟翼手柄（与实际位置一致）。

(4)扰流板手柄（与实际位置一致）。

(5)反推手柄（与反推位置一致）。

(6)液压油量（已检查且满位）。

(7)电源（已接通）。

(8)地面液压源供给压力（稳定在 2 800～3 200 psi）。

习　题　10

一、选择题

1. （多选）下列哪些情况下应对飞机进行地面除冰/防冰操作？（　　）

A. 机长要求进行地面除冰、防冰

B. 地面维护人员发现机体表面出现结冰

C. 预防性除冰

D. 勤务人员要求进行除冰时

2. C 类（翼展在 24～36 m）停放的飞机与建筑物或移动障碍物净距不应小于（　　）。

A. 3 m　　B. 3.5 m　　C. 4.5 m　　D. 7.5 m

二、问答题

1. 飞机顶升点的千斤顶垫座有什么重要作用？

2. 飞机地面试车时需要考虑哪些环境影响？

*第11章　油脂与密封

📖知识及技能

✍ 了解油脂的分类。

✍ 掌握日常勤务油脂和密封剂的使用方法。

*11.1　油脂和密封剂介绍

11.1.1　液压油

液压油又称高压油，功用是传递动力以操纵机件，如收放起落架、襟翼、减速板、方向舵、升降舵、副翼、前轮转弯和刹车等。在飞机起落架减震装置中，能吸收撞击动能，减少震动。

为了便于识别，液压油被染色，对不同规格的液压油绝不能混用。同一规格但不同厂家生产的液压油，按维护手册要求允许混用。

1. 三种常用液压油

有三种航空常用液压油，油液特性见表11.1。

表11.1　三种航空常用液压油

液压油名称	颜　色	适用密封圈	特　点	组　成
植物基液压油	蓝	天然橡胶	易燃	蓖麻油和酒精
矿物基液压油	红	合成橡胶	易燃	从石油中提炼
磷酸酯基液压油	浅紫	异丁橡胶	阻燃(有防火特性)	合成液压油

(1)植物基液压油。植物基液压油(如MIL－H－7644)由蓖麻油和酒精混合而成，它与汽车刹车油液相似，但它们不能互换。植物油几乎是无颜色的，通常染成蓝颜色，必须使用纯橡胶(天然橡胶)密封件和软管。假如这些密封件上沾染有石油基液压油或磷酸酯基液压油，则密封件将发生膨胀、损坏以及堵塞系统。系统可用酒精冲洗。这种类型的油液有刺鼻的酒精气味，而且易燃，用在最初的较老式的飞机上，现代民航客机已不再使用了。

(2)矿物基液压油。矿物基液压油(如MIL－H－5606)是从石油中提炼出来的，被染成红色，因而也称红油。它基本上是煤油类型的石油产品，具有好的润滑性能，加入各种添加剂，能阻止泡沫产生，防止腐蚀生成。它的化学性质是非常稳定的，随着温度变化，黏度很少变化。使用这种油液的系统可用石油、矿物油、溶剂油来清洗；必须使用合成橡胶密封件和胶管。这种类型的油液也是易燃的，使用中不能与植物基和磷酸酯基液压油混合。它广泛地应用在轻型航空器刹车系统、液压动力系统和起落架减震支柱中。

(3)磷酸酯基液压油(合成液压油)。这种液压油是由多种磷酸酯和添加剂，用化学方法合成的，如 MIL-H-8446。磷酸脂基液压油可能被染成绿色、紫色(紫红色)或琥珀色。这种液压油的优点是高温高压性能好、润滑性好、凝固点低、防火性能好，因此广泛用于现代民用飞机上。它必须使用异丁橡胶、乙烯丙烯或聚四氟乙烯密封件和胶管。磷酸酯基液压油对皮肤及眼睛有刺激，在液压系统上进行工作时，应该在手和胳膊上涂皮肤药膏，配戴耐油手套，配戴防护镜。另外，它对聚氯乙烯有很强的腐蚀性，因此电导线应置于液压管路之上。一旦发生油液溢漏，受影响的区域应该立即用干净的擦布擦净，用肥皂水和热水彻底冲洗。

2. 液压油使用注意事项

(1)防止不同类型液压油混合使用。由于植物基、矿物基及磷酸酯类液压油各自的成分不同，因而不能相互掺合。不同的液压油使用不同的密封件。若一架飞机的液压系统加错了液压油，应立即放净并清洗系统，然后依照制造厂的说明书对密封件进行处理。

(2)防止液压油腐蚀设备和材料。液压油会对某些飞机材料产生腐蚀作用。磷酸酯类液压油会与热熔塑胶树脂包括乙烯树脂制品、硝基漆、油基漆、漆布和沥青等起化学作用，使其发生软化。磷酸酯类液压油也会侵蚀聚氯乙烯，如果滴到电导线上，会破坏线路的绝缘材料。然而，这个化学作用需要较长的时间。如果能及时用肥皂水冲洗溢出来的油液就不会损坏上述的材料。采用磷酸酯类液压油的飞机液压系统，只要油液不受到污染，一般不会明显影响飞机上的普通材料，如铝、银、锌、镁、镉、铁、不锈钢、黄铜、铬和其他材料。

(3)做好个人防护。当进行液压系统的维护时，应穿戴橡皮手套等防护设备，以防止液压油接触到人体。在正常使用时，液压油不会对人体的健康带来损害。但如果液压油接触到人体的皮肤，会产生腐蚀作用。一旦液压油接触到皮肤或沾到眼睛里，须迅速用大量清水冲洗，根据情况进行医治。

11.1.2 润滑剂

1. 摩擦的概念

相互接触的不同表面，只要有相对运动，就会产生摩擦。按表面润滑情况，摩擦分为以下几种状态。

(1)干摩擦。两摩擦表面间不加任何润滑剂，固体表面直接接触的摩擦。干摩擦会产生大量的摩擦功损耗和严重的磨损。

(2)边界摩擦。两摩擦表面间有润滑油存在，形成的薄边界油膜，使两金属表面相互运动时，表面微观的高峰部分仍将互相搓削。边界摩擦可以起到减轻磨损的作用($f=0.1\sim0.3$)。

(3)液体摩擦。若两摩擦表面间有充足的润滑油，能形成厚的压力油膜。使相对运动的两金属表面之间只有液体的摩擦。液体摩擦显著地减少了摩擦和磨损($f=0.001\sim0.01$)。

(4)混合摩擦。摩擦面处于干摩擦、边界摩擦和液体摩擦的混合状态，在一般机器中多为混合摩擦(或称为非液体摩擦)。

2. 润滑的概念

减小摩擦的方法就是用一种摩擦因数很小的物质把摩擦表面隔开，以这种物质的内摩擦来代替物体表面的干摩擦，从而减少磨损。这种方法称为润滑，所加入的物质称为润滑剂。

加强表面润滑的目的是将干摩擦转化成液体摩擦。液体摩擦又称为液体润滑，是最理想的情况。长期且高速旋转的机器，应该确保其轴承在液体润滑下工作。实现润滑的基本方法是：摩擦面之间有保持一定厚度的压力油膜。油膜除了减少表面之间的机械摩擦，使运动部件正常工作，还能起到防腐的作用。高压水洗、泥沙、灰尘附着等都会破坏油膜，从而引起过度磨损、腐蚀及部件内表面的脱层，导致部件的使用寿命下降。因此正确的润滑是保证与延长部件使用寿命的基础。

3. 润滑剂主要类型

润滑剂可以分为固体润滑剂（如石墨、二硫化钼等）、半固态润滑剂（如润滑脂）和液体润滑剂（如润滑油）。

（1）润滑油。润滑油除了润滑的基本功能以外，可能还会起到以下功用：提供冷却、清洁、密封、防腐蚀、隔震和缓冲的作用，或者作为伺服油液。

按成分不同，润滑油可以分为动植物油、矿物润滑油和合成润滑油。石油润滑油是润滑油的最主要来源，用量占全部润滑油的 90%以上。因此，通常润滑油均指石油润滑油。但航空器中，特别是民用航空器上，考虑到安全因素，往往使用合成润滑油。合成润滑油是通过化学合成的方法制备而成的润滑油。它的化学、物理性质均优于矿物基润滑油，但价格较高。

按功能用途不同，润滑油可以分为发动机润滑油、机械油、电气用油、专用润滑油等。液压油也是润滑油的一种。

其中，喷气飞机用的润滑油一般称为滑油，用来润滑、冷却和清洁发动机、辅助动力装置（APU）、整体传动发电机（IDG）等部位的轴承和齿轮。此种润滑油也可用于 B737CL 机型空调系统的涡轮冷却器，它的基本特性如下。

1）具有良好的润滑性，黏度适中，黏温特性好。

2）良好的抗氧化安定性，使用寿命长。

3）良好的清洁分散性能。

4）腐蚀性弱，具有中和酸性物质的能力。

5）具有良好的低温特性和抗泡沫性能。

（2）润滑脂。润滑脂在工程中常称作“黄油”，在常温下呈半固态油性软膏状。润滑脂由润滑油、稠化剂、稳定剂和添加剂组成。润滑油是润滑脂的主要组成部分，润滑油的性质直接影响润滑脂的性质。稠化剂是用来稠化润滑油，使之成为润滑脂。润滑脂的属性通常由稠化剂决定。润滑脂用在负载大、转速慢、温度高的部位，或环境恶劣、不便经常更换润滑剂的位置。

润滑脂的主要优点：①耐压性强；②缓冲性能好；③不易流失；④密封性和防护性好。

润滑脂的主要缺点：①不能进行循环润滑；②没有冷却和清洗的作用；③影响设备的机械效率；④更换麻烦。

润滑脂在民用航空器上应用也是极为广泛的，主要应用于起落架的轮轴、刹车装置、减震支柱内部，以及航空器、发动机上的联动装置、枢轴、轴承、闭锁装置等部件的润滑。

(3)固体润滑剂。固体润滑剂包括软金属(铅、锡)、金属化合物(氧化铝、氟化钙)、无机物(石墨、滑石)、有机物(石蜡、聚四氟乙烯)。最常用的固体润滑剂是二硫化钼、石墨和聚四氟乙烯。固体润滑剂适合在给油不便、拆装困难的场合使用。

固体润滑剂的优点:①耐高温;②耐低温;③抗辐射;④抗腐蚀;⑤不污染环境等。

固体润滑剂的缺点:①摩擦因数高;②冷却性差等。

11.1.3 密封剂

1. 密封的必要性

密封措施对于飞机制造和维护来说都是至关重要的工序,密封不良的飞机影响飞行安全。一般飞机在以下 7 个区域需要做密封处理。

(1)增压区域。飞机的增压舱需要气密性密封,防止气体泄漏,以维持舱内压力。

(2)燃油区域。在飞机燃油箱中,主要是靠安装密封紧固件使金属面紧密配合,以及施涂密封胶来密封的。在整体结构油箱中所使用的密封剂必须能够承受各种温度、压力和结构施加的载荷。

(3)外露区域。在飞机外表面密封可以防止水或其他流体进入到内部,接近盖板及飞机整流表面的缺口处的密封也会形成良好的平滑表面,减小气动阻力。

(4)振动区域。密封剂施涂在一些部件的特定零件上,防止由于振动而造成的损伤。

(5)易发生腐蚀区域。用来隔断腐蚀性液体或气体渗入到结构内部,防止腐蚀介质对飞机结构件造成腐蚀。

(6)防火墙区域。防火墙处的密封可以防止火势蔓延,降低火险。

(7)通电区域。密封可以保护用电设备。

2. 密封剂的物性及分类

密封剂是一种合成橡胶材料,在涂抹施工时保持液态,通过压力和温度等控制,发生化学反应转变为一定弹性的固态物质。按是否需要混合使用,密封剂分为单料和双料两种类型。按组成成分不同,密封剂分为有机硅树脂类密封剂和聚硫化物或聚亚安酯类密封剂。大部分密封剂为聚硫化物或聚亚安酯密封剂,通常是无色的,耐高温性能较差,用在对温度要求不高的区域。有机硅树脂类密封剂通常是白色、红色或灰色,耐高温性能好,可以用于高温区域。

(1)密封剂的物性要求。对密封剂的物性要求主要有以下 6 项。

1)不透性,能隔离液体、气体。

2)良好的弹性和塑性,能抵抗变形。

3)耐油,耐水,耐温度、气候变化。

4)对金属和非金属有良好的黏结力。

5)无腐蚀作用。

6)毒性小,对人体健康影响小。

(2)密封剂分类。在波音航材规范中,对密封剂按稠稀程度可分为以下 6 类。

1)A 类。刷涂密封剂,用于刷涂密封,不允许用溶剂稀释刷涂密封剂。

2)B 类。填角、贴合密封、注射、预先填充以及紧固件密封剂。相对来说较稠一些,有良好的触变性。

3)C 类。仅用于贴合面密封的密封剂。中等稠度,以获得良好的可延展性。

4)D 类。填孔密封剂,与 B 类密封剂类似,性质比较稳定。

5)E/F 类。可喷涂密封剂。

6)G 类。可喷涂、可刷涂,也可辊涂的密封剂,具有较长的挤出时限寿命,黏性较低。

扩展阅读

高温高强硅橡胶密封材料

航空发动机是飞机的"心脏",在高温、高压、高速等恶劣环境下运行。因此,对于发动机中的各种部件和接口,都需要使用高性能的密封材料来确保密封性和耐久性。目前,我国的航空工业已经研发出了多种高性能密封材料,取得了一些进展。

例如,中国航空工业集团公司洛阳机器厂研制的高温高强硅橡胶密封材料,可以在 800 ℃的高温下保持良好的密封性能;中国航天科技集团第八研究院材料研究所研制的聚酰亚胺树脂密封材料,具有优异的高温耐腐蚀性能和优异的机械性能,被广泛应用于航空发动机的高温部位;中国航空工业集团公司沈阳飞机制造公司研发的石墨烯增强聚合物密封材料,能够在高温、高压和较强腐蚀性环境下保持稳定的性能。

这些高性能密封材料的研发和应用,可以保证飞机发动机的可靠性和安全性,同时也为中国的航空工业发展作出了贡献。

*11.2 油脂和密封剂的使用

11.2.1 滑油、液压油的日常勤务要求

1. 滑油勤务

常用的滑油:Jet oil II(见图 11.1)和 ETO2380。

(1)飞机上主要有以下 4 个部位需要进行滑油的勤务工作。

1)发动机轴承腔,驾驶舱和发动机上都有油量显示。

2)IDG(整体驱动发电机),发电机上有油量观察窗。

3)STARTER(起动机),起动机上有油量观察窗。

4)APU(辅助动力装置),驾驶舱和 APU 上都有油量显示。

滑油相关的勤务要求有以下 3 项。

1)所用牌号要与飞机规定的相同。

2)有压力加油(滑油车,见图 11.2)和重力加油(直接倒进滑油箱)。

3)小心不要溅到眼睛和皮肤上。

选择使用滑油车加油时,要选用正确的油嘴放入部件加油口,或将滑油车加油管直接连接到部件加油口。再按压油车手柄加油,注意观察部件油量变化。加油完毕后,清洁部件、加油车及工作场所。

图 11.1　滑油

图 11.2　滑油车

2.液压油勤务

常用的液压油有 LD-4,5606,如图 11.3 所示。液压油相关的勤务要求有以下几项。

(1)所用牌号要与飞机规定的相同。

(2)一般有手摇泵加油(机上设备,见图 11.4)和液压油车加油(地面设备)两种方式。

(3)小心不要溅到眼睛和皮肤上。

图 11.3　液压油

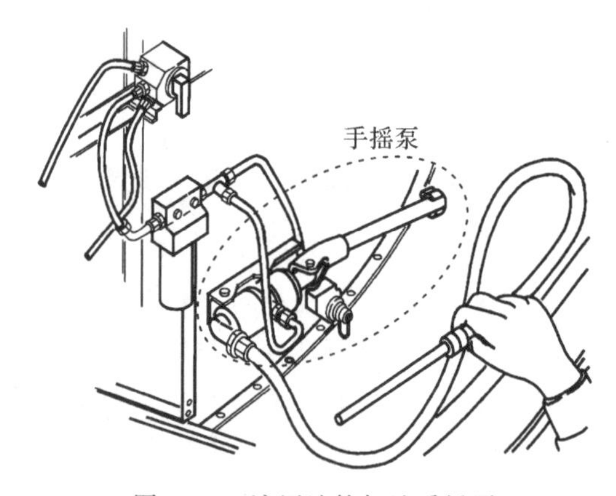

图 11.4　液压油箱加油手摇泵

11.2.2　低温润滑油脂的加注、抹涂方法及要求

(1)常用低温油脂。低温润滑油脂具有良好的耐寒性、耐热性,能在-60～120 ℃之间保持良好的润滑。常用于操纵系统的摩擦部位(见图 11.5)、起落架的铰接处、抛弹机构活动部位以及仪表和无线电装置的摩擦零件。一般用注油枪注入或用毛刷抹在摩擦表面。

常用油脂件号:绿油为 BMS3-33 / MIL-G-23827c(type 1),黄油为 MIL-G-23827c

(type 2)。如图 11.6 所示。注意:3-33 可以替换 23827,反之不行,而且两种油不能混合使用。润滑时要注意操纵面的限动。

图 11.5　操纵钢索

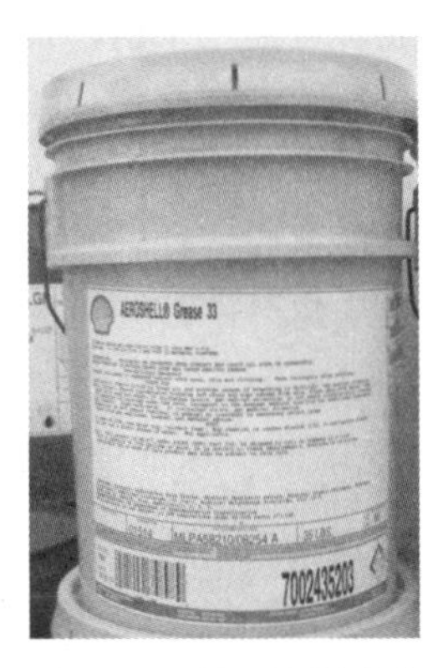

图 11.6　低温润滑油脂

(2)黄油车和黄油枪的使用。注黄油要使用的工具是黄油车和黄油枪。图 11.7 为黄油车,图 11.8 为黄油枪。

图 11.7　黄油车

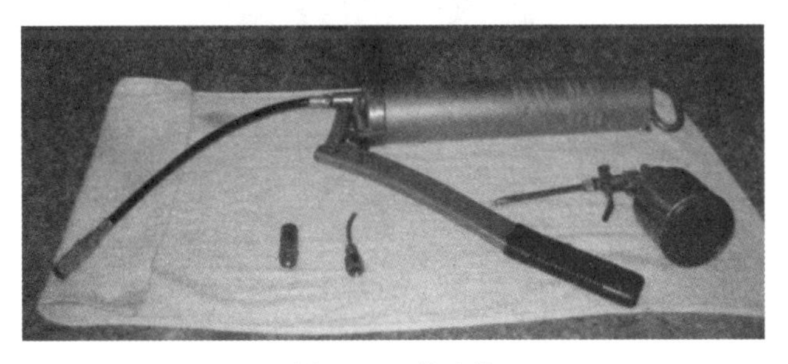

图 11.8　黄油枪

注油前，首先选用合适的油嘴(见图 11.9)，用手将油嘴固定在注油孔上并且保持在同一直线(最好使用毛巾包住注油嘴以防止黄油意外溅出)，使用黄油车还需要接上气管，再按压黄油车或者黄油枪手柄注油。注油时，只要压力达到 100～200 Psi[①]，油脂便可进入被润滑的衬套或轴承。有些部位需要的压力可能会大一些。但如果感觉注油压力过大或根本注不进去时，不能施蛮力，因为当压力大于 2 500 Psi 时，就可能将油嘴挤出。而且在润滑带有封严的滚珠轴承或滚柱轴承时，用力过大会使封严挤坏，在润滑时如果发现轴承的封严已经变形或油脂从封严中流出，必须立即停止润滑。发生这种情况的原因主要有两个：油嘴堵塞；注油通道堵塞。这时应及时采取措施，确保润滑工作的顺利进行。注油完成后应清扫工作现场，把多余的油从部件上擦除。

(a)

(b)

(c)

图 11.9 油嘴

(a)标准尺寸；(b)加大号；(c)改装加大号

11.2.3 防咬剂(高温滑油油脂)的使用、抹涂方法及要求

防咬剂(高温润滑油脂，见图 11.10)具有很好的耐热性，能在 180 ℃的温度下工作，但耐寒较差，在 0 ℃时变得黏稠，不易涂抹，润滑性降低。用于受力较大和温度较高的零件。高温区涂在螺纹处，受力大的涂在螺杆处。

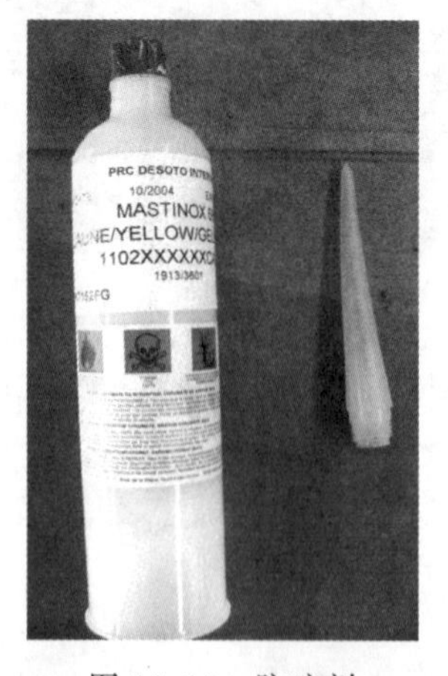

图 11.10 防咬剂

① 1 Psi＝0.006 895 MPa。

注意:防咬剂有毒,不要沾到眼睛和皮肤,若沾到就用布擦干净后用清水冲洗。

11.2.4　密封胶的使用、抹涂方法及要求

1. 主要参数

(1)APPLICATION TIME(使用时间),即有效涂抹时间。标注形式:分类字母-时间,如 B-2 表示解冻混合后 2 h 内必须涂抹完。

(2)SQUEEZE-OUT LIFE(压紧时间),在此时间内必须安装完紧固件。

(3)CURE TIME(固化时间),指胶不会破坏变形的时间。

2. 常用密封剂及工具

使用工作程序说明或维护手册所指定的正确密封剂,根据所使用的区域以及用途的不同而选择(手册中给出的密封剂是通过件号标明的,有些没有件号的用供应商代码标明)。检查批次标签,确保没有过期。

常用密封剂有 PROSEAL870A,B(见图 11.11)和 PROSEAL890A,B BMS5-26 两种。密封剂施工所需的工具包括注胶枪、塑胶喷嘴、刮板、刮板、刮刀、纸胶带、清洁剂、不起毛的白棉布、胶手套和口罩等,如图 11.12 所示。

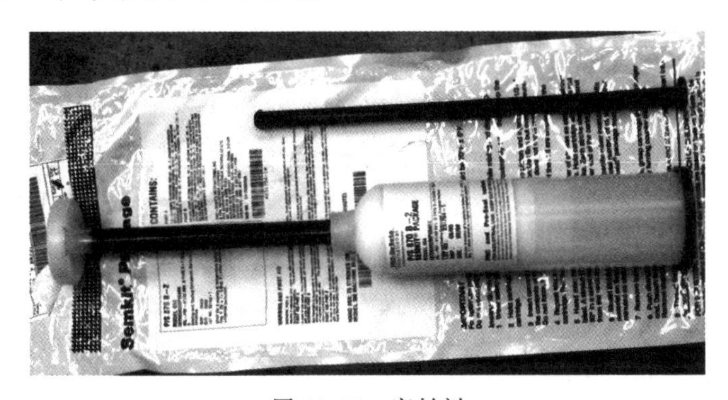

图 11.11　密封剂

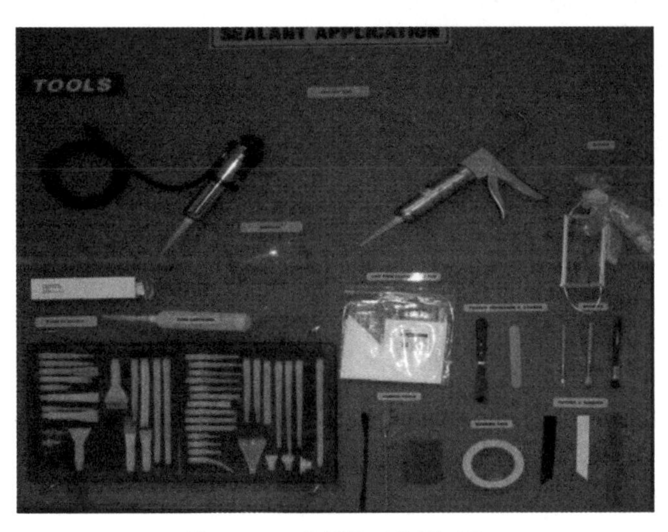

图 11.12　密封施工常用工具

3.使用步骤

(1)清洁。彻底清洁要封胶表面(使用挥发性溶剂)以免胶黏不住表面。

(2)贴胶纸。防止胶涂到不需要涂抹的地方。

(3)密封剂准备。对单料密封剂,直接使用。对双料密封剂,要把基胶和固化剂充分混合,可用搅拌机,也可用手。

(4)涂抹。用刮片刮均匀,排除气泡。

(5)固化和最后的检查。确保密封剂完全覆盖密封表面,且涂抹密封剂的部位没有缺陷。

扩展阅读

新型磷酸酯基液体润滑油

新型磷酸酯基液体润滑油——这种液体润滑油可以替代传统润滑脂,其优点在于可以在极端高温和高压条件下使用,并且具有更好的稳定性和更长的使用寿命。

这种磷酸酯基液体润滑油是由中国石油大学(华东)的化学工程研究所研发的,经过多年的实验和研究,他们成功地开发出了这种具有卓越性能的润滑油。这种液体润滑油可以在高温下稳定工作,其最高工作温度达到了 400 ℃,而且在高压下也可以正常使用,其极限使用压力可以达到 1 500 MPa。

这种液体润滑油还具有其他优点,比如低毒性、低挥发性、不易污染环境等。这些优点使得它在航空、航天、军事、能源等领域得到了广泛地应用。

习 题 11

一、选择题

1. 不同类型液压油是否可以混用?(　　)
   A. 可以　　B. 不可以
2. 现代飞机最广泛应用的油液油是(　　)。
   A. 植物油　　B. 矿物油　　C. 合成油
3. 合成液压油会明显腐蚀的材料是(　　)。
   A. 电线绝缘层　　B. 镁合金　　C. 铝合金　　D. 不锈钢
4. 摩擦力最小的是(　　)。
   A. 干摩擦　　B. 边界摩擦　　C. 液体摩擦　　D. 混合摩擦
5. 飞机润滑油的作用有(　　)。
   A. 润滑　　B. 冷却　　C. 清洁　　D. 防腐
6. 黄油一般指的是(　　)。
   A. 液压油　　B. 润滑脂　　C. 发动机滑油　　D. 密封剂
7. 需要进行滑油勤务的部位有(　　)。
   A. 发动机轴承腔　　B. IDG　　C. 起动机　　D. APU

8. 液压油箱加油勤务时，需要做好以下准备：(　　)。

A. 选用规定牌号的液压油　　B. 排空液压油

C. 液压油箱释压　　D. 做好个人防护

9. 加注黄油勤务时，需要做好以下准备：(　　)。

A. 准备黄油车或黄油枪　　B. 加油嘴

C. 清除原有黄油　　D. 做好个人防护

10. 用在高温环境的润滑剂是(　　)。

A. 防咬剂　　B. 黄油

11. 使用密封剂的主要参数是(　　)。

A. 使用时间　　B. 压紧时间　　C. 固化时间　　D. 检查时间

二、问答题

1. 简述常用的航空油脂的类型和使用场合。

2. 简述飞机使用密封剂的区域和密封剂的主要类型。

*第 12 章　常用维护手册及使用

📖知识及技能

✍ 了解 ATA 100 规范。

✍ 了解飞机维护手册的体系。

✍ 掌握常用飞机维护手册及其使用。

*12.1　ATA 100 规范

12.1.1　规范由来

ATA 100 规范是美国航空运输协会第 100 号规范(Air Transport Association of America Specification NO. 100,ATA 100),几乎所有的维修文件都是遵照此规范进行编写的。

ATA 100 规范是由美国航空运输协会组织与航空公司、航空制造厂合作,针对当时各飞机制造厂的各种技术资料的编号不统一、不方便交流的状况而制定的技术规范。ATA 100 规范将航空器按照系统、结构以及功能进行分类,并配以规定的章节编号,以便于航空器的技术出版物能够统一格式,使得维修人员能够快速查阅所需要的技术资料。ATA 100 规范于 1956 年 6 月 1 日首次出版公布,其后进行了数次修订和改版。ATA 100 规范已为世界绝大多数国家所接受,它使各国的航空器设计、制造、使用、维护等部门在各种技术资料、文件、函电和报告等方面统一了编号,从而大大方便了技术交流,促进了航空事业的发展,同时改进了各种资料和文件的归档和管理,为走向国际标准化的资料管理创造了条件。

进入电子化时代,ATA 先后颁布了 ATA ISPEC 2000,ATA ISPEC2200 技术出版物规定。欧洲数个国家也联合出版了 S1000D 技术标准,用于规范现代运输设备(航空器、船舶、运输车辆)的电子化技术出版物。

12.1.2　规范的章节体系

根据规范的要求,可以把飞机大致分为“航空器”和“动力装置”两部分,“航空器”又可划分为总体、系统、结构三大类,而“动力装置”可划分为螺旋桨/旋翼和发动机两大类。ATA 100 是按照章节进行编写的,对总体、系统、结构、螺旋桨/旋翼和发动机五大类所属各章的编号划分如下。

(1)第 5～12 章为“总体”类。

(2)第 20～49 章为“系统”类。

(3)第 51～57 章为“结构”类。

(4)第 60～65 章为“螺旋桨/旋翼”类。

(5)第 70～91 章为“发动机”类。

第 1～4 章是预留给客户的，用于客户根据需要定制自己的规章条例。ATA 100 规范规定的章节编号的范围是从第 5～91 章，各章编号及其标题名称见表 12.1。各个航空器制造厂家在编写维护文件时，必须使用标准的章节号体系来编排有关的维护信息。

在每一章下面，分为若干节，表 2.2 所列为第 27 章飞行控制系统的分节情况。每个节可以看成对应一个子系统，由两位数字表示，其中第一位数字含义由 ATA 100 规定，第二位数字由厂家定义。节下面再细分为目，也是由两位数字表示，数字的含义由厂家定义。

这样，就将某个主题内容分为大、中、小 3 个等级，并配以对应的章、节、目编号进行分层次的编排。编号由 6 位数字组成，为 3 个单元，每单元两位数字，例如以“27－11－71”的形式表示。在波音 737－800 型飞机中，这串数字的含义为：左起第一单元的数字为章，27 表示飞行控制系统；第二组数字为节，11 表示副翼；第三组数字为目，71 表示动力控制组件(Power Control Unit，PCU)。

不难看出，不同的飞机制造厂家遵循 ATA 100 规范编制的维修手册总体框架(“章”层次)是相同的，但在某些细节方面(“节”以下层次)仍存在差异。例如，波音飞机的各种维修手册与空客飞机的存在一定的差异。即使同一厂家的飞机，各个型号飞机之间，甚至同一型号不同改进型之间的手册也存在某些细小的差异。

表 12.1　ATA 100 规范规定的章编号及其标题

章	标　题	章	标　题
第 5 章	TIME LIMITS /MAINT. CHECK 时限/维护检查	第 15 章	TRAINING OUTLINE 训练大纲
第 6 章	DIMENSION & AREAS 尺寸及区域划分	第 16 章	GROUND SUPPORT EQUIPMENT 地面支援设备
第 7 章	LIFTING & SHORING 飞机顶升和支撑	第 17 章	FACILITIES EQUIPMENT 设施和设备
第 8 章	LEVELING & WEIGHING 校水平和称重	第 20 章	STANDARD PRACTICES-AIRFRAME 施工标准－机身
第 9 章	TOWING & TAXIING 牵引和滑行	第 21 章	AIR CONDITIONING 空调系统
第 10 章	PARKING & MOORING 停放和系留	第 22 章	AUTO FLIGHT 自动飞行
第 11 章	PLACARDS & MARKINGS 铭牌及标志	第 23 章	COMMUNICATIONS 通信
第 12 章	SERVICING 勤务	第 24 章	ELECTRICAL POWER 电源
第 14 章	EQUIPMENT OPERATION 设备使用	第 25 章	EQUIPMENT/FURNISHINGS 机舱设备/内装饰

续表

章	标　题	章	标　题
第 26 章	FIRE PROTECTION 防火系统	第 54 章	NACELLES/PYLONS 吊舱/吊架
第 27 章	FLIGHT CONTROLS 飞行控制系统	第 55 章	STABILIZERS 安定面
第 28 章	FUEL 燃油系统	第 56 章	WINDOWS 窗
第 29 章	HYDRAULIC POWER 液压系统	第 57 章	WINGS 机翼
第 30 章	ICE & RAIN PROTECTION 防冰和排雨	第 60 章	STANDARD PRACTICES - PROPELLER 标准施工－螺旋桨
第 31 章	INDICATING/RECORDING SYSTEM 指示/记录系统	第 61 章	PROPELLERS 螺旋桨
第 32 章	LANDING GEAR 起落架	第 70 章	STANDARD PRACTICES - ENGINE 标准施工－发动机
第 33 章	LIGHTS 灯光	第 71 章	POWER PLANT GENERAL 动力装置概述
第 34 章	NAVIGATION 导航	第 72 章	ENGINE(TURBINE/TURBOPROP) 发动机(涡轮/涡桨)
第 35 章	OXYGEN 氧气系统	第 73 章	ENGINE FUEL AND CONTROL 发动机燃油和控制系统
第 36 章	PNEUMATIC 气源系统	第 74 章	IGNITION 点火
第 37 章	VACUUM 真空系统	第 75 章	AIR 空气系统
第 38 章	WASTE/WATER 废水/水	第 76 章	ENGINE CONTROL 发动机控制系统
第 39 章	ELECTRICAL/ELECTRONICCOMPONENTS AND MULTIFUNCTION UNITS 电器/电子部件和多功能组件	第 77 章	ENGINE INDICATING 发动机显示
第 49 章	AIR BORNE AUXILIARY POWER 机载辅助动力装置	第 78 章	EXHAUST 排气系统
第 51 章	STRUCTURES/STANDARD PRACTICES 结构/标准施工	第 79 章	OIL 滑油
第 52 章	DOORS 门	第 80 章	STARTING 起动系统
第 53 章	FUSELAGE 机身	第 81 章	TURBINE 涡轮

续表

章	标　题	章	标　题
第82章	WATER INJECTION 喷水	第91章	CHARTS 图表
第83章	ACCESSORY GEAR BOXES 附件齿轮箱		

表12.2　第27章飞行控制系统的节及主题

章　节	主题名称	章　节	主题名称
27—10	Aileron Tab Controls 副翼调整片操纵	27—50	Flaps-Trailing Edge Control 后缘襟翼操纵
27—20	Rudder And Tab Control 方向舵和调整片操纵	27—60	Spoiler, Drag Devices And Variable Aerodynamic Fairings Control 扰流板、减速装置和可变气动整流操纵
27—30	Elevator And Tab Control 升降舵和调整片操纵	27—70	Gust Lock And Dampnent Control 阵风锁定及阻尼控制
27—40	Horizontal Stab Control 水平安定面操纵	27—80	Lift Augmenting Control 增升装置操纵

扩展阅读

手册常更新,事故易排除

2008年,加拿大航空1900D型飞机发生事故。在这次事故中,飞机因机械故障而坠毁,造成21人死亡。据调查发现,事故原因是飞机维护手册没有更新,未能反映出飞机油门控制系统的问题,维修人员也没有发现这个问题。因此,导致在飞行时,飞机的引擎油门无法控制,最终导致事故。

这一事件表明了飞机维护手册的重要性,必须严格遵守相应的规定,并随时更新以反映出飞机的实际状态。否则,任何小的疏忽都可能会导致严重的后果。

*12.2　飞机维护手册体系

12.2.1　概述

在飞机维护和修理工作中,维修人员常常需要查阅和使用各种修理手册,以获得飞机维护和修理所需的技术资料,并以此制定修理方案或者按照这些技术资料进行飞机维修工作等。

中国民用航空规章《维修与改装一般规则(CCAR—43)》中明确要求维修人员在对航空器或者航空器部件进行维修或者改装时,应当以“使用航空器制造厂的现行有效的维修手册或持续适航文件中的方法、技术要求或实施准则”完成相关维修工作。另外,在中国民用航空规章《大型飞机公共航空运输承运人运行合格审定规则(CCAR－121FS－R2)》中要求"飞机的初始维修方案(Maintcnance Schcdulc,MS)应当以局方批准或者认可的维修审查委员会报告(Maintenance Review Board Report, MRBR)以及型号合格证持有人的维修计划文件(Maintenance Planning Document,MPD)或者维修手册中制造商建议的维修方案为基础"。

常用的飞机维护和修理手册有飞机维护手册(AMM)、图解零件目录(IPC)、结构修理手册(SRM)、翻修/零部件维护手册(Over Haul Manual/Component Maintenance Manual, OHM/CMM)、故障隔离/排故手册(Fault Isolation Manual/Trouble Shooting Manual, FIM/TSM)、无损检测手册(Nondestructive Test Manual,NTM)、防腐手册(Corrosion Prevention Manual,CPM)和线路图解手册(Wiring Diagram Manual, WDM)等。

由飞机制造厂家提供的且为适航当局批准或可接受的各种维护、修理手册作为法定技术文件,其完整性与可靠性直接影响到飞机维护和修理的质量。同时,作为法定技术文件的手册,直接纳入适航部门的检查、监督范围。因此,在航空公司或者飞机维修单位通常都专门设立资料室(组)、资料科、资料处对各种手册技术文件实施管理和控制,以保证这些法定技术文件的完整性、有效性和可靠性。适航当局针对营运人和修理站进行检查的重要内容之一就是合法技术资料文件是否得到有效控制。

12.2.2 维修文件的有效性

任何维修文件都有有效性(effctivity),也就是此文件的适用性,即该维修文件是针对哪种机型制定的,对哪些飞机有效。一般定义为:在适航要求中,维修文件用于指定飞机以及飞机机载设备的适用依据。归纳起来,维修文件的有效性问题可以体现在以下四方面:客户化、飞机型别号码、构型特征、时间有效性。

1. 客户化

根据手册的通用性,常用的飞机维护和修理手册可以分为客户化手册和非客户化手册。维修文件的编写是针对购买飞机的客户,而不是某一机型。一般来说,一个营运人购买的同一种机型同一批次的飞机构成一个机队,针对某个特定机队有效的维修文件称为客户化手册(Customized Manuals);反之,针对所有的同一型飞机,而不是一个机队编写的文件,称之为非客户化手册(Non - Customized Manuals)。

客户化手册因客户飞机选型不同、飞机构型差别、加改装情况、飞机出厂的时间、批次及客户提出的各种特殊要求而有所差别。因此,客户化手册有着明显的针对性,这类手册没有通用性,即使是同一型号飞机的维修手册,各航空公司之间也是不可互用的。客户化手册主要包括飞机维护手册(AMM)、图解零件目录(IPC)、线路图解手册(WDM)和故障隔离手册(FIM)等。

非客户化手册又称为通用性手册,这类手册在不同的客户之间是可以通用的,其修改版次也是一致的。非客户化手册主要包括结构修理手册(SRM)、无损检测手册(NTM)、防腐手册(CPM)、翻修和零部件维护手册(OHM/CMM)和维护计划文件 MPD 等。

2. 飞机型别号码

每一种手册为了防止飞机有效性的混淆,在前言(Front Matter)部分注明了该手册所适用飞机的各种号码,例如:注册号(Registry Number),序列号(Serial Number)。在飞机维护手册(AMM)和图解零件目录(IPC)中,给各航空公司机队的飞机按照一定的规律编制了三位数字的有效性号码，编号从 001 到 999。当手册针对不同飞机有效时，会标明有效性号区间，如 207—999 指有效性号大于等于 207 的飞机都能适用。

以上这些并非只适用于飞机，对于发动机和重要的部件、组件也有其中一些号码，例如：发动机也有 serial number，block number；发动机风扇叶片也有 serial number 等，因此使用的时候要细致把握。

3. 构型特征

构型特征是由于飞机采用了不同厂商提供的设备而产生的，例如：737－300/400/500 飞机可以使用不同厂家的几种机载辅助动力装置（APU），虽然发动机都为 CFM56－3 涡扇发动机，但也有多个亚型。由于不同设备的性能和构造不同，因而产生有效性问题。例如，对飞机维护手册（AMM），在每页右下角注明的 figure1，figure2 等，一般就是在一个机队中同一系统部件采用不同厂商提供设备的情况。

4. 时效有效性

时效有效性是指由于文件随时间更迭而产生的有效性问题。飞机维修手册通过修订服务保持其内容现行有效。例如，厂家的定期改版（Normal Revision）和临时改版（Temporary Revisions）。有效页清单将提供每次修改记录。此外，还有民航管理部门强制执行的适航指令（Airworthiness Diredive，AD）以及制造厂家推荐执行的服务通告（Service Bulletin，SB）和服务信函（Service Letter，SL），都会产生有效性的问题。

* 12.3　常用飞机维护手册和使用

由于飞机技术手册数量众多，难以逐一介绍，下面以飞机维护手册（AMM）、图解零件目录（IPC）和结构修理手册（SRM）为例，介绍它们的内容和使用方法。

12.3.1　飞机维护手册

1. 概述

飞机维护手册（Aircraft Maintenance Manual，AMM）是由飞机制造厂家按照 ATA 100 规范要求制定的，属于适航当局可接受的技术文件（Acceptable Data，区别于 Approved Data）。AMM 是制定飞机维护和修理方案的依据，也是飞机维修单位对飞机进行维护和修理最重要的手册。AMM 为飞机维护和维修提供了系统和零部件的说明，并提供了各种勤务、维护、检查、排除故障、系统功能试验、调节、清洁、修理和更换零部件等工作的详细技术标准和工艺程序等资料。AMM 的内容包含了飞机在航线或在机库的全部维护和维修工作，但它不包含飞机机载设备（附件）离位的检查、修理、测试等工作的标准和程序要求。离位附件的修理工作，由其附件协作厂商编写的部件修理手册 CMM 来说明。

2. 有效性

手册的扉页部分的飞机有效性（effective aircraft）中标明了该手册适用于哪些飞机。另外，还有正文内容页的修订有效性。正文的每一章最前面都有飞机有效性清单页（effective pages），正文内容页的修订有效性是指手册中每页对应的有效性，通过核对内页右下角的修订日期和有效页清单中给出的修订日期，可以判断查阅手册具体章节页是否现行有效。手册正文页的飞机构型有效性在手册正文页的左下角用文字表示。如果某页内容对某型的所有飞机都有效，则在左下角标有全部(ALL)字样。

3. 修订服务

B737 飞机维修手册每年有 3 次正常修订服务，日期是 2 月 10 日、6 月 10 日和 10 月 10 日。对修改过的节或页面将在有效页清单上用 R(已修改)、A(已增加)或 D(已删除)来标识。另外，对于飞机有效性清单页上修改过的内容，会在其左边空白处用修改竖杠表示。

手册中除封面和每章的封面外，每一页的右下角都标有该页编出的日期，同时在页脚中间标识用户文件编号，有效性清单中记录这些信息用来作为手册内容的权限。

手册临时修订服务将根据需要发行。临时修订服务也为应用户要求结合服务通告而发行。每次临时修改将编入下次手册的修改中。每次临时修改会提供一组更新的页，这些页面在并入下次定期修改前或用其他的临时修改替代前仍然有效。

4. 编排

AMM 整体编排也是按 ATA 100 规范的规则编排的，由扉页和正文两大部分组成。

AMM 的扉页包含标题页、飞机有效性清单手册发送说明、有效章清单、扉页有效页清单、修订记录、临时修订记录、章目录、简介和服务通告清单等内容。

AMM 正文内容通常由第 5 章～第 80 章组成。AMM 的正文内容的编排也是按 ATA 100 规范的规则编排的，其章节目编号用 3 个单元 6 位数字表示，如图 12.1 所示。

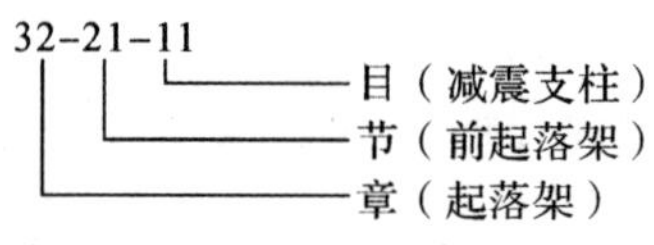

图 12.1　AMM 正文章节目编号

左起第一单元数字表示章，32 表示起落架系统；第二单元表示节，21 表示前起落架子系统；第三单元表示目，11 表示减震支柱。上述表示节的第二位数字可由飞机制造厂家给定并且确定其内容；表示目号的两位数字由飞机制造厂家给定并确定其内容。这样就使得不同的飞机制造厂家编制的维修手册的查询方式是相同的。

AMM 的每一章内容都是由有效页清单、章目录和正文三部分组成的。目录页为快速查找资料提供索引。在目录页以数字顺序排列出了所有的子系统和子子系统，对所列出的部件/组件则按其关键词以字母顺序排列。

5. 查阅使用举例

例 1　某飞机修理厂对注册号为 B－2693 的 B737－800 飞机进行维修，工作中需拆装飞机的电动液压泵(EMDP)，为此，需详细了解电动液压泵的拆装程序，请问应如何查找到所需资料？

[解]　具体查找步骤如下。

(1)确定要查找的手册种类和有效性。在本例中，需要查阅飞机电动液压泵(EMDP)的拆装程序，且已知飞机机型，所以，应查阅 B737－600/700/800/900 飞机的 AMM。再根据飞机号 B2693，在该手册扉页部分的飞机有效性(effective aircraft)中，查找到有 B2693 飞机，确认该手册对 B－2693 飞机有效。

(2)根据所要查找的内容，确定其属于哪个系统与章节。

本例需要查找电动液压泵的拆装程序，属于液压系统，所以在 AMM 的第 29 章。实际工作中，通常都知道工作内容属于某个系统。

(3)查阅章的目录。为了尽快找到所需查找内容，通常查阅该章的目录。本例查阅第 29 章的目录，从目录栏中查到 29－11－21、401 液压 A 和 B 系统电动液压泵(29－11－21，401 HYDRAULIC SYSTEM A AND B ELECTRIC MOTOR－DRIVEN PUMO (EMDP))，选择该条目录。

(4)查阅具体的拆装程序内容。

本例翻至 29－11－21 中第 401 页，如图 12.2 所示(局部)。

737-600/700/800/900
AIRCRAFT MAINTENANCE MANUAL

HYDRAULIC SYSTEMS A AND B ELECTRIC MOTOR-DRIVEN PUMP (EMDP) - REMOVAL/INSTALLATION

1. **General**

A. This procedure has these tasks:

(1) These tasks are for both the Vickers and the Abex Electric Motor-Driven Pump (EMDP).

(a) The removal of the hydraulic system A and B EMDP.

(b) The installation of the hydraulic system A and B EMDP.

B. Other Boeing documents may use the term ACMP (Alternating Current Motor Pump) instead of EMDP.

TASK 29-11-21-000-801-001

2. **Electric Motor-Driven Pump (EMDP) Removal**

(Figure 401 or Figure 402)

A. **References**

Reference	Title
29-09-00-860-802	Hydraulic Reservoirs Depressurization (P/B 201)
29-09-00-860-808	Hydraulic Reservoirs Depressurization (P/B 201)
29-11-27-000-801	Hydraulic Systems A and B Electric Motor-Driven Pump (EMDP) Acoustic Filter Removal (P/B 401)

B. **Tools/Equipment**

NOTE: When more than one tool part number is listed under the same "Reference" number, the tools shown are alternates to each other within the same airplane series. Tool part numbers that are replaced or non-procurable are preceded by "Opt:", which stands for Optional.

Reference	Description
SPL-14206	AC Motor Driven Hydraulic Pump Torque Tool (Part #: C29007-1, Supplier: 81205, A/P Effectivity: 737-600, -700, -700C, -700ER, -700QC, -800, -900, -900ER)
STD-1054	Container - Fuel Resistant, 5 Gallon (19 Liters)

C. **Location Zones**

Zone	Area
133	Main Landing Gear Wheel Well, Body Station 663.75 to Body Station 727.00 - Left
134	Main Landing Gear Wheel Well, Body Station 663.75 to Body Station 727.00 - Right

D. **Prepare for the Removal**

SUBTASK 29-11-21-860-001-001

WARNING: BE CAREFUL WHEN YOU OPEN OR CLOSE CIRCUIT BREAKERS IN THE P91 AND P92 PANELS WHILE THE PANELS HAVE POWER. ELECTRICAL SHOCK CAN CAUSE INJURIES TO PERSONNEL.

(1) For the hydraulic system A EMDP,

Open these circuit breakers and install safety tags:

图 12.2　电动液压泵(EMDP)的拆装程序

12.3.2 图解零件目录

1.概述

图解零件目录(Illustrated Parts Catalog,IPC)是飞机生产厂家提供的主要用于航线可更换件的识别、维护及备件的手册。它在实际应用中主要有以下两个功能。

(1)提供可更换件的位置识别和装配关系等维护信息,为航线维护提供方便。

(2)为航材部门备件计划提供信息,通过IPC手册可以查到与零件相关的数量、有效性、厂家等信息。

IPC手册是客户化手册,由飞机生产厂家提供给特定客户,并进行定期修订更新。需要注意的是,IPC手册仅是针对零件目录的客户化,手册中的插图是面向所有客户的。所以可能会出现这样的情况:插图上有的零件项目,在某一特定航空公司的零件清单中没有对应的项目,这时在零件的清单下方会标明“缺少了的项目不适用”,提醒客户不要过度关注清单中的缺失项目。

IPC手册也是根据ATA 100规范编制的,其章节安排与前面介绍的AMM基本相同,这里不再赘述。

2.分类

根据提供手册的厂家不同,常用的IPC分为以下3类。

(1)飞机生产厂家提供的飞机图解零件目录(Airframe Illustrated Parts Catalog,AIPC)。

(2)发动机厂家提供的发动机图解零件目录(EIPC(Engine Illustrated Parts Catalog)或PIPC(Power Plant Illustrated Parts Catalog))。

(3)部件生产厂家提供的部件图解零件目录(Illustrated Plrts List,IPL)。

在实际应用时,首先需要知道不同零部件的厂家信息,然后查阅对应厂家、对应产品型号的IPC手册。有时,这些手册也可以相互索引,比如在AIPC上就会提供某些部件的厂家手册(CMM,IPL等)信息。

3.有效性

IPC手册的零件列表(Part List)中,每个零件在有效性栏(Effect From To Column)都标明了该零件的有效性号区段。可能会有多个区段的情况,例如:001007/050053代表零件适用于1~7号和50~53号飞机。另外,有关时效和改版的信息一般在零件列表左侧进行标注,例如:一个零件的内容进行了改版,会标注R字母。

4.编排

IPC手册由两部分组成:扉页部分和正文部分。

(1)扉页部分。扉页部分包括以下信息。

1)封面。提供手册名、手册适用机型及版权声明等信息。

2)版本信息。提供本版本的版本号及修订日期。

3)修订信息。提供本次修订中扉页部分和正文部分详细的修订信息,包括修订页码和发生的修订行为。修订行为包括内容更改(changed)、内容删除(deleted)和内容增加(added)。

4)手册使用说明。介绍手册的组成、件号系统及举例说明如何使用手册。

5)飞机有效性索引。提供对本手册有效的飞机列表。前面介绍过,IPC 手册是客户化手册,所以在查阅 IPC 之前,必须通过本部分的信息核准手册是否有效。

6)飞机的区域及站位信息。为准确定位零部件在飞机上的位置,各厂家根据各自的原则把飞机各部分划分为不同的区域,给出站位图。

7)供货商信息。提供 IPC 上列出的零部件供应商的代码、名称及其联系方式,以方便订货。

8)资料信息。提供相关图纸、服务通告、改装及规范等信息。

9)件号索引列表。通常厂家会提供按数字顺序和按字母顺序两种方式列出件号的列表,同时提供与件号对应的该件所在的章节。

(2)正文部分。IPC 手册的正文部分按 ATA 100 规范给出每一个功能章节的图解和零件目录。每一章又包括以下部分。

1)目录部分。目录部分提供该章每一页的修订有效性信息和主体内容的目录清单。

2)主体内容部分。按章节目录顺序给出飞机各组件的图解和对应的详细零件目录。

详细零件目录中给出了丰富的信息,其中需要重点注意的是每个零件对应的飞机有效性,此有效性可以判定某个零件是否可以安装在对应的飞机上,或者判定某架飞机目前状态下是否安装了该件。飞机有效性在表中 EFFECT FROM TO 栏给出,一般用 6 位数字表示,其中前 3 位表示从该有效号起(含该号),后 3 位表示到该有效号止(含该有效号)。也可能出现有效性没有给出的情况,这表明该件对所有此 IPC 有效的飞机有效。

5. 应用实例

在实际应用中,一般有以下两种情况需要使用 IPC 手册。

(1)已知一个件的件号,通过件号查找它的位置及装配信息。

(2)已知一个件的位置或功能,通过位置或功能查找件号。

下面分别举例说明其查找方法。

例 2　件号已知,查找件的位置。已知从飞机号为 B－2695 的 B737－800 飞机上拆下一个件号为 274A1913－3 的支架,需查找该件在飞机上的安装位置。

[**解**]　具体查找步骤如下。

(1)确定查阅的 IPC 手册及该手册的有效性。先确定应查找 B737－800 飞机的 IPC 手册,再根据飞机号 B2695,在该手册扉页的 AIRPLANE EFFECTIVITY CROSS REFERENCE 部分,查找到有 B2695 飞机,确认该手册对 B－2695 飞机有效。

(2)查找零构件对应的章节号、图号、项目号。根据件号 274A1913－3,查找 B737－800 飞机 IPC 手册扉页部分的件号索引列表(以数字排序)PART NUMBER NUMERICAL －ALPHA IDEX 部分,在该表的 PAGE380 页中查得对应的章节号、图号、项目号:32－41－52 01A 170。

(3)确定零构件的位置及其装配信息。根据零构件的章节号和图号 32－41－52－01A 查该手册正文部分的 32－41－52－01A,BRACKET INSTL－MLG LWR BRAKE HOSE 部分。再根据项目号 170,在 32－41－52－01A 图解部分的页面 PAGE 0 (FIGURE 1A,SHEET 1)中,即可获得该支架的位置,如图 12.3 所示。其装配信息在 32－41－52－01A 图解部分的页面 PAGE 0C (FIGURE 1A, SHEET 4)中示出。在 32－41－52－01A 详细零件清单部分的页面 PAGE 3 中,可知项目号 170 为 BRACKET(支架)。

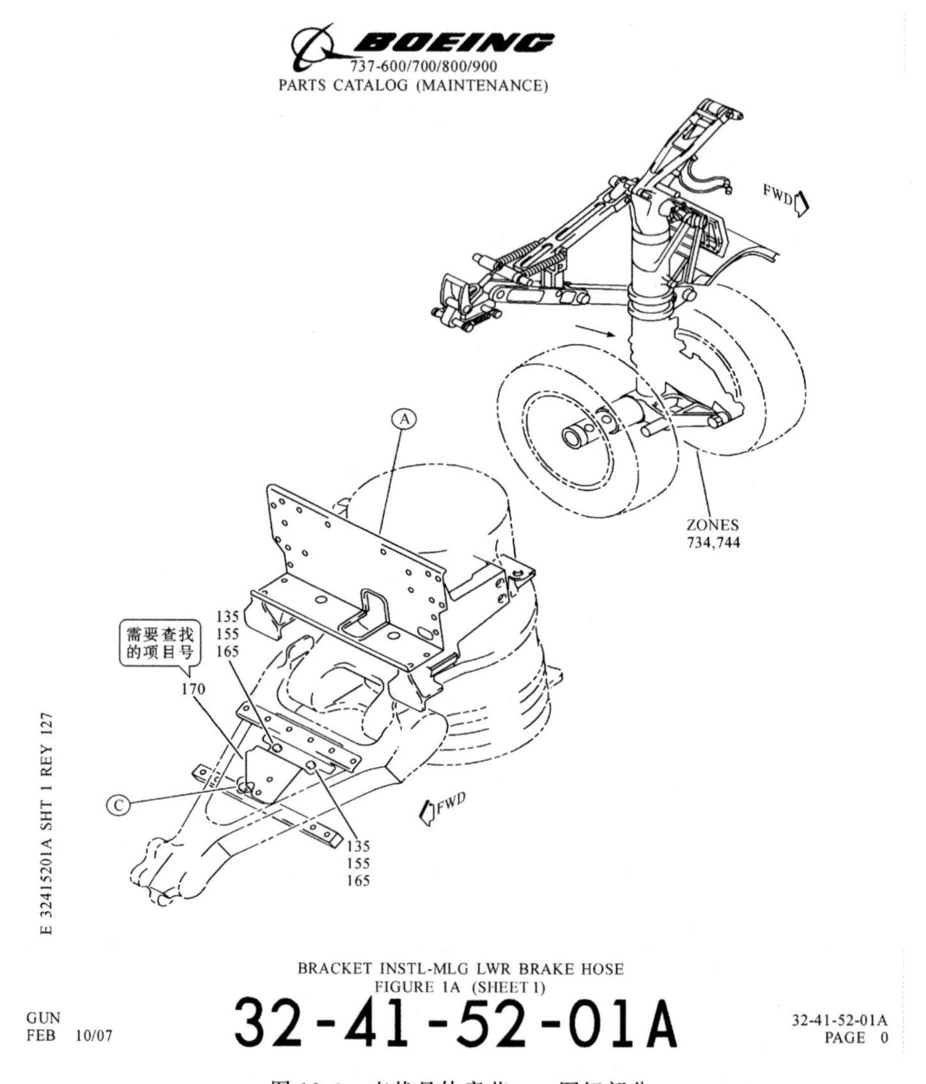

图 12.3 查找具体章节——图解部分

例 3 件号位置已知,查找件号及该件的相关信息。已知机型为 B737－800、飞机号为 B－2695 的飞机主起落架刹车位置发现一软管损坏,需进行更换,请查找该件件号。

[解] 具体查找步骤如下。

(1)确定手册的有效性。与上例相同,确定应查找 B737－800 飞机的 IPC 手册而且有效。

(2)确定要查找的件。确定需查找手册的 32 章,再根据该件是主起落架刹车组件上的一个零件,在 IPC 手册的目录 32 章中试查或者在查阅电子版手册中输入刹车的英文单词 BRAKE 自动搜索,最后查得 HOSE INSTL－MLG LWR BRAKES 32－41－52 06A,即起落架刹车组件所在的章节是 32－41－52,图号是 06A,其中项目号为 10 的软管是要查找的件。

(3)获取该件的件号及订货信息。在该手册 32－41－52 06A、页面 PAGE 1 的 FIG. ITEM 栏中,查得项目号 10 是 HOSE ASSY(软管组件),同时也查得零件号(PART NUMER)为 AS154A04EE0320B,供应商代码(SUPPLIER CODE)为 V00624,如图 12.4 所示。

BOEING
737-600/700/800/900
PARTS CATALOG（MAINTENANCE）

FIG ITEM	PART NUMBER	1234567　NOMENCLATURE	EFFECT FROM TO	UNITS PER ASSY
6A		HOSE INSTL-MLG LWR BRAKES		
－1	274A1900-5	HOSE INSTL-MLG LWR BRAKES POSITION DATA: LH FOR NHA SEE: 32-40-00-01	001007 155506 730999	RF
－1	MODREF84474	HOSE INSTL–MLG LWR BRAKES MODULE NUMBER: 274A1900-5 REV A POSITION DATA: LH	008154 507729	1
－5	274A1900-6	HOSE INSIL-MLG LWR BRAKES POSITION DATA: RH FOR NHA SEE: 32-40-00-02	001007 155506 730999	RF
－5	MODREF84475	HOSE INSTL-MLG LWR BRAKES MODULE NUMBER: 274A1900-6 REV A POSITION DATA: RH	008154 507729	1
10	AS154A04EE0320B 件号及订货信息	• HOSE ASSY SUPPLIER CODE: V00624 SPECIFICATION NUMBER: BACH8A04EE0320B OPTIONAL PART: B472-4EE0320B V98441 97934A04EE0320B V78570 R291204EE0320B V50599		2
15	BACE21BR0606P	• ELBOW		2
20	BACB30NR4K31	• BOLT		4
25	NAS1149D0432J	• WASHER		8
30	PLH54CD	• NUT SUPPLIER CODE: Vf0224 SPECIFICATION NUMBER: BACN10YR4CD OPTIONAL PART: H52732-4CD V15653		4
35	287N6115-3	• GUIDE		4
40	BACB30NR4K15	• BOLT		4
45	NAS43DD4-44FC	• SPACER		4
50	NAS1149D0432J	• WASHER		8
		ILLUSTRATION ITEMS NOT ON PARTS LIST ARE NOT APPLICABLE		

ITEM NOT ILLUSTRATED

GUN　　32-41-52-06A

32-41-52
FIG. 06A
PAGE 1
FEB 15/09

图 12.4　查找详细零件目录

12.3.3 结构修理手册

1. 概述

飞机结构修理手册(Structure Repair Manual,SRM)是由飞机制造厂家制定并且经航空器型号设计批准所在国的适航当局批准的。飞机结构修理手册是维修单位对飞机结构进行维护和修理的法定技术文件之一,是制定飞机结构维护和修理方案的依据。SRM的内容包括以下几点。

(1)飞机结构材料的识别。

(2)结构允许损伤的标准。

(3)典型结构或结构件的修理方案。

(4)有关通用施工、材料方面的信息。

(5)维修工艺程序。

(6)其他涉及飞机结构完整性的资料。

SRM中提供的维修方案均为典型的维修方案,对于在SRM中找不到相应维修方案的损伤,其维修最佳途径是:由制造厂给出维修方案,并由该国适航部门批准,然后经我国适航部门认可,最后由航空公司或维修单位按内部工程技术处理程序实施修理。在SRM中没有编写维修方案的部位一般是极其重要的结构部位,是一般航空公司、维修单位所不具备维修条件的,如翼根,若该处出现严重损伤,应考虑制造厂支援修复。

2. 编排

SRM也是根据ATA 100规范编制的,正文部分由第51～57章组成,其中每一章的内容都是由有效页清单、章目录和正文三部分组成的。

SRM第51章是较特殊的章节,它主要介绍关于飞机结构分类、气动光滑性、飞机结构材料、材料表面保护处理工艺、紧固件、飞机的顶升、各种典型修理和飞行操纵面配平等一些通用性内容。

SRM第52～57章主要介绍飞机各大部件的结构、材料、可允许损伤鉴定标准、各种损伤的典型修理方案。

3. 应用实例

例4 注册号为B-2647的B737-800飞机,在机身站位STA400～420,左侧下方桁条S-21L与S-22L之间的蒙皮位置,发现一处深0.018 in①、长2.5 in的擦伤(Scratches)。试就下列问题作出回答:①该处蒙皮的材料是什么?厚度为多少?②判断该损伤的损伤程度。③如果该损伤超出可允许损伤范围,请确定其修理方案。

[解] 具体步骤如下。

(1)查出该处蒙皮的材料和厚度。首先要确认B737-800型飞机的SRM对这架注册号B-2647飞机的有效性。根据本题已知条件,应查阅第53章机身。通过查阅SRM的53-00-00General,得知机身站位STA400～420位于机身43段,所以应查阅SRM53-30。再通过查阅SRM53-30的目录或者书签可确定该损伤应查找SRM53-30-01。从SRM53-30-

① 1in=2.54 cm。

01 的第 1～99 页可以查到机身 43 段下方蒙皮的材料牌号、厚度以及相应的图号。本例中，查询得到该蒙皮的材料牌号为 2024 - T3 CLAD，板厚为 0.040 in。

(2)判断该损伤的损伤程度。根据主题内容与页码块的分类，从 SRM53 - 30 - 01 的第 101～199 页中可以查到机身 43 段下方蒙皮的允许损伤容限值。本例中，板厚 $T=0.040$ in，$X=0.004\sim0.006$ in；实测损伤深度为 0.018 in，超过其允许损伤的最大值，所以，该损伤需要加强修理。

(3)确定其修理方案。该损伤超出允许损伤范围，从 SRM53 - 30 - 01 的第 201～999 页，可以查到机身 43 段下方蒙皮的修理方案。手册 SRM53 - 30 - 01 中与本例题相关的仅有第 201 页，该页说明机身 43 段蒙皮的允许损伤资料应参见 SRM53 - 00 - 01，如图 12.5 所示。

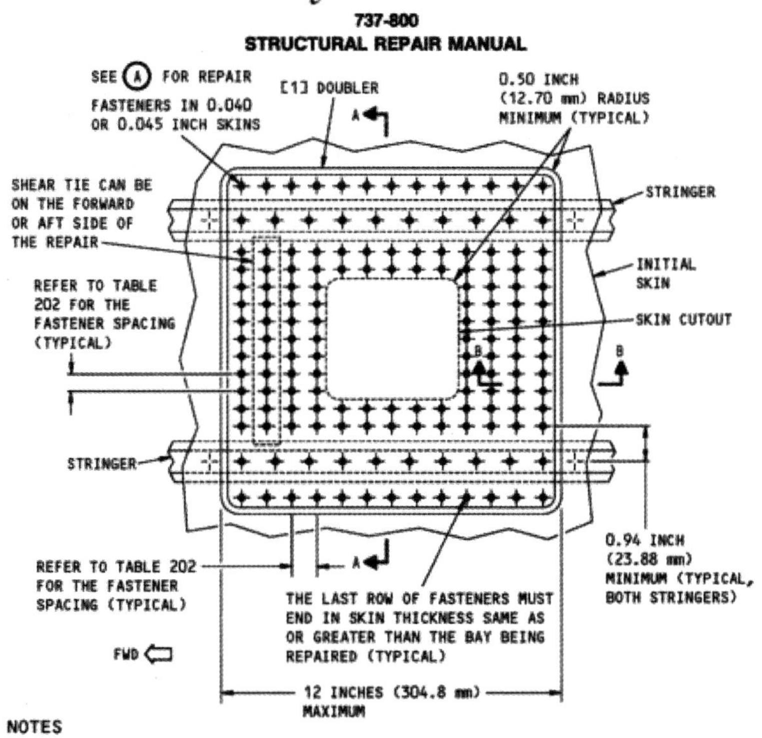

图 12.5　查阅手册确定损伤修理方案

因此,需转查 SRM53 - 00 - 01 的第 101～199 页,以查到并确定机身 43 段损伤蒙皮的修理方案。

查询 SRM53 - 00 - 01 的目录有 25 个修理方案,其中有 4 个修理方案可供考虑。这 4 个修理方案如下。

1)修理方案 3:在桁条间使用实芯铆钉连接的外补法修理机身蒙皮(REPAIR 3 - External Repair of Fuselage Skin Between Stringers With Solid Rivets)。

2)修理方案 4:在桁条间使用盲铆钉连接的外补法修理机身蒙皮(REPAIR 4 - External Repair of Fuselage Skin Between Stringers With Blind Rivets)。

3)修理方案 8:在桁条间使用镶平法修理厚度不变的蒙皮(REPAIR 8 - Flush Repair of Constant Thickness Skin Between Stringers)。

4)修理方案 9:在桁条间使用镶平法修理机身蒙皮(REPAIR 9 - Flush Repair of Fuselage Skin Between Stringers)。

根据飞机停场时间长短及航材储备情况来确定修理方案,最终选择修理方案 3,如图 12.5 所示。修理方案 3 是用普通实芯铆钉连接的外补修理方案,该修理方案是 B 类永久性修理方案。补片厚度参考 53 - 00 - 01 REPAIR 3。通过第 203 页中的表 202 查得为 0.100 in。材料与原构件材料相同,即 2024—T3 CLAD。

扩展阅读

正确使用维护手册的重要性

1996 年,法国瓦莱航空公司 592 号班机在前往美国佛罗里达州迈阿密的途中发生坠毁事故,造成所有人员遇难。据调查发现,事故原因是航班机组人员没有正确执行维护手册中的程序,导致了液压系统失效,最终飞机坠毁。

法国瓦莱航空公司 592 号班机的起飞前,一名维护人员在清洗飞机时,使用了水枪直接冲洗飞机货舱门的密封胶条。而该机型的维护手册中规定,不得使用高压水枪清洗飞机的任何部位,因为水枪可能会使密封胶条受损,导致飞机货舱内气压下降。但是该维护人员没有按照维护手册中的程序操作,直接使用了水枪冲洗,造成密封胶条受损。

飞机起飞后,由于货舱门密封不严,导致飞机内部气压快速下降,液压系统失效。机组人员试图控制飞机,但最终失控坠毁,造成了所有人员的死亡。

这起事故引起了空中交通管理和飞机维护手册规定的重视,对于维护手册的正确使用和规范执行提出了更高的要求。

习 题 12

一、选择题

1. 民用飞机技术文件的章节编号所遵循的规范是(　　)。

A. ATA 100　　B. FAA 100　　C. ATA 200　　D. FAA 200

2. ATA 100 规范里,第 21 章是(　　)。

A. 飞机机翼　　B. 起落架系统　　C. 空调系统　　D. 发动机

3. 飞机维护手册 AMM 属于(　　)。

A. 客户化手册　　B. 非客户化手册

4. 能否将 A 航空公司的 AMM 手册用于 B 公司的飞机?(　　)

A. 可以　　B. 不可以

5. 手册中出现 32－11－20,则 32 表示(　　)。

A. 操纵系统　　B. 起落架系统　　C. 空调系统　　D. 发动机

6. 用于查询航材数量、厂家信息的手册是(　　)。

A. IPC　　B. SRM　　C. AMM　　D. FIM

7. 用于确定结构修理方案的手册是(　　)。

A. IPC　　B. SRM　　C. AMM　　D. FIM

8. 用于部件分解测试的手册是(　　)。

A. AMM　　B. SRM　　C. CMM　　D. FIM

9. 飞机维护手册由(　　)负责提供。

A. 航空公司　　B. 厂家　　C. 适航当局　　D. 维修企业

10. 适航当局对航空器运营人的检查是否包括维修手册的有效控制情况?(　　)

A. 包括　　B. 不包括

二、问答题

1. 某飞机修理厂对注册号为 B－6269 的 A320 飞机进行维修,工作中需调节发动机反推阻流门,为此,需详细了解发动机阻流门的调节程序,请问应如何查找到所需资料?

2. 空客 320 注册号为 B－2368 的飞机在航线短停,检查发现左水平安定面外侧前缘在 15 号肋与 16 号肋之间上蒙皮表面复合材料分层,分层面积约 2 500 mm^2;检查未发现分层区域有穿孔或裂纹。试查阅 A320SRM 手册并判断:

(1)该飞机能否执行下个航班任务?

(2)如果可以,应采取哪些维护措施?

* 第 13 章　常用量具、手工工具

📖知识及技能

✍ 了解航空维修常见的量具、手工工具。

✍ 掌握航空维修常用量具、手工工具的使用。

* 13.1　常 用 量 具

13.1.1　游标卡尺

游标卡尺(Vernier Caliper)是一种测量工件长度、深度和内外直径的量具，在航空精密制造、维修中有着广泛的应用。

1. 游标卡尺的结构

游标卡尺有多种式样，如普通游标卡尺、深度游标卡尺和高度游标卡尺等，但它们的刻线原理及识读方法是相同的。现以常用的 0～150 mm 规格的普通游标卡尺为例加以说明。

普通游标卡尺主要由主尺和游标两部分构成，如图 13.1 所示。主尺具有上下两个卡爪，在主尺的正面刻有刻度线和数字，其反面制有长槽供容纳测深杆。游标又称为副尺，它也具有上下两个卡爪，这两个卡爪分别与主尺上的上下卡爪组成内测量爪和外测量爪。内测量爪通常用来测量内径、沟槽的宽度和孔距；外测量爪通常用来测量外径、长度和孔距。游标上也刻有刻度线和标有数字。游标装附在主尺上，并能够在其上左右滑动。在游标与尺身之间有一弹簧片，利用弹簧片的弹力使游标与主尺既保持一定的紧度又可轻便滑动。游标的上部有一颗紧定螺钉，可将游标固定在尺身上的任意位置。测深杆是根具有矩形截面的长杆，它固定在游标上，能随着游标一起滑动。测深杆可用来测量孔和沟槽的深度。

除了普通游标卡尺外，还有数显式游标卡尺和指针式游标卡尺，它们的构造与普通游标卡尺基本相同，其式样如图 13.2 所示。数显式游标卡尺，在其游标上装有一个电子数字测量显示器，其测量的结果能够直接显示出来，如图 13.2(a)所示。指针式游标卡尺，在其游标上装有一个指示表，表上的齿轮与主尺上沟槽中的齿条啮合，当移动游标时，通过齿轮齿条传动使指针转动而指示读数，如图 13.2(b)所示。

2. 游标卡尺的刻线原理及识读方法

(1)游标卡尺的刻线原理。常用游标卡尺按其精度可分为 3 种，即 0.02 mm，0.05 mm 和 0.1 mm。这 3 种精度的游标卡尺，其主尺刻度线的间距均为 1 mm，即每格宽度为 1 mm；游标上刻度线的间距和格数则视其精度不同而不同。现以 0.02 mm 精度的游标卡

尺为例说明其刻线原理，如图 13.3 所示。

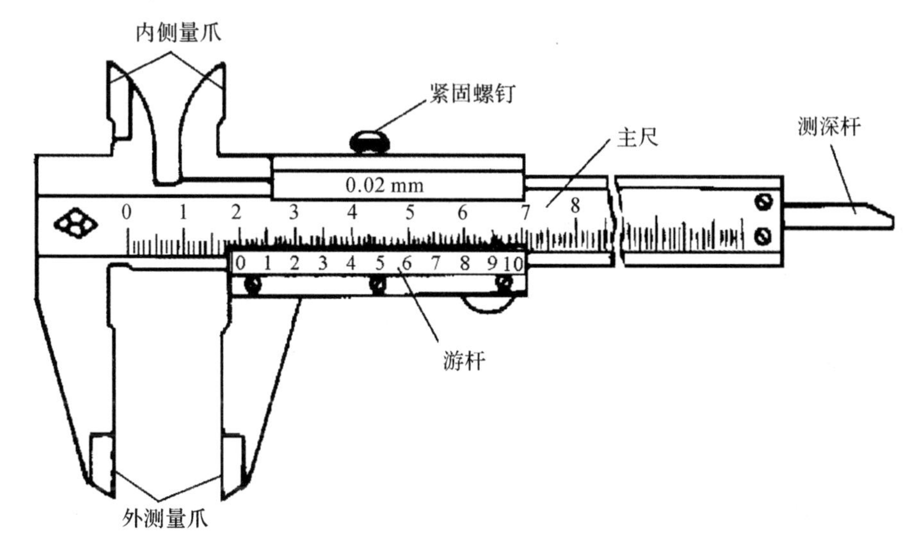

图 13.1　游标卡尺

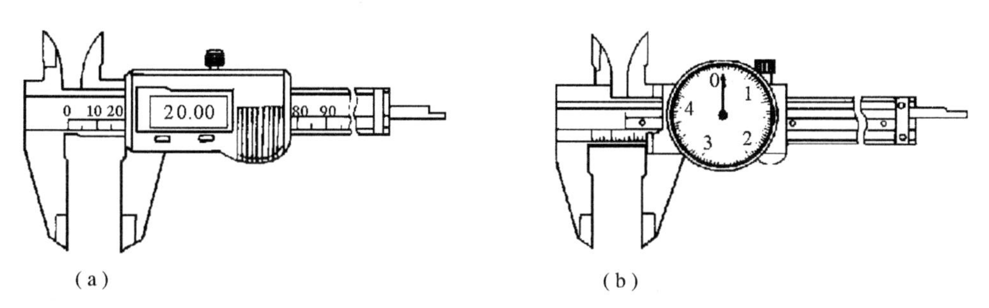

(a)　　(b)

图 13.2　具有数字显示和指示表显示的游标卡尺

(a)数字显式游标卡尺；(b)指针式游标卡尺

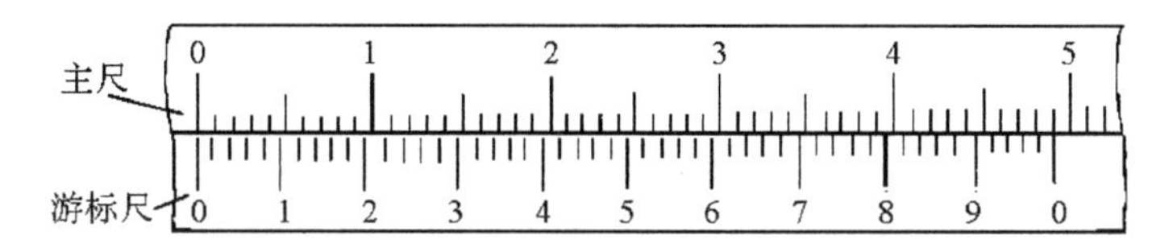

图 13.3　0.02 mm 精度游标卡尺的刻线原理

在主尺正面上刻有间距为 1 mm 的刻度线，其左边第一根标有“0”数字的刻度线称为零线。从零线往右第 10 根及其整数倍的刻度线上分别标有 1，2，3，…序列数字，它们分别表示 10 mm，20 mm，30 mm，…。

游标上也刻有刻度线，其左边第一根标有“0”数字的刻度线也称为零线。当主尺与游标上的两个测量爪并拢时，游标上刻的零线与主尺上的零线对准；游标上最右边标有“0”数字的刻线称为终线，它与主尺上 49 mm 的刻度线对准，即游标上零线与终线之间的距离为 49 mm，再将这段长度分为 50 等份，即

游标尺上每一等分(即每一格)的宽度=49/50=0.98 mm

主尺刻线间距与游标刻线每格相差=1-0.98=0.02 mm

0.02 mm 即为此种游标卡尺的精度值。

当游标向右移动 0.02 mm 时,游标零线就向右偏离主尺零线 0.02 mm,因为游标上每一格的宽度为 0.98 mm,所以,游标零线后的第 1 根刻线与主尺刻线对准;当游标向右移动 0.04 mm 时,游标零线向右偏离主尺零线 0.04 mm,此时,游标零线后的第 2 根刻线与主尺刻线对准,依次类推。如游标向右移动 0.9 mm 时,此时零线靠近主尺上 1 mm 的那根刻线,则游标上零线后的第 0.9/0.02=45 根刻线与主尺刻线对准,即 0.02 mm×45=0.9 mm。当游标零线偏离主尺上的刻线且不足 1 mm 的距离内时,游标上总有一根刻线与主尺的刻线对准。在这种情况下,虽不能直接从主尺读出其所对应的读数,但可以从与主尺刻线对准的某一根游标刻线的序数乘以其精度值而读出游标零线偏离主尺刻线的数值。换言之,当游标移动的距离在 1 mm 的范围内,其移动的距离可用游标卡尺的精度值 0.02 乘以对准刻线的序数来表示。当游标向右移动 1 mm 时,游标上的零线与主尺上 1 mm 刻线对准,同时,游标上的终线也与主尺上的刻线对准。

为了读数方便,游标的零线、零线后的第 5 根刻线及其整倍数的刻线比其他刻线长一些。零线后的这些长刻线处分别依次标注 1,2,…,9 和 0 的数字,数字 1 至 9 分别对应表示 0.1 mm,0.2 mm,…,0.9 mm,由此也可认为:游标上的一格代表 0.02 mm。

(2)游标卡尺的识读方法。识读游标卡尺,通常可以按以下 3 个步骤进行。

1)读出主尺尺寸,根据游标零线所对主尺刻线的位置,读取主尺读数。

2)读出游标尺寸,根据与主尺刻线对准的游标刻线的数字和格数,读出游标读数。

3)将主尺读数和游标读数相加即为游标卡尺测量的尺寸数值。

上述识读游标卡尺的步骤,可根据游标与主尺的相对位置而灵活运用。游标卡尺测量工件,游标与主尺的相对位置存在以下 3 种情况。

1)游标零线与主尺某根刻线对准。

2)游标零线不对准主尺某根刻线,但是游标上标有数字的长刻线与主尺上的刻线对准。

3)游标零线不对准主尺某根刻线,游标上标有数字的长刻线也不与主尺上的刻线对准,只是游标的一般刻线与主尺上的刻线对准。

针对上述三种情况,下面分别举例说明 0.02 mm 精度游标卡尺的识读。

例 1 图 13.4(a)所示为游标零线与主尺某根刻线对准(注:为了清楚表达,将对准的刻线作打叉标记)。此种情况,直接读出游标零线所对准的主尺刻线代表的数值即可,本例的读数为 88.00 mm。

例 2 图 13.4(b)所示为游标零线不对准主尺某根刻线,但是游标上标有数字的刻线与主尺上的刻线对准。遇到这种情况,先读出零线左边主尺刻线的数值,再读出与主尺刻线对准的那根游标刻线所示的数值,最后将上述两读数相加即得测量读数。

本例中,游标零线对在主尺 55 mm 与 56 mm 之间,则先读出位于零线左边主尺刻线的数值 55 mm;再读游标上与主尺刻线对准的、标有数字“6”那根刻线所示的数值,即读出其读数 0.60 mm;最后将上述两读数相加,即 55+0.60=55.60 mm。

例 3 图 13.4(c)所示为游标零线不对准主尺某根刻线,游标上标有数字的长刻线也不与主尺上的刻线对准，只是游标的一般刻线与主尺上的刻线对准。遇到这种情况，先读出游标零线左边主尺刻线的数值，再读出游标上对准刻线左边长刻线标有的数值，然后，再读出与主尺刻线对准的那根刻线与该标有数字刻线之间的格数并且将格数乘以0.02的数值，最后将上述三个数值相加，即得到尺寸读数。

本例，先读出主尺的数值为111 mm；再读出游标上对准刻线左边的标有数字“6”刻线的数值0.60 mm；然后，读出游标上的对准刻线距数字“6”刻线有3格，即3×0.02=0.06 mm；最后将这三个数值相加，111+0.6+0.06=111.66 mm，即得到该尺寸读数。

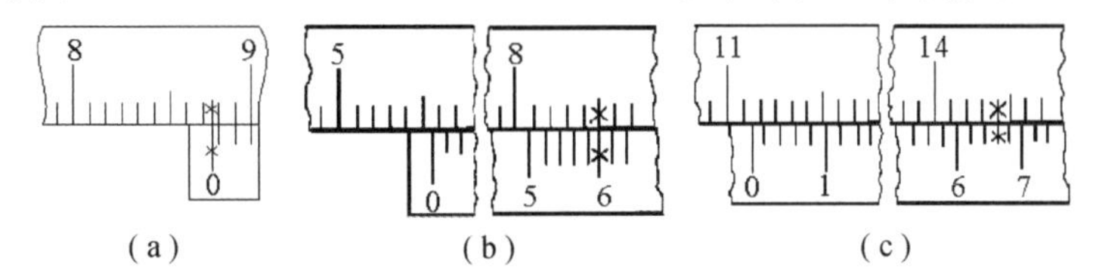

图13.4　0.02 mm精度的游标卡尺所示的尺寸

(a)80+8=88.00 mm；(b)55+0.60=55.60 mm；(c)111+0.6+0.02×3=111.66 mm

对于数字显式游标卡尺的识读，测量时，其测量所得的尺寸是直接以数字的形式显示出来的，识读时，直接读出即可。

对于具有指示表的游标卡尺的识读，先读出游标上基准刻线所对主尺的尺寸，再读出指示表中指针所示的尺寸，最后将这两个尺寸相加，即得到测量尺寸。注意：对于英制的指示表，其表针转一圈为1 in，其表盘上制有内外两圈的刻线与数字，内圈是以每格1/64 in表示，可读出分数的尺寸；外圈以每格1/100 in表示，可读出纯小数的尺寸。

3.游标卡尺的使用方法及注意事项

(1)游标卡尺的使用方法。使用游标卡尺前，首先应根据被测项目、被测工件的尺寸精度和尺寸大小选择相应类型、尺寸精度和大小的游标卡尺；其次应对所用的游标卡尺进行“对零”。所谓对零，就是将游标卡尺的测量爪并拢后，检查其游标的零线是否与主尺的零线对齐。如果游标的零线与主尺的零线对准，就说明该游标卡尺正常，可以使用；反之，则不正常，不能使用。对于不对零的游标卡尺，需进行检查处理。工作中，有较多情况是因为测量面上有灰尘或铁屑而影响对零，此时将测量面擦干净，即可对零。

使用时，轻轻推动游标使两量爪接触被测量面，然后读出尺寸。当不便直接读出尺寸时，可紧固螺钉后轻轻移出，然后读出尺寸。图13.5所示为游标卡尺的使用方法。

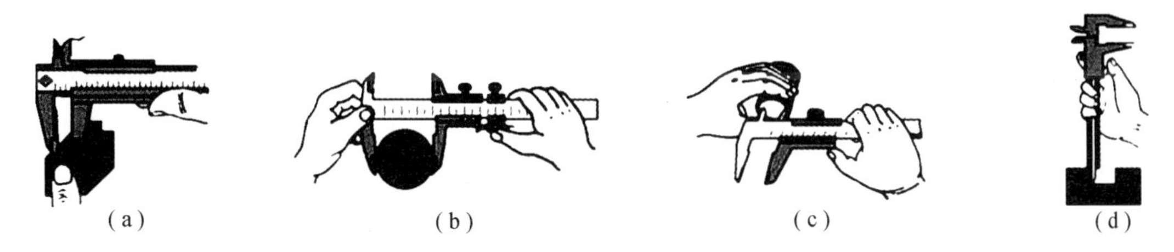

图13.5　游标卡尺的使用方法

(a)测量工件宽度；(b)测量工件外径；(c)测量工件内径；(d)测量工件深度

(2)游标卡尺的使用注意事项。

1)检查量具有无检验合格证和产品合格证。注意:量具一般都有检验合格有效期。超过检验合格有效期的量具,应视为不合格量具,因而不能使用。此注意事项对本书所述量具均有效。

2)检查量具的精度值和测量范围能否满足所测零件的尺寸精度和尺寸大小的需要。

3)保持测量表面和被测量表面清洁。

4)测量过程中要防止卡爪偏斜。

5)测量卡爪靠抵工件的测量力不可太大或太小。

6)不能把游标卡尺当作其他工具使用,如用来勾切屑等。

13.1.2 千分尺

千分尺(Micrometer)又称为分厘卡,它是一种精度比游标卡尺高的精密量具。

1. 千分尺的构造

千分尺有外径千分尺、内径千分尺、深度千分尺、螺纹千分尺等,它们的用途、构造和式样不同,但刻线原理和读法是相同的。

现以常用的外径千分尺(Outside Micrometer)为例进行说明,如图 13.6 所示。

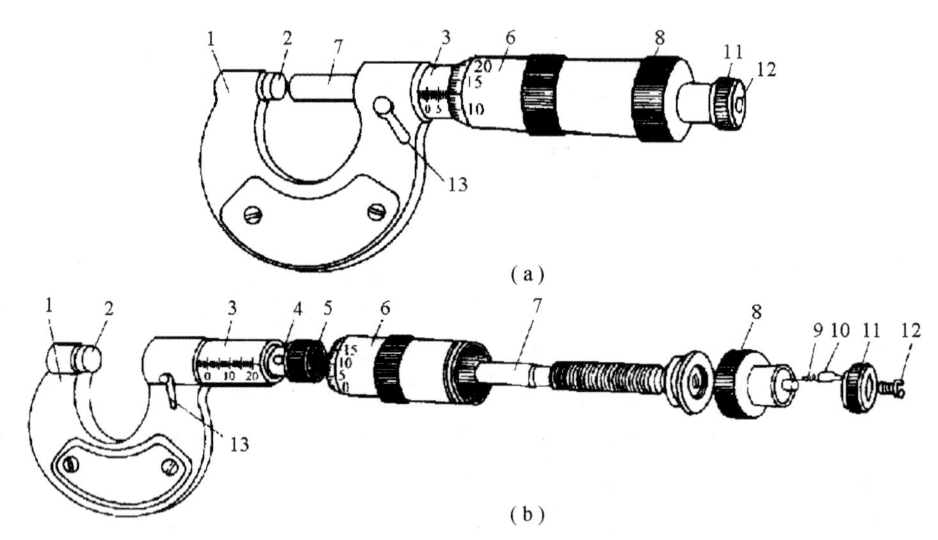

图 13.6 外径千分尺及其构造

(a)外径 4 分尺;(b)外径 4 分尺构造图

1—尺身;2—测量砧座;3—固定套管(主尺);4—轴套;5—螺母;6—活动套管(副尺);7—测量杆;8—罩壳;9—弹簧;10—棘爪;11—测量旋钮;12—螺钉;13—锁定手柄

千分尺主要由尺身、固定套管(主尺)、活动套管(副尺)、测量杆和测量旋钮等零件构成。尺身 1 上安装固定有测量砧座 2 和固定套管 3。固定套管右端内装有轴套 4,轴套的内表面制有螺距为 0.5 mm 的内螺纹。活动套管 6 的左端面是主尺读数基准面,其圆锥表面刻有刻度线和数字。测量杆 7 的左端一段为光杆,其左端面是测量面,该测量面与测量砧座右端面构成两个测量面,用以测量零件。测量杆的右端制有一段螺距为 0.5 mm 的螺纹,该段螺纹与固定套管上轴套的螺纹配合。活动套管与测量杆通过锥面及罩壳 8 装配固定成一体。

松开罩壳时，可使测量轴杆与活动套管分离，以便调整零线位置。活动套管和测量杆通过测量杆上的螺纹与装在固定套管内的轴套旋合装配在固定套管上。活动套管和测量杆可相对固定套管作转动和轴向移动。测量旋钮 11 用螺钉 12 与罩壳连接。转动测量旋钮可使测量杆与活动套管一起转动并且沿其轴向移动。测量杆在转动时的松紧程度可用螺母 5 调节。欲使测量杆固定不动，可转动锁定手柄 13 通过偏心将测量杆锁紧。测量旋钮上制有棘轮盘与棘爪 10 组成棘轮机构。当测量杆左端测量面接触工件被测量面时，由于弹簧 9 的作用，测量旋钮上的棘轮盘在棘爪上滑过而发生吱吱声响，此时测量杆不再移动。这套棘轮机构保证测量砧面与工件被测量面的抵紧力始终限定在某一定值上，从而获得稳定的测量精度。如果测量旋钮反方向转动，则拨动棘爪带动活动套管和测量杆反方向转动，并且向右轴向移动，从而使测量面与被测量面脱开。

2. 千分尺的刻线原理及识读方法

(1)公制千分尺。根据测量范围的大小，公制千分尺制有 0～25 mm，25～50 mm，75～100 mm 等以 25 mm 为单位进阶的不同规格的千分尺。这些不同规格的千分尺测量尺寸的范围是不同的。例如：0～25 mm 规格的千分尺，其中，0 为可测量的起始尺寸，25 为可测量的最大尺寸，即该规格的千分尺只能测量 0～25 mm 之间(含 25 mm)的尺寸；其他规格的千分尺可测量的范围以此类推。虽然这些千分尺的规格不一样，但是，其刻线原理和识读方法都是相同的。

公制千分尺的固定套管相当于普通游标卡尺中的主尺，其上刻有一条纵向基准线。为了不使 0.5 mm 间距的刻线显得拥挤而方便识读，在纵向基准线的上下方分别错开刻有间距为 1 mm 的刻度线，从而形成纵向间距为 0.5 mm 的刻度线。纵向基准线上方左起第一根刻线为零线，零线的上方刻有该尺可测量的起始尺寸的数字。为了识读方便，纵向基准线上方的零线、距零线 5 mm 及其整数倍的刻线比其他刻线长一些，同时，在这些长线处标有数字。例如：0～25 mm 规格的千分尺，在主尺上从零线开始在其相应长刻线的上方分别依次标出 0，5，10，15，20 和 25 数字，这些数字分别表示 0 mm，5 mm，10 mm，15 mm，20 mm 和 25 mm。

活动套管相当于普通游标卡尺中的游标，其圆周表面上等分刻有 50 根刻线，即，将圆周等分为 50 等份。刻线中标有 0 数字的刻线为零线。零线、从零线起顺时针方向的第 5 根及其整数倍的刻线比其他刻线长一些，在这些长线的右侧分别依次标有“0，5，10，15，…，45”数字，如图 13.7(a)所示。

因为测量杆 7 与轴套 4 相配合，螺纹的螺距为 0.5 mm，所以，当活动套管转一整圈时，测量杆就轴向移动 0.5 mm。由于活动套管圆周等分了 50 格，因此 $0.5 \div 50 = 0.01$ mm，即活动套管上的一格刻线宽度代表 0.01 mm。0.01 mm 为公制千分尺的测量精度。换言之，当活动套管转过一格时，测量杆就轴向移动了 0.01 mm。与游标卡尺相似，当测量杆轴向每移动 0.01 mm 时，活动套管上就有一条刻线与主尺上的基准线对齐，因此，可测量出(读出)0.01 mm 精度的尺寸。

使用和识读千分尺之前，应进行对零。千分尺的对零是指千分尺的两测量面接触时，活动套管的左端主尺读数基准面与固定套管上的零线对准，同时，活动套管上的零线与主尺上的纵向基准线对准。

读公制千分尺的方法通常可分为以下三步。

第一步:读出主尺上的读数,即读出活动套管端面左边的固定套管上所露出刻线的数值。

第二步:读出副尺上的读数,即读出活动套管上与固定套管纵向基准线对齐的那根刻线所示的数值。

第三步:把上述两个读数加起来即为千分尺所测得的尺寸。

上述识读公制千分尺的步骤,可根据副尺与主尺的相对位置而灵活运用。实际上,使用千分尺测量工件时,活动套管(副尺)与固定套管(主尺)的相对位置,可能存在着如图 13.7 所示的三种情况。

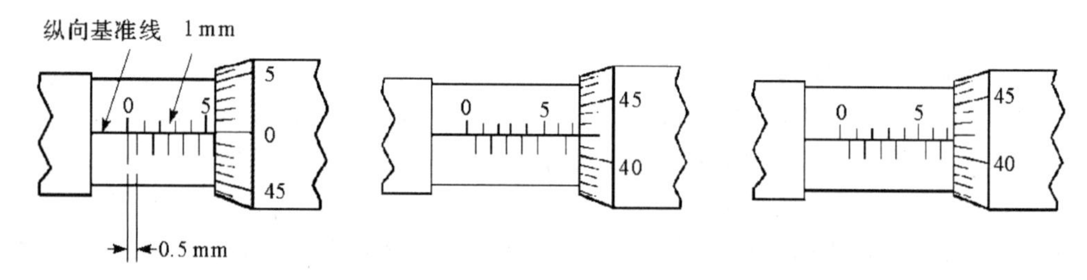

图 13.7 外径千分尺的读数

(a)5.50 mm;(b)7+0.42=7.42 mm;(c)7+0.42≈7.42 mm

第一种是副尺的零线与主尺的纵向基准线对准,如图 13.7(a)所示。这时可直接读出副尺左端读数基准面所对准的主尺读数。本例直接读出的读数为 5.50 mm。

第二种是副尺的零线与主尺的纵向基准线不对准,但是副尺上其他刻线与主尺纵向基准线对准,如图 13.7(b)所示。遇到这种情况,先读出活动套管端面左边的固定套管上所露出刻线的数值,再读出副尺上与主尺纵向基准线对准的数值,然后,将上述两个数值相加,即得到尺寸读数。本例为:7+0.42=7.42 mm

第三种是副尺上的刻线没有一条与主尺的纵向基准线对准的,如图 13.7(c)所示。遇到这种情况,先读出活动套管端面左边的固定套管上所露出刻线的数值,再估计读出与主尺纵向基准线靠近对准的副尺上刻线的数值,然后,将上述两个数值相加,即得到尺寸读数。本例为副尺上 42 那根刻线靠近对准主尺的纵向基准线,因此估计读出测量数值为 7+0.42≈7.42 mm。

(2)英制千分尺。目前,我国民航的飞机绝大多数是进口的,国外生产制造的飞机常采用英制单位来标注尺寸,其中最常用的计量单位是英寸。同时,飞机维修单位所使用的维修工具大多数也是英制的,因此有必要介绍一下英制千分尺。

英制千分尺的形状和结构与公制千分尺是一样的,只是测量杆右端螺纹的螺距不同。英制千分尺测量轴右端螺纹的螺距为每英寸 40 牙,即当活动套管转一整圈时测量轴就轴向移动 0.025 in。固定套管上刻有刻线,每小格为 0.025 in。在起始刻线上方刻有 0 字,以后每 4 格刻线上刻上 1,2,3,…数字。这些数字分别表示 0.1 in,0.2 in,0.3 in,…。在活动套管的圆锥面上,等分刻有 25 格刻线。刻线中标有 0 数字的刻线为零线。零线、从零线起顺时针方向的第 5 根及其整数倍的刻线比其他刻线长一些,在这些长线的右侧分别依次标有相应的数字,如图 13.8 所示。

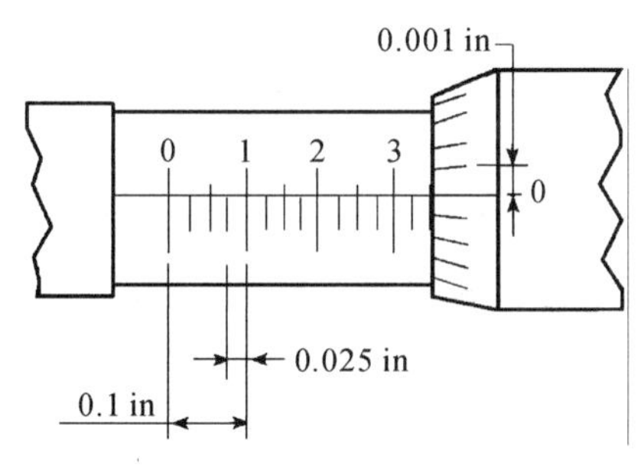

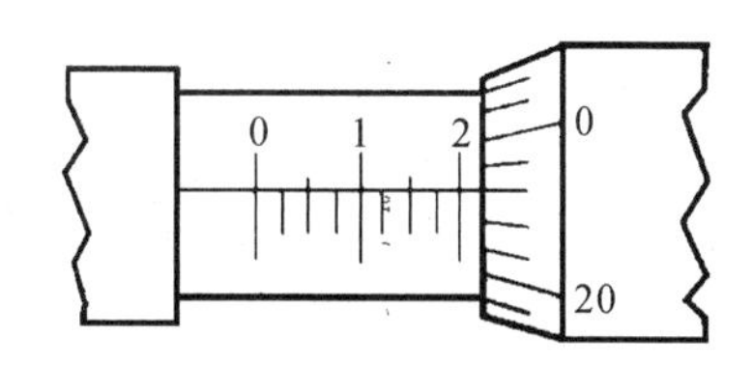

图 13.8　英制千分尺的读数举例

(a)0.350 in；(b)0.2+0.023=0.223 in

因为活动套管转一整圈时，测量杆就轴向移动 0.025 in，所以当活动套管圆周等分了 25 格，就有 0.025÷25=0.001 in，即活动套管上的一格刻线宽度代表 0.001 in。0.001 in 为英制千分尺的测量精度。换言之，当活动套管转过一格时，测量杆就轴向移动了 0.001 in。因此，活动套管刻线上标有的"5，10，15 和 20"数字分别表示为 0.005 in，0.010 in，0.015 in 和 0.020 in。与公制千分尺的刻线原理相同，当测量杆轴向每移动 0.001 in 时，活动套管上就有一条刻线与主尺上的基准线对齐，因此，可测量出(读出)0.00 1 in 精度的尺寸。

读英制千分尺的方法可分为以下三步。

第一步：读固定套管上的读数，即读出活动套管端面左边的固定套管上所露出刻线的数值。

第二步：读活动套管上的读数，即读出活动套管上与固定套管上基准线对齐的那根刻线所示的数值。

第三步：把上述两个读数加起来即为千分尺所测得的尺寸。

英制千分尺的读数举例，如图 13.8 所示。

一些英制千分尺在固定套管上还刻有游标尺刻线，使千分尺的精度值达到万分之一英寸，这种千分尺称为游标千分尺(Vernier Micrometer)。这个游标尺上共刻有十格刻线与活动套管上 9 格刻线相对，如图 13.9(a)所示。这样相当于把活动套管上的每小格(0.001 in)再等分成 10 等分，即每一等分为 0.000 1 in。

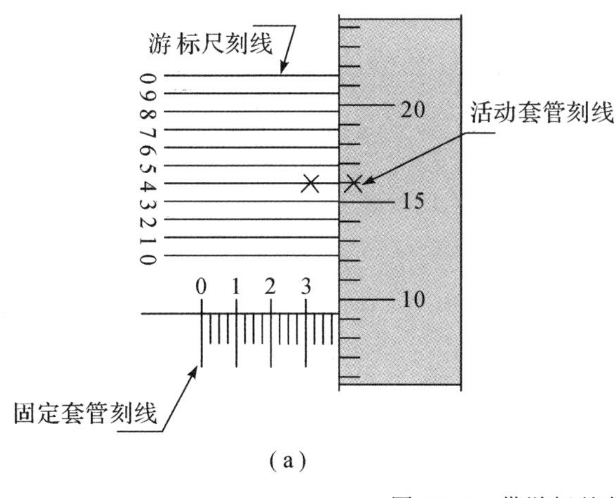

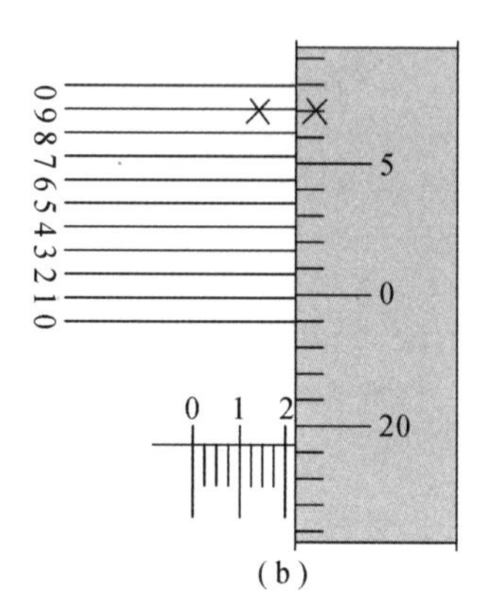

图 13.9　带游标的英制千分尺

识读时先按上例读出，再加上游标尺读数即为测量值：如图 13.9(a)所示，其读数为 0.375＋9×0.001＋4×0.000 1＝0.384 4 in；如图 13.9(b)所示，其读数为 0.2＋20×0.001＋9×0.000 1＝0.2209 in。

注意：实际上，在千分尺上的三个刻度是不能同时看见的，读游标尺时需转动整个千分尺。图 13.9 上的例子是有意将千分尺的固定套管和活动套管展成平面，以使所有三个刻度值能同时看到。

3. 千分尺的使用方法和注意事项

(1)千分尺的使用方法。用单手使用外径千分尺时，可用大拇指和食指捏住活动套管，小指勾住尺架并压向手心上就可测量，如图 13.10 所示。

用双手测量时，可按如图 13.11 所示的方法进行。

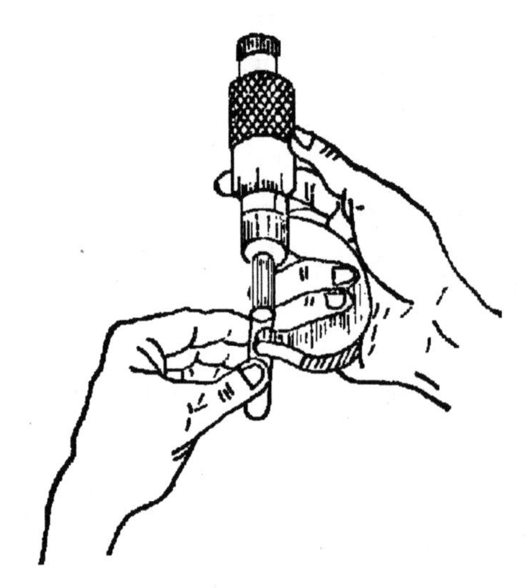

图 13.10　用单手使用外径千分尺图

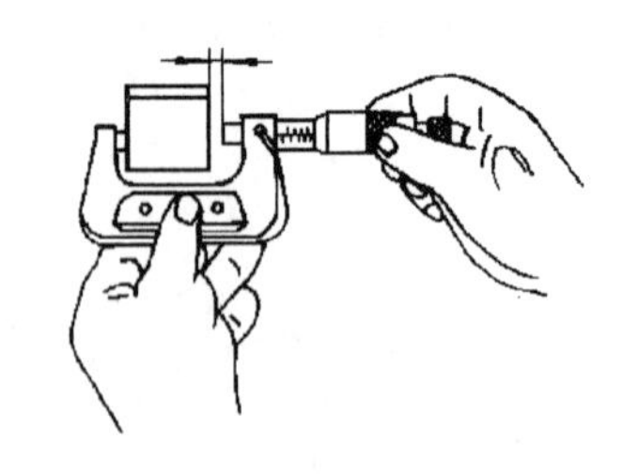

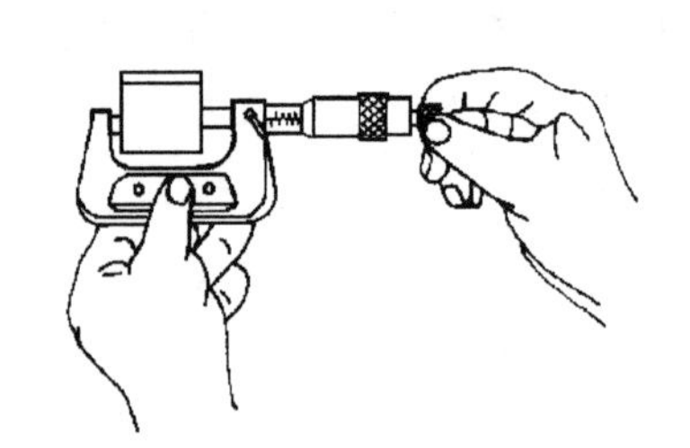

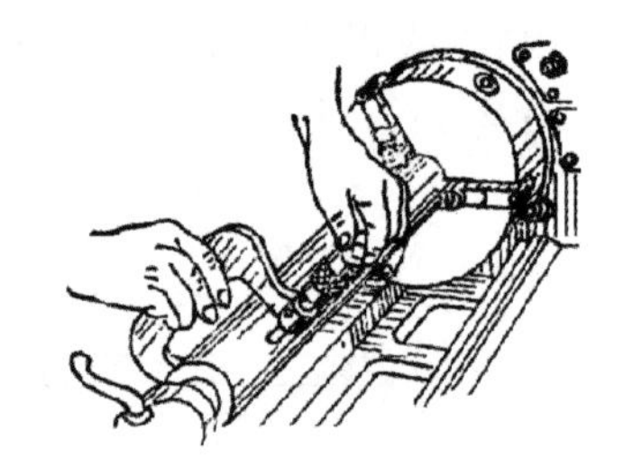

图 13.11　用双手使用外径千分尺

(2)千分尺的使用注意事项。

1)首先检查量具有无检验合格证和产品合格证。

2)根据被测量件的尺寸大小，选择合适尺寸规格的千分尺。

3)使用前应校准尺寸，对 0～25 mm 或 0～1 in 规格的千分尺应将两测量面接触，看一下活动套管上零线是否与固定套管上基准线对齐。如果没有对齐，应进行调整使之对齐。对 25～50 mm 或 1～2 in 规格或者以上的千分尺，则需用量具盒内的标准样棒来校准。

4)千分尺的测量面和工件被测量面都应保持清洁,不能用千分尺去测量毛坯面。

5)测量时,先转动活动套管。当测量面将接近工件时,改用转动棘轮,使测量面与被测工件接触,直到棘轮发出几声吱吱声响为止,如图13.11所示。

6)测量时,千分尺要放正,并要注意0温度的影响。

4.其他千分尺

(1)内径千分尺。内径千分尺(Inside Micrometers)用来测量内孔直径及槽宽等尺寸。常用的内径千分尺有普通内径千分尺和杆式内径千分尺两种,如图13.12所示。

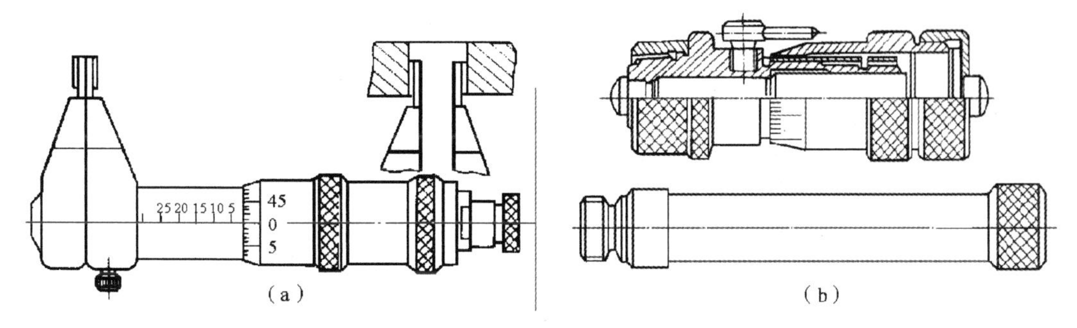

图13.12　内径千分尺

(a)普通内径千分尺;(b)杆式内径千分尺

这种千分尺的刻线方向与外径千分尺相反,因为当活动套管向相反方向转动时,固定套管连同右面卡爪一起向右移动,尺寸增大。

(2)深度千分尺。深度千分尺(Micrometer Depth Gage)用来测量工件阶台高度和沟槽或孔的深度。它的结构基本上与外径千分尺相同,如图13.13所示。但它的轴杆长度可根据工件尺寸不同进行调换。

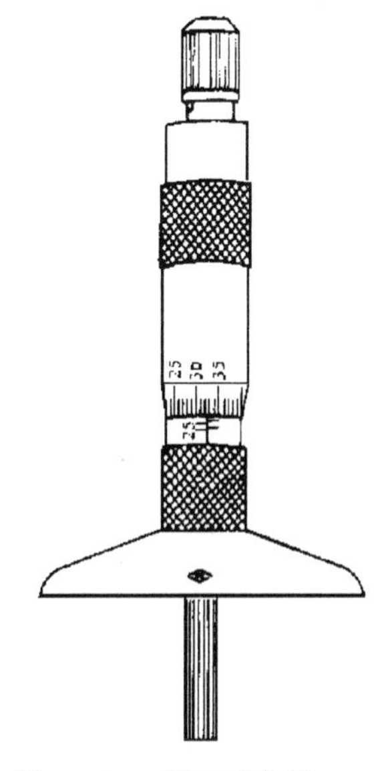

图13.13　深度千分尺

(3)尖头千分尺。尖头千分尺(Point - contact Micrometer with Conical Tips)用来测量普通千分尺不能测量的小沟槽,如麻花钻头的螺旋槽直径,如图13.14所示。

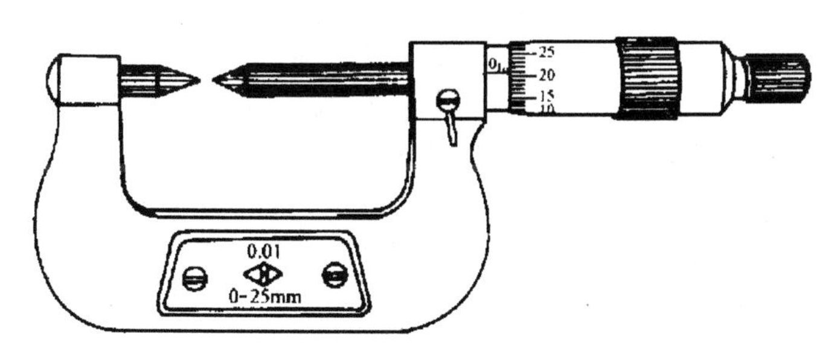

图13.14　尖头千分尺

(4)壁厚千分尺。壁厚千分尺(Micrometer for Measuring Pipe Wall Thicknesses)是用来测量精密管形零件壁厚的,如图13.15所示。它的测量面镶有硬质合金,以提高使用寿命。其用法与外径千分尺相同。

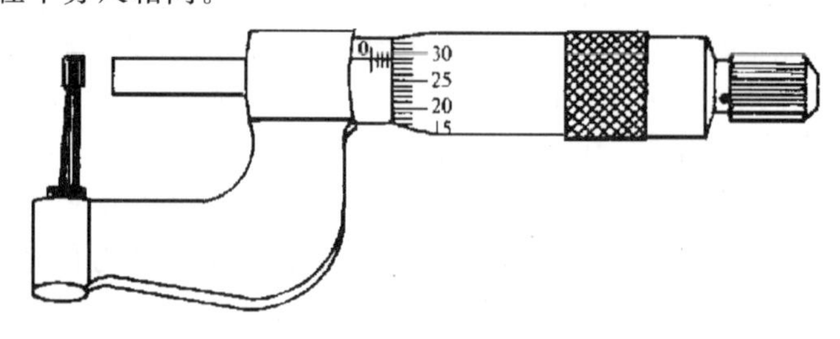

图 13.15　壁厚千分尺

13.1.3　百分表

百分表(Dial Gauge)是齿轮传动式测微量具,它是将测量杆的直线位移,通过齿条和齿轮传动系统转变为指针的角位移进行读数的测量工具。通常,百分表的最小度量值为 0.01 mm,由此而得名。百分表可用来检验设备精度和测量工件的圆度、跳动量和位置误差等。除百分表外,还有精度更高的最小度量值为 0.001 mm 的千分表,其用法和用途与百分表相同。本节仅介绍百分表的结构、工作原理和使用方法。

1. 百分表的结构及工作原理

(1)百分表的结构。百分表按用途可分为内径百分表和外径百分表两类。按结构可分为齿条齿轮传动式百分表和杠杆式百分表两种。下面以齿条齿轮传动式百分表为例来说明它的构造。

图 13.16　百分表

齿条齿轮传动式外径百分表如图 13.16 所示。它主要由表盘 1、长指针 3、短指针 4、表壳体 8、测量头 10、测量杆 11 和传动齿轮系统等组成,如图 13.17 所示。表壳体 8 是百分表的基础件,表盘 1 和表圈 2 装在表壳体 8 上。表盘 1 沿圆周等分刻有 100 格刻度,每格刻度表示0.01 mm，长指针就指在此刻度上。表盘1上还刻有表示1 mm的刻度线，短指针指在此刻度线上。表圈2可带动表盘1相对表壳体8转动，这种转动可将长指针调整到零位，以便读数。轴套9固定在表壳体上；带有齿条的测量杆11可相对轴套9移动；挡帽5装在测量杆的上端，主要用于限制测量杆的下移位置，也可在调整时，用它提起测量杆，以便重复观察示值的稳定性。测量头10安装在测量杆11的下端，它与工件的被测量面接触。齿轮12与测量杆的齿条啮合，齿轮12与13同轴。齿轮13与齿轮7啮合。齿轮6与齿轮7啮合。长指针3与齿轮7同轴，当齿轮7转动时，长指针3也一起转动。

(2)百分表的工作原理。百分表的工作原理如图13.17所示。百分表内的齿条和齿轮的周节都是0.625 mm，所以当测量杆移动16个齿，即0.625 mm×16=10 mm时，齿轮12和13刚好转一圈，并且带动齿轮7和长指针转10圈。因此，当测量杆移动1 mm时，长指针刚好转一圈，即100格，所以长指针每转一格即表示测量杆移动0.01 mm，即百分表的测量精度为0.01 mm。当长指针转一圈，短指针则转过表示1 mm的一格。

测量时，测量头10与工件的被测量面接触。如果被测量表面的形状、尺寸有变化，则测量杆就会移动。测量杆移动就带动齿轮12,13,7和6转动，这样就将测量杆的微小直线位移转变为长指针的角位移，由长指针从表盘1上某刻线转到另一刻线处将变化量(即测值)表示出来。

百分表的测量范围，一般有0～3 mm，0～5 mm和0～10 mm等几种规格。百分表的测量范围是指测量杆的最大移动量。

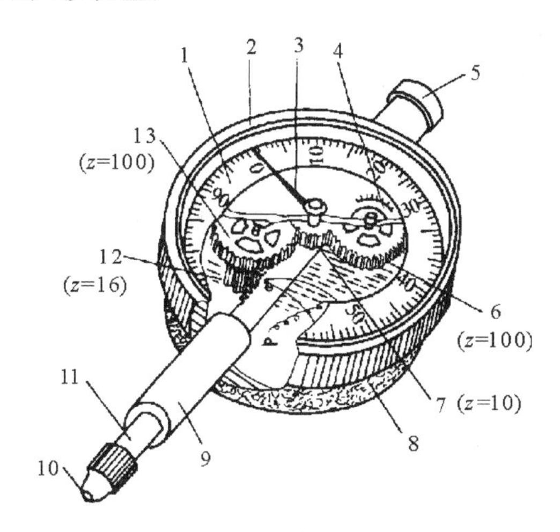

图13.17　百分表的结构

1—表盘；2—表圈；3—长指针；4—短指针；5—挡帽；6,7—齿轮；
8—表壳体；9—轴套；10—测量头；11—测量杆；12,13—齿轮

2.百分表的使用及注意事项

(1)百分表的使用。欲使用百分表时，要将百分表装夹到专用的表架上，如图13.18所示。表架底座上具有一个开关，可控制底座有无磁性。当开关置于开的位置时，底座具有磁性，底座便可牢固地吸附在钢铁制件的基准面上，百分表在表架上可作上下、前后和角度的调整，使测量头接触被测表面。

图 13.18 百分表的安装

(a)百分表在磁性表架上的安装；(b)百分表在座架上的调节

使用百分表之前，应将工件、百分表和基准面擦干净。同时要检查百分表的灵敏情况，用手轻轻提起挡帽，检查测量杆在轴套内移动的灵活性，不得有卡滞现象，并且在每次放松后，指针应恢复到原来的刻度位置。

测量时，应轻轻提起测量头，然后再把工件移至其下方后，缓慢放下测杆，使测量头与工件接触。注意，测量杆的压缩量不能为零，也不能太大，一般应使测量杆有 1 mm 左右的压缩量。百分表测量读数是指测量头的移动量，即被测工件的尺寸变动量。它应为长指针和短指针读数之和。

(2)使用注意事项。

1)首先检查百分表有无检验合格证。如果没有检验合格证，或者已超过检定周期，则该百分表不能使用。

2)测量时测量杆必须与被测工件表面相垂直。

3)测量圆柱形工件时，测量杆轴线应通过圆柱形工件的中心。

4)不准用百分表测量粗糙表面。

13.1.4 组合量具和卡规

1.组合量具

组合量具(Combination Square & Calipers)又称为万能角尺，它是一种多用途的量具。组合量具可以用来测量长度、深度、高度、倾斜度、角度以及求圆心等。

组合量具由直尺、中心头、分度规头、托盘头 4 个部件组成，如图 13.19 所示。

(1)直尺。直尺(Ruler)是组合量具的基础件，其他三个附件分别与其配合使用。公制直尺的长度有 300 mm 和 400 mm 两种。英制直尺长度为 12 in。直尺正面刻有尺寸线，背面有一条长槽，用来安装其他附件。

(2)中心头。中心头(Center Head)又称中心规，它的两条边成 90°，装上直尺后，中心头的尺边与直尺成 45°角。中心头与直尺配合可确定圆柱形工件的中心。使用时，将工件的圆周紧靠中心头的两条直角边，直尺平贴在工件的端面上，用划针沿直尺划出一条直线，然后转动工件约90°，按上述再划一条直线，两条直线的交点即为工件的中心。

(3)分度规头。分度规头(Protractor Head)又称量角器，由尺身和分度盘组成。分度盘上刻有0°到180°的等分刻线。分度盘可相对尺身转动，以构成各种角度，并且可通过锁紧螺钉固定在所需的角度上。分度规头常与直尺配合使用，用来测量工件角度或者划任意角度线。分度规头还具有一个水准泡，可作为水平仪使用。分度规头也可单独使用。例如，利用分度规头测量飞机操纵舵面的安装角度和偏转角度。

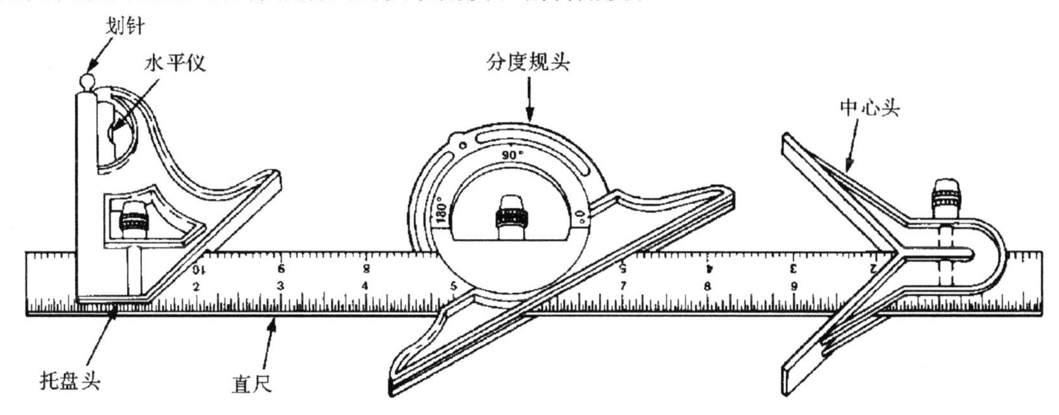

图13.19 组合量具

(4)托盘头。托盘头(Stock Head)又称为角度规，它由三个基准平面组成90°和45°两个角度，与直尺配合可作直角尺使用，并能测量工件的高度与深度，也可以划45°或90°的线。托盘头能沿着尺身滑动，并在所需的地方夹紧。托盘头上附装有水准泡，可作为水平仪。托盘头的水平仪能方便地检查工件表面的平直度，同时显示一边或另一边是否垂直或水平。托盘头也可从尺身上拆下，可单独作为水平仪使用。

2. 卡规

卡规(Calipers)用于测量工件的直径和距离或对比距离和尺寸。常用的卡规有外卡规(Outside Caliper)和内卡规(Inside Caliper)，如图13.20所示。外卡规用来测量外径，内卡规用来测量内径或者沟槽的宽度。

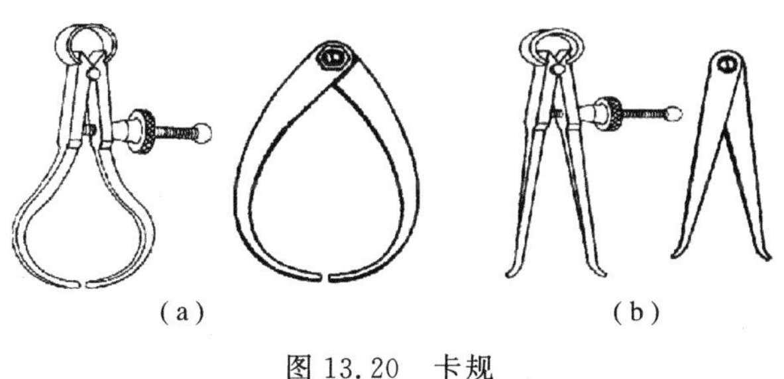

图13.20 卡规

(a)外卡规；(b)内卡规

目前，卡规只用于游标卡尺或其他量具无法测量的场合。应用卡规测量工件不能直接得到测量数值。它需要在有刻度值的量具上对换才能得到测量值。因此，使用卡规的测量精度较低。另外，为了能直接从卡规上读出测量值，一般都做成专用卡规。专用卡规上刻有刻度线和数值，可直接读出测量值。

13.1.5 塞尺和螺距规

1. 塞尺

塞尺(Thickness Gage)又称为厚薄规或间隙片，如图 13.21 所示。它可用来检验两个相结合面之间间隙的大小。

塞尺由多片厚薄尺寸不同的测量片组成。每片测量片具有两个平行的测量平面，其长度制成 50 mm，100 mm 或 200 mm 等几种。常用塞尺的规格有两种：一种是厚度为 0.03～0.1 mm，各片厚度间隔为 0.01 mm；另一种是厚度为 0.1～1 mm，各片厚度间隔为 0.05 mm。不论哪种规格的塞尺，其每片测量片上都刻有该片厚度的尺寸数字。

塞尺是一种界限量规。使用它时，应根据被测量的间隙大小，用一片或数片测量片重叠在一起插入间隙内。例如用 0.04 mm 一片能插入，而 0.05 mm 那一片不能插入，则说明该间隙在 0.04～0.05 mm 之间。

使用塞尺须注意以下几点。

(1)使用前必须先清除塞尺和被测部位的灰尘和油污。

(2)重叠组合的片数尽可能少。

(3)测量时不能用力太大，以免弯曲。

(4)不能测量温度较高的工件。

2. 螺距规

螺距规(Screw Pitch Gage)又称为螺纹规，它有公制和英制两种制式。它们由一套螺纹样板组成，如图 13.22 所示。公制螺距规用来测量公制螺纹的螺距，英制螺距规用来测量英制螺纹每英寸长度中的牙数。公制螺纹规的每一片螺纹样板上刻有螺距的数字。英制螺纹规的每一片螺纹样板上刻有直径和每英寸牙数。

使用时，先目测欲测量的螺距，然后选择相应螺距的一片螺距规来检测螺纹，如果螺距规与被测螺纹吻合严密，则该片的数字为所测螺纹的螺距或每英寸牙数。

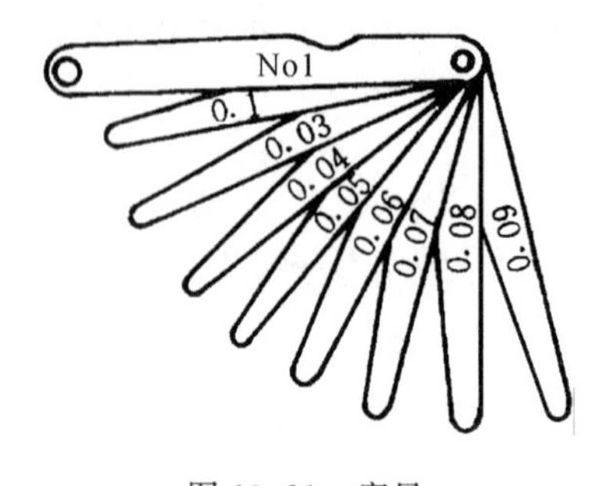

图 13.21 塞尺

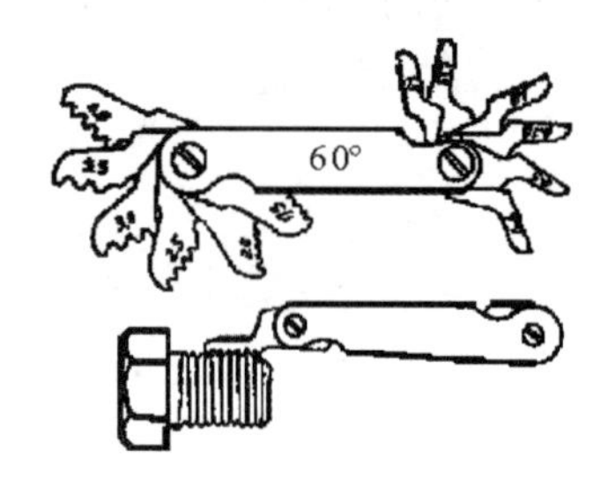

图 13.22 螺距规

扩展阅读

行业标杆——浙江凌云量具股份有限公司

浙江凌云量具股份有限公司生产的产品包括千分尺、千分表、示波器、显微镜、高度计、坐标测量机、光学投影仪、硬度计、表面粗糙度计等。这些产品广泛地应用于汽车制造、航空航天、机械加工、电子电器、医疗器械等行业。

该公司在量具制造领域取得了多项成果，如研发了全自动千分尺生产线，实现了从零部件到成品的自动化生产，大幅提高了生产效率；研发了高速坐标测量机，可以快速、精确地测量各种复杂形状的工件，广泛应用于汽车制造和航空航天领域；推出了智能光学投影仪，通过计算机控制实现了量具的自动化检测，提高了产品质量和检测效率。

浙江凌云量具股份有限公司在量具制造领域的创新和进步，为中国制造业的发展做出了贡献，也为提升中国制造业的技术水平树立了榜样。

*13.2　常用手工工具

13.2.1　通用工具

1.手锤

手锤(Hammers)是錾切、铆接、矫正和装配等工作的敲击工具。根据锤头的制造材料，手锤可分为金属锤和非金属锤两大类。

(1)金属锤。金属锤(Metal Hammers)一般由碳素工具钢、中碳钢、紫铜、黄铜、硬铝、软铝等各种金属材料制成。其中由碳素工具钢和中碳钢制造的锤头，一般都经过锻造和淬火。

金属锤通常按照无手柄的锤头重量来定其规格。公制常用的规格有0.25 kg，0.5 kg，1 kg等；英制的常用“lb”来计量，常用的规格有0.5 lb，1 lb和1.5 lb等几种。

金属锤头一般制成如图13.23(a)所示的形状。

钢锤一般用于錾切、铆接和敲击硬而不易变形的工件。有色金属锤一般用于校正、装配和敲击较软的材料。

(2)非金属锤。非金属锤一般由硬木(如檀木、胡桃木)、夹布胶木、硬橡胶或塑料制成，其形状如图13.23(b)所示。非金属锤适用于敲击薄形软金属件。

使用手锤的注意事项如下。

(1)要根据工作内容选择最合适的手锤。

(2)应保持手锤工作面光滑无压痕、无毛刺。

2.螺丝刀

螺丝刀(Screwdrive)是用来拧紧或松开螺钉以及转角式紧固件的。螺丝刀按它的形状、刀口类型以及刀口宽度分成以下6类，如图13.24所示。

(1)普通型螺丝刀。普通型螺丝刀(Plain Screwdrivers)如图13.24(a)所示。它用于一字槽头螺钉的拧紧或松开。使用时应注意刀口的宽度至少应塞满螺钉槽长度的75%。

(2)尖十字型螺丝刀。尖十字螺丝刀(Reed & Prince Screwdrivers)如图13.24(b)所示。尖十字螺丝刀头形状较尖，它用于尖十字型十字槽埋头螺钉。尖十字型十字槽是完整的十字槽。

(3)十字型螺丝刀。十字螺丝刀(Cross - point Screwdrivers)如图13.24(c)所示。这种螺丝刀是钝头的，它用于Phillips型十字槽埋头螺钉。Phillips型十字槽有较大的中心。

注意:该型螺丝刀不能与尖十字螺丝刀互换使用。

(4)偏置式螺丝刀。偏置螺丝刀(Offset Screwdrivers)如图 13.24(d)所示。当拧螺钉的垂直空间受限制时可使用偏置螺丝刀。偏置螺丝刀的两端头刀口与杆身成 90°角,交替使用两头能使空间有限的螺钉拧紧或松开。

(5)棘轮螺旋式螺丝刀。棘轮螺旋式螺丝刀(Spiral - ratchet Screwdrivers)如图 13.24(e)所示。当用它拧螺钉时,手柄拉回再向前推,螺丝刀能快速转动。它可以顺时针或逆时针拧转螺钉,也可以对其锁定作为普通螺丝刀用。注意:当使用棘轮螺旋式螺丝刀时,需特别当心,要保持一定的压力,以防止刀口从螺钉头的槽中滑出而损伤周围的结构。

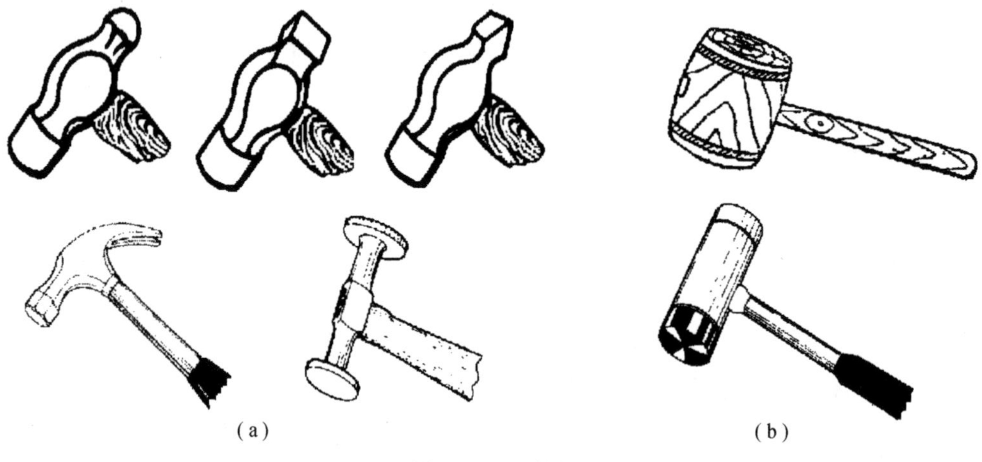

图 13.23　手锤

(a)金属锤头;(b)非金属锤

(6)手工冲击式螺刀。手工冲击螺刀(Hand Impact Driver)由螺刀把手[见图 13.24(f)]和一套专用螺刀头组成。它主要用于拆卸因腐蚀或生锈而使螺钉紧固件变得十分难以拧动的场合。使用时,先根据所拧的螺钉,选择合适的螺刀头并安装于螺刀把手上,再放于螺钉槽口上。然后,使用铁锤敲击螺刀把柄端,从而使螺刀产生转动。敲击和突然的拧动将会使紧固件松动。注意:当使用冲击螺刀时,要戴防护眼镜。

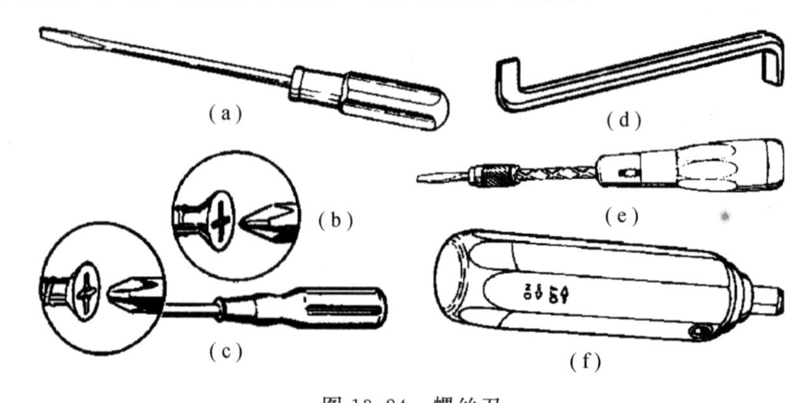

图 13.24　螺丝刀

(a)普通型螺丝刀;(b)尖十字型螺丝刀;(c)十字型螺丝刀;
(d)偏置式螺丝刀;(e)棘轮螺旋式螺丝刀;(f)手工冲击式螺刀

3. 钳子

飞机修理中最常用的钳子(Pliers)有斜口剪钳、尖嘴钳、鸭嘴钳和鲤鱼钳等。钳子的规格是指它们的整个长度,通常范围在 5～12 in 之间。

(1)斜口剪钳(Diagonal - cutting Pliers),如图 13.25(a)所示。斜口剪钳用于剪切金属丝、开口销和直径小的铆钉等,同时还常用于拆卸保险丝、开口销等。

(2)尖嘴钳(Longnose Pliers),如图 13.25(b)所示。它常用于夹持较小物件。

(3)鸭嘴钳(Duckbill Pliers),如图 13.25(c)所示。它的钳口薄且平,形状像鸭嘴,是专门用来拧保险丝的。

(4)鲤鱼钳(Slip - joint Pliers),如图 13.25(d)所示。它的钳口可张开得较宽,以便夹持较大直径或厚度的物体。

(5)管钳(Waterpump Pliers,Channel - lock Pliers),如图 13.25(e)所示。它的钳口与钳柄成一定角度,铰接点可以滑动调节,用于夹住管子、异形零件。

(6)打保险丝钳(Safety - wire Twister/Cutters),如图 13.25(f)所示。它具有绞编保险丝辫结和剪切保险丝的功能,用于打保险丝的速度较快且绞编的辫结匀称,主要用于打稍长一些的保险丝。

(7)大力钳(Vise - grip Pliers),如图 13.25(g)所示。它能通过转动手柄上的调节螺钉来调整钳口的宽度,从而能很好地夹紧较厚的工件。当工件被夹紧处于锁紧状态时,如欲松开钳口,需按动手柄上的释放杆使钳口松开。

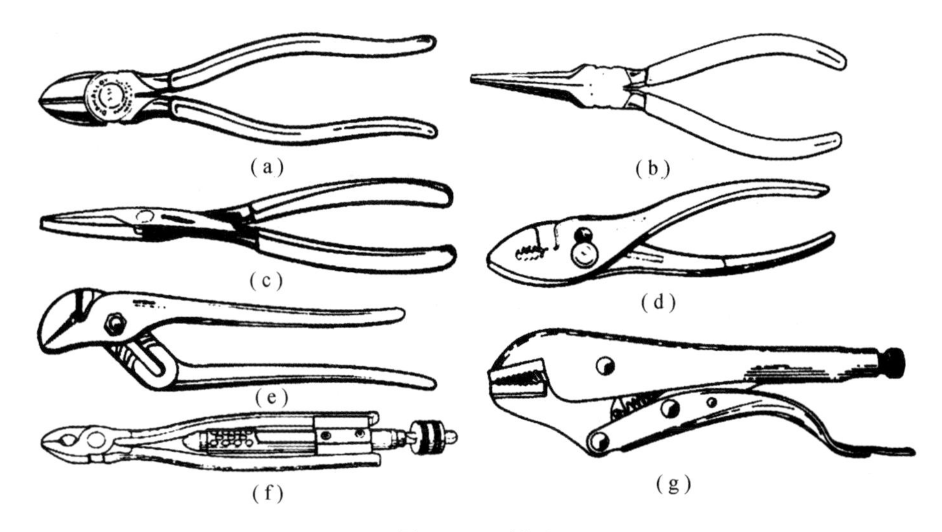

图 13.25　钳子

(a)斜口剪钳;(b)尖嘴钳;(c)鸭嘴钳;(d)鲤鱼钳;(e)管钳;(f)打保险丝钳;(g)大力钳

使用钳子时应注意以下事项。

(1)不要使钳子超出它们的能力。

(2)不要用来拧螺帽。

4. 冲头

冲头(Punches)常用来定圆的中心、定钻孔的中心、去除铆钉和销子以及冲孔。冲头有实心冲头和空心冲头两大类，如图 13.26 所示。实心冲头按照冲尖的形状又可分为中心冲、针冲和销冲等。

(1)中心冲，又称为样冲(Center Punch)，如图 13.26(a)所示。它用来在圆心上打出冲眼，便于划圆或钻孔。它还常用于划线后，在线条上间隔地打出冲眼，以便于明晰所画图形。

(2)销冲(Pin Punch)，如图 13.26(b)所示。它用于冲出损坏的铆钉、销子和断在孔里的螺栓。去除铆钉时，应先用錾子或钻头将铆钉的一端头去除后，再用销冲将铆钉冲出。

(3)针冲(Prick Punch)，如图 13.26(c)所示。它的用途是在金属上定出参考基准。常用来将纸型上尺寸直接标描到金属工件上。使用时，首先将纸型贴在金属上，再将针冲尖分别顶在纸轮廓图形的主要点上，然后用小榔头轻轻敲击针冲的柄端，使金属件上留下所描图形的冲痕。

(4)起始冲(Starting Punch)，如图 13.26(d)所示。欲松脱孔中的紧固件，可先用起始冲将其打松动，再用销冲将紧固件打出。

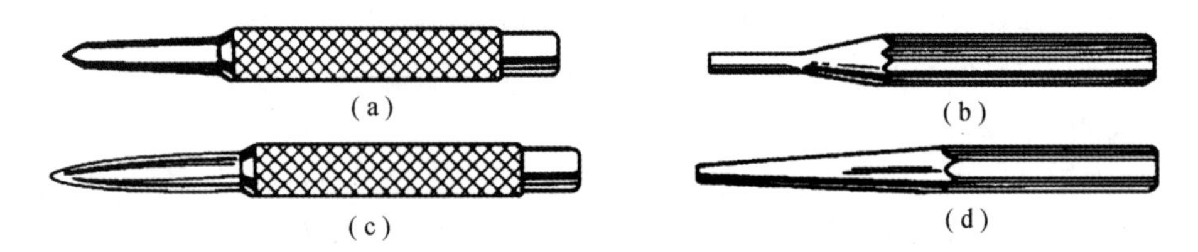

图 13.26 冲头

(a)中心冲；(b)销冲；(c)针冲；(d)起始冲

5.扳手

飞机维护中最常用的扳手有开口扳手、梅花扳手、套筒扳手、活动扳手和专用扳手。这些扳手有公制和英制两类。各种扳手的作用都是用来拧紧或松开螺母或螺栓的。

(1)开口扳手。开口扳手(Open - end Wrenches)又称呆扳手。这种扳手的一端或两端有平行张开的扳手口，扳手口的距离是固定、不可调节的。

(2)梅花扳手。梅花扳手(Box - end Wrenches)又称眼眶扳手，扳手的两端都制有尺寸规格不同的眼眶，每个眼眶有 24 条内边、12 个尖角，如图 13.27(a)所示。可在有 15°摆动空间的小地方使用。此外，还有一端具有固定扳口，另一端具有梅花扳口的组合扳手(Combination wrenches)，如图 13.27(b)所示。

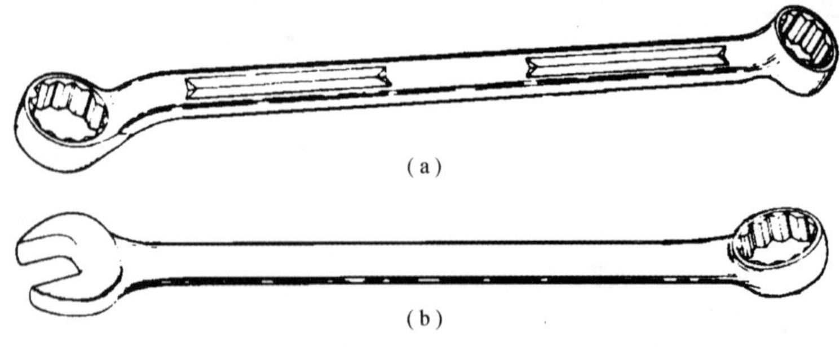

图 13.27 梅花扳手及组合扳手

(a)梅花扳手；(b)组合扳手

(3)套筒扳手。套筒扳手(Set of Socket Wrenches)由手柄和套筒两部分组成，如图13.28所示。常用的手柄有快速手柄(Speed Handle)[见图13.28(a)]、棘轮手柄(Ratchet Handle)[见图13.28(b)]、铰接手柄(Hinge Handle)[见图13.28(c)]和加长杆(Extension bar)[见图13.28(d)]等。

套筒有各种不同规格以适合各种规格的螺母或者螺栓头。套筒的一端是四方空心头，另一端是梅花套筒。图13.28(e)所示为长套筒(Deep Socket)，图13.28(f)所示为短套筒(Standard Socket Wrench)，图13.28(g)和(h)所示是万向转接头(Universal Jiont)。可根据具体工作情况选择合适的手柄和套筒或者万向转接头组合使用。使用套筒扳手时，将手柄上的四方头插到套筒的四方空心头这端，梅花头一端套入螺母，然后转动即可。

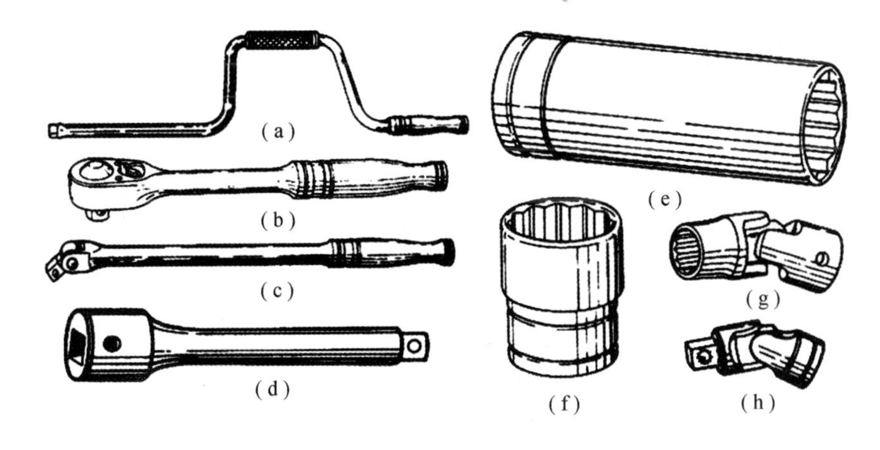

图13.28　套筒扳手

(a)快速手柄；(b)棘轮手柄；(c)铰接手柄；(d)加长杆；(e)长套筒；(f)短套筒；(g)(h)万向转接头

(4)活动扳手。活动扳手(Adjustable Wrenches)的扳手口一边是固定的，另一边可通过手指旋转螺杆移动，以调节开口的大小。活动扳手使用比较方便，一个活动扳手可当若干个呆扳手用。注意，使用活动扳手时，总是使固定扳手口的一边受拉力；另外，由于调节扳手开口的距离有时不合适(扳手开口与被拧螺母间隙太大)，容易损坏螺母的六方边或损坏其他零件，所以在维护中应优先使用呆扳手、梅花扳手或套筒扳手。

(5)专用扳手。专用扳手(Special Purpose Spanner)包括内六方扳手、钩头扳手和力矩扳手。

1)内六方扳手(Allen Wrenches)。它用于内六方螺钉的拧紧或松开。它是由六方棒材制成的，一般弯曲呈L形状。使用时，将内六方扳手插入内六方螺钉的凹槽中，定住螺钉，然后拧转螺母紧固。

2)钩头扳手(Hook Spanner)。钩头扳手用于外缘上开四个槽的圆螺母。该扳手为弧形弯臂，端头有钩，如图13.29所示。使用时，将钩头插进螺母的一个槽里，然后转动手柄，即可紧固或者松开圆螺母。

3)力矩扳手(Torque Spanner)。对于重要的螺栓连接，在装配时要严格控制其预紧力的数值。通常是采用力矩扳手来控制预紧力的大小。

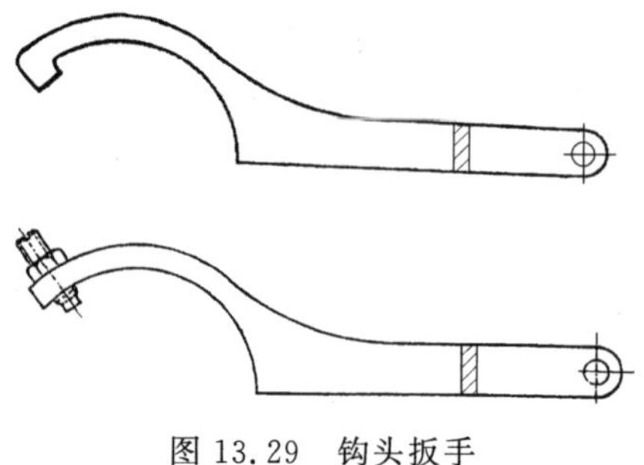

图 13.29 钩头扳手

常用的力矩扳手有偏移杆式力矩扳手(Deflecing Beam Torque Spanner)、指示表式力矩扳手(Torsion - bar Type Torque Spanner)、测微预调式力矩扳手(Toggle - type Torque Wrench)(棘轮往复测力扳手)和四方扭头上加转动扳手如图 13.30 所示。

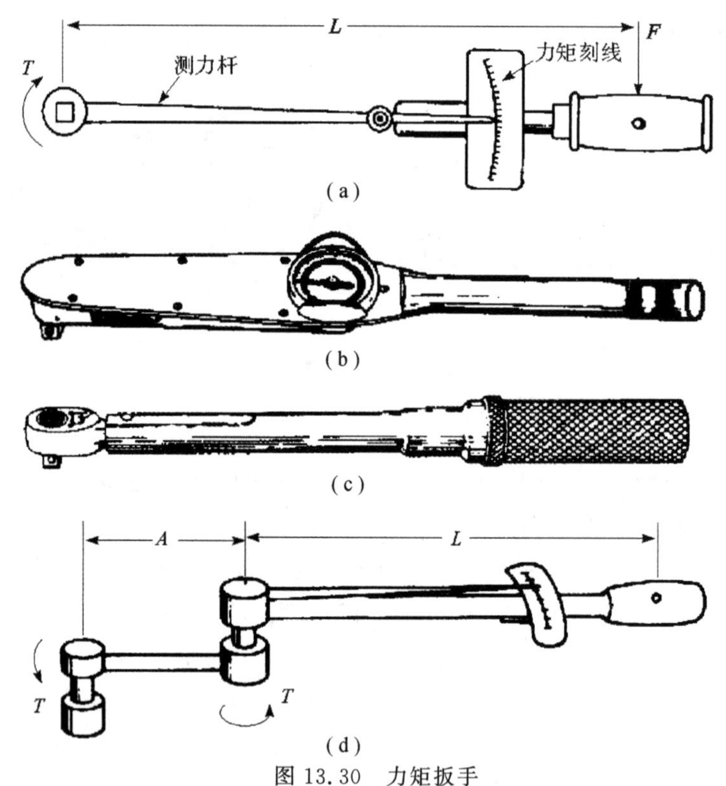

图 13.30 力矩扳手

(a)偏移杆式力矩扳手；(b)指示表式力矩扳手；(c)棘轮往复测力扳手；(d)四方扭头上加转动扳手

当使用偏移杆式和指示表式的力矩扳手时，力矩值由装在手柄上的指针或刻度，目视读出，如图 13.30(a)(b)所示。

测微预调式力矩扳手中最常用的是棘轮往复测力扳手，如图 13.30(c)所示。测微预调式力矩扳手杆上刻有力矩数值。使用时，首先应松开把手上的锁销，转动把手，将扳手调整到规定的力矩数值，然后将把手锁定，即可在扳手头上套上套筒或扳头拧紧螺母或螺栓头。使用这种扳手时，用力要均匀，保持平稳而匀和的转动。如果用力过猛或极度不稳，就会造成不正确的紧固后果。当扭矩达到把手上预定力矩值时，扳手内的棘轮机构就会自动脱开，使扳手空转，这时操作者感受到脱开的感觉。

注意：禁止使用力矩扳手来拆卸螺母和螺栓。

力矩扳手是一种精密工具，必须定期校验。对于操作者来说，使用力矩扳手之前，应目视检查力矩扳手有无损坏，反应是否灵敏。另外要注意，不能在偏移杆式（又称可挠杆臂式）扭矩扳手的把手上加装接杆来拧螺母。因为，此时尺寸 L 发生变化，指针指示的数值不正确。对于指示表式和测微预调式两种扭力矩扳手即使加装接杆，对扭矩读数也没有影响。不过一般不在测微预调式力矩扳手的把手上加装接杆。只有在力矩很大的情况下，才在指示表式力矩扳手上加装规定的接杆来加长力臂以减小用力。如果是在扳手的四方扭头上加上转动扳头，不论是哪种扳手，必须按如图13.30(d)所示和公式

$$T_{W}=\frac{T_{A}\times L}{L+A}$$

来计算扭矩。

式中　T_{w}——加接转动扳头后，在扳手上应该指示的扭矩读数；

T_{A}——规定的扭矩数；

L——扳手的原力臂长；

A——加装转动扳头的力臂长。

6.划线工具

(1)钢尺。钢尺(Steel Ruler)有硬钢尺和柔性钢尺两类。钢尺上刻有刻线，刻线间隔的计量单位也有公制和英制两种。国外制造的飞机，通常采用英制，最常用的计量单位是英寸(in)，1 in=25.4 mm，12 in=1ft。英制钢尺的正反两面都刻有计量刻线，其刻线有每英寸8等分、16等分、32等分和64等分，如图13.31所示。每英寸64等分的刻线计量精度最高。钢尺能用作测量工具或作为直尺划线用。

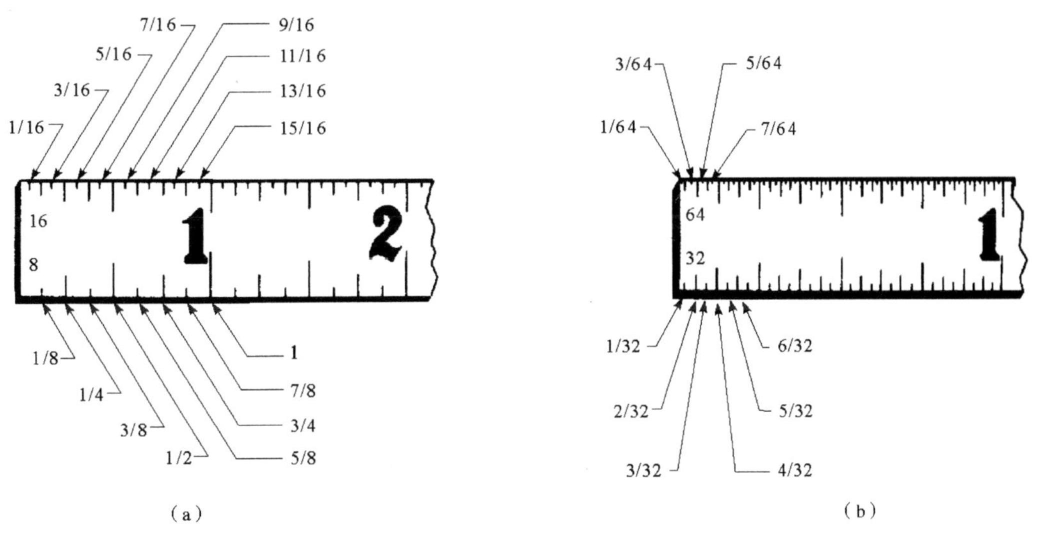

图13.31　英制钢尺

(a)8等分和6等分；(b)32等分和64等分

(2)划针。划针(Scribers)是用来在金属表面上划线或作标记的。划针一般用工具钢制成,有 100～200 mm 长,直径为 3～6 mm,尖端磨成 15°～20°。常用的有直划针和弯头划针,如图 13.32 所示。弯头划针的两头是针尖,一端弯成 90°角,可探入孔内作标记。使用划针划线时,划针朝运动的方向稍微倾斜,保持划针尖挨着直尺的引导边。划线时用力要适当,使划出的线既清楚又不过深。另外,要经常保持划针尖的锋利。

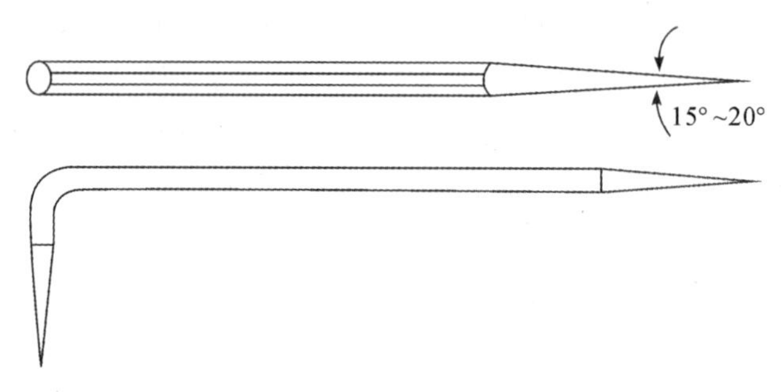

图 13.32 划针

(3)圆规。在金属表面划线的圆规(Diviers)也称为分规,可用来划圆、划圆弧、等分线段和等分角度以及量取尺寸等。

圆规是用中碳钢或工具钢制成的,两脚尖经热处理淬硬,也有的在两脚端部焊上一段硬质合金,然后磨尖。具有硬质合金脚尖的圆规经久耐用。

普通圆规如图 13.33(a)所示,划大圆的圆规如图 13.33(b)所示。

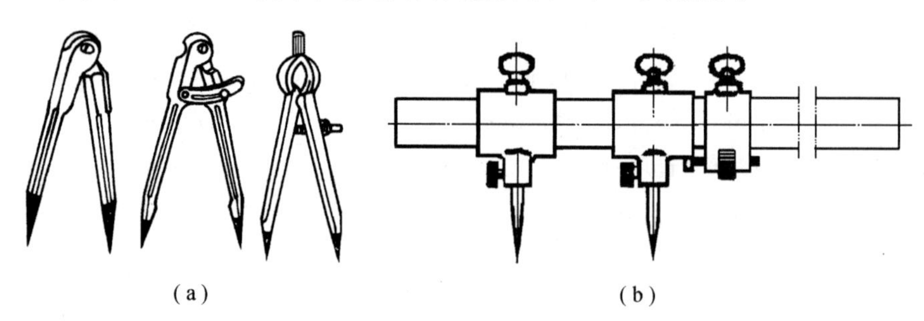

图 13.33 圆规

(a)普通圆规;(b)划大圆的圆规

13.2.2 金属切割工具

金属切割工具用来切割金属材料或在金属材料上钻孔、铰孔和攻螺纹。常用的金属切割工具有剪刀、钢锯、钻头、锉刀、铰刀、丝锥和板牙。

1. 剪刀

剪刀(Snips)用来剪切薄的金属板料。有各种不同类型的手剪刀以满足不同的需要。常用的有平剪、圆剪、鹰嘴剪和航空剪等。其中,航空剪(Aviation Snips)一套包括 3 件:直剪、右剪和左剪,如图 13.34 所示。在航空剪的手柄上依次用黄色、绿色和红色的识别码来表示上述三种剪刀。

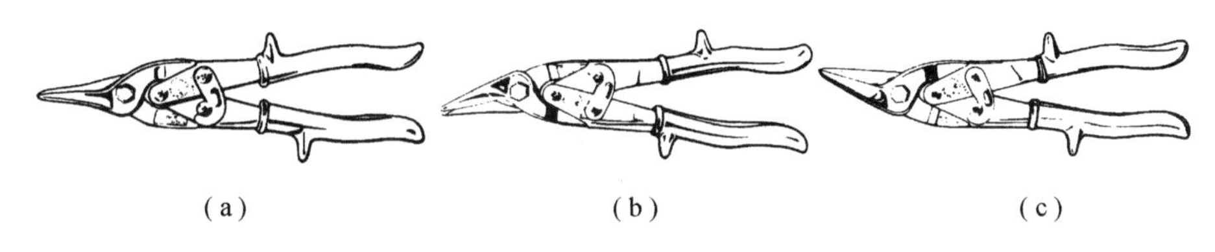

图 13.34　航空剪

(a)直剪；(b)左剪；(c)右剪

由于用剪刀剪切金属材料时，在切口处会出现微小的碎裂，所以切口应离开划线留约 0.8 mm 的余量，然后用锉刀锉到剪切线。

2. 钢锯

钢锯(Hacksaw)由弓架和锯条组成，弓架的手柄有弯把和直柄两种形式，如图 13.35 所示。

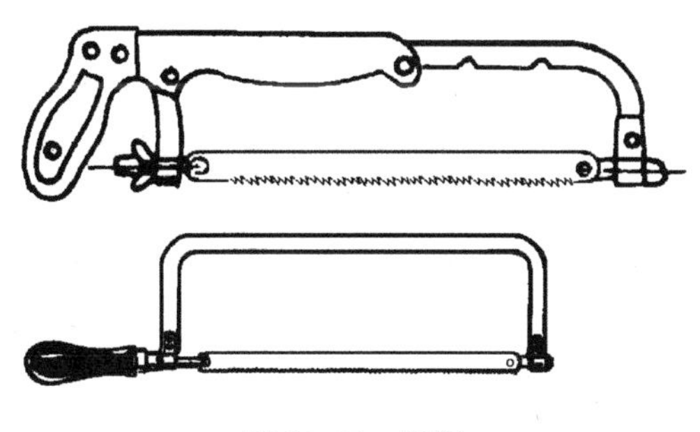

图 13.35　钢锯

锯条有粗、中和细齿之分。对于英制的锯条指的是每英寸长度齿数的多少，它有每英寸 14 齿、18 齿、24 齿和 32 齿的几种，齿数少的为粗齿，多的为细齿。锯冷轧钢、结构钢，应优先选用粗齿锯条；锯割薄壁管和薄板料时，则应选用细齿锯条。在弓架上安装锯条时，要注意锯条齿应朝前，背离手柄，同时要注意安装锯条要松紧适当。

3. 錾子

錾子(Chisel)用来切割和錾平任何比錾子本身软的金属。飞机维修中常用它来錾除铆钉头等。有各种不同形状的錾子以适应不同的用途，如图 13.36 所示。

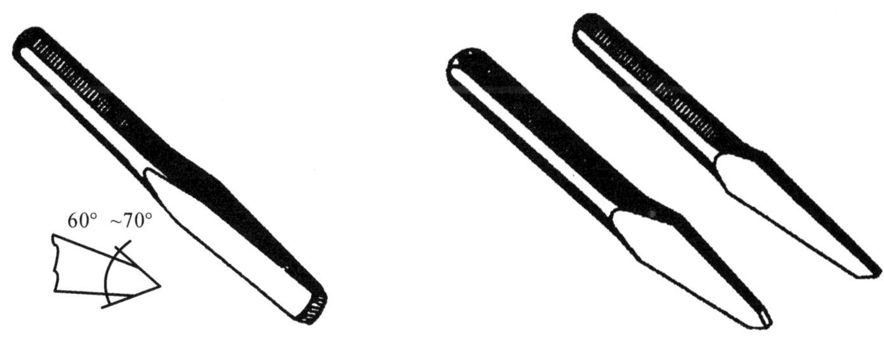

图 13.36　錾子

錾刃即切削刃，是两个刃面的交线，其夹角叫楔角。楔角的大小对錾切工作有直接的影响。通常，錾削硬金属材料时，楔角要大；切削软金属材料时，楔角要小。常用的楔角一般为60°～70°。

錾子是用碳素工具钢锻造而成，经热处理后使用。使用錾子时，一只手紧握錾子，另一只手拿榔头对准錾子柄端垂直敲击。錾子刃口钝了要及时磨快。錾子柄端由于榔头敲击也会出现卷边和毛刺。这些卷边和毛刺应及时磨去，以免割伤手。

4. 锉刀

锉刀(Files)用于锉削平面、倒圆角和去毛刺等。它用优质工具钢制成并经热处理淬硬，锉齿的硬度很高。锉刀由锉身和锉柄组成，如图 13.37 所示。

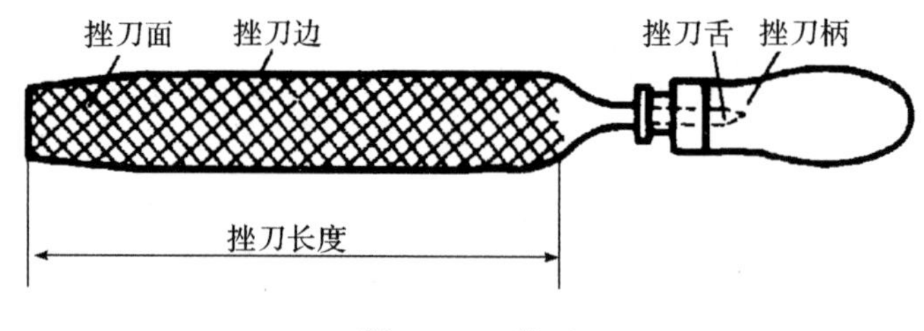

图 13.37　锉刀

锉身又由锉刀面和锉刀边组成。锉刀面上有许多锉齿，它是锉刀的主要工作面。锉刀边是锉刀的两个侧面，有的锉刀两侧面没有齿；有的锉刀一个侧面有齿，另一个侧面无齿。没有齿的侧面称为光面，在锉削内直角的一面时，不会碰伤另一相邻的面。锉刀的规格是以锉身的长度来表示的(除圆锉刀的规格以直径大小表示，方锉刀的规格以方形截面尺寸表示外)。其长度一般有 100 mm，150 mm，200 mm，250 mm，300 mm，400 mm 等几种(英制用 4 in，6 in，8 in，10 in，12 in，16 in 表示)。

常见的锉刀的齿纹有单齿纹和双齿纹两种。

(1)单齿纹锉刀。锉刀上只有一个方向的齿纹称为单齿纹。单齿纹锉刀适用于锉削各种软材料。

(2)双齿纹锉刀。锉刀上有两个方向排列的深浅不同的齿纹称为双齿纹。浅的齿纹为底齿纹，深的齿纹为面齿纹。齿纹与锉刀中心线之间的夹角叫齿角。一般锉刀面齿纹的齿角为 65°，底齿纹的齿角为 45°。双齿纹锉刀一般用来锉削各种硬材料。

锉刀还有粗细之分。它是指齿纹的粗细，以锉刀齿纹的齿距大小来表示。齿纹的粗细等级分以下 5 种。

(1)1 号：齿距为 0.8～2.3 mm，用于粗齿锉刀。

(2)2 号：齿距为 0.42～0.77 mm，用于中齿锉刀。

(3)3 号：齿距为 0.25～0.33 mm，用于细齿锉刀。

(4)4 号：齿距为 0.20～0.25 mm，用于双细齿锉刀。

(5)5 号：齿距为 0.16～0.2 mm，用于油光锉刀。

为了充分发挥锉刀的效能，在锉削时，必须正确地选择锉刀。一般，锉刀粗细的选择主要取决于工件的加工余量和加工精度。通常，粗锉刀适用于锉削加工余量大、加工精度和表面光洁度要求低的工件；细锉刀适用于锉削加工余量小、加工精度和表面光洁度要求较高的工件。

此外，还有一种锉刀齿呈圆弧弯曲状的曲齿锉(Vixen Files)，这种锉刀主要用于锉削软金属和木材。

使用锉刀时应注意，由于锉刀硬度高、脆性较大，所以不能把锉刀作为敲击工具来敲打工件。另外，要防止锉刀从高处摔落，以免断裂。

5. 手用钻及钻头

(1)手用钻。手用钻(Drill Motors)有手摇钻、胸压式手摇钻、气钻和电钻四种。其中又以气钻和电钻应用得最多。手用钻用来夹持并转动钻头进行钻孔加工，一般用来钻直径13 mm以下的孔。采用手用钻钻出的孔，其尺寸精度和表面光洁度较低。

(2)钻头。飞机维修中常用的钻头(Drills)有麻花钻头和埋头钻。

1)麻花钻头(Twist Drill)。麻花钻头因其外形像“麻花”而得名，它由柄部、颈部和工作部分组成，如图13.38所示。

柄部是麻花钻头的夹持部分，用来传递钻孔时的扭矩和轴向力。柄部有直柄和锥柄两种形式。直径在13 mm以下的钻柄一般都做成直柄，直径在13～20 mm的钻柄制成直柄和锥柄两种形式，直径在20 mm以上的钻柄一般都制成锥柄。具有锥柄的麻花钻头能传递较大的扭矩。

颈部是工作部分和柄部之间的连接部分(小直径的麻花钻一般无颈部)，一般的在颈部刻印上钻头的直径规格和生产厂家的标记。

工作部分由切削部分和导向部分组成。切削部分主要起切削作用，它有两条主切削刃、两条副切削刃和一条横刃。螺旋槽表面为钻头的前刀面，切削部分顶端的曲面为后刀面。棱边为副后刀面。两个主后刀面的交线形成横刃，它连接两条主刀刃。

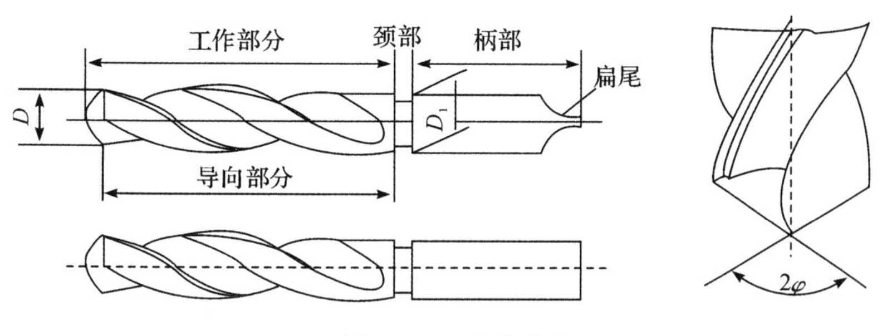

图13.38 麻花钻头

两条主切削刃之间的夹角称为顶角(2φ)。顶角又称为锋角或切削角。标准麻花钻的顶角为118°。顶角大，钻尖强度高，但钻削时轴向抗力也大。一般在硬材料上钻孔时，顶角磨得大些，钻头的转速也要慢一些；反之，在软材料上钻孔时，顶角应磨得小些，钻头的转速要快一些。如在铝等软的材料上钻孔，顶角一般为90°。

麻花钻头的导向部分的作用是在钻削时起导向作用，也是切削部分的后备部分。麻花钻有两条对称的螺旋槽，用来形成切削刃及前角，并起排屑和输送切削液的作用。为了减小工作部分与孔壁的摩擦，其外径略带倒锥，前大后小，一般每100 mm长度上直径减小0.03～0.12 mm。

2)埋头钻(Countersinks)。埋头钻按结构型式分为普通埋头钻(Plain Countersinks)和止动埋头钻(Stop Countersinks)两种,如图 13.39 所示。埋头钻用来钻制埋头窝,以供安装埋头铆钉或者埋头螺钉。埋头钻有多种角度以适应各种埋头铆钉或螺钉头的角度,常用标准埋头钻的角度是 100°。

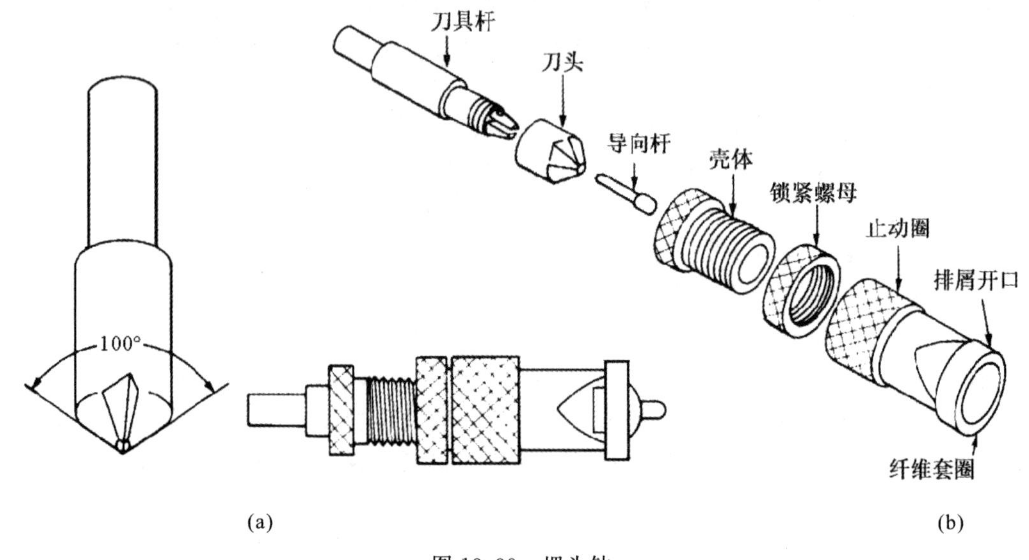

图 13.39 埋头钻

(a)普通埋头钻;(b)止动埋头钻

6. 铰刀

铰刀(Reamers)是铰孔的刀具,如图 13.40 所示。铰孔是对已粗加工的孔进行精加工,铰孔可获得较高的尺寸精度和表面粗糙度。铰孔质量的好坏与铰削余量关系很大。一般的铰削余量应在 0.08~0.3 mm 之间。孔径小,应留的铰削余量小;孔径大,应留的铰削余量要大一些。铰刀使用范围较广,种类也很多。按其使用方法,可分为手用铰刀和机用铰刀[见图 13.40(a)]两类。手用铰刀的柄部具有四方头,机用铰刀具有锥柄。按其外形分为圆柱铰刀和锥度铰刀两类。

按铰刀的直径能否微量调节,它可分为固定式铰刀和可调式铰刀两种[见图 13.40(b)]。

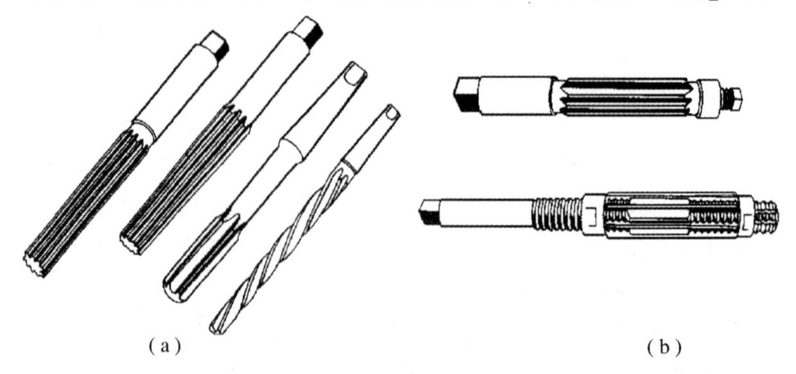

图 13.40 铰刀

(a)手用和机用;(b)固定式和可调式

用铰杠(Hand－tap Wrench)夹持住手用铰刀柄端的四方头并转动使铰刀进行切削。常用的铰杠如图 13.41 所示。铰杠的一端杆是固定的,另一端杆可转动,用来调节四方开口的大小,以便夹持铰刀的四方头。

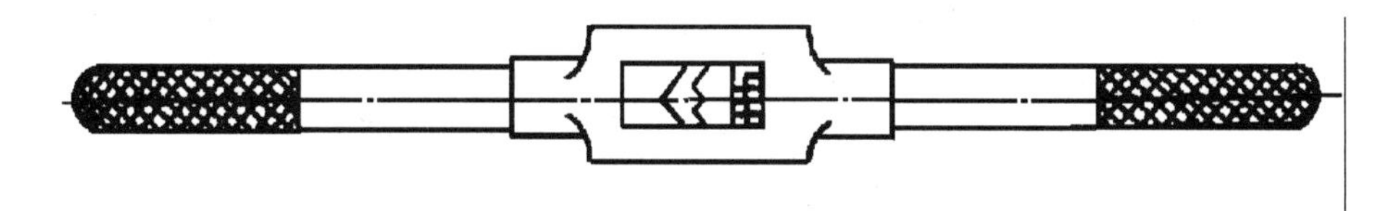

图 13.41　铰杠

7. 丝锥和板牙

丝锥和板牙(Taps and Dies)是螺纹切削刀具。丝锥用于内孔攻内螺纹,而板牙用在圆杆上攻外螺纹。

(1)丝锥。丝锥(Taps)又称为螺丝攻。丝锥可分为手用丝锥和机用丝锥两类。使用手用丝锥时,考虑到手工的能力,同时减少攻丝阻力,把一个螺丝孔的攻丝工作分成两次或三次进行。因此,手用丝锥一般由两只或三只组成一套,它们分别称为头号丝锥、二号丝锥和精攻丝锥,如图 13.42 所示。

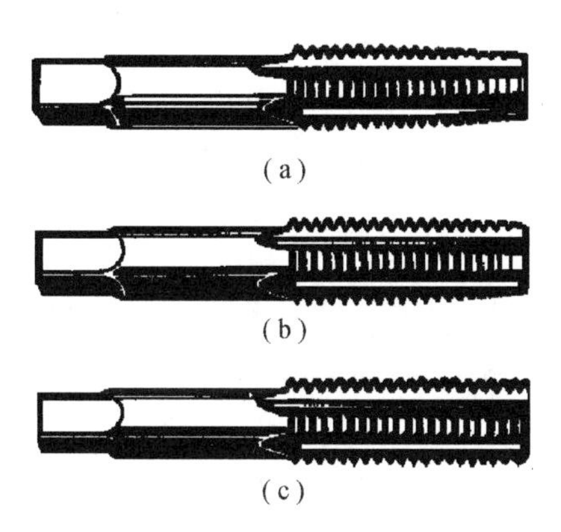

图 13.42　十丝锥

(a)头号丝锥;(b)二号丝锥;(c)精攻丝锥

手工攻丝时,必须利用铰杠夹住丝锥的柄部,扳动铰杠,带动丝锥旋转即可。开始攻丝时,首先要使用头号丝锥攻丝,然后再分别用二号丝锥和精攻丝锥攻丝。攻丝时要经常反方向旋转丝锥,以切断切屑并把切屑清出。同时还要加适当的润滑油,以冷却刀具和降低螺纹的表面粗糙度。

攻丝前底孔直径的确定:

1)攻公制普通螺纹时,一般由以下经验公式计算。

对脆性材料:　　$d_0=d-1.2p$

对塑性材料:　　$d_0=d-1.1p$

式中　d_0——底孔直径,单位:mm;

d——螺纹大径,单位:mm;

p——螺距,单位:mm。

2)攻美国国家标准 3 级中度配合螺纹时,可按表 13.1 选择螺纹底孔钻头。

(2)板牙(Dies)。板牙是一种加工外螺纹的刀具,其外形像一只圆螺母,在端面上钻有几个排屑孔,以形成刀刃并容纳和排出切屑,如图 13.43 所示。板牙有普通圆状开缝板牙和可调圆状开缝板牙两种。可调圆状开缝板牙是通过调节螺钉来微量调节螺纹直径的。

表 13.1 美国国家标准螺纹底孔钻头规格的选择

美国国家标准细牙螺纹(NF)3 级				美国国家标准粗牙螺纹(NC)3 级			
螺纹代号	螺纹的公称直径/in	螺纹底孔直径/in	钻螺纹底孔钻头	螺纹代号	螺纹的公称直径/in	螺纹底孔直径/in	钻螺纹底孔钻头
0—80	0.060 0	0.047 2	3/64				
1—72	0.073 0	0.059 1	#53	1—64	0.073 0	0.057 5	#53
2—64	0.086 0	0.070 0	#50	2—56	0.086 0	0.068 2	#51
3—56	0.099 0	0.081 0	#46	3—48	0.099 0	0.078 0	5/64
4—48	0.112 0	0.091 1	#42	4—40	0.112 0	0.086 6	#44
5—44	0.125 0	0.102 4	#38	5—40	0.125 0	0.099 5	#39
6—40	0.138 0	0.113 0	#33	6—32	0.138 0	0.106 3	#36
8—36	0.164 0	0.136 0	#29	8—32	0.164 0	0.132 4	#29
10—32	0.190 0	0.159 0	#21	10—24	0.190 0	0.147 2	#26
12—28	0.216 0	0.180 0	#15	12—24	0.216 0	0.173 2	#17
1/4—28	0.250 0	0.213 0	#3	1/4—20	0.250 0	0.199 0	#8
5/16—24	0.312 5	0.270 3	I	5/16—18	0.312 5	0.255 9	#F
3/8—24	0.375 0	0.332 0	Q	3/8—16	0.375 0	0.311 0	5/16
7/16—20	0.437 5	0.386 0	W	7/16—14	0.437 5	0.364 2	U
1/2—20	0.500 0	0.449 0	7/16	1/2—13	0.500 0	0.421 9	27/64
9/16—18	0.562 5	0.506 0	1/2	9/16—12	0.562 5	0.477 6	31/64
5/8—18	0.625 0	0.568 0	9/16	5/8—11	0.625 0	0.531 5	17/32
3/4—16	0.750 0	0.668 8	11/16	3/4—10	0.750 0	0.648 0	41/64
7/8—14	0.875 0	0.782 2	51/64	7/8—9	0.875 0	0.730 7	49/64
1—14	1.000	0.796 9	59/64	1—8	1.000	0.837 6	7/8

用板牙加工外螺纹的工作称为套扣。套扣时,要把板牙装到板牙架(Die Stock)的座孔中并且用紧定螺钉顶住板牙外圆上的小凹坑以防止板牙相对板牙架转动。然后,通过绞动板牙架带动板牙套扣出外螺纹。板牙架如图 13.44 所示。

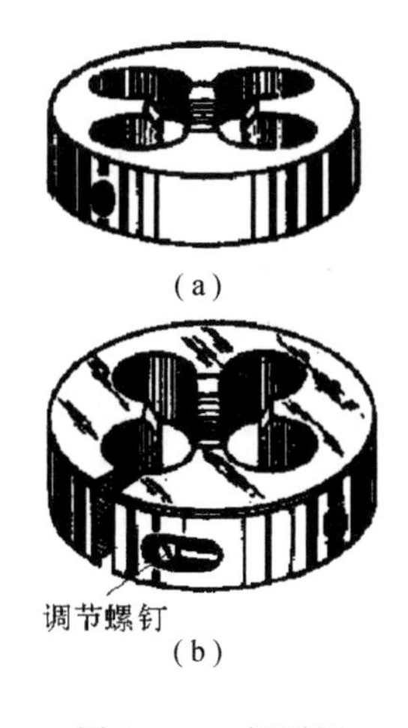

图13.43　板牙图
(a)普通板牙；(b)可调板牙

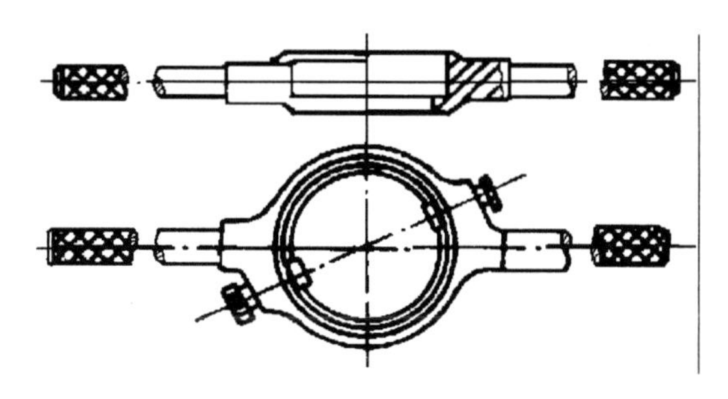

图13.44　板牙架

转动板牙架带动板牙进行切削外螺纹，为防止板牙相对板牙架转动，在板牙的外圆周上制有一至两个浅锥孔，板牙架上的紧定螺钉拧紧时就顶入浅锥孔内从而防止它们相对转动。

套扣之前，圆杆直径一般可按下式计算：

$$D=d-0.13p$$

式中　D——圆杆直径，单位：mm；

d——螺纹外径，单位：mm；

p——螺距，单位：mm。

扩展阅读

“智能航材柜”系统

中国航空器材集团公司研制的“智能航材柜”系统是一种基于物联网技术的智能化航空器材管理方案，通过将柜体与计算机、扫描器、智能电子标签等设备连接，实现对航空器材的实时监测、管理和查询。系统中的智能电子标签可以记录每个航空器材的相关信息，包括型号、规格、生产日期、维修记录等等，方便用户随时了解航空器材的状况和历史。同时，柜体还配备了智能感应系统和语音提示功能，能够自动识别用户身份和要求，并根据需求指导用户正确取出和归还航材，提高工作效率和减少误操作。

该系统的研制和应用，为中国民航航空器材管理带来了全新的变革和提升，不仅提高了航空器材管理的效率和准确性，还能够有效降低事故风险和维护成本，获得了业内广泛的赞誉和应用。

习　题　13

简答题

1. 读出图13.45所示游标卡尺的尺寸。

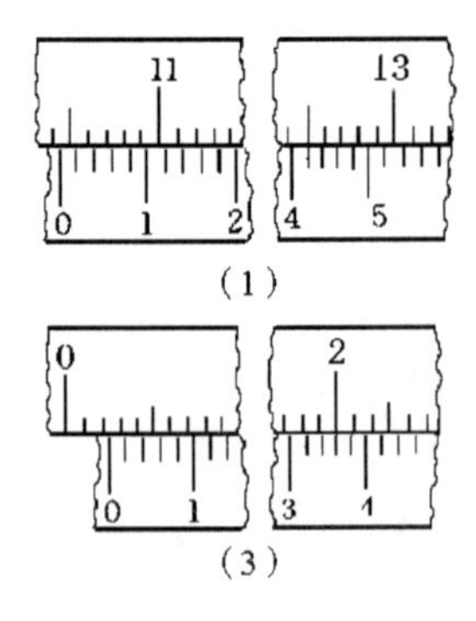

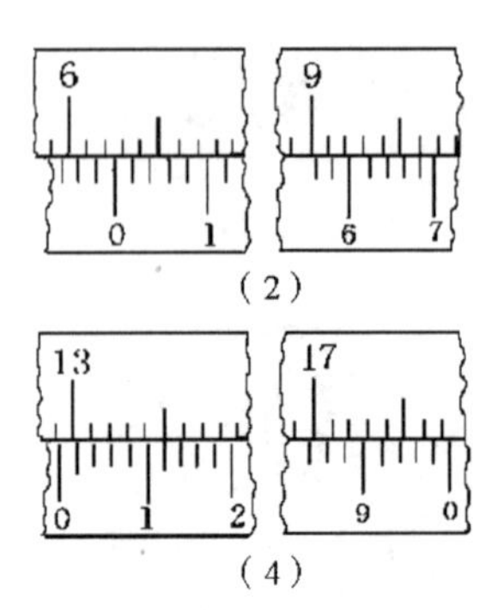

图 13.45

2. 读出如图 13.46 所示公制千分尺的尺寸。

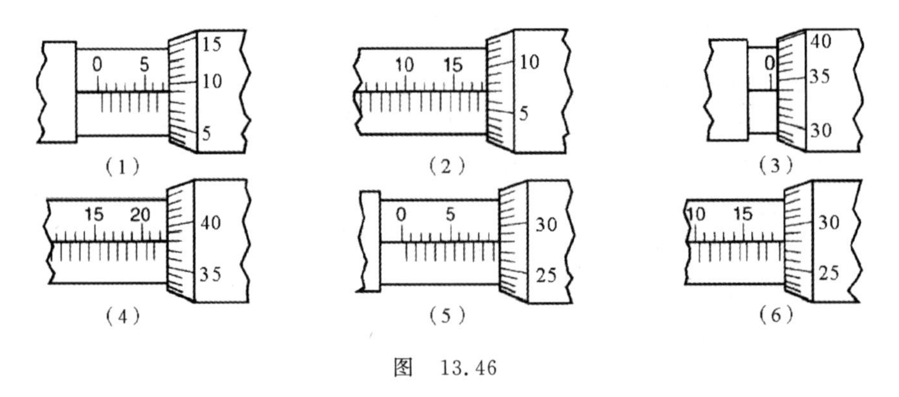

图 13.46

3. 读出如图 13.47 所示英制千分尺的尺寸。

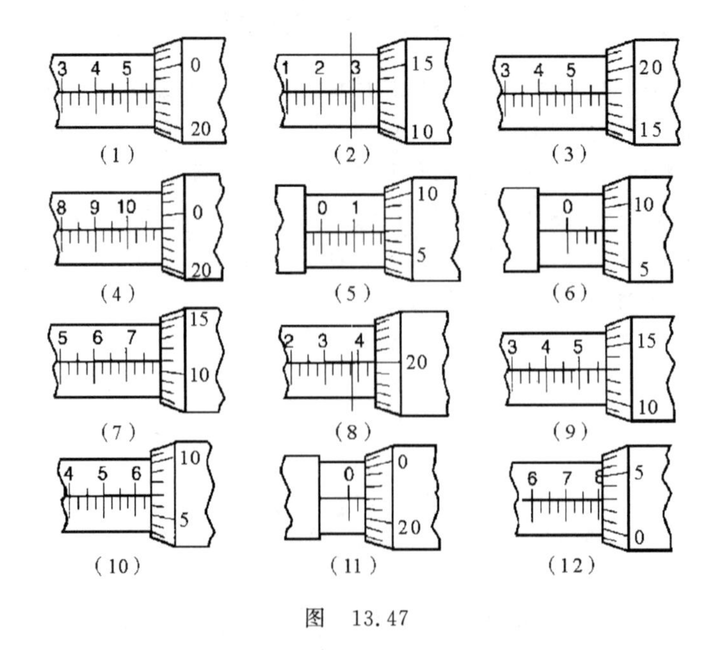

图 13.47

4. 如何使用百分表？使用时应注意哪些事项？

5. 试述组合量具中的中心头、分度规头和托盘头的用途。

6. 简述塞尺的作用及使用塞尺时的注意事项。

7. 何种情况下应使用力矩扳手？如何使用棘轮往复式扭力扳手？

8. 丝锥和板牙各有什么用途？

附　录

附录A　民用航空器维修人员执照管理规则(CCAR－66R3)

《民用航空器维修人员执照管理规则》已于2020年5月22日经第16次部务会议通过,现予公布,自2020年7月1日起施行。

部长　李小鹏

2020年5月25日

第一章　总　则

第66.1条　目的和依据

为了规范民用航空器维修人员执照的颁发和管理,保障民用航空器的持续适航和飞行安全,根据《中华人民共和国民用航空法》《中华人民共和国行政许可法》和《中华人民共和国民用航空器适航管理条例》等法律、行政法规,制定本规则。

第66.2条　适用范围

本规则适用于民用航空器维修人员执照(以下简称航空器维修人员执照)的申请、颁发与管理活动。

第66.3条　管理机构

中国民用航空局(以下简称民航局)负责统一颁发航空器维修人员执照,并依法对航空器维修人员实施监督管理。

中国民用航空地区管理局(以下简称民航地区管理局)负责航空器维修人员执照的相关管理工作。

第 66.4 条　航空器维修人员执照类别

航空器维修人员执照按照航空器类别分为飞机和旋翼机两类，并标明适用安装的发动机类别。

第 66.5 条　航空器维修人员执照的权限

取得航空器维修人员执照后，可以维修放行除复杂航空器之外的其他航空器。

航空器维修人员执照上加注复杂航空器的机型签署后，航空器维修人员执照持有人方可维修放行对应型号的复杂航空器。

第二章　航空器维修人员执照的申请、颁发和管理

第 66.6 条　航空器维修人员执照的申请条件

申请航空器维修人员执照应当具备下列条件：

(a)年满 18 周岁；

(b)无影响维修工作的色盲或者色弱；

(c)具有大专以上(含大专，下同)学历；

(d)完成本规则第 66.10 条要求的航空器维修基础知识培训；

(e)具备至少 1 年的经所在单位授权从事民用航空器或者航空器部件维修工作的经历(培训和实习不计算在内)，或者为理工科专业大专以上学历人员并完成本规则第 66.10 条要求的航空器维修实作培训；

(f)通过本规则第 66.11 条要求的航空器维修人员执照的考试；

(g)完成本规则第 66.12 条要求的航空维修技术英语等级测试；

(h)民航行业信用信息记录中没有航空器维修相关的严重失信行为记录。

第 66.7 条　航空器维修人员执照的申请材料

民航局应当对航空器维修人员执照申请人的下列材料进行审查：

(a)学历证书；

(b)能证明无色盲、色弱的体检报告；

(c)航空器维修基础知识培训证明；

(d)航空器维修相关经历证明或者实作培训证明；

(e)航空器维修人员执照考试合格证明；

(f)航空维修技术英语等级测试证明。

航空器维修人员执照的申请人应当提供前款(a)(b)规定的材料，并对材料的真实性负责。民航局通过内部核查或者其他方式获得前款(c)(d)(e)(f)规定的材料。

第 66.8 条　航空器维修人员执照的颁发

对于符合申请条件的申请人，经审查合格的，民航局应当自受理之日起 20 个工作日内向其颁发航空器维修人员执照。

航空器维修人员执照根据本规则第 66.12 条的规定标注等级。

第 66.9 条　航空器维修人员执照的有效期

除法律、法规、规章另有规定外，航空器维修人员执照持续有效。

第 66.10 条　航空器维修基础知识培训和实作培训

民航局统一制定和发布按照飞机、旋翼机及其所安装发动机类别区分的航空器维修基础知识培训和实作培训要求，并分别明确其最低培训学时。

航空器维修基础知识培训和实作培训应当由符合《民用航空器维修培训机构合格审定规定》(CCAR147)规定的维修培训机构实施，并且不低于民航局规定的最低培训学时要求。

具备本规则第 66.6 条(e)规定的 1 年及以上民用航空器或者航空器部件维修工作经历的，可以不参加实作培训。

第 66.11 条　航空器维修人员执照的考试

航空器维修人员执照的考试包括基础知识考试和实作评估两部分。航空器维修人员执照的申请人在维修培训机构完成航空器维修基础知识培训和实作培训后，由该维修培训机构所属民航地区管理局组织对其进行基础知识考试和实作评估。

基础知识考试在维修培训机构所属民航地区管理局监督下由维修培训机构按照民航局统一规定的题库实施。基础知识考试为 100 分满分制，70 分为及格。考试不及格者可以补考 1 次，补考不及格者重新参加维修培训机构的培训后方可再次参加考试。

实作评估在维修培训机构所属民航地区管理局监督下由维修培训机构的评估员实施。评估不通过者可以补充评估 1 次，补充评估不通过者重新参加维修培训机构的培训后方可再次评估，再次评估不通过视为最终评估结论。

第 66.12 条　航空维修技术英语等级测试

航空维修技术英语等级测试包括综合阅读和听力两部分。航空器维修人员参加由维修培训机构所属民航地区管理局组织的航空维修技术英语等级测试。

航空维修技术英语等级测试在维修培训机构所属民航地区管理局监督下由维修培训机构按照民航局统一规定的题库实施。测试采用 100 分满分制，测试结果分为以下级别：

4 级：阅读部分 85～100 分，且听力 75～100 分；

3 级：阅读部分 85～100 分，且听力 0～74 分；

2 级：阅读部分 60～84 分，且听力 0～100 分；

1 级:阅读部分 0～59 分,且听力 0～100 分。

航空维修技术英语等级测试可以多次参加,但是每次测试完成至少 6 个月后方可再次参加。

航空器维修人员执照中依据申请人的航空维修技术英语等级测试历史最好成绩标注其等级。

第三章　航空器维修人员执照的机型签署

第 66.13 条　机型签署的申请条件

航空器维修人员执照持有人具备下列条件的,可以申请机型签署:

(a)通过本规则第 66.18 条要求的机型签署所涵盖任一航空器型号的机型维修培训和考试;

(b)首次申请某一类别的机型签署的,完成本规则第 66.19 条要求的机型维修实习。

第 66.14 条　机型签署的申请材料

申请机型签署的,申请人应当向民航局或者民航局委托的民航地区管理局提交下列申请材料,并对材料的真实性负责:

(a)机型维修培训合格证;

(b)机型签署推荐函(非首次申请某一类别的机型签署的除外)。

第 66.15 条　机型签署的签发

对于符合申请条件的申请人,经审查合格的,民航局或者民航局委托的民航地区管理局应当自受理之日起 20 个工作日内为其完成机型签署。

第 66.16 条　机型签署的规范

机型签署应当与航空器维修人员执照的航空器类别以及发动机类别对应,并按照民航局航空器评审报告确定的规范签署。

第 66.17 条　机型签署的有效性和恢复

机型签署的有效期为 24 个月。

机型签署有效期满需要延续的,其持有人应当向机型签署机关提出申请,并提交其对应机型的维修放行工作记录。

维修人员在机型签署有效期内从事所签署机型的维修放行工作时间少于 6 个月的,机型签署机关应当作出不予延续的决定。

机型签署失效的,维修人员可以通过参加机型知识恢复培训和考试后重新申请取得机型签署。

第 66.18 条　机型维修培训和考试

航空器机型维修培训和考试由符合《民用航空器维修培训机构合格审定规定》(CCAR147)规定的维修培训机构组织实施,并向通过其考试的人员颁发具体航空器型号的维修培训合格证。

第 66.19 条　机型维修实习

首次申请某一类别的机型签署的,航空器维修人员执照持有人应当在通过机型维修培训和考试后完成至少连续 6 个月的机型维修实习。

机型维修实习由具备该机型维修放行资质或者航空器制造厂家指定的维修人员作为实习教员,并在评估通过后签署机型签署推荐函。

第四章　监督管理及法律责任

第 66.20 条　航空器维修人员执照持有人的权利

除法律、法规、规章另有规定外,航空器维修人员执照持有人有权从事下列航空器维修工作:

(a)按照执照类别,对非复杂航空器依据其持续适航文件的规范实施维修放行;

(b)按照执照类别和机型限制,对复杂航空器依据其持续适航文件的规范实施维修放行;

(c)按照维修单位的授权和管理要求,对航空器部件依据其持续适航文件的规范实施维修放行。

第 66.21 条　航空器维修人员执照持有人的义务

航空器维修人员执照持有人在从事航空器维修相关工作时,应当履行下列义务:

(a)在醉酒、疾病等生理状况不适合实施维修相关工作时,不得行使本规则第 66.20 条规定的权利;

(b)依据航空器持续适航文件的规范开展维修工作;

(c)对符合标准的维修工作方可签署放行;

(d)在考试或者向民航局、民航地区管理局提交申请或者接受调查时,诚信考试,如实提供相关信息和材料;

(e)发现航空器或者其部件存在缺陷或者不适航状况时,及时按照涉及民航管理的规章的有关要求报告。

第 66.22 条　信用管理

航空器维修人员执照申请人或者持有人有下列行为之一的,依法记入民航行业严重失信行为信用记录：

(a)在维修过程中故意违法，并造成严重后果的；

(b)在航空器维修人员执照考试过程中作弊的；

(c)在申请航空器维修人员执照或者机型签署过程中申请材料造假，或者以欺骗、贿赂等不正当手段获得航空器维修人员执照或者机型签署的。

第66.23条　违规行使执照权利

航空器维修人员执照持有人违反本规则第66.21条(a)，生理状况不适合实施维修相关工作但仍行使执照权利，情节轻微的，由民航局或者民航地区管理局处警告或者500元以下的罚款；造成航空器事故的，由民航局或者民航地区管理局暂停或者撤销其航空器维修人员执照或者相应的机型签署。

第66.24条　不按标准维修或者放行

航空器维修人员执照持有人违反本规则第66.21条(b)(c)，未依据航空器持续适航文件的规范开展维修工作或者对不符合标准的维修工作签署放行，情节轻微的，由民航局或者民航地区管理局处500元以上1000元以下的罚款；造成航空器事故的，由民航局或者民航地区管理局暂停或者撤销其航空器维修人员执照或者相应的机型签署。

第66.25条　不如实提交申请、调查信息和材料

航空器维修人员执照持有人违反本规则第66.21条(d)，向民航局、民航地区管理局提交申请或者接受调查时，不如实提供信息和材料的，或者以欺骗、贿赂等不正当手段取得航空器维修人员执照或者机型签署的，由民航局或者民航地区管理局处1000元以下的罚款。

以欺骗、贿赂等不正当手段取得航空器维修人员执照或者机型签署的，应当予以撤销。

第66.26条　不及时报告发现的缺陷和不适航状况

航空器维修人员执照持有人违反本规则第66.21条(e)，发现航空器或者其部件存在缺陷或者不适航状况后不及时按照有关要求报告，情节轻微的，由民航局或者民航地区管理局处500元以下的罚款；造成航空器事故的，暂停或者撤销其航空器维修人员执照或者相应的机型签署。

第66.27条　撤销证件

民航局或者民航地区管理局实施监督检查时，发现航空器维修人员执照持有人不再具备安全条件的，应当撤销其航空器维修人员执照或者相应的机型签署。

第66.28条　航空器维修人员执照的注销

有下列情形之一的，民航局应当依法注销航空器维修人员执照：

(a)航空器维修人员执照持有人死亡的；

(b)航空器维修人员执照被依法撤销、撤回或者吊销的;

(c)法律、法规规定的应当注销行政许可的其他情形。

第五章　附　　则

第66.29条　术语和定义

本规则所用的术语和定义如下:

(a)飞机,指固定翼飞机。

(b)旋翼机,指直升机和自转旋翼机。

(c)复杂航空器,指:

(1)运输类航空器(含飞机及旋翼机);

(2)同时具有可收放起落架、襟翼和可变桨距螺旋桨的非运输类飞机;

(3)同时具有可收放起落架、襟翼和涡轮发动机的非运输类飞机;

(4)具有涡轮发动机且审定驾驶员数量超过1人的非运输类旋翼机。

(d)发动机类别,指根据发动机工作原理划分的类别,包括涡轮式发动机和活塞式发动机。

(e)航空器评审报告,指根据《民用航空产品和零部件合格审定规定》(CCAR21)开展的运行符合性评审结论所形成的报告。

第66.30条　过渡期

本规则施行前依法取得的航空器维修人员执照继续有效。持有人可以在2021年7月1日前换发新的航空器维修人员执照。

第66.31条　生效和废止

本规则自2020年7月1日起施行。2016年4月7日以交通运输部令2016年第32号公布的《民用航空器维修人员执照管理规则》同时废止。

附录B　中华人民共和国民用航空行业标准(节选*)

ICS 49.100
V 55
备案号：

MH

中华人民共和国民用航空行业标准

MH/T 3010—2006
废除 MH3145.5—1996

民用航空器维修　管理规范
第3部分：民用航空器维修事故与差错

(Maintenance for civil aircraft－Management specification－Part 3:Maintenance accidents/incidents/errors for civil aircraft)

2006-12-08 发布　　**2007-04-01 实施**

中国民用航空总局　发布

前　言

MH/T 3010《民用航空器维修管理规范》分为以下15个部分。

——第1部分：民用航空器试飞；

——第2部分：民用航空器在经停站发生故障的处理；

* 节选第3,4,7,8,11,14,15部分。

——第 3 部分:民用航空器维修事故与差错;
——第 4 部分:民用航宅器维修工作单(卡)的编制;
——第 5 部分:民用航空器冬季的维修;
——第 6 部分:民用航空器维修人员的技术档案;
——第 7 部分:民用航空器维修记录的填写;
——第 8 部分:民用航空器维修人员的行为规范:
——第 9 部分:地面指挥民用航空器的信号;
——第 10 部分:维修人员与机组联络的语言;
——第 11 部分:民用航空器地面维修设备和工具;
——第 12 部分:民用航空器的清洁;
——第 13 部分:民用航空器发动机的清洗;
——第 14 部分:民用航空器航线维修规则;
——第 15 部分:民用航空器一般勤务规则。本部分为 MH/T 3010 的第 3 部分。

本部分代替并废除 MH 3145.5—1996《民用航空器维修标准　第 1 单元:维修管理规范　第 5 部分:民用航空器维修事故与差错》。

本部分与 MH 3145.5—1996 相比主要变化如下。

——删除了 MH 3145.5—1996 中的第 2 章“引用标准”气——在第 2 章“术语和定义”中增加了术语“人员重伤”“人员死亡”“重大飞行事故”和“一般飞行事故”及其定义;

——修改了维修事故与差错的判定标准。

MH/T 3010 是民用航空器维修的系列标准之一,以下列出这些系列标准预计的名称。

——MH/T 3010《民用航空器维修　管理规范》;
——MH/T 3011《民用航空器维修　地面安全》;
——MH/T 3012《民用航空器维修　地面维修设施》;
——MH/T 3013《民用航空器维修　劳动安全卫生》;
——MH/T3014《民用航空器维修　航空器材》。

本部分由中国民用航空总局飞行标准司提出。

本部分由中国民用航空总局航空安全技术中心归口。

本部分起草单位:中国民用航空总局飞行标准司。

本部分主要起草人:叶德金、徐超群、孙作琪、卿红宇。

本部分所代替并废除标准的历次版本发布情况为:MH 3145.5—1996。

民用航空器维修　管理规范
第 3 部分:民用航空器维修事故与差错

1　范围

MH/T3010 的本部分规定了在民用航空器(以下简称航空器)维修过程中发生的事故和差错的等级划分。

本部分适用于航空器维修事故和差错等级的确定。

2　**术语和定义**

2.1　下列术语和定义适用于 MH/T3010 的本部分。

维修活动 maintenance activiti

对航空器、航空器部件及维修设施所进行的管理、使用、检查、维护、修理、排故、更换、改装、翻修等活动。

2.2　维修事故 maintenance accidents。

在维修活动中，由于维修责任造成的具有巨大直接经济损失的航空器、航空器部件、车辆、设备、设施损坏和人员重伤或人员死亡的事件。

2.3　维修事故征候 maintenance incidents。

在维修活动中，由于维修责任造成的严重威胁飞行安全的事件或具有重大直接经济损失的航空器、航空器部件、车辆、设备、设施损坏和人员致残，但其程度未构成维修事故的事件。

2.4　维修差错 maintenance errors。

在维修活动中，由于维修责任造成的威胁飞行安全、违反造航规章或具有一定直接经济损失的航空辑、航空器部件、车辆、设备、设施损坏和人员受伤，但其程度来构成维修事故征候的事件。

2.5　直接经济损失 direct economic loss。

航空器、航空器部件、车辆、设施和设备等的修复费用，包括材料费、工时费和运输费。

[改写 GB18432－2001，定义 2.6]

2.6　运行 peration。

自任何人登上航空器准备飞行直至这类人员离开航空器为止的时间内所完成的飞行活动。

2.7　人员重伤 serious injury。

某一人员在航空器地面事故中受伤，经医师鉴定符合下列情况之一者，认定为人员重伤。

(1)自受伤之日起 7 d 内需要住院 48 h 以上。

(2)造成骨折(手指、足趾或鼻部单纯折断除外)。

(3)引起严重出血的裂口，神经、肌肉或臆的损坏。

(4)涉及内脏器官受伤。

(5)有二度、三度或越过全身面枫 5%以上的烧伤。

(6)已证实暴露于感染性物质或有伤害性辐射。

[GB18432－2001，定义 2.7]

2.8　人员死亡 fatality。

自航空器地面事故发生之日起 30 d 内，由本次事故导致的死亡。

[GB18432－2001，定义 2.8]

2.9　重大飞行事故 serious flight accident。

凡属下列情况之一者，认定为重大飞行事故。

(1)人员死亡，死亡人数在 39 人及其以上。

(2)航空器严重损坏或迫降在无法运出的地方(最大起飞质量在 5.7 t(含)以下的航空器除外)。

(3)航空器失踪，机上人员在 39 人及其以上。

2.10　一般飞行事故 general flight accident。

凡属下列情况之一者，认定为一般飞行事故。

(1)人员重伤，重伤人员在 10 人及其以上。

(2)最大起飞质量在 5.7 t(含)以下的航空器严重损坏，或迫降在无法运出的地方。

(3)最大起飞质量 5.7～50 t(含)的航空器一般损坏，其修复费用超过事故当时同型或同类可比新航空器价格的 10%(含)。

(4)最大起飞质量 50 t 以上的航空器一般损坏，其修复费用超过事故当时同型或同类可比新航空器价格的 5%(含)。

3　维修事故与差错分类

维修事故与差错分为以下几类。

(1)特大维修事故。

(2)重大维修事故。

(3)一般维修事故。

(4)维修事故征候。

(5)维修严重差错。

(6)维修一般差错。

4　特大维修事故

由于维修造成下列情况之一者，认定为特大维修事故。

(1)航空器及部件在地面发生损坏，直接经济损失超过事故当时同型或同类可比新航空器(最大起飞质量小于或等于 5.7 t 的航空器除外)整机价格的 3%或超过 500 万元(含)，以低限为准。

(2)在地面发生事故人员死亡 4 人(含)以上。

(3)重大飞行事故。

5　重大维修事故

由于维修造成下列情况之一者，认定为重大维修事故。

(1)航空器及部件在地面损坏，直接经济损失超过事故当时同型或同类可比新航空器(最大起飞质量小于或等于 5.7 t 的航空器除外)整机价格的 1%或直接经济损失 100 万元(含)～500 万元，以低限为准。

(2)在地面发生事故人员死亡 3 人(含)以下。

(3)地面设备、厂房设施损坏，直接经济损失 100 万元(含)～500 万元。

(4)一般飞行事故。

6　一般维修事故

由于维修造成下列情况之一者，认定为一般维修事故。

(1)造成航空器及部件在地面损坏，直接经济损失超过事故当时同型或同类可比新航空器(最大起飞质量小于或等于 5.7t 的航空器除外)整机价格的 0.5%或直接经济损失 50 万元(含)～100 万元，以低限为准。

(2)地面设备、厂房设施损坏，直接经济损失 50 万元(含)～100 万元。

(3)人员重伤。

7　**维修事故征候**

由于维修造成下列情况之一者，认定为维修事故的征候。

(1)航空器及部件发生损坏，直接经济损失超过20万元(含)。

(2)地面设备、厂房设施损坏，直接经济损失超过10万元(含)。

(3)活塞式发动机在未关磁电机的情况下，扳动螺旋桨。

(4)未按规定取下航空器的堵塞、管套、铺子、夹板、尾撑等，航空器起飞。

(5)任何系统工作失效，导致需启用应急系统或航空器紧急下降。

(6)未取得航空器的国籍登记证、适航证和元线电台执照擅自放行航空器从事飞行活动。

(7)未按中国民用航空总局适航维修部门批准或认可的维修大纲、维修方案和部件维修手册进行维修或修理民用航空器及部件，并造成航空器不能正常使用。

(8)航空器加注规格不符合要求的液压油、滑油后起飞。

(9)航空器在低于规定的最少滑油量、液压油量时起飞。

(10)航空器在低于《最低设备清单》和《外型缺损清单》标准的情况下放行并起飞。

(11)运行中，航空器操纵面、发动机整流罩、舱门、风档玻璃飞掉，蒙皮揭起或张线断裂。

(12)运行中，航空器机轮脱落。

(13)运行中，维护、检查盖板脱落，造成航空器受损。

(14)航空器在起飞滑跑速度小于抬前轮速度37 $km \cdot h^{-1}$(20 knots)时至上升高度达到300 m的过程中，发动机停车。在上升、平飞、下降过程中，三发(含)以上航空器多于一台发动机停车。

(15)在空中，航空器的主要操纵系统出现卡阻或襟翼、缝翼失效。

(16)直升机飞行中发生旋翼颤振。

(17)发动机、起落架舱或操纵系统带外来物飞行。

(18)直升机飞行中，发生该机型飞行手册规定的需立即着陆的故障。

(19)凡未达到维修事故等级，但性质严重的其他事件。

8　**维修严重差错**

由于维修造成下列情况之一者，认定为维修严重差错。

(1)人员受伤，脱离原工作岗位30 d(含)以上。

(2)航空器及部件损坏，直接经济损失超过10万元(含)。

(3)地面设备、厂房设施损坏，直接经济损失超过5万元(含)

(4)机动车辆刮碰航空器，造成航空器损伤。

(5)因未按规定挡轮挡或使用刹车等维修责任，导致地面试车时航空器发生移动，但未造成其他后果。

(6)在航空器维修工作中漏做工作单(卡)规定的内容。

(7)加错燃油、液压油、滑油，但未造成后果。

(8)发动机未加滑油开车，但未造成后果。

(9)没有整机放行权的人员签署整机放行，并造成航空器起飞。

(10)因违章维修造成航空器中断起飞或返航。

(11)航空器使用失效的或复印的航空器国籍登记证、适航证和无线电台执照。

(12)未经中国民用航空总局适航审定部门批准,擅自在已取得适航证的航空器上进行重大改装工作。

(13)未经中国民用航空总局适航审定部门批准,擅自在航空器上安装、使用其他机载设备和客、货舱服务设施(非固定式旅客服务设施除外)。

(14)未按规定时间及程序完成中国民用航空总局适航审定部门颁发的适航指令。

(15)未经批准,航空器时控件超时使用。

(16)未经批准,航空器偏离维修周期检修。

(17)在航空器上使用未经批准的航材。

(18)航空器不带飞行记录本飞行。

(19)滑油箱加油口盖未盖好,航空器起飞。

(20)在航空器上升、平飞、下降及着陆接地前,一台发动机停车。

(21)活塞式发动机停车后,未关磁电机开关。

(22)因操作不当,便加温机起火、爆炸或伤人。

(23)维修工作单(卡)中维修工作项目未做完就签字。

(24)未拔电源插头就移动电源车,造成航空器电源插头或机体损伤。

(26)重要附件(发动机、起落架、操纵系统)修理及装配中漏检、漏项、漏装和错装,并造成后果(航空器停场、航班延误、增加维修工作等)。

(27)由于维修责任造成发动机温度、转速超过最大允许值及时间限制,导致发动机损坏需要拆下进行修理。

(28)在滑跑中,轮胎爆破或脱层,造成航空器及其部件受损或影响飞行操作性。

(29)凡未达到事故征候等级,但性质比较严重的其他事件。

9 **维修一般差错**

由于维修造成下列情况之一者,认定为维修一般差错。

(1)航空器及部件损坏,直接经济损失超过5万元(含)。

(2)地面设备、厂房设施损坏,直接经济损失超过2万元(含)。

(3)违章操作致使工具损坏,直接经济损失在5 000元(含)以上。

(4)因违章维修造成航空器延误或取消。

(5)维修过程中丢失工具。

(6)未按规定系留或挡轮挡致使航空器移动,但未造成后果。

(7)未取夹板放襟翼,但未造成后果。

(8)除直升机外,带系留开车。

(9)使用的维修工具未采用登记或打号注册等有效控制手段,被领取进行维修活动,但未造成后果。

(10)使用超期计量器具,但未造成后果。

(11)航空器停留或过夜,未按规定装上堵塞、管套、销子、夹板、尾撑和系留等。

(12)未按规定的温度要求扳转活塞式发动机螺旋桨。

(13)部件修理,由于维修人员责任造成零小时返厂。

(14)凡未达到严重差错等级的其他事件。

ICS 49.100
V 55
备案号：

MH

中华人民共和国民用航空行业标准

MH/T 3010.4—2006
废除 MH3145.6—1998

民用航空器维修　管理规范
第4部分：民用航空器维修工作单(卡)的编制

Maintenance for civil aircraft—Management specification—Part 4：Drawing up of job cards for civil aircraft

2006-12-08 发布　　**2007-04-01 实施**

中国民用航空总局　发布

前　言

MH/T 3010《民用航空器维修　管理规范》分为以下15个部分。

——第1部分：民用航空器试飞；

——第2部分：民用航空器在经停站发生故障的处理；

——第3部分：民用航空器维修事故与差错；

——第4部分：民用航空器维修工作单(卡)的编制；

——第5部分：民用航空器冬季的维修；

——第6部分：民用航空器维修人员的技术档案；

——第7部分：民用航空器维修记录的填写；

——第8部分：民用航空器维修人员的行为规范；

——第9部分：地面指挥民用航空器的信号；

——第 10 部分：维修人员与机组联络的语言；
——第 11 部分：民用航空器地面维修设备和工具；
——第 12 部分：民用航空器的清洁；
——第 13 部分：民用航空器发动机的清洗；
——第 14 部分：民用航空器航线维修规则；
——第 15 部分：民用航空器一般勤务规则。

本部分为 MH/T 3010 的第 4 部分。

本部分代替并废除 MH 3145.6－1998《民用航空器维修标准　第 1 单元：维修管理规范
第 6 部分：民用航空器维修工作单(卡)的编制》。

本部分与 MH 3145.6－1998 相比主要变化如下。

——在维修工作单(卡)的基本内容中增加“维修类别”和“批准工作单(卡)者签名和日期”；
——将“所需工时”分为“计划工时”和“实际工时”两部分；
——删除了“检查者”及其解释。

MH/T 3010 是民用航空器维修的系列标准之一。以下列出这些系列标准预计的名称。

——MH/T 3010《民用航空器维修　管理规范》；
——MH/T 3011《民用航空器维修　地面安全队》；
——MH/T 3012《民用航空器维修　地面维修设施》；
——MH/T 3013《民用航空器维修　劳动安全卫生；
——MH/T 3014《民用航空器维修　航空器材》。

本部分由中国民用航空总局飞行标准司提出。

本部分由中国民用航空总局航空安全技术中心归口。

本部分起草单位：中国民用航空总局飞行标准司。

本部分主要起草人：魏民、徐超群、孙作琪、卿红字。

本部分所代替并废除标准的历次版本发布情况为：MH 3145.6－1998。

民用航空器维修　管理规范
第 4 部分：民用航空器维修工作单(卡)的编制

1　范围

MH/T 3010 的本部分规定了民用航空器(以下简称航空器)和航空器部件在各级维修工作中工作单(卡)的编制依据和基本内容。

本部分适用于航空器运营人和维修单位对维修工作单(卡)的编制。

2　编制工作单(卡)的依据

持续性适航维修方案、航空器和航空器部件制造厂提供的各类维修技术文件、适航指令、服务通告或信函、运营人自行确定的维修项目等可作为编制工作单(卡)的依据。

3　维修工作单(卡)的基本内容

3.1　维修工作单(卡)是航空器运营人或维修单位编写、编译、核对和审批出版的维修工作文件,是航空器维修工作的基本依据。维修工作单(卡)至少应包括以下内容。

(1)单位名称:航空器注册公司名称或维修单位名称。

(2)机型:航空器的类型。

(3)机号或件号:航空器的注册号或序列号、航空器部件的件号。

(4)维修工作类别:对航空器和(或)航空器部件的维修工作分类。

(5)维修工作单(卡)编号:航空器 ATAC 美国航空运输协会)章节和工作单(卡)顺序编号。

(6)维修工作单(卡)项目:工作单(卡)的工作标题。

(7)维修执行单位:工作者的具体单位。

(8)维修工作单(卡)页次:此份工作单(卡)共几页、第几页。

(9)设备材料:完成该项工作所需要的特种设备、器材包、特种材料、专用工具等。

(10)依据文件:编写工作单(卡)工作内容的依据文件及版次。

(11)工作内容:详细描述每项工作的操作顺序、技术要求、理论数据、检查时的实测数据、必要的图纸、表格和有关注意事项等,每项工作内容用编号分开。

(12)工作者:完成该项工作的人员。

(13)计划工时:完成该项工作的给定工时。

(14)实际工时:实际完成该项工作的工时。

(15)工作地点、日期:完成该项工作的地点和日期。

(16)编写者:编写或修订工作单(卡)者签名和日期。

(17)审核者:审核工作单(卡)者签名和日期。

(18)批准者:批准工作单(卡)者签名和日期。

3.2　航线短停维修工作单(卡)除 3,1 规定的内容外,还应增加航班号码。

ICS 49.100
V 55
备案号：

MH

中华人民共和国民用航空行业标准

MH/T 3010.7—2006
废除 MH3145.9—1996

民用航空器维修　管理规范
第7部分：民用航空器维修记录的填写

Maintenance for civil aircraft—Management specification—Part 7:Filling out of civil aircraft maintenance records

2006-12-08 发布　　2007-04-01 实施

中国民用航空总局　发布

前　言

MH/T 3010《民用航空器维修　管理规范》分为以下15个部分。

——第1部分：民用航空器试飞；

——第2部分：民用航空器在经停站发生故障的处理；

——第3部分：民用航空器维修事故与差错事；

——第4部分：民用航空器维修工作单(卡)的编制；

——第5部分：民用航空器冬季的维修；

——第6部分：民用航空器维修人员的技术档案；

——第7部分：民用航空器维修记录的填写；

——第8部分：民用航空器维修人员的行为规范；

——第 9 部分:地面指挥民用航空器的信号;
——第 10 部分:维修人员与机组联络的语言;
——第 11 部分:民用航空器地面维修设备和工具;
——第 12 部分:民用航空器的清洁;
——第 13 部分:民用航空器发动机的清洗;
——第 14 部分:民用航空器航线维修规则;
——第 15 部分:民用航空器一般勤务规则。

本部分为 MH/T 3010 的第 7 部分。

本部分代替并废除 MH 3145. 9—1996《民用航空器维修标准　第 1 单元 E 维修管理规范　第 9 部分:民用航空器维修记录的填写。

本部分与 MH 3145. 9—1996 相比主要变化如下。

——删除了 MH 3145. 9—1996 中第 2 章"引用标准"气;
——修改了"维修证明文件"的英文名称;
——调整了 MH 3145. 9—1996 的编排,使条理更清晰;
——删除了 MH 3145. 9—1996 中"飞行记录本的填写"条目;
——增加了维修记录的电子版本、缩微胶片版本记录形式及其保存要求。

MH/T 3010 是民用航空器维修的系列标准之一 。以下列出这些系列标准预计的名称。

——MH/T 3010《民用航空器维修　管理规范》;
——MH/T 3011《民用航空器维修　地面安全》;
——MH/T 3012《民用航空器维修　地面维修设施》;
——MH/T 3013《民用航空器维修　劳动安全卫生》;
——MH/T 3014《民用航空器维修　航空器材》。

本部分由中国民用航空总局飞行标准司提出。

本部分由中国民用航空总局航空安全技术中心归口。

本部分起草单位:中国民用航空总局飞行标准司。

本部分主要起草人:李振星、徐超群、孙作琪、卿红字 。

本部分所代替并废除标准的历次版本发布情况为:MH:3145. 9—1996。

民用航空器维修　管理规范
第 7 部分:民用航空器维修记录的填写

1　范围

MH/T 3010 的本部分规定了民用航空器(以下简称航空器)维修记录的填写规范。本部分适用于航空器维修记录的填写。

2　术语和定义

下列术语和定义适用于 MH/T 3010 的本部分。

2.1　维修记录 maintenance records。

对航空器及航空器部件所进行的任何检测、修理、排故、定期检修、翻修和改装等不同形式维修工作的记录。

2.2　维修证明文件 maintenance proving documents。

对航空器或其部件完成了规定维修工作的证明性材料。

2.3　履历文件 log book。

记载航空器及其部件和工具设备的使用、维修历史的记录性文件。

3　维修记录的填写

3.1　一般要求。

3.1.1　维修记录应用黑色或蓝色墨水笔或圆珠笔填写，字迹应工整、清晰。

3.1.2　签名应用全称，并应前后一致，不应代签。

3.1.3　填写维修记录应使用叙述或说明性语言，内容明确，不应使用模棱两可的词语。

3.1.4　测试数据应填写实测值，不应使用"正常""性能良好""检查合格""试验合格"等字样代替。

3.1.5　无需填写或不适用的记录栏目应用斜杠划掉，或写明"不适用飞"。

3.1.6　维修记录填写后不应涂改。如需更改应经授权人签署后，用单横线将其划掉，在附近重新填写正确内容，并签署姓名和日期。

3.1.7　维修记录中不应填写与工作无关的内容。

3.2　工作单卡的填写。

3.2.1　工作单(卡)应有工作者的签署，需检验的项目检验员也应签署，不应代签。

3.2.2　内容分项的工作单(卡)应按工作进行的顺序逐项签署。

3.2.3　定检工作单(卡)为多份时，既应签工作单也应签汇总单。

3.2.4　工作单(卡)应在工作现场填写或签署。

3.2.5　同一工作的记录应使用统一的工作单(卡)或表格。除国外(或地区)送修客户提出要求和某些自动生成的测试记录可使用英文外，国内维修单位的维修记录应至少使用中文，国外(或地区)维修单位的维修记录(除工作单(卡)外)应至少使用英文。

3.3　维修证明文件的填写。

3.3.1　维修证明文件包括适航批准标签(表格 AAC－038)和重要修理及改装记录(表格 AAC－085)。

3.3.2　维修证明文件应按相关规定填写。

3.4　飞行记录文件的填写。

3.4.1　机组发现的故障或缺陷的填写要求如下。

(1)对故障现象或缺陷及发生环境的叙述应清楚、准确。

(2)如实填写对故障 4 缺陷所做的处理。

(3)如发现多条故障和缺陷，应分条叙述并以阿拉伯数字逐条连续编号。

(4)如未发现故障或缺陷应填写"正常"。

(5)国际航线应用中英文填写。

3.4.2　维修人员对机组发现故障或缺陷处理的填写要求如下。

(1)写明所做故障排除工作及工作依据的文件。

(2)写明涉及故障件的件号、序号,如借助功能试验或检测设备确认故障也应写明。

(3)写明故障件不正常的状况或所受损伤状况。

(4)如有换件应写明所拆装件件号及序号。

(5)写明故障排除后做了何种功能试验,结果如何。

(6)如办理了保留故障,应写明保留单号。

(7)排故人员签名和日期。

(8)放行人员签名和执照号。

(9)对机组记述的故障或缺陆的处理亦应与机组所报故障或缺陷的编号对应填写。

3.4.3　维修人员发现的故障或缺陷和采取措施的填写要求应按3.4.1和3.4.2执行。

4　维修记录的保存

4.1　保存维修记录通常采用书面记录、计算机数据库或两者相结合的形式。

4.2　书面记录所使用的纸张应能经受正常的搬运和存放。在整个保存期内,记录应能认读。

4.3　计算机数据库应至少有一个备份系统,该系统能在任何维修活动发生后的24 h内得到更新。每个终端应设置保密措施,防止非特许人员修改数据库。

4.4　维修记录可采用微缩胶卷或光盘保存,这种保存记录的可读性应与原记录一样,并在整个保存期内保持其可读性。

4.5　应妥善保存维修记录,并有防火、防水、防盗及防修改措施。

4.6　计算机备份磁盘、磁带等应与正在使用的磁盘、磁带等分开存放保存在安全的环境中。

ICS 49.100
V 55
备案号：

MH

中华人民共和国民用航空行业标准

MH/T 3010.8—2006
废除 MH3145.10—1996

民用航空器维修　管理规范
第8部分：民用航空器维修人员的行为规范

Maintenance for civil aircraft—Management specification—Part 8: Behavior of civil aircraft maintenance personnel

2006-12-08 发布　　2007-04-01 实施

中国民用航空总局　发布

前　言

MH/T 3010《民用航空器维修　管理规范》分为以下15个部分。
——第1部分：民用航空器试飞；
——第2部分：民用航空器在经停站发生故障的处理；
——第3部分：民用航空器维修事故与差错；
——第4部分：民用航空器维修工作单(卡)的编制；
——第5部分：民用航空器冬季的维修；
——第6部分：民用航空器维修人员的技术档案；
——第7部分：民用航空器维修记录的填写；
——第8部分：民用航空器维修人员的行为规范；
——第9部分：地面指挥民用航空器的信号；

——第10部分:维修人员与机组联络的语言;
——第11部分:民用航空器地面维修设备和工具;
——第12部分:民用航空器的清洁;
——第13部分:民用航空器发动机的清洗;
——第14部分:民用航空器航线维修规则;
——第15部分:民用航空器一般勤务规则。

本部分为MH/T 3010的第8部分。

本部分代替并废除MH 3145.10—1996《民用航空器维修标准　第1单元;维修管理规范
第10部分:民用航空器维修人员的行为规范》。

本部分与MH 3145.10—1996相比主要变化如下。

——增加了术语“航空器维修区”及其定义;
——规范了吸烟区的管理;
——增加了工作现场文明作业的要求。

MH/T 3010是民用航空器维修的系列标准之一。

以下列出这些系列标准预计的名称:

——MH/T 3010《民用航空器维修　管理规范》;
——MH/T 3011《民用航空器维修　地面安全》;
——MH/T 3012《民用航空器维修　地面维修设施》;
——MH/T 3013《民用航空器维修　劳动安全卫生》;
——MH/T 3014《民用航空器维修　航空器材》。

本部分由中国民用航空总局飞行标准司提出。

本部分由中国民用航空总局航空安全技术中心归口。

本部分起草单位:中国民用航空总局飞行标准司。

本部分主要起草人:朱俊文、徐超群、孙作琪、卿红宇。

本部分所代替并废除标准的历次版本发布情况为:MH 3145.10—1996。

民用航空器维修　管理规范
第8部分:民用航空器维修人员的行为规范

1　范围

MH/T 3010的本部分规定了民用航空器(以下简称航空器)维修人员在从事航空器维修过程中的行为规范。

本部分适用于航空器维修人员从事航空器维修。

2　术语和定义

下列术语和定义适用于MH/T 3010的本部分。

2.1　航空器维修人员(aircraft maintenance personnel)。

从事航空器、航空器部件维修和管理的所有人员。

2.2　工作现场(work site)。

从事航空器及其部件维修工作的地点或场所。

2.3　航空器维修区(aircraft maintenance area)。

供航空器维修用的全部场地和设施，包括机坪、机库、车间、航材库、危险品库、办公楼、停车场以及有关的道路。

3　维修人员的行为规范

3.1　维修人员应持有有效证件。

3.1.1　维修人员应佩戴经机场管理机构批准、由机场公安机关核发的与工作或通行场地(区域)相符的有效证件。

3.1.2　有效证件一律佩带在胸前或公司指定位置。

3.1.3　个人证件只限本人使用，不应转借他人。

3.1.4　证件持有者不应涂改证件，应妥善保存，辨认不清时应及时提出更换。

3.1.5　应配合有关人员进行证件检查。发现丢失时，应及时报告。

3.2　维修人员在工作现场从事维修工作时，应穿着本公司根据不同工种需要而提供的工作服、工作鞋、工作帽。工作服应穿戴整齐、干净，女工的发辫不应露出工作帽外。

3.3　在上班时间内不应受毒品、酒精或药物等神经性刺激因素的干扰。在维修工作现场不应用餐和吸烟。在指定吸烟区吸烟，烟蒂应放在烟灰缸或适当的防火容器内熄灭。

3.4　在停机坪，车辆和行人应按规定路线通行。

3.5　维修人员在工作现场应文明作业。

3.5.1　维修人员在从事维修工作过程中应遵守工作现场的各项规章制度。

3.5.2　在机坪对航空器进行维修、排故、清洗、添加润滑油等辅助油料及其他勤务工作时，应采取有效措施，保持机坪地面清洁，必要时应使用化学溶剂擦洗，以清除地面滑油、油脂和其他污垢。

3.5.3　应使用适当的维修工作梯和工作台接近航空器设备。不应站在发动机附件上和明文规定航空器禁止踩踏的部位进行工作。

3.5.4　在座舱内从事维修工作时，不应蹬踏座椅和扶手。

3.5.5　不应在停机坪上坐、卧、嬉闹，或在准备飞行的航空器上休息。

3.5.6　在工作现场不应乱扔废弃物。

3.5.7　接送航空器和指挥航空器试车时，指挥人员和警戒人员应站在指定的位置，站姿端正，按规定指挥和警戒。

3.5.8　应根据所从事的维修工作正确选择和使用工具。维修人员做航线维修工作时，应随身携带必要的常用工具。

3.5.9　不应以投、抛的方法传递工具和工作单(卡)、技术资料等。

3.5.10　搬运设备、部件时应轻拿轻放。

3.5.11　维修工作中发生维修差错或事故后，维修人员应主动、及时地向现场有关部门或领导报告。在接受调查时，应棋极配合，如实反映情况。

ICS 49.100
V 55
备案号：

MH

中华人民共和国民用航空行业标准

MH/T 3010.11—2006
废除 MH3145.10—1996

民用航空器维修　管理规范
第 11 部分：民用航空器地面维修设备和工具

Maintenance for civil aircraft—Management specification—Part 11: Ground maintenance equipment and tools used for civil aircraft

2006-12-08 发布　　**2007-04-01 实施**

中国民用航空总局　发布

前　言

MH/T 3010《民用航空器维修　管理规范》分为以下 15 个部分。

——第 1 部分：民用航空器试飞；
——第 2 部分：民用航空器在经停站发生故障的处理；
——第 3 部分：民用航空器维修事故与差错；
——第 4 部分：民用航空器维修工作单(卡)的编制；
——第 5 部分：民用航空器冬季的维修；
——第 6 部分：民用航空器维修人员的技术档案；
——第 7 部分：民用航空器维修记录的填写；
——第 8 部分：民用航空器维修人员的行为规范；
——第 9 部分：地面指挥民用航空器的信号；

——第 10 部分：维修人员与机组联络的语言；
——第 11 部分：民用航空器地面维修设备和工具；
——第 12 部分：民用航空器的清洁；
——第 13 部分：民用航空器发动机的清洗；
——第 14 部分：民用航空器航线维修规则；
——第 15 部分：民用航空器一般勤务规则。

本部分为 MH/T 3010 的第 11 部分。

本部分代替并废除 MH 3145. 13－1998《民用航空器维修标准　第 1 单元：维修管理规范　第 13 部分：民用航空器地面维修设备》、MH 3145. 17—1996《民用航空器维修标准　第 1 单元：维修管理规范　第 17 部分：停机坪维修设备的摆放》和 MH 3145. 18－1996《民用航空器维修标准　第 1 单元　维修管理规范　第 18 部分：民用航空器维修工具的管理》本部分综合了原标准三个部分(MH 3145. 13－1998、MH 3145. 17－1996、MH 3145. 18－1996)的内容，删除了设备管理方面的一些重复条款。

MH/T 3010 是民用航空器维修的系列标准之一。以下列出这些系列标准预计的名称：

——MH/T 3010《民用航空器维修　管理规范》；
——MH/T 3011《民用航空器维修　地面安全》；
——MH/T 3012《民用航空器维修　地面维修设施》；
——MH/T 3013《民用航空器维修　劳动安全卫生》；
——MH/T 3014《民用航空器维修　航空器材》。

本部分由中国民用航空总局飞行标准司提出。

本部分由中国民用航空总局航空安全技术中心归口。

本部分起草单位：中国民用航空总局飞行标准司。

本部分主要起草人：闵运文、徐超群、孙作琪、卿红宇。

本部分所代替并废除标准的历次版本发布情况如下。

——MH 3145. 13－1998；
——MH 3145. 17－1996；
——MH 3145. 18－1996。

民用航空器维修　管理规范
第 11 部分：民用航空器地面维修设备和工具

1　范围

MH/T 3010 的本部分规定了民用航空器(以下简称航空器)地面维修设备和工具的管理和维修的基本规则。

本部分适用于航空器地面维修设备和工具的管理和维修。

2　术语和定义

下列术语和定义适用于 MH/T 3010 的本部分。

地面维修设备　ground maintenance equipment

在地面直接用于航空器维修与测试、校验的设备。

3　**人员资格**

航空器地面维修设备的维修人员应具有上岗资格。

4　**地面维修设备的管理**

4.1　维修单位应制作设备清单，建立专用设备技术档案。根据设备说明书的要求，制定设备日常检查、定期检查、维修项目计划，建立设备维修工作卡制度。

4.2　地面维修设备应设有专人管理，对设备日常检查、定期检查、维修应作详细的记录。

4.3　地面维修设备上的使用说明标牌和警告标牌应清晰、完好。

4.4　维修单位应建立测试设备的校验制度。校验设备上装有的计量器具应纳入计量管理系统。

4.5　对有故障不能使用和已报废的设备，应挂牌并隔离存放，不应投入使用。

4.6　应建立地面维修设备保管制度，以防设备非正常失效和遗失。

4.7　对与航空器接触的维修设备应采取保护性防撞措施。

5　**维修工具的管理**

5.1　维修工具应有专门机构或专人管理并建立以下管理制度。

(1)维修工具统一编号。

(2)维修工具借用登记、交回销账。

(3)可用、待检、待修、报废和超过检验周期的维修工具挂签，隔离存放。

(4)经校验、检定后的维修工具贴上可用标签。

(5)有检验周期的维修工具按周期进行校验。

(6)采取有效的监控手段，防止失控。

5.2　个人使用的工具箱在当天使用完毕后，应存放于维修单位指定的地点。

5.3　对集中存放维修工具的工具间(房)应控制湿度。

5.4　应执行维修工具三清点制度；工作前清点；工作场所转移时清点；工作结束后清点。工具箱内的工具清单应与实物相符。工具清单应字迹清楚、完整，不应随意对其涂改。

5.5　丢失维修工具应立即报告，不能确定丢失的工具不在航空器上时，不应放行该航空器。

6　**机坪地面维修设备的摆放**

6.1　摆放位置的选择

6.1.1　航空器运营人或维修单位应与停机坪主管部门协商，确定地面维修设备摆放的种类和位置。

6.1.2　地面维修设备摆放位置的选择应符合下列基本要求。

(1)不妨碍航空器在停机坪的滑行和牵引。

(2)不影响消防设备 、设施的使用。

(3)不易被大风或航空器动力装置气流吹动。

(4)不影响各种勤务车辆沿规定的路线行驶。

(5)地面坚实、平整、不积水。

6.2 摆放区域的标志

机坪供航空器使用的勤务车辆和维修设备摆放位置应用机坪设备区安全线将其范围隔离出来,并标名放置。机坪设备区安全线和标名应用耐油白漆以实线划出,其宽度不应小于10 cm,字符的大小应与安全线的比例协调。机坪设备区安全线和标名应保持清晰、完整。

6.3 摆放要求

6.3.1 摆放场地应洁净,不应乱倒杂物、垃圾和油污。

6.3.2 摆放的地面维修设备应技术状态完好,处于可用状态,并排列整齐。若有损坏,应按4.5的规定处理。

6.3.3 有制动装置的地面维修设备摆放时处于制动状态。

6.3.4 不常用的高大、笨重的地面维修设备(如机身、机翼、尾翼的工作梯,机身千斤顶,各种托架,起吊设备等)应远离航空器,集中放置。

6.3.5 地面维修设备使用后,应及时放回原标定位置。

6.3.6 与维修无关的设备和器材,不应摆放在停机坪。

7 地面维修设备的维修

7.1 摆放在停机坪的常用设备(如工作梯、台、架,轮档,托架等)应定期进行清洁、防锈、润滑、换油、防尘、防雨的检查保养工作。

7.2 露天摆放的地面维修设备,其机械、液压、气动及电动的操纵和传动部分应定期润滑和防尘;对裸露的机构(如千斤顶涡杆、各种操纵盒等)停放时应加罩,以防尘、防雨。

7.3 不经常使用的设备应采取防雨、防尘、防锈措施,按要求封存保管,定期检查保养,并应挂标签加以说明。设备恢复使用前应做好相应的工作。

7.4 地面专用的维修设备和测试、校验设备,应按其说明书的要求进行检查、保养和校验,并有维修记录和校验标签。

7.5 测试、校验设备的工作间内,应根据该设备说明书的规定,进行温度、湿度控制。设备应放在清洁、干燥的专用台架上,并加盖布罩。设备使用后,应将其恢复原有状态,清除设备台架表面和设备上的油污和灰尘。

7.6 对有故障的测试、校验设备和工具应及时修理。修理后未经校验,不应用于测试和校验工作。

ICS 49.100
V 55
备案号：

MH

中华人民共和国民用航空行业标准

MH/T 3010.14—2006
废除 MH3145.19—1996

民用航空器维修　管理规范
第 14 部分：民用航空器航线维修规则

Maintenance for civil aircraft—Management specification—Part 14: Line maintenance procedure for civil aircraft

2006-12-08 发布　　2007-04-01 实施

中国民用航空总局　发布

前　言

MH/T 3010《民用航空器维修　管理规范》分为以下 15 个部分。

——第 1 部分：民用航空器试飞；
——第 2 部分：民用航空器在经停站发生故障的处理；
——第 3 部分：民用航空器维修事故与差错；
——第 4 部分：民用航空器维修工作单(卡)的编制；
——第 5 部分：民用航空器冬季的维修；
——第 6 部分：民用航空器维修人员的技术档案；
——第 7 部分：民用航空器维修记录的填写；
——第 8 部分：民用航空器维修人员的行为规范；
——第 9 部分：地面指挥民用航空器的信号；

——第10部分:维修人员与机组联络的语言;

——第11部分:民用航空器地面维修设备和工具;

——第12部分:民用航空器的清洁;

——第13部分:民用航空器发动机的清洗;

——第14部分:民用航空器航线维修规则;

——第15部分:民用航空器一般勤务规则。

本部分为MH/T 3010的第14部分。

本部分代替并废除MH 3145.19—1996《民用航空器维修标准 第1单元:维修管理规范
第19部分:民用航空器进港接凯、离港送机》和MH 3145.20－1996《民用航空器维修标准 第1单元:维修管理规范 第20部分:民用航空器航线维修规则》。

本部分与MH 3145. 19－1996、MH 3145.20－1996相比主要变化如下。

——将MH 3145. 19—1996中“进港接机、离港送机”的工作内 容分别纳入“航行前维修”、“短停维修”和“航行后维修”中;

——调整了部分工作的先后顺序;

——增加了“进港前维修人员应检查停机坪表面应元外来物”等内容。

MH/T 3010是民用航空器维修的系列标准之一,以下列出这些系列标准预计的名称。

——MH/T 3010《民用航空器维修 管理规范》;

——MH/T 3011《 民用航空器维修 地面安全》;

——MH/T 3012《民用航空器维修 地面维修设施》;

——MH/T 3013《民用航空器维修 劳动安全卫生》;

——MH/T 3014《民用航空器维修 航空器材》。

本部分由中国民用航空总局飞行标准司提出。

本部分由中国民用航空总局航空安全技术中心归口。

本部分起草单位:中国民用航空总局飞行标准司。

本部分主要起草人:李振星、徐超群、孙作琪、卿红字。

本部分所代替并废除标准的历次版本发布情况为:

——MH 3145. 19—1996;

——MH 3145.20—1996。

民用航空器维修 管理规范
第14部分:民用航空器航线维修规则

1 范围

MH/T 3010的本部分规定了民用航空器(以下简称航空器)航行前、航行后和短停维修的规则。本部分适用于航空器的航线维修。

2 规范性引用文件

下列文件中的条款通过MH/T 3010的本部分的引用而成为本部分的条款。凡是注日期的引用文件，其随后所有的修改单(不包括勘误的内容)或修订版均不适用于本部分，然而鼓励根据本部分达成协议的各方研究是否可使用这些文件的最新版本。凡是不注日期的引用文件，其最新版本适用于本部分。

MH/T 3010.7　民用航空器维修　管理规范　第7部分：民用航空器维修记录的填写。

MH/T 3010.9　民用航空器维修　管理规范　第9部分：地面指挥民用航空器的信号。

MH/T 3010.10　民用航空器维修　管理规范　第10部分：维修人员与机组联络的语言。

MH/T 3011.1　民用航空器维修　地面安全　第1部分：民用航空器轮挡。

MH/T 3011.3　民用航空器维修　地面安全　第3部分：民用航空器的牵引。

MH/T 3011.19　民用航空器维修　地面安全　第19部分：民用航空器除冰、防冰液的使用。

3　航行前维修的规则

3.1　维修人员应根据本单位维修管理手册的规定，提前到达停机位。

3.2　维修人员应会同监护人员在检查航空器外表和舱门封条(或其他等效安全措施)完好后，办理交接手续，签字接收航空器。

3.3　应将各种布罩、堵塞(盖)、销子、夹板等随机设备取下，清点齐全，放在规定位置。

3.4　低温条件下按航空器维修手册的规定对发动机进行加温。

3.5　航空器需牵引时，应按 MH/T 3011.3 的规定执行。

3.6　推(拖)航空器到达指定位置后，航空器应刹车，按 MH/T 3011.1 的规定放好轮挡，视情取下拖把。

3.7　接好耳机，按 MH/T 3010.10 的规定与机组进行联络。

3.8　根据需要将气源车、电源车与航空器接好，并供气、供电。

3.9　应按该型航空器的维修工作单(卡)完成航行前维修工作并在工作单(卡)上逐项签署。

3.10　检查飞行记录本的记录，确认航空器维修工作结束，故障已排除或已正确处理，并签署放行。

3.11　取下起落架安全销，经机挺过目后，由机组或维修人员放在航空器的指定位置或由维修人员带走。

3.12　清点工具。

3.13　当航空器有冰、雪、霜时，应对航空器进行除冰、防冰。除冰、防冰液的使用应符合 MH/T 3011.19 的规定。

3.14　绕航空器一周，检查确保舱门、盖板已关好，航空器周围元障碍物及无关人员。

3.15　航空器出港推出工作应至少有两名地面人员(指挥人员和送机人员)完成。如果航空器与机坪周围建筑和其他航空器之间的距离达不到规定的间距时，应在翼尖处增加监护员。

3.16　推(拖)航空器到指定位置后,应通知机组刹车并在前轮放置好轮挡后,方能摘取拖把。

3.17　发动机启动完毕后,应完成下列工作。

(1)协助电源车、气源车司机取下接头,盖好盖板。

(2)取走轮挡。

(3)取下耳机,盖好盖板。

(4)取下并高举前轮转弯销,并经机长过目。

(5)送机人员站在机头左前方,按 MH/T 3010.9 中附录 C 的规定,指挥航空器滑出。当站在左前方有不安全因素时,可站在机头右前方指挥航空器滑出。

3.18　航空器离港后,送机人员应清洁、整理工作现场,将地面设备放置在规定位置。

4　短停维修的规则

4.1　接机人员应知道航空器进港时间及停机位,并提前到达停机位。

4.2　接机人员应根据需要准备好耳机、前轮转弯销、轮挡、起落架安全销和尾撑杆等设备和工具。

4.3　维修人员应准备好航空器维修工作单(卡)和工具。

4.4　接机人员应检查并确保航空器机位安全区内无车辆、维修设备及其他障碍物;地面标志线清晰可见;机坪表面应无松散的石子或其他可能损坏航空器结构、发动机或航空器其他系统正常运行的物体;登机廊桥处于收回位;灭火设备到位。夜间运行时,停机坪照明灯可用并在工作状态。

4.5　接机人员应按 MH/T 3010.9 的规定指挥航空器进入停机位,并按 MH/T 3011.1 的规定挡好轮挡。

4.6　航空器发动机停车后,维修人员应;

(1)插上耳机,与机组联络(元内 话机设备时可按 MH/T 3010.9 的规定信号与机组联络)。

(2)按工作单(卡)的要求插上起落架安全销。

(3)根据需要接通电源。

(4)根据需要装上操纵面夹板。

注:对螺旋桨或旋翼式航空器,在螺旋桨或旋翼停转后人员和车辆才能接近航空器。

4.7　维修人员应认真听取机组的故障报告并详细查阅飞行记录本。

4.8　维修人员应按该型航空器的维修工作单(卡)完成短停维修的各项工作,正确处理故障和缺陷。

4.9　维修人员应按 MH/T 3010.7 的要求逐项完成工作单(卡)的签署,并在飞行记录本上签字放行。

4.10　维修人员应清点工具、设备,确认齐全,查看并确保航空器各部位完好。

4.11　航空器停放期间,应至少有一名送机人员在场监督。

4.12　航空器离港送机按 3.11～3.18 的规定执行。

5　航行后维修的规则

5.1　进港接机按 4.1～4.6 的规定执行。

5.2　航空器需牵引时,应按 MH/T 3011.3 的规定执行。

5.3　维修人员应仔细翻阅飞行记录本并尽可能详细地向机组了解航空器的技术状况,并按该型航空器的维修工作单(卡)完成航行后的各项工作,排除故障、缺陆。

5.4　遇有故障需保留时,应按保留故障的规定程序办理报批和完成相应的工作。

5.5　应按 MH/T 3010.7 的要求逐项完成工作单(卡)的签署,并在飞行记录本上签字放行。

5.6　应按航空器维修手册的规定盖好各种布罩、堵塞(盖),装上舵面夹板,作好停放系留.撤离各勤务车辆,关断电源,关好门窗,舱门应采取上锁、铅封、封条或其他等效安全措施。

5.7　维修人员应清点工具、设备,整理场地工作梯及其他设备应摆放在规定位置。

5.8　全部工作结束后,维修人员应会同监护人员办理航空器监护交接手续。

ICS 49.100
V 55
备案号：

MH

中华人民共和国民用航空行业标准

MH/T 3010.15—2006
废除 MH3145.21—1998

民用航空器维修　管理规范
第 15 部分：民用航空器一般勤务规则

Maintenance for civil aircraft－Management specification－
Part 15：General service for civil aircraft

2006－12－08 发布　　**2007－04－01 实施**

中国民用航空总局　发布

前　言

MH/T 3010《民用航空器维修　管理规范》分为以下 15 个部分。
——第 1 部分：民用航空器试飞；
——第 2 部分：民用航空器在经停站发生故障的处理；
——第 3 部分：民用航空器维修事故与差错事；
——第 4 部分：民用航空器维修工作单(卡)的编制；
——第 5 部分：民用航空器冬季的维修；
——第 6 部分：民用航空器维修人员的技术档案；
——第 7 部分：民用航空器维修记录的填写；
——第 8 部分：民用航空器维修人员的行为规范；
——第 9 部分：地面指挥民用航空器的信号；

——第 10 部分:维修人员与机组联络的语言;
——第 11 部分:民用航空器地面维修设备和工具;
——第 12 部分:民用航空器的清洁;
——第 13 部分:民用航空器发动机的清洗;
——第 14 部分:民用航空器航线维修规则;
——第 15 部分:民用航空器一般勤务规则。

本部分为 MH/T 3010 的第 15 部分。

本部分代替并废除 MH 3145.21－1998《民用航空器维修标准　第 1 单元:维修管理规范
第 21 部分:民用航空器一般勤务规则》。

本部分与 MH 3145.21－1998 相比主要变化如下:增加了寒冷天气下排干饮用水和污水以防止结冰的内容。

MH/T 3010 是民用航空器维修的系列标准之一,以下列出这些系列标准预计的名称。

——MH/T 3010《民用航空器维修　管理规范》;
——MH/T 3011《民用航空器维修　地面安全》;
——MH/T 3012《民用航空器维修　管理规范》;
——MH/T 3013《民用航空器维修　地面安全卫生》;
——MH/T 3014《民用航空器维修　航空器材》。

本部分由中国民用航空总局飞行标准司提出。

本部分由中国民用航空总局航空安全技术中心归口。

本部分起草单位:中国民用航空总局飞行标准司。

本部分主要起草人:李振星、徐超群、孙作琪、卿红宇。

本部分所代替并废除标准的历次版本发布情况为:MH 3145.21—1998。

民用航空器维修　管理规范
第 15 部分:民用航空器一般勤务规则

1　范围

MH/T 3010 的本部分规定了对民用航空器(以下简称航空器)日常勤务的规则。本部分适用于航空器的日常勤务。

2　规范性引用文件

下列文件中的条款通过 MH)T 3010 的本部分的引用而成为本部分的条款。凡是注日期的引用文件,其随后所有的修改单(不包括勘误的内容)或修订版均不造用于本部分,然而,鼓励根据本部分达成协议的各方研究是否可使用这些文件的最新版本。凡是不注日期的引用文件,其最新版本适用于本部分。

GB 5749　生活饮用水卫生标准

MH/T 3011.24　民用航空器维修　地面安全　第 24 部分:勤务车辆停靠民用航空器的规则

3　勤务人员资格勤务人员应具有上岗资格

4　航空器地面供电

4.1　地面电源车应在航空器处于静止状态下，按 MH/T 3011.24 的规定，有序地接近航空器。

4.2　供电勤务前，应对航空器及地面电源装置或地面电源车保持正确的接地，并检查电压和频率。

4.3　供电勤务时，应对地面电源装置或地面电源车进行监护。

4.4　将外部电源电缆接到航空器上之前，应将电源关断。

4.5　将外部电源插头从航空器上拨出时，应先关断外部电源，并确信电缆上不再有电。

4.6　拔出电源插头时，应握住插头小心拨出，不应用拽电缆的方式将插头拨出，不应过度摇晃和扭曲插头。

4.7　机场上空有雷电时，应停止在户外对航空器的地面供电勤务操作。

4.8　供电勤务结束后，应确认航空器的外接电源勤务盖板已盖好，并通知机上供电勤务结束。

5　航空器地面供气

5.1　气源车应在航空器处于静止状态下，按 MH/T 3011.24 的规定，有序地接近航空器，将气源军停放在指定区域。

5.2　应遵守“先供电源后供气源，先断气源后断电源”的供电、供气顺序，防止损坏设备。

5.3　应隔离不使用的系统，以防止压力损失及意外作动设备。

5.4　气源车应能够提供符合该型航空器要求的清洁气体。

5.5　供气软管应无渗漏。供气时供气管不应扭曲。

5.6　供气时所有人员应站离供气管路。

5.7　供气时应与驾驶舱保持联络。

5.8　不应同时使用外部空调和机上空调设备。

5.9　使用地面空调车时，应确认航空器放气活门处于全开位，防止对航空器增压不当，导致人员伤害或设备损坏。

5.10　应确认气源系统卸压、供气源完全停止工作后，才能拆卸地面供气管，并关好气源系统地面勤务盖板。

6　航空器水系统勤务

6.1　饮用水勤务规则

6.1.1　所加的饮用水应符合 GB 5749 的规定。

6.1.2　给航空器加水时，应打开水箱溢流活门，避免在加水过程中气源系统压力给水箱增压。

6.1.3　加水流量、压力应符合该型航空器的规定。

6.1.4　加水结束后，应排放加水管中的水并擦净加水接头上的余水，关闭加水接头上的盖板。

6.2　饮用水系统的消毒饮用水系统应按航空器维修手册的要求清洗、消毒。

6.3　污水勤务规则

6.3.1　排放污水时，应使污水一次排放干净并加入足够量的清水对系统进行清洗。

6.3.2　勤务结束后，应清洁并擦干所有勤务面板上的部件及其盖板，确认勤务盖板已盖好。

6.3.3　如果勤务过程中污水漏到地面，应立即清除并用清水冲洗干净。

6.3.4　航空器维修人员应监督、检查湾水勤务质量。

6.4　防止饮用水和污水系统结冰

航空器停场过夜或停放时间较长时，应根据外界温度变化情况，将饮用水和污水系统的水全部放尽，以防止该系统结冰。

附录C　习题参考答案

习题1　（略）

习题2

一、选择题

1.B　2.A　3.C　4.C　5.C

习题3

一、选择题

1.C　2.A　3.A　4.D　5.A

习题4

一、选择题

1.C　2.A　3.B　4.D　5.D

习题5

一、选择题

1.C　2.C　3.A　4.A　5.D　6.B　7.B　8.A　9.A　10.A　11.B　12.C　13.D　14.D　15.C

习题6

一、选择题

1.ABCD　2.AB　3.ABC　4.AB　5.AB　6.A　7.B　8.ACD　9.BCD　10.AB　11.D　12.ABC　13.B　14.C　15.AB

习题7

一、选择题

1.B　2.A　3.C　4.C　5.C　6.D　7.A　8.B　9.D　10.D　11.D

习题8

一、选择题

1.D　2.B　3.ABC

习题 9

一、选择题

1.D 2.A B C D E 3.A B C D E

习题 10

一、选择题

1. AB 2. C

习题 11

一、选择题

1. B 2. C

习题 12

一、选择题

1. A 2. C 3. A 4. B 5. B 6. A 7. B 8. C 9. B 10. A

习题 13 （略）

参 考 文 献

[1] 李幼兰.空气动力学和维护技术基础[M].北京:兵器工业出版社,2011.
[2] 宋静波.飞机构造基础[M].北京:航空工业出版社,2011.
[3] 虞浩清.飞机结构图纸识读与常用维修手册使用[M]. 北京:清华大学出版社,2013.
[4] U S Department of Transportation,Federal Aviation Administration. Aircraft Weight and Balance Handbook[Z]. Washington. Dc:Faa - H - 8083 - 1B,FAA,2016.
[5] 郑东良.航空维修理论[M].北京:国防工业出版社,2007.
[6] 张凤鸣,郑东良,吕振中.航空装备科学维修导论[M].北京:国防工业出版社,2006.
[7] 中国民用航空局科技教育司.飞机结构维修指南[M].北京:北京航空航天大学出版社,1993.
[8] 任仁良.维修基本技能(ME,AV)[M].北京:清华大学出版社,2010.
[9] 虞浩清,庄华.航空机械基础[M].北京:中国民航出版社,2013.
[10] 汤天明.航空燃气涡轮发动机维修与实训[M].北京:中国民航出版社,2015.